1+X 职业技能等级证书培训考核配套教材

机械产品三维模型设计（中级）

广州中望龙腾软件股份有限公司　组编

主　编　徐家忠　刘明俊
副主编　王平嶂　叶　萍
参　编　杨宜宁　陈饰勇　刘长生
　　　　钟荣林　童　杰

机 械 工 业 出 版 社

本书对接企业岗位需求，注重理实结合，配套资源丰富，上衔企业岗位技能需求，下接国家教学标准，聚焦书证衔接融通，形成新型知识结构。全书包含五个模块：典型零件造型、曲面零件造型、零件装配、工程图样制作、数控加工自动编程。本书以任务驱动式讲解方式，充分应用信息资源，配置立体化、数字化教学资源。

为方便自学，本书各学习任务均配有操作短视频，学习过程中可扫描二维码观看。为方便教学，本书配有实例素材源文件、操作短视频、课内实施习题答案、电子课件（PPT 格式）等，凡使用本书作为教材的教师可登录机械工业出版社教育服务网（http://www.cmpedu.com），注册后免费下载。

本书可以作为职业院校 1+X 证书制度中的机械产品三维模型设计职业技能等级证书（中级）“岗课赛证”融通教材，供机电类专业师生选用；也可以作为企业人员等参加中级考证配套教材和资料。

图书在版编目（CIP）数据

机械产品三维模型设计：中级/徐家忠，刘明俊主编. —北京：机械工业出版社，2022.4（2024.8 重印）
1+X 职业技能等级证书培训考核配套教材
ISBN 978-7-111-70246-7

Ⅰ.①机…　Ⅱ.①徐…②刘…　Ⅲ.①机械设计-计算机辅助设计-应用软件-职业技能-鉴定-教材　Ⅳ.①TH122

中国版本图书馆 CIP 数据核字（2022）第 034515 号

机械工业出版社（北京市百万庄大街 22 号　邮政编码 100037）
策划编辑：王英杰　　　　责任编辑：王英杰　赵文婕
责任校对：郑　婕　贾立萍　封面设计：鞠　杨
责任印制：郜　敏
三河市宏达印刷有限公司印刷
2024 年 8 月第 1 版第 10 次印刷
210mm×285mm · 12 印张 · 364 千字
标准书号：ISBN 978-7-111-70246-7
定价：39.00 元

电话服务　　　　　　　　　　网络服务
客服电话：010-88361066　　机　工　官　网：www.cmpbook.com
　　　　　010-88379833　　机　工　官　博：weibo.com/cmp1952
　　　　　010-68326294　　金　书　网：www.golden-book.com
封底无防伪标均为盗版　　机工教育服务网：www.cmpedu.com

前　　言

2019年2月，国务院发布了《国务院关于印发国家职业教育改革实施方案的通知》，对职业教育提出了全方位的改革设想，明确启动“学历证书+若干职业技能等级证书”制度试点（以下简称1+X证书制度试点）工作。为完善职业教育专业人才培养培训体系、深化产教融合、促进技术技能人才培养模式创新，广州中望龙腾软件股份有限公司组织国内知名专家学者制定了机械产品三维模型设计职业技能等级证书获取条件，对于构建国家资历框架、推进教育现代化、建设人力资源强国具有重要意义。

本书按照“机械产品三维模型设计”职业技能等级（中级）标准的工作任务和职业能力要求，在结合实际工程需要的前提下，通过不断应用、总结与开发，形成系统化的职业能力清单，并以各职业能力为核心构建学习单元，采用任务驱动模式编写，每个模块由相关的任务组成。

本书在内容选择、实例分析、理论基础、技术发展等方面都做了精心的编排，介绍了一定的基础理论与信息技术，突出了机械产品三维模型设计的应用与发展。

全书分为五个模块，共14个学习任务。其中深圳信息职业技术学院刘明俊编写学习任务1.1、1.2、1.4，广东科学技术职业学院童杰编写学习任务2.1、2.2，山西工程职业学院杨宜宁编写学习任务1.3、4.1，惠州工程职业学院钟荣林编写学习任务1.5、4.2，浙江工业职业技术学院刘长生编写模块3，广州航海学院陈饰勇编写学习任务2.3、4.3，陕西国防工业职业技术学院徐家忠编写模块5，济南职业学院王平嶂和广州科技贸易职业学院叶萍编写附录。全书由徐家忠、刘明俊统稿。

由于编者水平有限，书中疏漏之处在所难免，敬请广大读者批评指正。

编　者

目　　录

模块1

典型零件造型

教学目标

掌握草图绘制的基本步骤和方法，能够综合使用图形元素、尺寸标注、几何约束等命令精确绘制草图。

掌握拉伸工具各选项、参数的含义；正确确定拉伸的截面形状和尺寸，正确选择拉伸方向和拉伸高度的给定方式；熟练使用拉伸特征建模。

掌握旋转功能各选项及相关参数；正确确定旋转的截面形状、方向及角度；熟练使用旋转特征建模。

正确理解扫掠轮廓及路径的概念；掌握扫掠功能各选项及相关参数；熟练使用扫掠特征建模。

掌握孔特征的应用，理解孔的类型、规格尺寸和定位方式。

掌握圆角特征的应用，理解圆角特征的类型、选项及相关参数。

掌握斜角特征的应用，理解圆角特征的类型、选项及相关参数。

掌握几何体及特征的矩形阵列/圆形阵列的应用，能够正确进行规则特征的建模。

掌握镜像几何体及特征的应用，能够正确进行规则结构特征的建模。

能够准确分析零件的特征，综合运用草图、拉伸特征、旋转、扫掠特征以及其他特征编辑功能进行三维模型。

知识重点

草图的绘制方法及基本步骤。

基于草图的建模及基于特征的建模。

特征编辑及特征树的管理。

用户坐标系的应用。

知识难点

正确且完整的草图约束（几何约束及尺寸约束）的设置；过约束的判断及解决方法。

几何模型结构分析及建模方案的优化。

建模过程中相关设计规范及标准的应用。

模型参数化管理意识的培养。

教学方法

线上线下相结合，采用任务驱动模式。

建议学时

6~8学时。

知识图谱

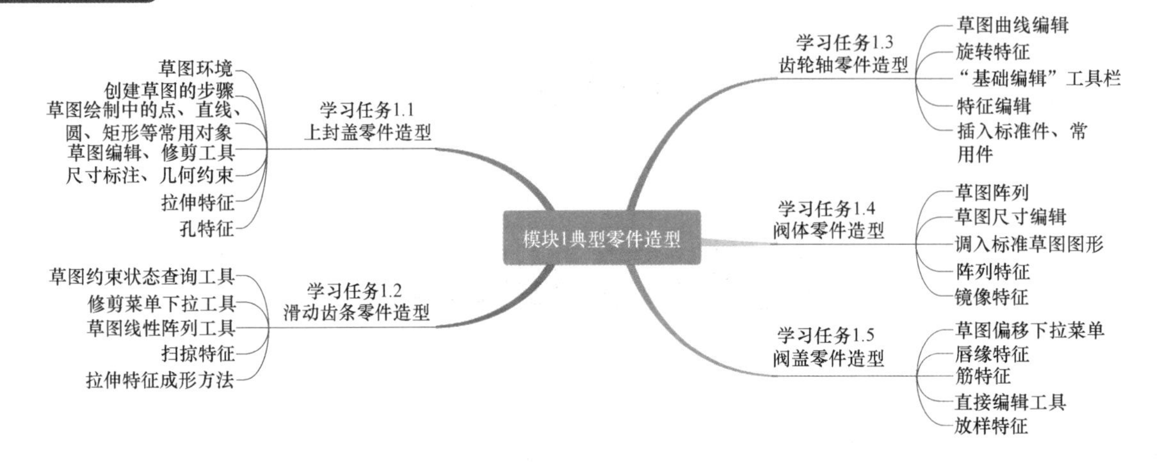

学习任务 1.1　上封盖零件造型

任务描述

如图 1-1 所示，上封盖是一个比较典型的板盖类零件，表面均匀分布着多个孔位，整体结构相对简单。通过完成上封盖零件造型任务，学员学习草图绘制与编辑、拉伸特征、孔特征等工具的使用方法，并且能够在三维建模过程中合理使用草图、拉伸、孔特征等工具，理解使用中望 3D 软件进行设计及三维建模的基本思路。

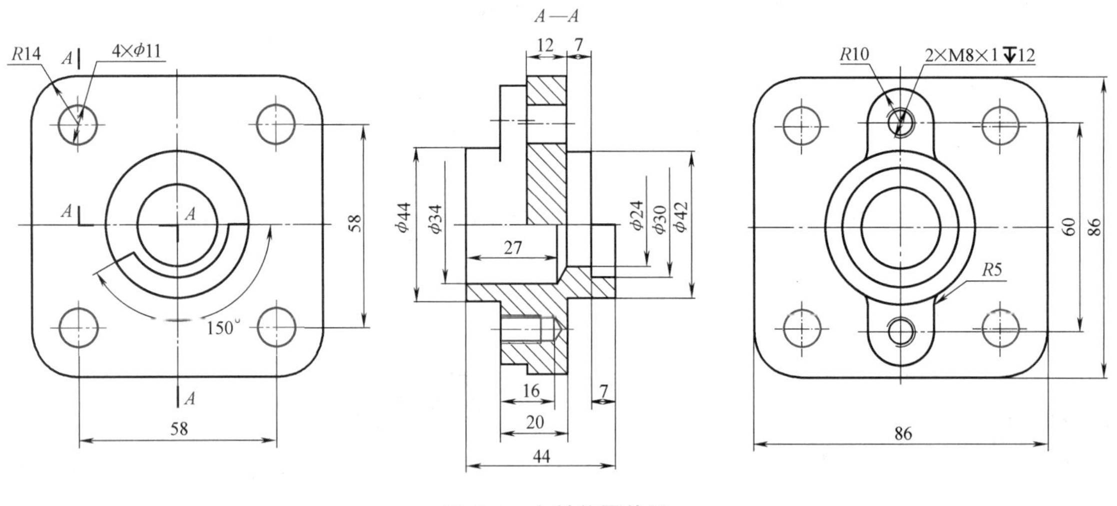

图 1-1　上封盖零件图

知识点

- 草图环境。
- 创建草图的步骤。
- 草图绘制中的点、直线、圆、矩形等常用对象。
- 草图编辑、修剪工具。
- 尺寸标注、几何约束。
- 拉伸特征。
- 孔特征。

技能点

- 理解草图绘制的步骤和方法。
- 正确使用草图对象、尺寸标注、几何约束等工具。
- 能根据草图确定拉伸的截面形状和尺寸。
- 能合理选择拉伸方向和拉伸高度的给定方式。
- 能合理选择孔的类型和定位方法，并给定孔的尺寸。

素质目标

培养学员独立完成中等难度机械零件的结构分析能力，合理使用中望3D建模软件确定建模方案的综合应用能力，以及独立思考、勇于创新的职业能力。

课前预习

1. 草图环境

草图是使用尺寸和几何约束加以限制的参数化平面几何图形。学员能够通过修改草图尺寸达到快速更改图形形状及位置的目的。大多数几何模型及其特征都是基于草图构建的。

中望3D软件建模环境下使用“造型”工具选项卡下“基础造型”工具栏中的“草图”工具按钮或在主菜单选择“插入”→“草图”命令激活草图创建过程，系统首先弹出“草图”对话框，如图1-2所示。

在“草图”对话框中单击“平面”文本框或向下按钮后，可在绘图区内选择合适的平面（系统默认为X-Y平面）作为草图平面，单击“确定”按钮，系统进入草图环境。

温馨提示：

“草图”对话框默认在界面环境最左侧（设计树列表中），单击“草图”对话框右上角的“停靠”按钮，可以将其弹出为浮窗状态。

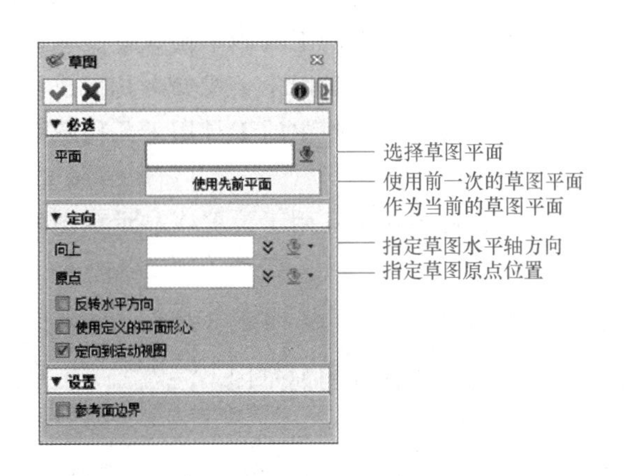

图1-2　“草图”对话框

进入草图环境后，系统显示二维绘图界面，如图1-3所示，主要由工具选项卡、工具栏、快捷工具栏、右侧浏览器和绘图区等组成。

“草图”工具选项卡用于绘制和编辑草图几何对象，为几何对象标注尺寸或添加几何约束；“工具”工具选项卡中有在画图过程中常用的一些设置工具；“查询”工具选项卡中有计算、测量、获取相关参数的工具。

（1）“绘图”工具栏　“绘图”工具栏中的工具用于绘制常见几何图素，有“绘图”“直线”“圆”

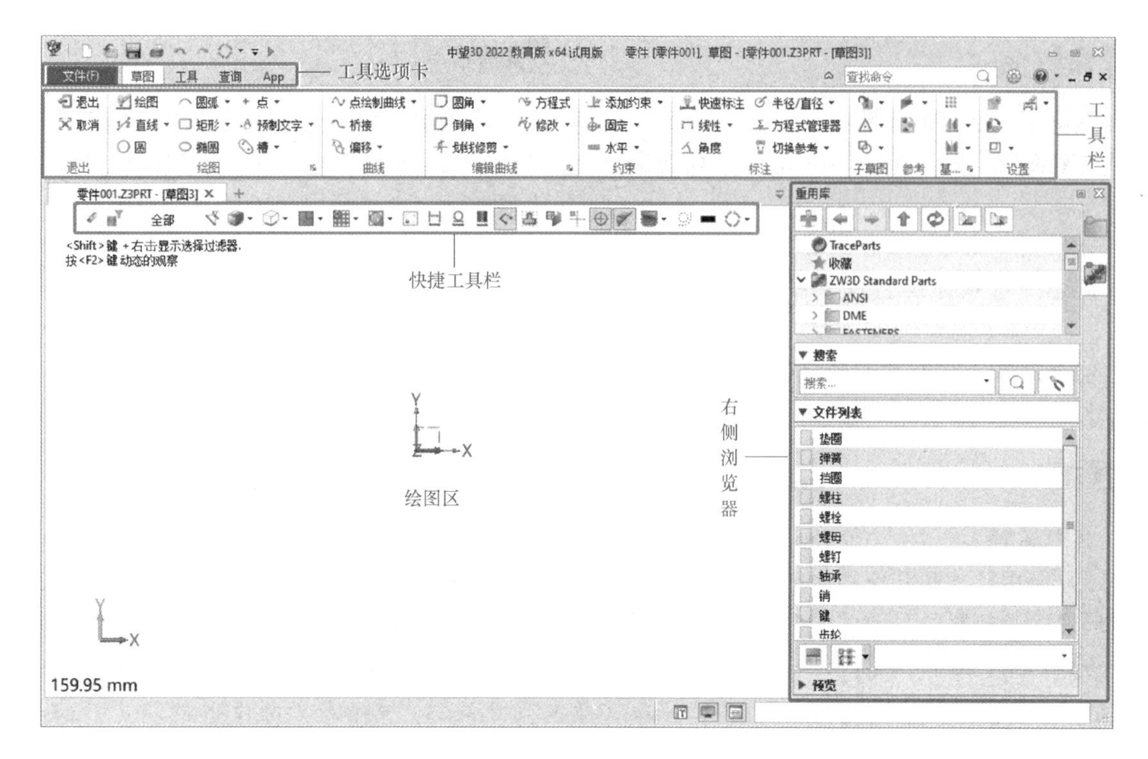

图 1-3　二维绘图界面

“圆弧”“矩形”“椭圆”“点”“预制文字”“槽”等工具。

(2)“曲线”工具栏　“曲线”工具栏中的工具用于创建样条线，有“点绘制曲线”“桥接”“偏移”等曲线创建形式。

(3)“约束”工具栏　“约束”工具栏中的工具用于为几何图素添加必要的几何约束。有“自动约束”“添加约束”“固定”“水平”等类型。

(4)“标注”工具栏　“标注”工具栏中的工具用于为指定对象添加几何尺寸。

(5)“子草图”工具栏　“子草图”工具栏中的工具用于快速定义或插入标准图形。

(6)“参考”工具栏　“参考”工具栏中的工具用于生成参考几何或从外部插入图片。

(7)“基础编辑”工具栏　“基础编辑”工具栏中的工具用于几何图素的“阵列”“移动”“复制”“镜像”等操作。

(8)“设置”工具栏　“设置”工具栏中的工具用于设置或显示草图的状态与环境。

(9)草图的完成与取消

1）“退出”按钮：退出并保存草图。

2）“取消”按钮：退出草图环境，不保存当前草图。

2. 草图环境下常用的绘图工具

(1)“绘图”工具按钮　不用退出当前命令可以绘制直线或圆弧。

1）绘制直线。　单击“绘图”工具按钮，使用光标在绘图区内确定点的位置就可以绘制连续线段，结束命令可以重新选择其他命令或按<Esc>键即可，如图 1-4a 所示。

温馨提示:

在绘图的过程中，确定点的位置可以捕捉特征点或使用鼠标在绘图区单击确定点的位置，如果要取消捕捉特征点，可以在绘图区右击，在弹出的菜单中选择“关闭智能选择”命令。

2）绘制圆弧。“绘图”命令在默认情况下处于绘制直线状态，如果要绘制圆弧，需要再次单击

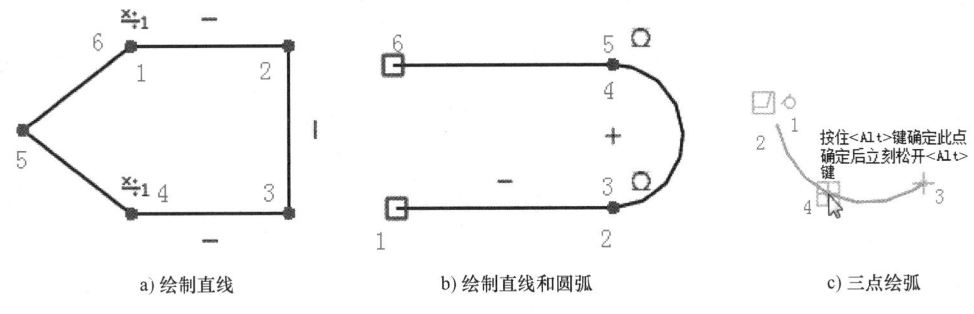

a) 绘制直线 b) 绘制直线和圆弧 c) 三点绘弧

图 1-4 “绘图”工具按钮的应用

“绘图”工具按钮，系统自动转入绘制切线圆弧状态。如果需要转入直线方式，则其操作方式同上。按图 1-4b 所示顺序确定点的位置就可以绘制直线和圆弧。

3）三点绘弧。使用“绘图”命令绘制圆弧，在确定第二点的时候按住<Alt>键就可以转入三点绘弧状态，需要注意的是，确定完第二点后一定要松开<Alt>键，否则将绘制样条线，如图 1-4c 所示。

（2）“点”工具按钮 单击“造型”工具选项卡下“绘图”工具栏中的“点”工具按钮，系统弹出“点”对话框，如图 1-5 所示。通过“点”对话框可以在草图上创建点。点的位置可以使用鼠标在绘图区单击自由拾取，通过添加尺寸或约束的方式进行准确定位，也可以通过输入点坐标或捕捉特征点的方式进行准确定位。

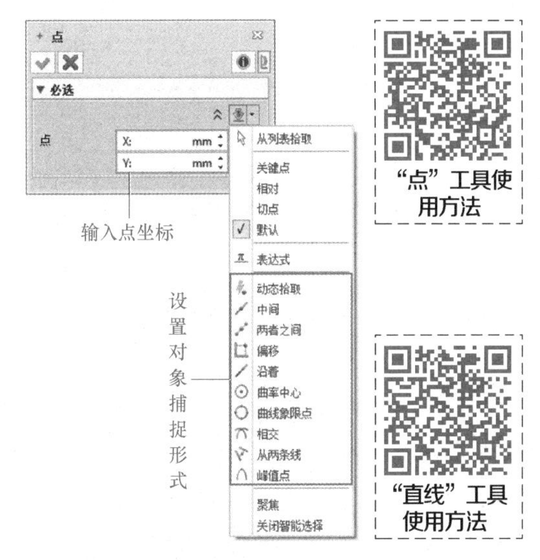

图 1-5 “点”对话框

（3）“直线”下拉菜单 “直线”下拉菜单包含“直线”“多段线”“双线”“轴”等多种直线工具，如图 1-6 所示。

1）“直线”工具按钮。使用“直线”工具可以绘制两点直线、平行点直线、平行偏移直线、垂直直线、角度直线、水平/竖直直线、中点直线等多种形式的线段。

单击“直线”工具按钮，激活“直线”命令，系统弹出“直线”对话框，如图 1-7 所示。

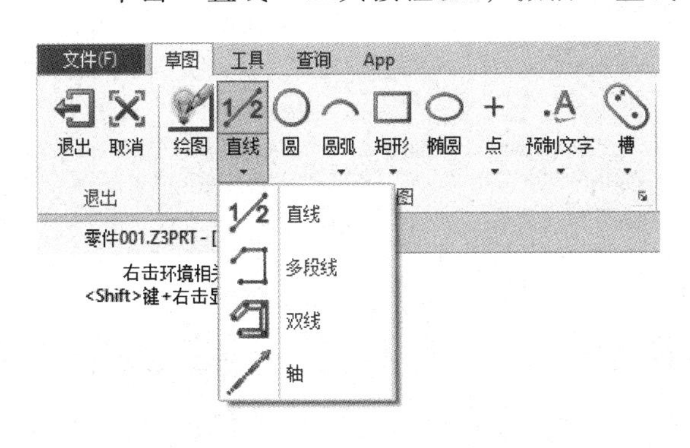

图 1-6 “直线”下拉菜单

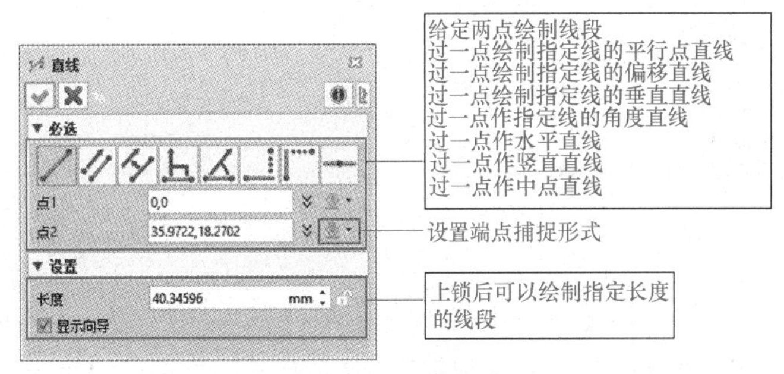

图 1-7 “直线”对话框

2）“多段线”工具按钮。使用“多段线”工具可以采用连续确定多个点的方式创建连续线段，点的确定方式和直线端点方式相同，如图 1-8a 所示。

3）“双线”工具按钮。“双线”工具用于绘制一组连续平行线，绘制过程中可以设定平行线的距离、拐角圆角和封闭双线等选项，如图 1-8b 所示。

4）“轴”工具按钮。“轴”工具用于绘制向两边无限延伸的结构线。

(4)“圆”工具按钮 “圆”工具中包含边界圆、半径圆、通过点圆、两点半径圆、两点圆等绘制圆的方式。

单击“圆”工具按钮，激活“圆”命令，系统弹出“圆”对话框，如图 1-9 所示。

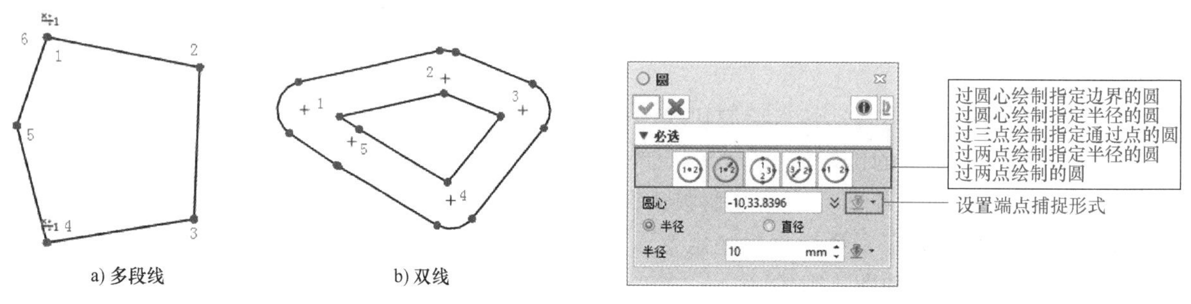

图 1-8 多段线和双线

图 1-9 “圆”对话框

1）“边界”工具按钮：指定圆心和圆周上一点确定圆。

2）“半径”工具按钮：指定圆心、半径或直径确定圆。

3）“通过点”工具按钮：指定圆周上三点绘制圆。

4）“两点半径”工具按钮：指定圆周上两点和半径确定圆。

5）“两点”工具按钮：指定直径的两个端点确定圆。

(5)“矩形”下拉菜单 “矩形”下拉菜单包含“矩形”和“正多边形”两个工具。

1）“矩形”工具按钮。“矩形”工具中包含中心矩形、角点矩形、中心-角度矩形、角点-角度矩形、平行四边形等多种绘制矩形的命令。

单击“矩形”工具按钮，激活“矩形”命令，系统弹出“矩形”对话框，如图 1-10 所示。

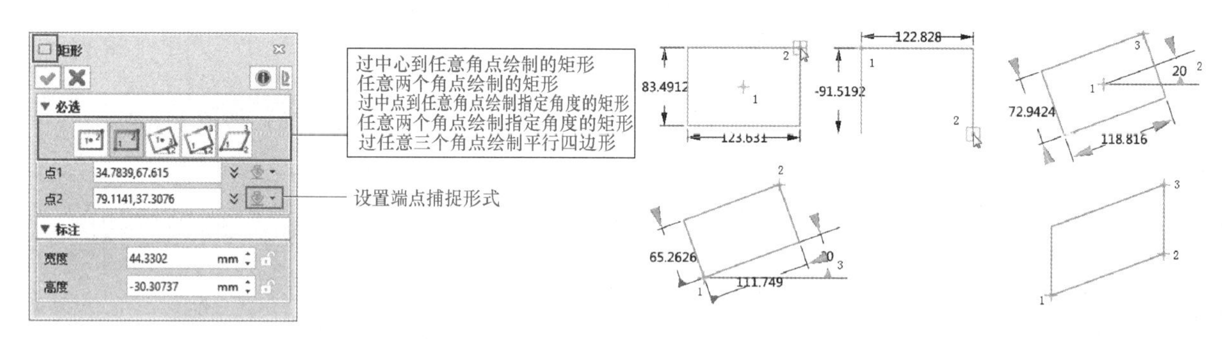

图 1-10 “矩形”对话框

①“中心”工具按钮：指定矩形中心和一个角点创建矩形。

②“角点”工具按钮：指定矩形对角点确定矩形。

③“中心-角度”工具按钮：指定矩形中心、旋转角度和一个角点或长宽确定矩形。

④“角点-角度”工具按钮：指定对角点和角度确定矩形。

⑤“平行四边形”工具按钮：指定三点确定平行四边形。

2）“正多边形”工具按钮。“正多边形”工具可以以内接正多边形、外切正多边形、已知边长正多边形，内接边界、外切边界，边长边界等多种方式创建正多边形。

单击“正多边形”工具按钮，系统弹出“正多边形”对话框，如图1-11所示。

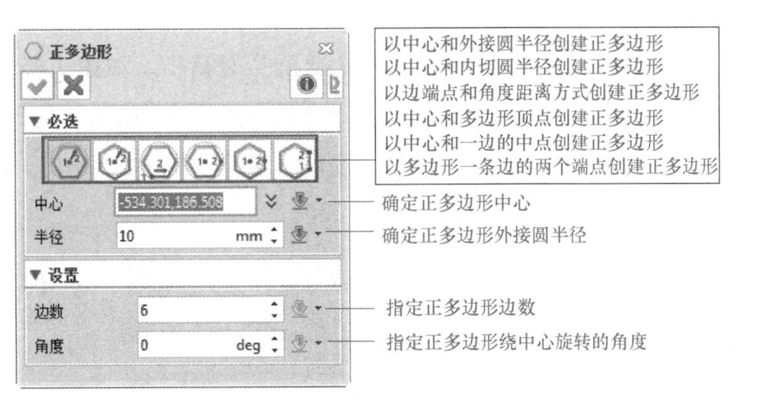

“正多边形”工具使用方法

图1-11　“正多边形”对话框

3. 草图编辑与修剪工具

（1）“圆角”下拉菜单　“圆角”下拉菜单包含“圆角”和“链状圆角”两个工具。

1）“圆角”工具按钮。“圆角”工具用于在选择的两条线之间产生圆角过渡，产生圆角过渡时可以控制修剪或不修剪邻接对象。

单击“圆角”工具按钮，激活“圆角”命令，系统弹出“圆角”对话框，如图1-12a所示。

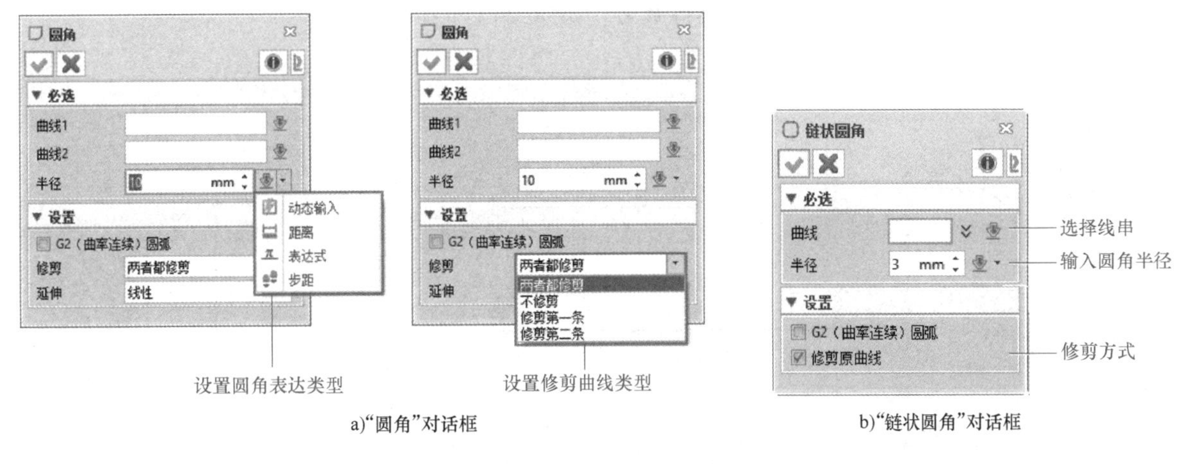

图1-12　“圆角”与“链状圆角”对话框

2）“链状圆角”工具按钮。“链状圆角”工具用于在选择的线串上产生圆角过渡。单击“链状圆角”工具按钮，系统弹出“链状圆角”对话框，如图1-12b所示，产生的链状圆角如图1-13所示。

（2）“倒角”下拉菜单　“倒角”下拉菜单包含“倒角”和“链状倒角”工具。

1）“倒角”工具按钮。“倒角”工具可以使用倒角距离、两个倒角距离、倒角距离和角度等形式产生斜角。

单击“倒角”工具按钮，激活

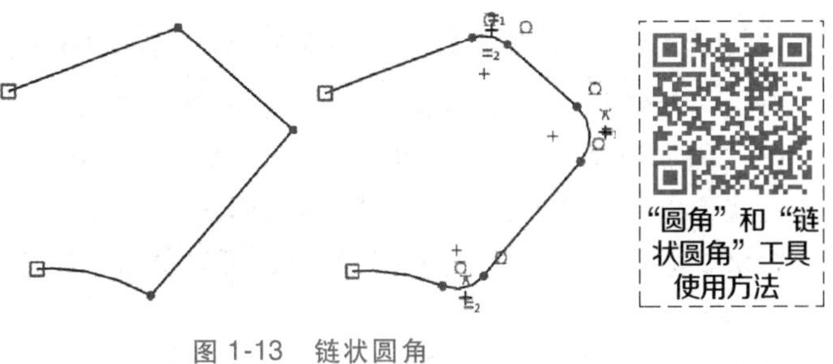

图1-13　链状圆角

“圆角”和“链状圆角”工具使用方法

“倒角”命令，系统弹出“倒角”对话框，如图 1-14 所示。通过“倒角”对话框可以在选择的草图图素间产生斜角过渡。

2）“链状倒角”工具按钮。“链状倒角”工具可以在选择的线串上产生倒角过渡，但倒角形式只能用等距离倒斜角。

单击“链状倒角”工具按钮，系统弹出“链状倒角”对话框，如图 1-15 所示，创建过程可以参考“链状圆角”的创建。

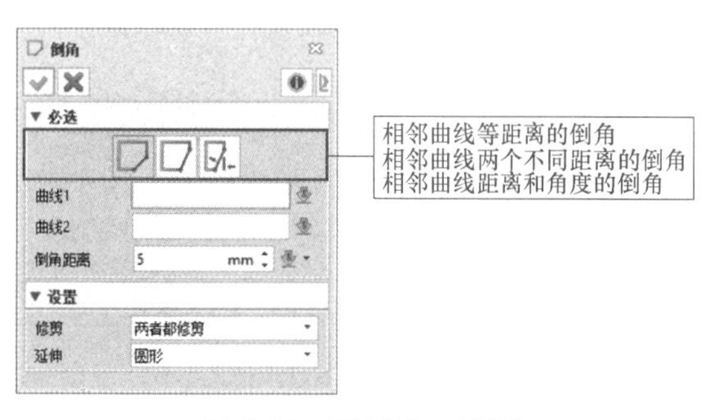

图 1-14 “倒角”对话框

图 1-15 “链状倒角”对话框

(3)“修剪”下拉菜单 “修剪”下拉菜单包含“划线修剪”“单击修剪”“修剪/延伸”“修剪/打断曲线”“通过点修剪/打断曲线”“修剪/延伸成角”“删除弓形交叉”“断开交点”等多个工具，如图 1-16 所示。

单击“划线修剪”工具按钮，系统激活“划线修剪”命令，绘图区的光标变成，用户只需单击并移动光标划过需要修剪的曲线即可进行修剪，如图 1-17 所示。

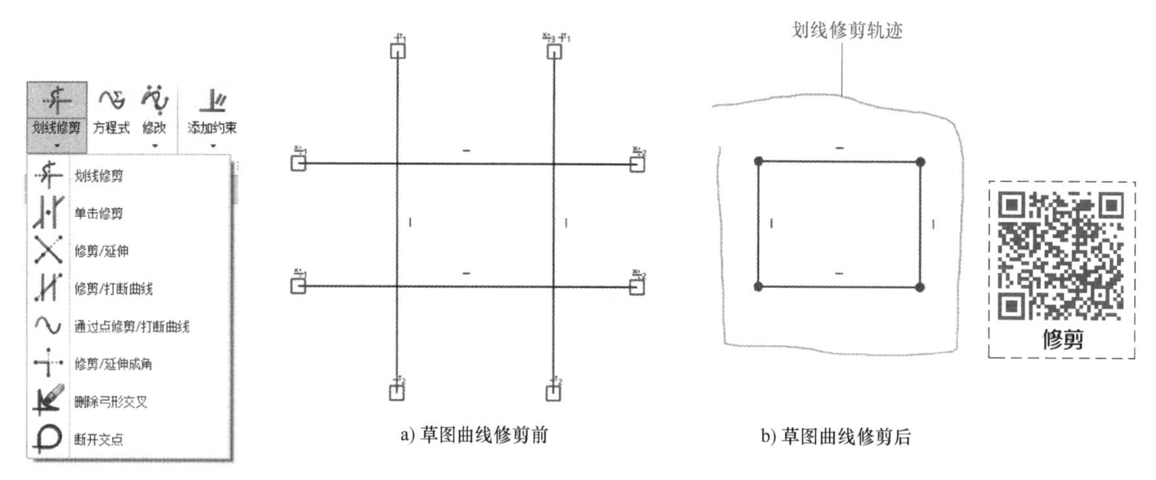

a) 草图曲线修剪前　b) 草图曲线修剪后

图 1-16 “修剪”下拉菜单　图 1-17 “划线修剪”工具修剪效果

4. 草图几何约束

草图几何约束可以使用“添加约束”“固定”“水平”下拉菜单中的工具进行添加。

“添加约束”下拉菜单包含“添加约束”和“自动约束”工具，如图 1-18 所示。

单击“添加约束”工具按钮，系统弹出“添加约束”对话框，选择需要添加几何约束的曲线/点，在“添加约束”对话框中的“约束”选项组下显示可以添加的约束，根据需要单击对应的几何约束按钮就可以添加几何约束，如图 1-19 所示。

如果要添加某一个指定的几何约束，可以单击“固定”或“水平”下拉菜单中对应的工具按钮。

5. 草图尺寸标注

“标注”工具栏包含“快速标注”“线性”“角度”“半径/直径”“方程式管理器”“切换参考”等工具。

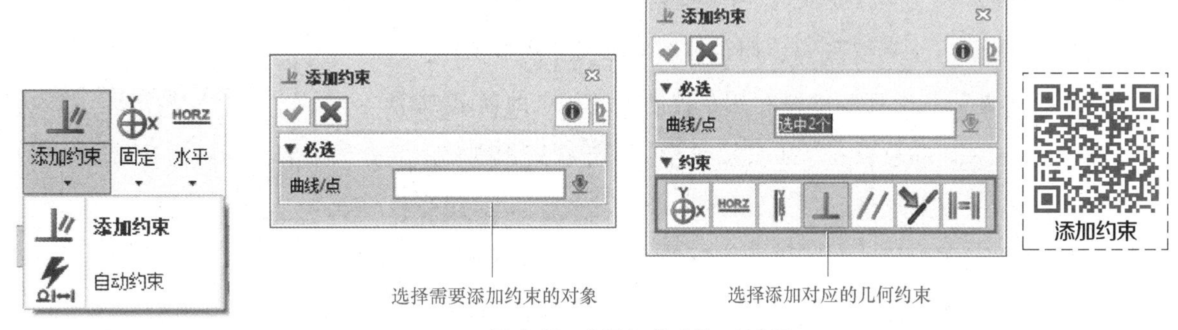

图 1-18　“添加约束”下拉菜单　　　　图 1-19　“添加约束”对话框

“快速标注”工具可以根据用户选择对象的不同自动判断标注尺寸的类型，是一种高效的草图尺寸标注方法。单击“快速标注”工具按钮，激活“快速标注”命令，系统弹出“快速标注”对话框，如图 1-20 所示。

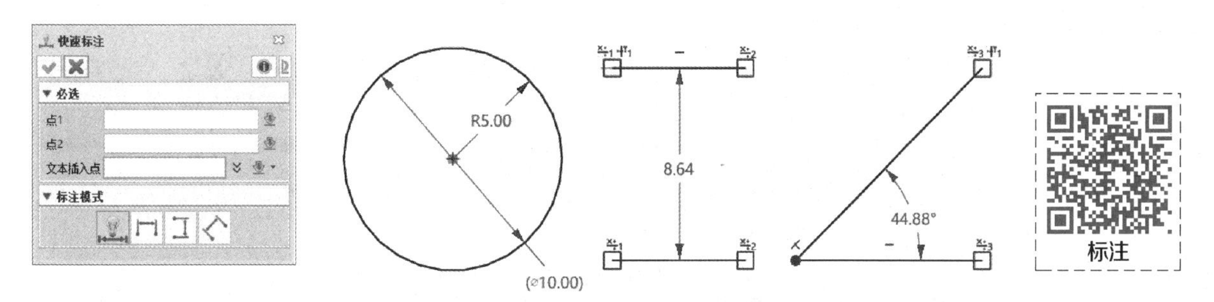

图 1-20　“快速标注”对话框及标注示例

6. 草图常用工具

在二维绘图界面正上方有一组小图标显示的快捷工具栏，包括“捕捉设置”“显示控制”“对象属性控制”“草图求解”等工具。

1）“擦除”工具按钮：选择对象后单击“擦除”工具按钮，将删除对象；也可以在选中对象后，按<DELETE>键删除对象。

2）“选择过滤”工具按钮 全部：单击该工具按钮，系统弹出“选择过滤器”对话框，如图 1-21 所示。

3）“对象捕捉形式”工具按钮：用于设置绘制草图时的对象捕捉的形式，激活这个命令，系统会弹出“捕捉过滤器”对话框，如图 1-22 所示。

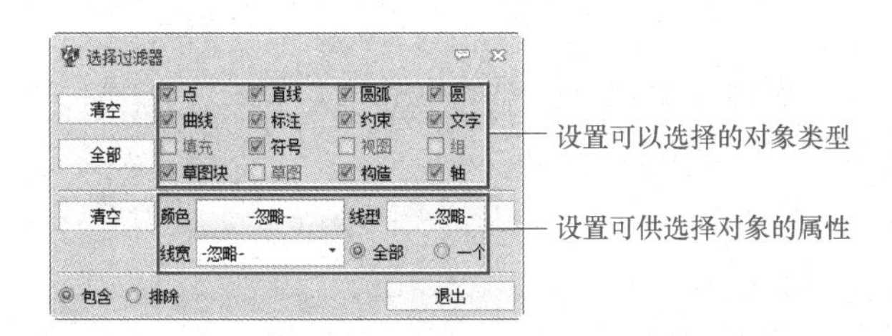

图 1-21　“选择过滤器”对话框

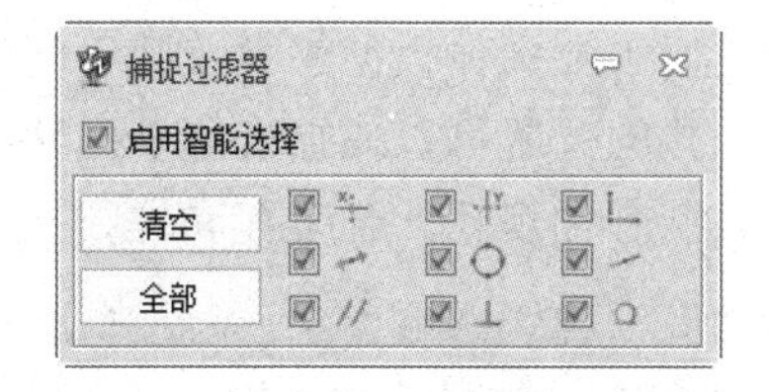

图 1-22　“捕捉过滤器”对话框

4）“显示控制”工具按钮：用于控制实体和面片在草图中的显示形式。

5）“视角方向控制”工具按钮：用于控制草图中的视角方向。

6）“栅格显示控制”工具按钮：用于控制栅格的显示形式。

7）“视图显示”工具按钮：用于控制图形放大和缩小。

8）“目标显示”工具按钮：用于控制草图中坐标系的显示/隐藏。

9）“尺寸显示”工具按钮：用于控制草图尺寸的显示/隐藏。

10）“约束显示”工具按钮：用于控制草图约束的显示/隐藏。

11）“打开/关闭颜色识别”工具按钮：用于快速识别草图完全约束和欠约束的对象。

12）“打开/关闭开放节点”工具按钮：用于显示/关闭开放的节点，便于查找草图开口端。

13）“打开/关闭封闭区域”工具按钮：用于检查草图的封闭区域。

14）“打开/关闭构造几何”工具按钮：用于创建构造线对象。

15）“求解草图”工具按钮：用于控制延迟求解草图。

7. 拉伸特征

拉伸特征是将选择的截面线沿指定的方向运动所形成的特征。中望 3D 软件中有“实体拉伸”和“曲面拉伸”两个工具按钮，但用法基本相同。在拉伸特征的创建过程中，需要指定拉伸的截面、拉伸方向、拉伸高度及其他选项参数。

单击“拉伸”工具按钮，系统弹出“拉伸”对话框，如图 1-23 所示。通过“拉伸”对话框，可以控制拉伸拔模、偏移、布尔运算、曲面或实体属性。

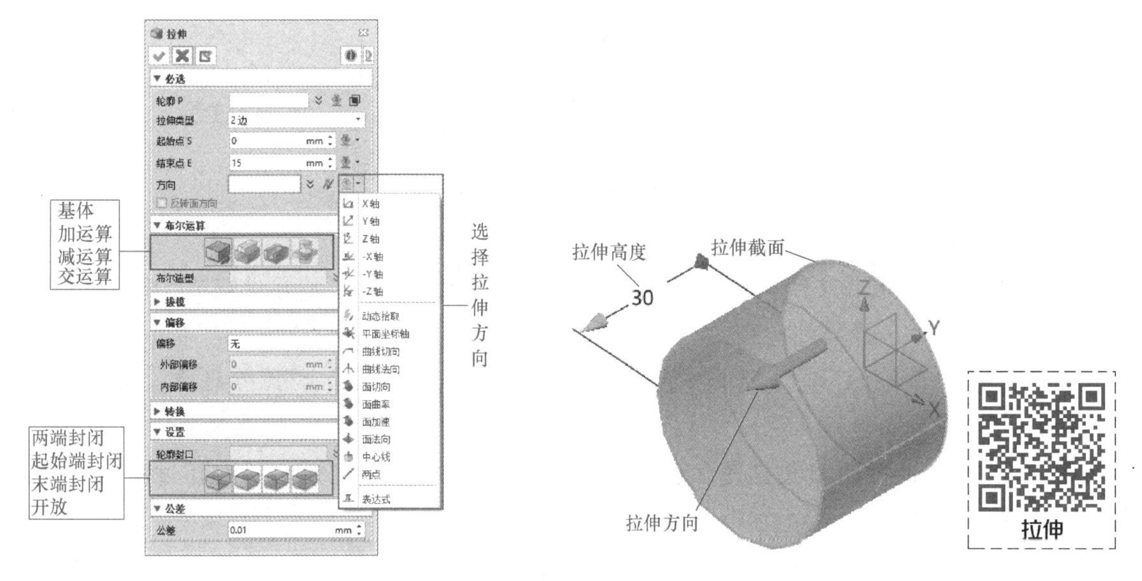

图 1-23 “拉伸”对话框

8. 孔特征

孔特征用于在实体上创建常规孔、间隙孔或螺纹孔。创建孔的过程需要确定孔的位置、方向和孔的形状尺寸。孔的位置可以捕捉模型上的特征点，也可以使用草图确定。

孔的类型有常规孔、台阶孔和螺纹孔三种。

单击“孔”工具按钮，系统弹出“孔”对话框，如图 1-24 所示。

（1）常规孔 常规孔用于创建简单孔、锥形孔、台阶孔、沉孔和台阶面孔，如图 1-25 所示。

（2）间隙孔 间隙孔可以根据选定的螺纹标准尺寸，自动设置孔的形状尺寸。间隙孔的形式有简单孔、台阶孔和沉孔三种形式，这三种形式和常规孔的含义相同。孔和螺纹的配合形式有 Close、Normal、Loose、Custom 四种。图 1-26 所示为给螺纹代号为 M10×1 的螺纹选择不同形式孔的尺寸，图中的灰色尺寸用户不能修改，“深度”尺寸用户可以自由修改。间隙孔的 Custom 形式，孔的所有尺寸用户都可以修改。

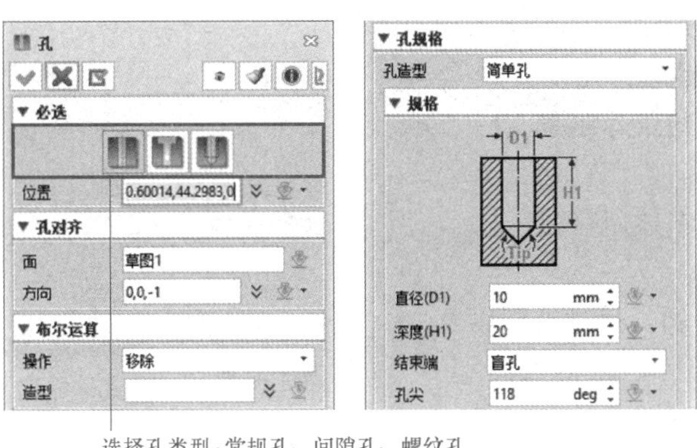

图 1-24　“孔”对话框

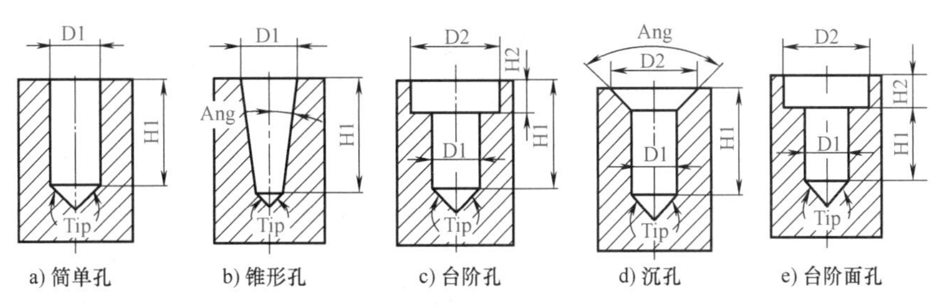

图 1-25　常规孔的形式

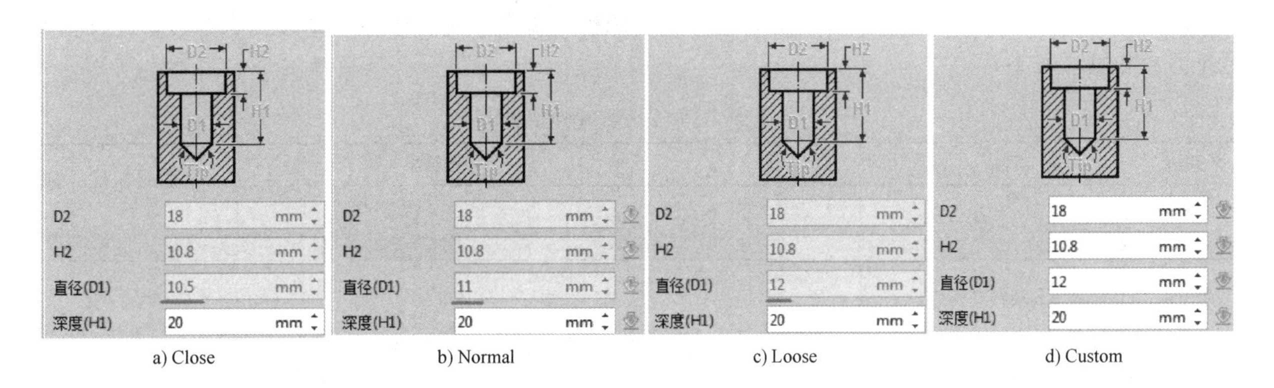

图 1-26　间隙孔-台阶孔

（3）螺纹孔　螺纹孔用于创建简单孔、锥孔、台阶孔、沉孔和台阶面孔，但孔的直径尺寸由选择的螺纹规格确定，用户只能改变孔的螺纹深度和底孔深度。

课内实施

1. 预习效果检查

（1）填空题

1）创建点的时候既可以在绘图区中________自由拾取一点，也可以通过输入________捕捉特征点的方式确定点的位置。

2）“直线”下拉菜单包含________、________、双线、轴等多种直线工具。

3）通过“直线”对话框可以绘制单段任意、________、________偏移直线、垂直直线、角度直线、水平直线/________、中点直线。

4）通过“矩形”对话框可以绘制________、________中心-角度矩形、角点-角度矩形。

（2）判断题

1）在“拉伸”命令中，拔模角度必须为正。（　　）

2）几何约束可以约束等长，但是不能约束等曲率。（　　）

3）尺寸标注包括定形尺寸及定位尺寸。（　　）

4）孔、倒角等几何特征不能独立于基本体而存在。（　　）

（3）选择题（请选择一个或多个选项）

1）通过“圆”对话框可以的绘制边界圆、通过点圆以及（　　）。

A. 半径圆　　B. 两点半径圆　　C. 两点圆　　D. 切线圆

2）中望软件中，拉伸类型有（　　）种。

A. 2　　B. 3　　C. 4　　D. 5

3）中望软件中，孔特征类型有（　　）种。

A. 2　　B. 3　　C. 4　　D. 5

4）在中望软件中，草图中有（　　）种倒角选项。

A. 1　　B. 2　　C. 3　　D. 4

5）在中望草图中有（　　）种修剪工具。

A. 2　　B. 6　　C. 8　　D. 9

2. 零件结构分析

（1）零件图样分析（参考）　上封盖零件图样如图 1-1 所示，总体结构比较简单，由主体、凸台、孔、圆角等结构组成。零件可用草图拉伸工具分段建模，再添加孔、倒角等特征即可完成。

（2）零件图样分析（学员）　分析上封盖零件的图样，参考上边的提示，独立完成上封盖零件的图样分析，并填写表 1-1。

表 1-1　学员分析零件图样

序号	项目	分析结果
1	上封盖基本体是哪一部分	
2	上封盖凸台结构有哪些	
3	上封盖的孔腔槽有哪些	
4	教师评价	

3. 零件建模方案设计

1）上封盖建模参考方案见表 1-2。

表 1-2　上封盖建模参考方案

序号	步骤	图　示	序号	步骤	图　示
1	创建基本体		2	拉伸底部凸台	

（续）

序号	步骤	图　　示	序号	步骤	图　　示
3	拉伸顶部凸台		5	倒圆角	
4	创建孔				

2）学员根据自己对零件的分析，参照表 1-2 的建模参考方案，独立设计上封盖建模方案，并填写表 1-3。

表 1-3　上封盖零件建模方案（学员）

序号	内容	方案
1	建模时第一个特征的选择原则是什么	
2	其他结构创建顺序如何确定	
3	一般情况下，最后创建什么特征	
4	教师评价	

4. 建模实施过程

(1) 建模实施过程（参考）

1）新建文件，如图 1-27 所示。要求：文件“类型”为“零件”或“装配”；文件名为“上封盖.Z3PRT”；“模板”为“PartTemplate（MM）”。

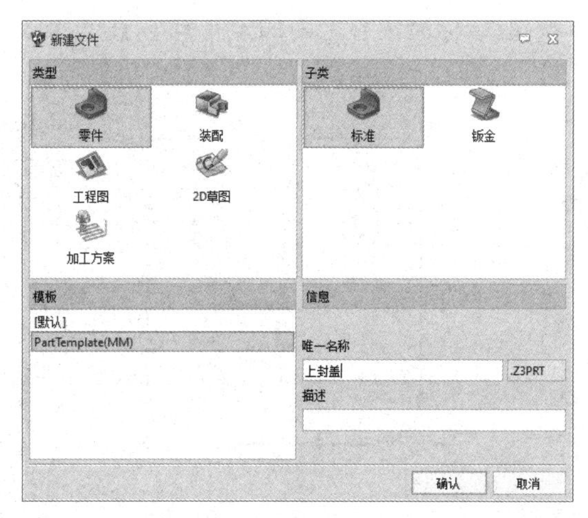

图 1-27　“新建文件”对话框

上封盖建模
步骤1）~3）

2）创建“草图 1”。

① 单击“草图”工具按钮，系统弹出“草图”对话框，单击“确定”按钮进入草图环境。

② 使用“矩形”工具按钮绘制图 1-28 所示矩形。

③ 使用“链状圆角”工具按钮对矩形进行倒圆角操作，结果如图 1-29 所示。

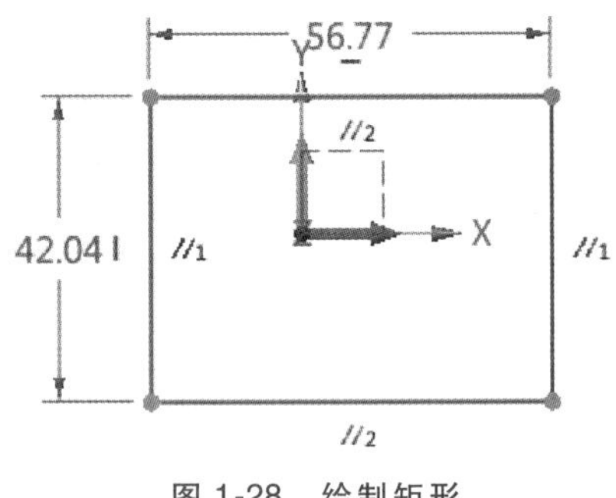

图 1-28　绘制矩形

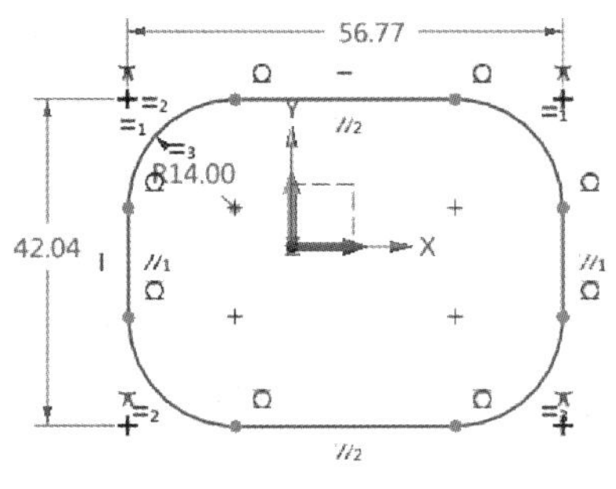

图 1-29　倒圆角

④ 将矩形的边长尺寸改为“86”，如图 1-30 所示。

⑤ 使用“几何约束”工具按钮添加对称约束，结果如图 1-31 所示。

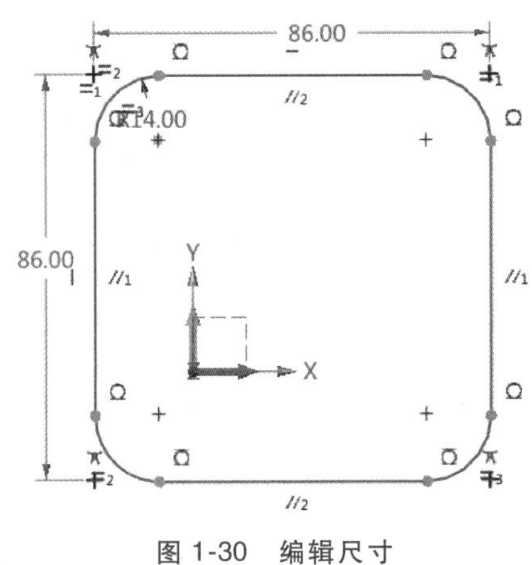

图 1-30　编辑尺寸

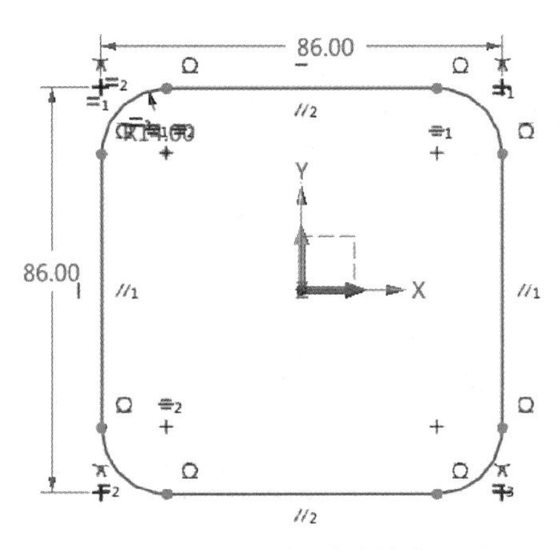

图 1-31　添加对称约束

⑥ 使用“圆”工具按钮绘制 ϕ11mm 圆，结果如图 1-32 所示。

⑦ 使用“镜像”工具按钮将圆沿 X 轴对称一次，再沿 Y 轴对称一次，结果如图 1-33 所示。

⑧ 使用“快速标注”工具按钮标注圆心之间的水平和竖直尺寸，并将尺寸值改为“58”，结果如图 1-34 所示。

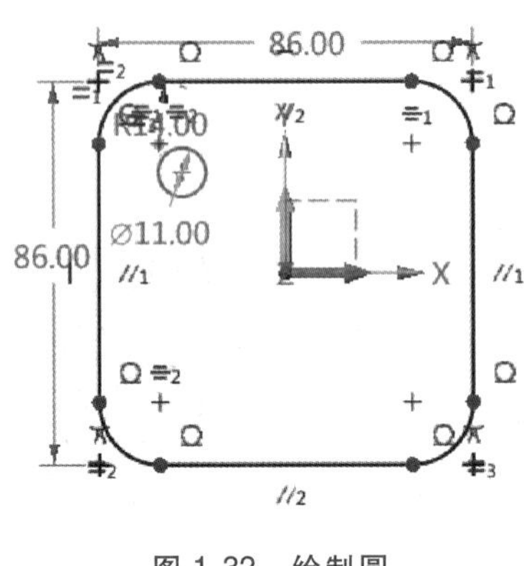

图 1-32　绘制圆

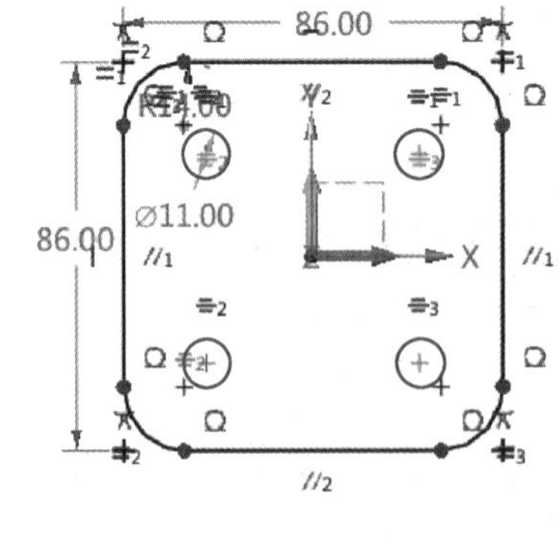

图 1-33　镜像圆

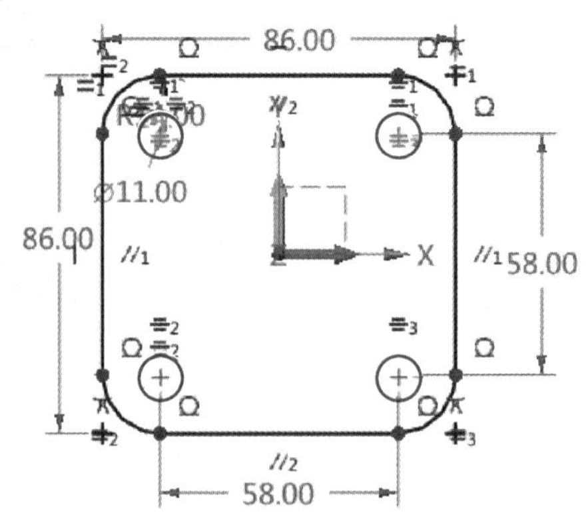

图 1-34　标注尺寸

⑨ 单击“退出”按钮完成草图。

3）创建“拉伸 1_基体”特征。

① 单击“拉伸”工具按钮，系统弹出“拉伸”对话框。

② 选择“草图 1”作为拉伸截面。

③ 在“拉伸”对话框中，将“起始点 S”设为“0”，“结束点 E”设为“12”。

④ 其余在使用默认选项，单击“确定”按钮完成拉伸，结果如图 1-35 所示。

4）创建“拉伸 2_凸台”特征。

① 单击“拉伸”工具按钮，激活“拉伸”命令，系统弹出“拉伸”对话框。

② 单击“拉伸”对话框中的“轮廓 P”选项后的按钮，在菜单中选择“草图”命令，弹出“草图”对话框。

③ 草图平面设为“使用先前平面”，单击“确定”按钮进入二维绘图界面。

④ 单击“圆”工具按钮，绘制 ϕ44mm 圆，圆心在坐标原点，结果如图 1-36 所示。

⑤ 单击“退出”按钮，完成草图，返回“拉伸”对话框。

⑥ 设置拉伸高度：“起始点 S”设为“0”，“结束点 E”设为“18”。

⑦ 拉伸方向：单击“方向”选项后的按钮，在矢量列表中选择“-Z 轴”选项。

⑧ 布尔运算：单击“加运算”按钮，单击“确定”按钮，结果如图 1-37 所示。

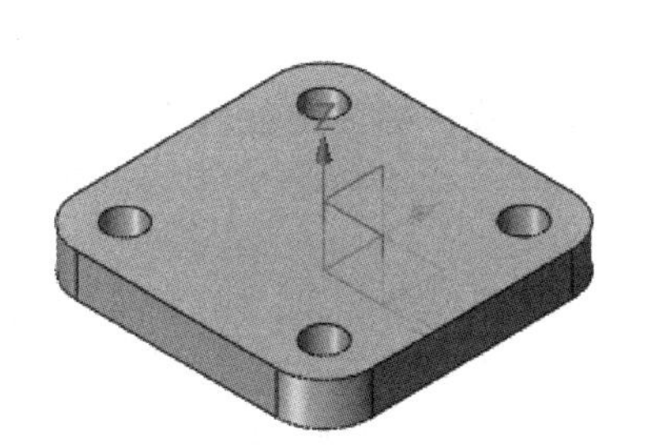

图 1-35　“拉伸”结果

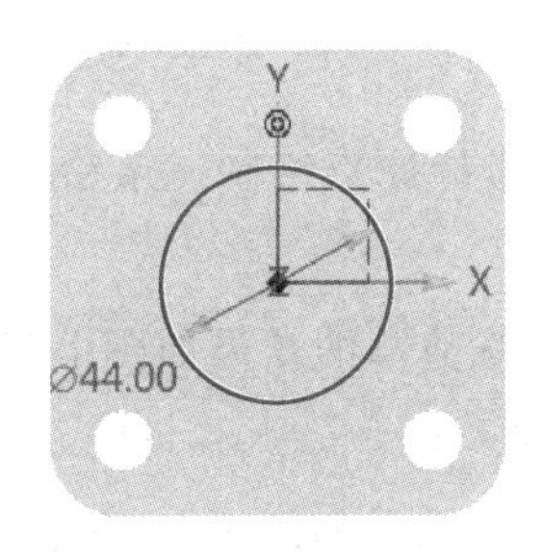

图 1-36　绘制圆

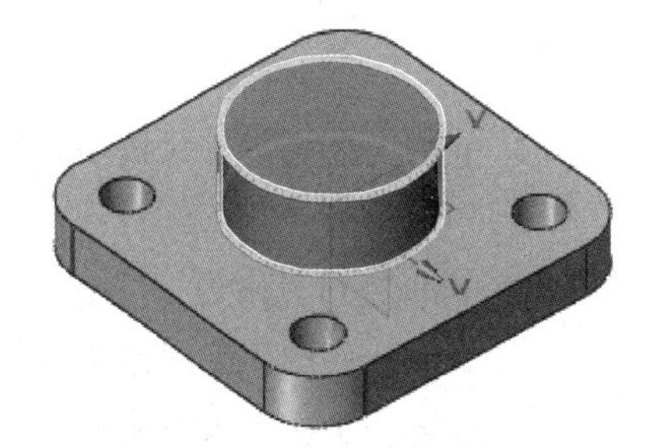

图 1-37　“拉伸 2_凸台”结果

5）创建“拉伸 3_凸台”特征。

① 使用步骤 4）的方法进入草图环境。

② 单击“圆”工具按钮，绘制两个 R10mm 圆，要求圆心落在 X 轴上，并沿 Y 轴对称，标注圆心距尺寸为 60mm，如图 1-38 所示。

③ 单击“直线”工具栏按钮，绘制两圆的公切线，如图 1-39 所示。

④ 单击“划线修剪”工具按钮，修剪不需要的圆弧部分，结果如图 1-40 所示。

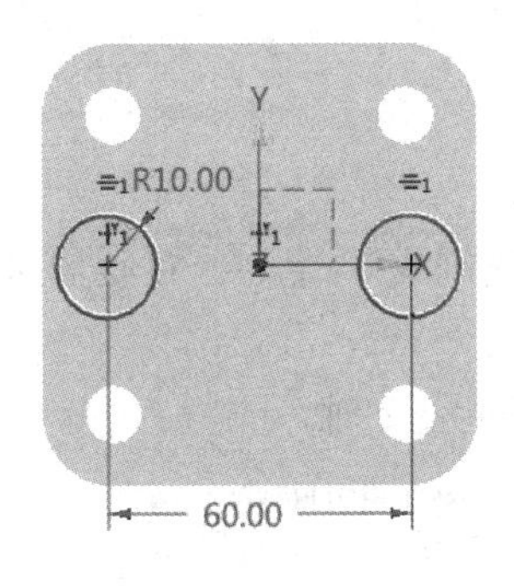

图 1-38　绘制圆

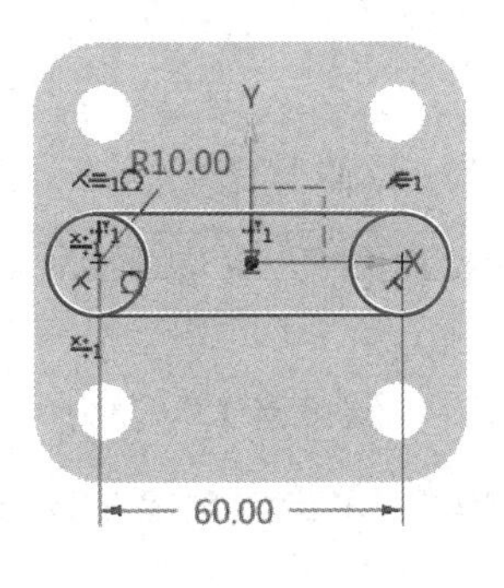

图 1-39　绘制公切线

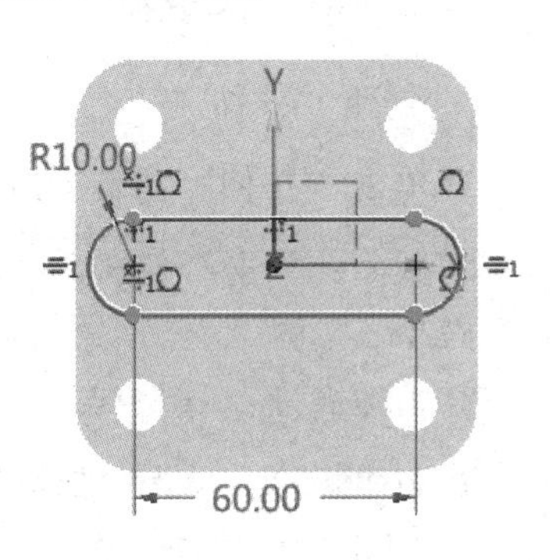

图 1-40　修剪曲线

⑤ 单击“退出”按钮，完成草图，返回“拉伸”对话框。

⑥ 设置拉伸高度：“起始点 S”设为“0”，“结束点 E”设为“8”。

⑦ 拉伸方向：单击“方向”选项后的按钮，在菜单中选择“-Z 轴”命令。

⑧ 布尔运算：单击“加运算”按钮，单击“确定”按钮，如图 1-41 所示。

6）单击“草图”工具按钮，激活“草图”命令，弹出“草图”对话框。

① 在草图平面选择“拉伸 1_凸台”特征顶面，草图水平参考选择 X 轴正向，如图 1-42 所示。

② 单击“圆”工具按钮，设置圆心为坐标原点，绘制 ϕ42mm 和 R15mm 圆，结果如图 1-43 所示。

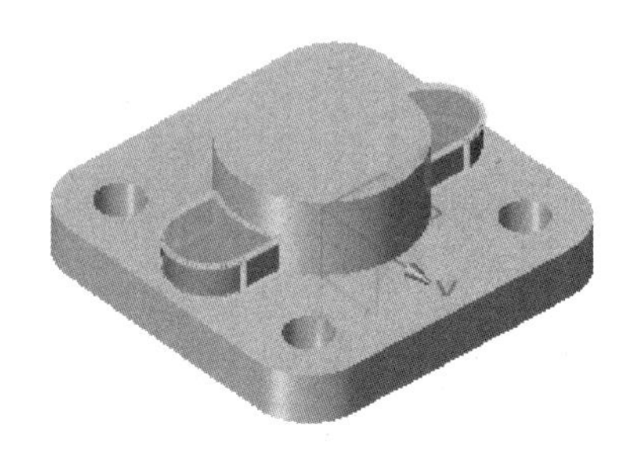

图 1-41 “拉伸 3_凸台”结果

图 1-42 草图平面

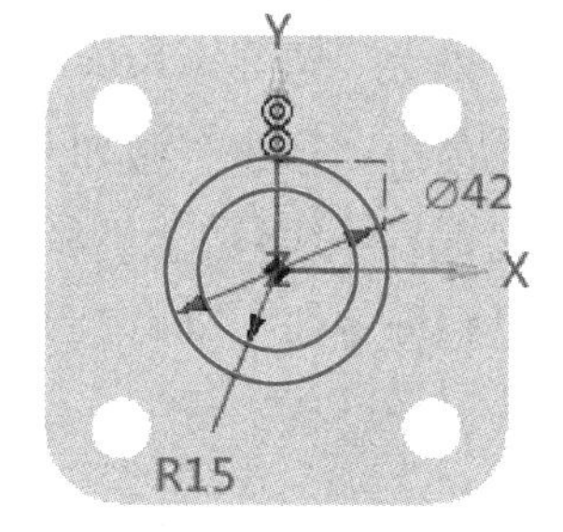

图 1-43 绘制圆

③ 单击“直线”工具按钮，通过坐标原点绘制一条铅垂线和一条角度线，标注角度为 150°，如图 1-44 所示。

④ 单击“划线修剪”工具按钮，修剪草图结果如图 1-45 所示。

⑤ 添加几何约束使得两条直线通过圆心。

⑥ 单击“退出”按钮，完成草图，结果如图 1-46 所示。

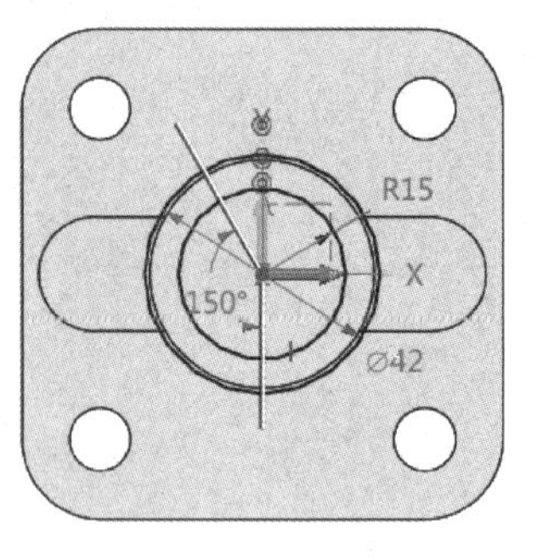

图 1-44 绘制直线

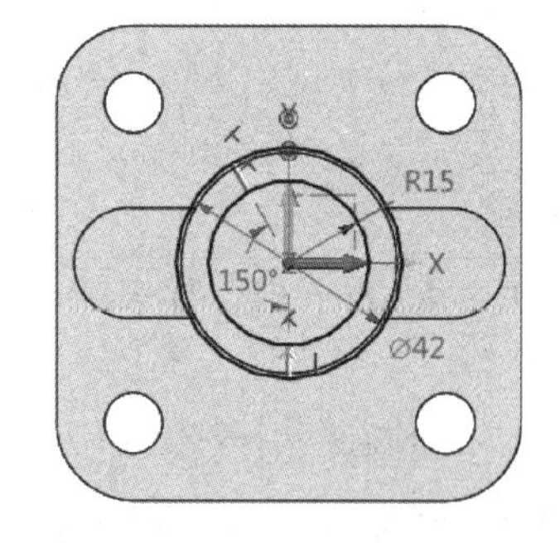

图 1-45 修剪直线

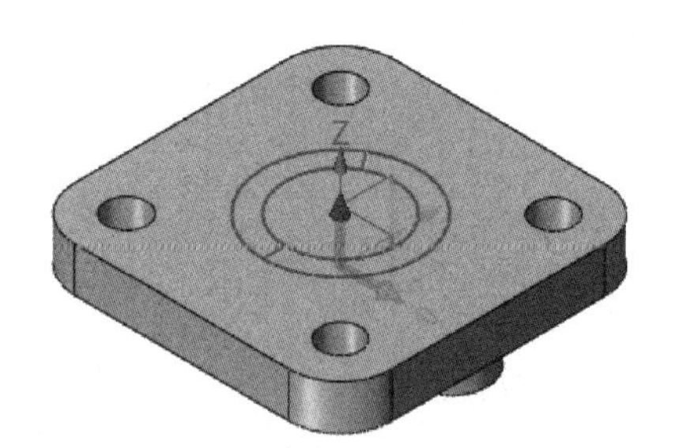

图 1-46 草图结果

7）创建“拉伸 4_凸台”特征。

① 单击“拉伸”工具按钮，激活“拉伸”命令。

② 截面：单击“轮廓 P”选项后的按钮，在菜单中选择“插入曲线列表”命令，在绘图区选择“ϕ42mm”圆。

③ 拉伸高度：“起始点 S”设为“0”，“结束点 E”设为“7”，拉伸方向为+Z 轴。

④ 布尔运算：单击“加运算”按钮，单击“确定”按钮，结果如图 1-47 所示。

8）创建“拉伸 5_凸台”特征。

① 单击“拉伸”工具按钮，激活“拉伸”命令。

② 拉伸截面：“轮廓 P”设为“草图 3”，单击按钮，在图 1-48 所示区域单击选择拉伸区域。

③ 拉伸高度：“起始点 S”设为“0”，“结束点 E”设为“14”，拉伸方向为+Z 轴。

④ 布尔运算：单击“加运算”按钮，单击“确定”按钮，结果如图 1-49 所示。

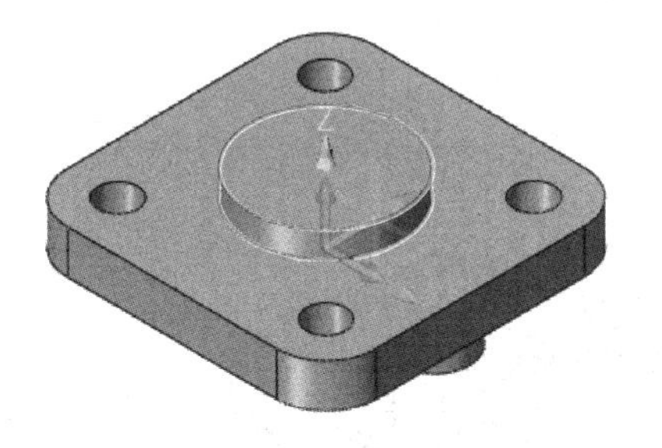

图 1-47　“凸台 4_拉伸”结果

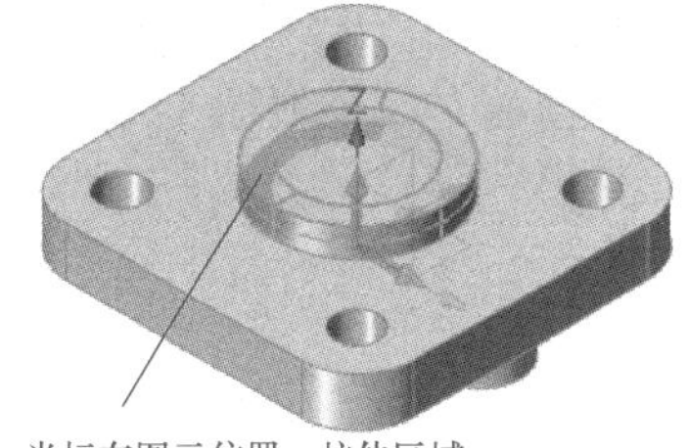

图 1-48　“凸台 5_拉伸”区域

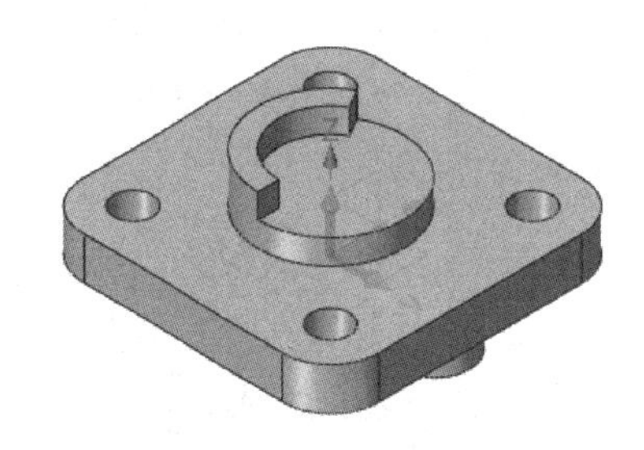

图 1-49　“凸台 5_拉伸”结果

9）创建螺纹孔（M8×1）。

① 单击“孔”工具按钮，激活“孔”命令。

② 单击“螺纹孔”按钮，设置位置为 R10mm 圆弧圆心，如图 1-50 所示。

③ 孔形状尺寸：设置“尺寸”为“M8×1”，“深度类型”为“自定义”，“深度”为“12”，“深度（H1）”为“16”，“结束端”为“盲孔”。

④ 单击“确定”按钮完成孔的创建，结果如图 1-51 所示。

10）创建沉孔。

① 激活“孔”对话框，单击“常规孔”按钮。

② 孔位置：沉孔“位置”与“ϕ44mm”圆同心，如图 1-52 所示；

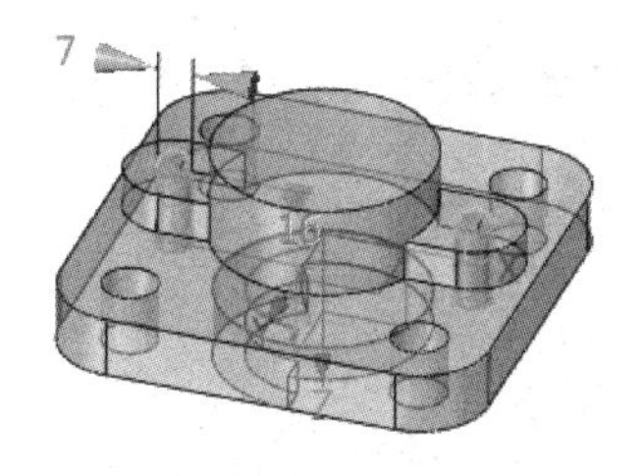

图 1-50　“螺纹孔”位置

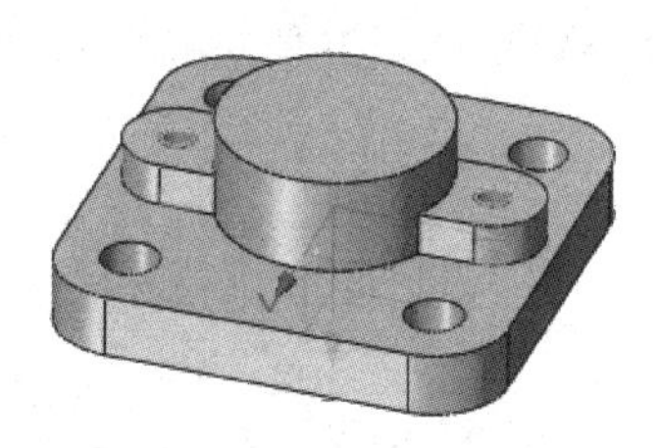

图 1-51　“螺纹孔”创建结果

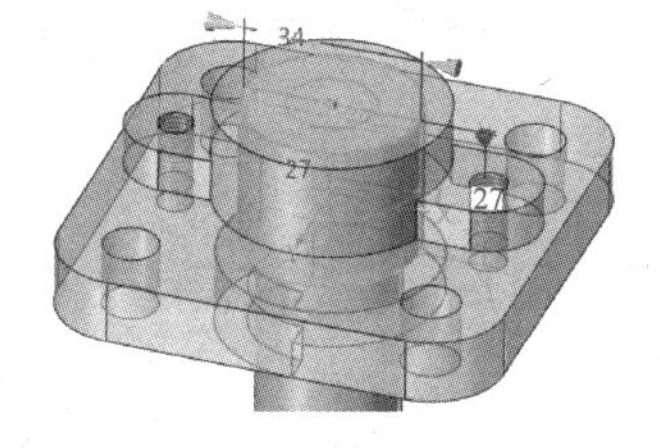

图 1-52　沉孔定位

③ 孔参数：“孔造型”设为“台阶孔”，“D2”设为“34”，“H2”设为“27”，“直径（D1）”设为“24”，“结束端”设为“通孔”。

④ 单击“确定”按钮完成孔的创建，结果如图 1-53 所示。

11）创建 R5mm 圆角。单击“圆角”工具按钮，激活“圆角”命令，在“圆角”对话框中将“半径”设为“5”，选择 4 条边，单击“确定”按钮完成圆角的创建，结果如图 1-54 所示。

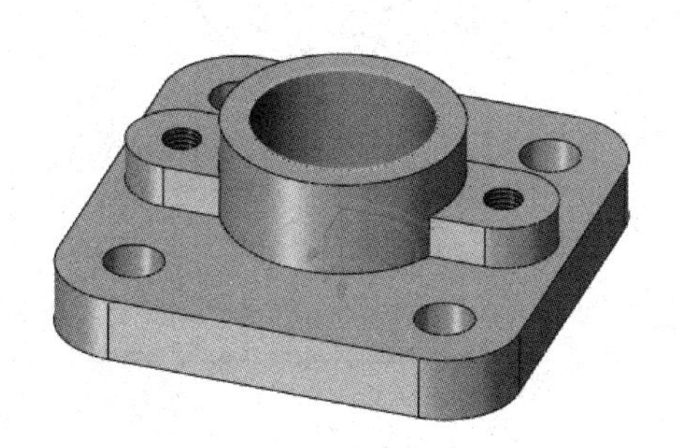

图 1-53　沉孔创建结果

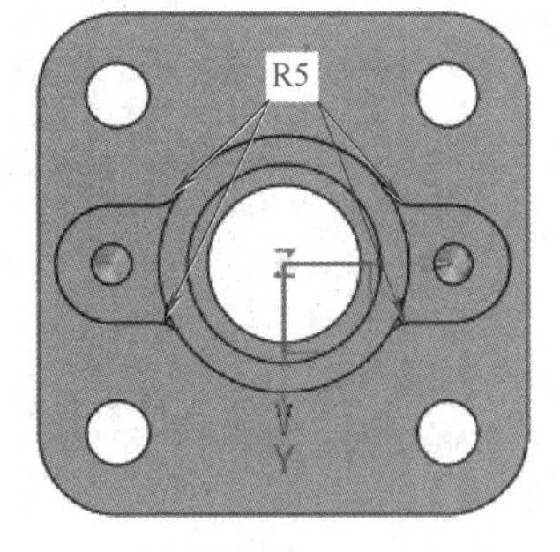

图 1-54　创建 R5mm 圆角

12）创建倒角特征。

① 单击“倒角”工具按钮，弹出“倒角”对话框，将“倒角类型”设为“非对称”，“边”选择图 1-55 所示的边。

② 倒角尺寸：“倒角距离”设为“3”，“倒角距离 2”设为“5”。

③ 单击“确定”按钮完成倒角的创建，结果如图 1-56 所示。

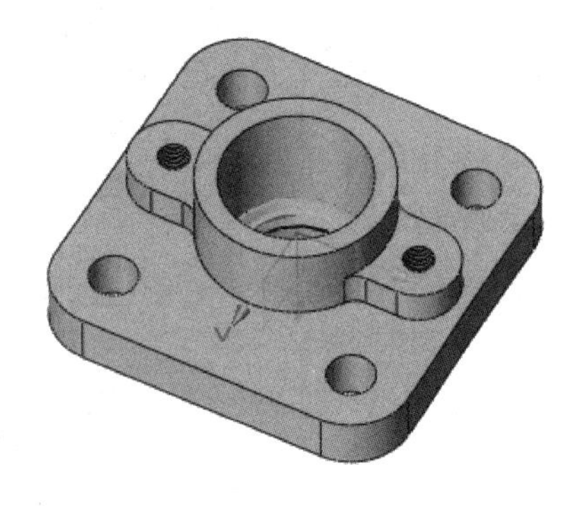

图 1-55 “倒角”边

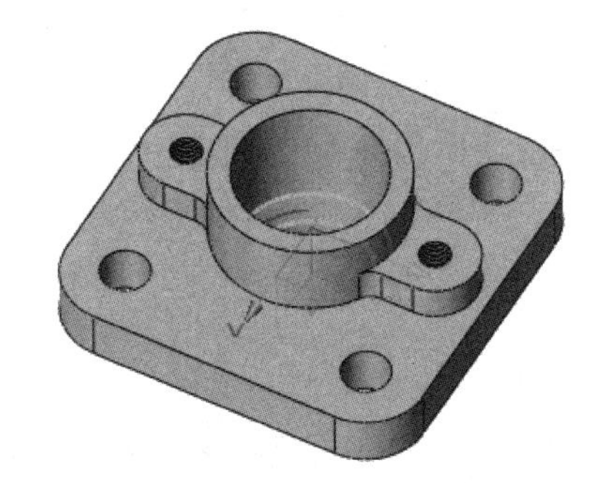

图 1-56 倒角结果

13）保存文件。

(2) 建模过程（学员） 请根据自己对零件的分析和方案设计，独立进行上封盖零件建模，建模过程可以用附页电子文档的方式向老师提交。

课后拓展训练

1）根据图 1-57 所示图样中的数据编辑草图，并使用拉伸特征等工具创建实体。

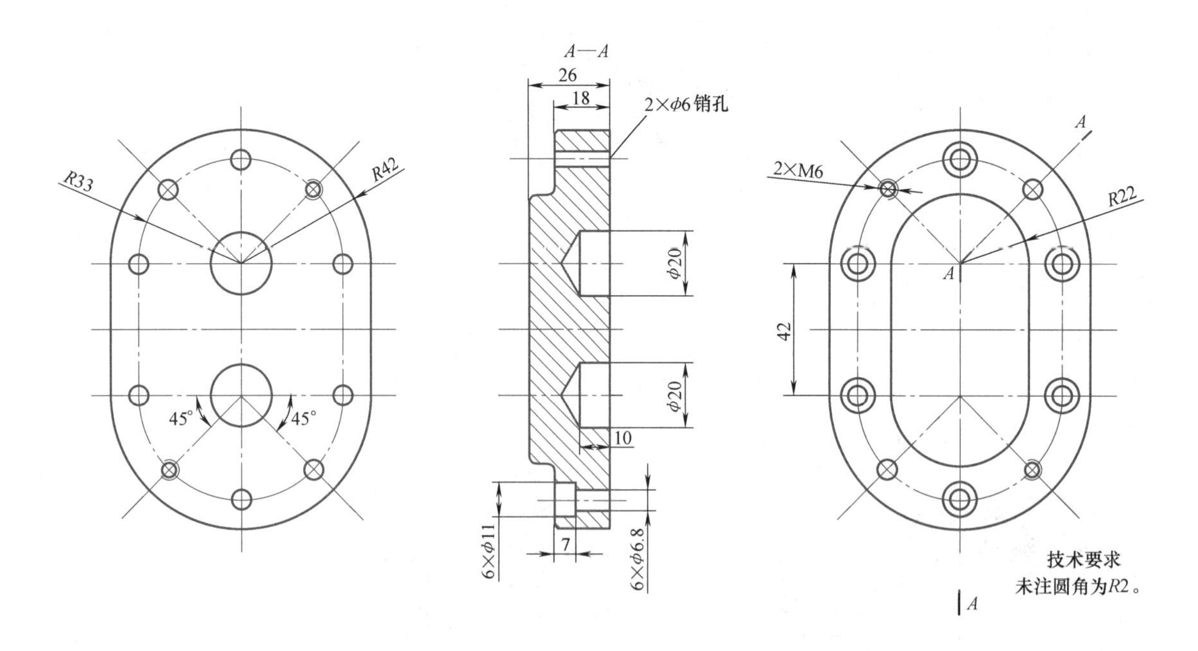

图 1-57 齿轮油泵左泵盖零件图

2）根据图 1-58 所示图样中的数据编辑草图，并使用拉伸特征等工具创建实体。

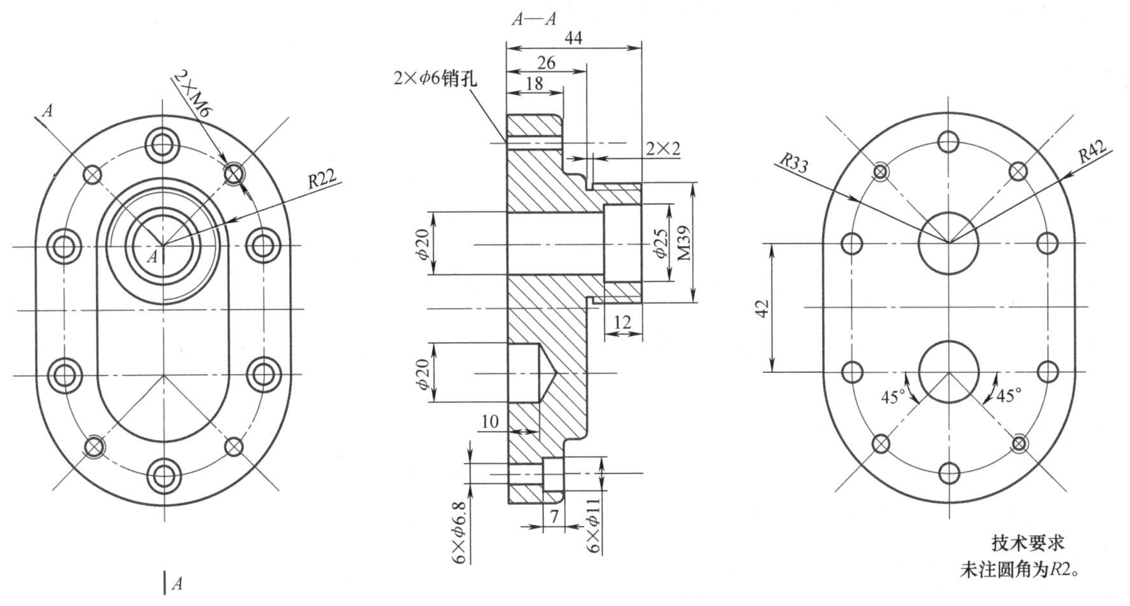

图 1-58　齿轮油泵右泵盖零件图

学习任务 1.2　滑动齿条零件造型

任务描述

图 1-59 所示的滑动齿条是一个比较典型的齿条零件，外观较为复杂，整体结构相对简单，零件表面均匀分布多个齿槽。通过完成滑动齿条零件造型任务，学员学习草图绘制、约束状态查询、扫掠特征、拉伸特征等工具的使用方法，能够在三维建模过程中合理使用草图约束状态查询、扫掠、拉伸特征

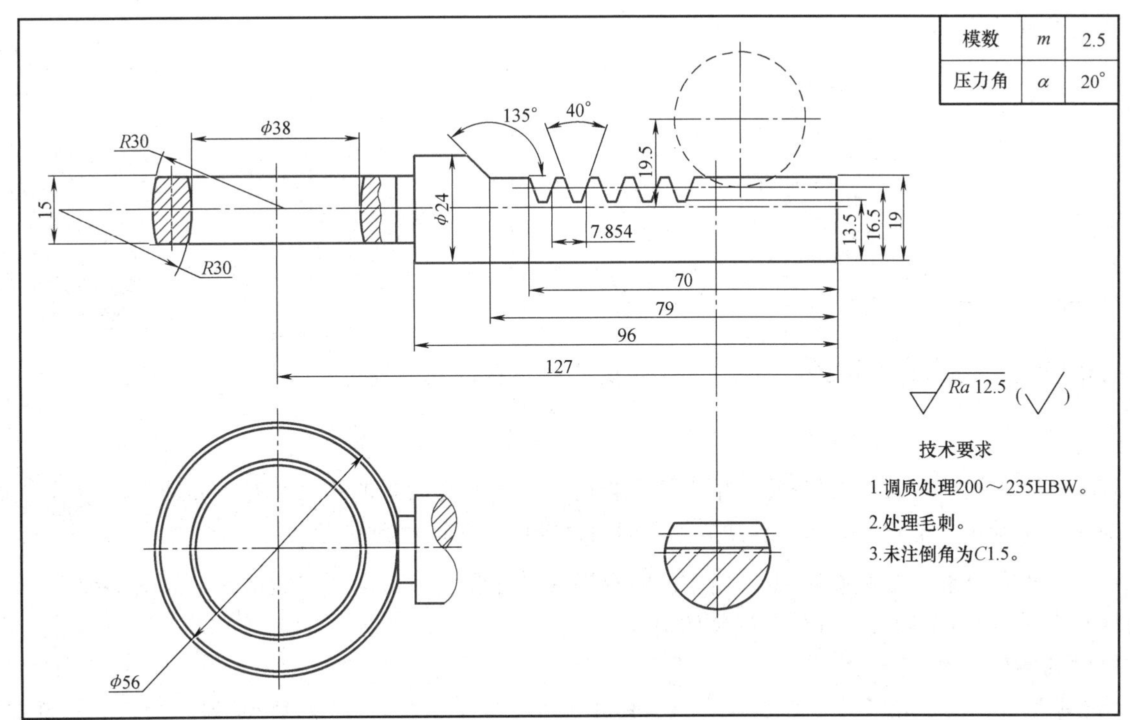

图 1-59　滑动齿条零件图

等工具，理解用中望 3D 软件进行三维建模的基本思路。

知识点

- 草图约束状态查询工具。
- 修剪菜单下拉工具。
- 草图线性阵列工具。
- 扫掠特征。
- 拉伸特征成形方法。

技能点

- 能够根据图样绘制草图，掌握截面轮廓和路径的草图编辑方法。
- 正确使用草图对象、尺寸标注、几何约束等工具。
- 会根据草图检查查询约束状态。
- 正确使用扫掠特征工具。
- 能够合理使用拉伸特征的成形方法。

素质目标

培养学员独立完成中等难度机械零件的结构分析能力，合理使用中望 3D 建模软件在不同造型中找到适合自己的绘图方法，培养学员精益求精、耐心细致的工匠精神。

课前预习

1. “草图约束状态查询”工具

“草图约束状态查询”工具在“设置”工具栏内，用于查找草图中重叠的图素，欠约束和过约束状态，包括“重叠查询”“显示约束”“约束状态”“冲突约束”等多个工具。

（1）“重叠查询”工具按钮 用于草图中重叠对象的显示。如图 1-60 所示，闪红的线表示重叠图素，对话框中显示重叠对象的名称，学员可以使用对话框删除重叠图素。

（2）“显示约束”工具按钮 用于显示所选图素上的几何约束。如图 1-61 所示，“显示约束”对话框中的列表中显示了所选圆的几何约束有“同心”和“等长”，可以使用“显示约束”工具删除不需要的几何约束。

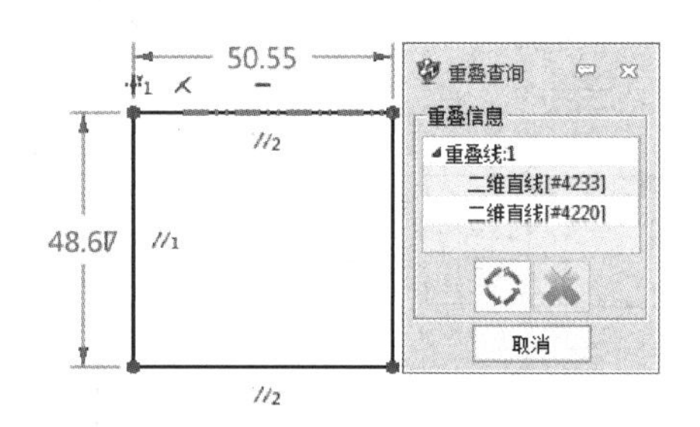

图 1-60 “重叠查询”对话框

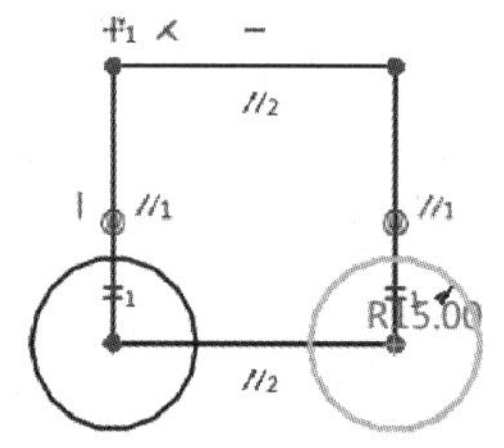

图 1-61 “显示约束”对话框

（3）“约束状态”工具按钮 用于显示当前草图中所有图素的约束状态，如图 1-62 所示，表示草图缺少 8 个约束。完成草图前一定要执行查询约束操作，保证草图被完全约束。

（4）“冲突约束”工具按钮 用于消除草图中尺寸和约束发生冲突的情况。如图 1-63 所示，对话框中显示了 *R*15mm 圆尺寸和约束冲突的情况。

2. “修剪”下拉菜单

“修剪”下拉菜单除了有“划线修剪”工具外，还有“单击修剪”“修剪/延伸”“修剪/打断曲线”“通过点修剪/打断曲线”“修剪/延伸成角”“删除弓形交叉”“断开交点”等多个工具。

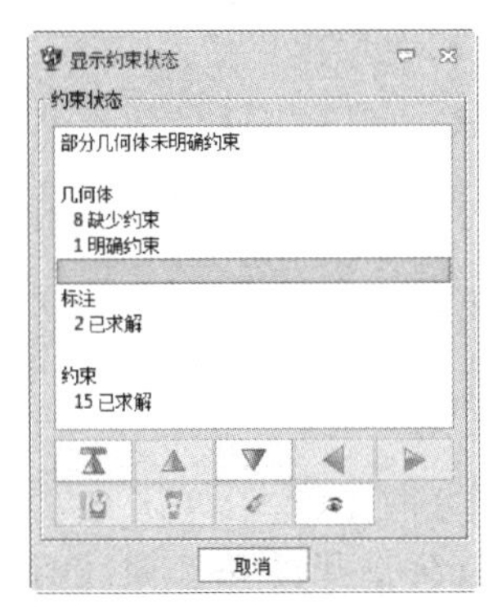

图 1-62　“显示约束状态”对话框

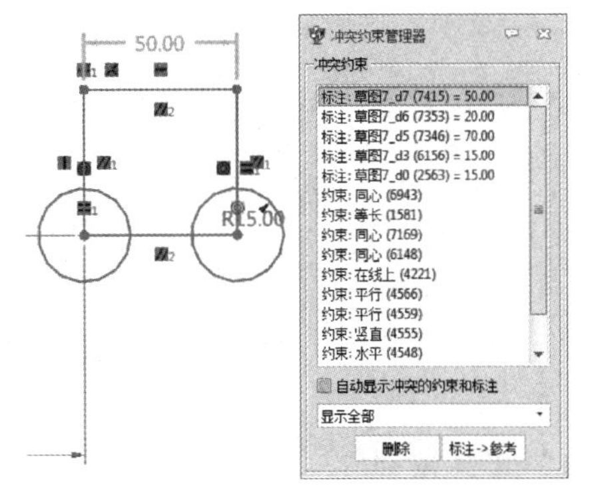

图 1-63　“冲突约束管理器”对话框

(1)“单击修剪”工具按钮 用于快速修剪选择的曲线，如图 1-64 所示。

(2)“修剪/延伸”工具按钮 用于以选定的边界线对曲线进行延伸或修剪，如图 1-65 所示。

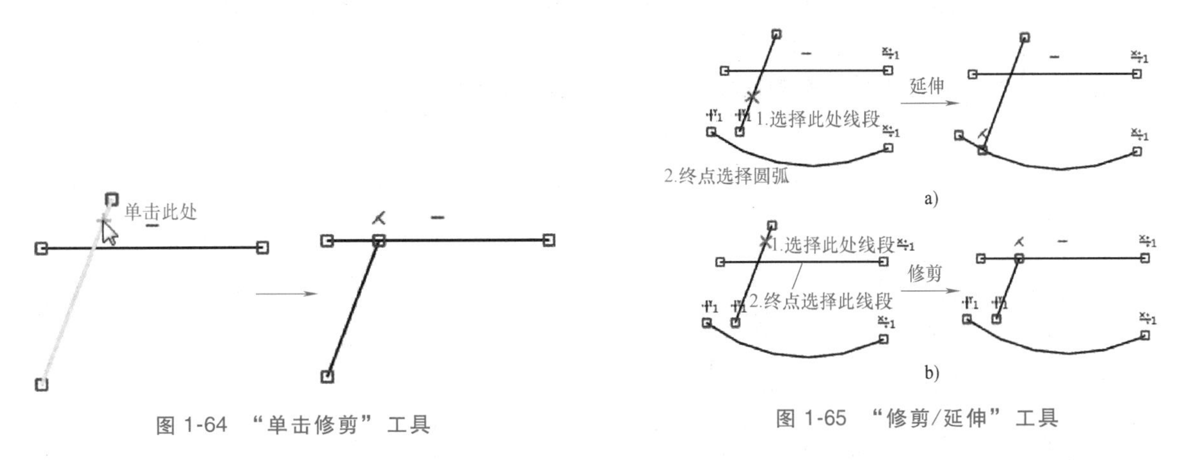

图 1-64　“单击修剪”工具

图 1-65　“修剪/延伸”工具

(3)“修剪/打断曲线”工具按钮 可以将曲线以选择的边界修剪或打断，修剪的模式有删除、保持和断开三种，如图 1-66 所示。

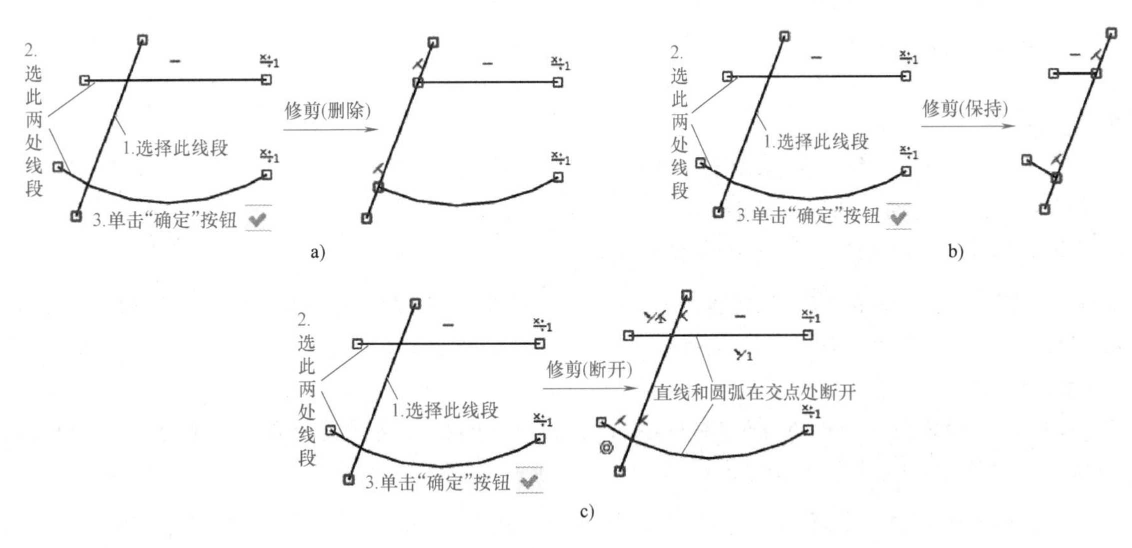

图 1-66　“修剪/打断曲线”工具

(4)“通过点修剪/打断曲线”工具按钮 “通过点修剪/打断曲线”工具有两种模式，如图 1-67 所示。

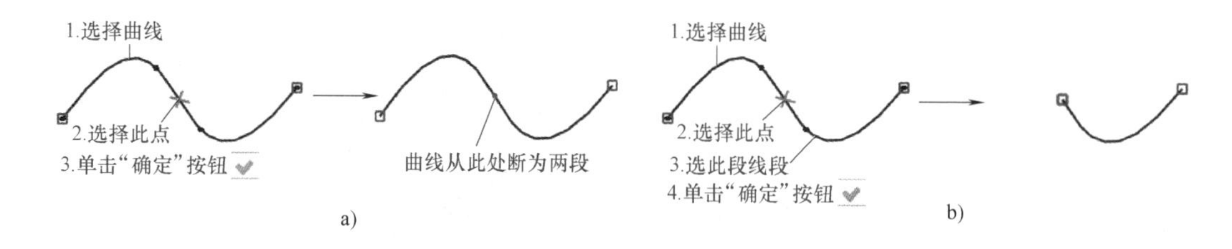

图 1-67 "通过点修剪/打断曲线"工具

（5）"修剪/延伸成角"工具按钮 "修剪/延伸成角"工具可以将选择的两条曲线自动修剪或延伸形成尖角。如果需要延伸的对象是样条线，则延伸方式有圆弧和直线两种形式；如果需要延伸的对象是直线或圆弧时，不论选择直线、圆弧或反射三种方式中的哪一种，结果都一样，如图 1-68 所示。

（6）"删除弓形交叉"工具按钮 当以大于圆角半径的距离来偏移圆角曲线时，会产生不必要的弓形。"弓带状"是一个反转的圆角。"删除弓形交叉"工具可以从所选曲线中自动删除所有的"弓形"。只需选中包含多余弓形的所有曲线段，然后将其删除，如图 1-69 所示。

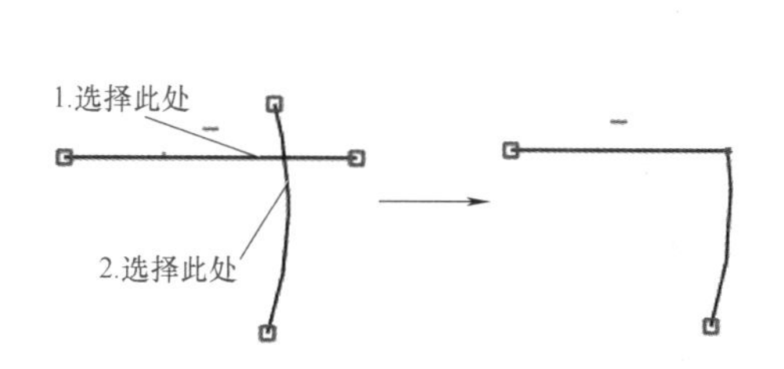

图 1-68 "修剪/延伸成角"工具

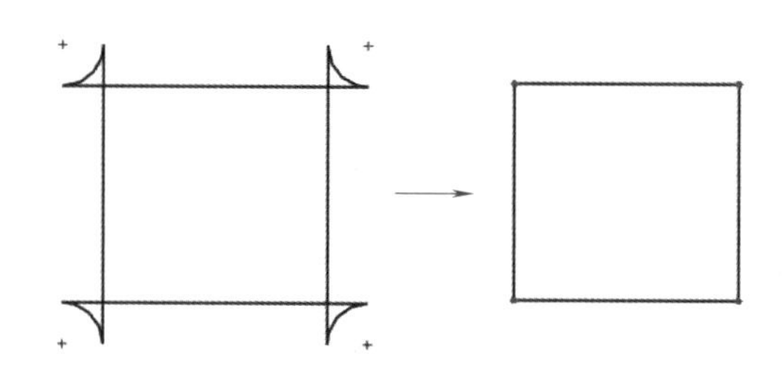

图 1-69 "删除弓形交叉"工具

（7）"断开交点"工具按钮 当以大于圆角半径的距离来偏移圆角曲线时，会产生不必要的弓形。"弓形"是一个反转的圆角。这种情况下，"断开交点"工具可以在相交处自动断开曲线段。只需选择所有曲线段，然后将其断开，如图 1-70 所示。

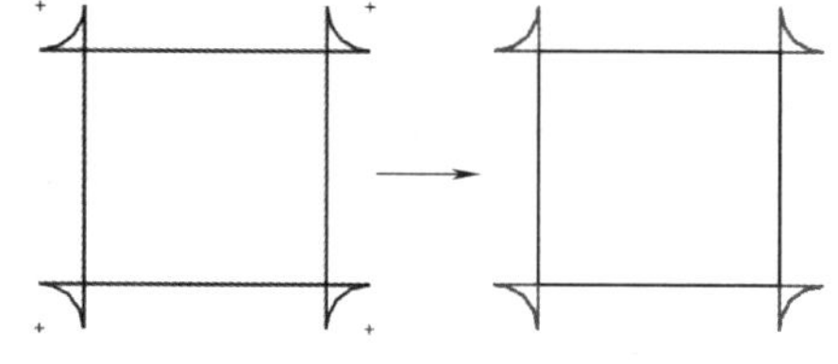

图 1-70 "断开交点"工具

3. 扫掠特征

"扫掠"工具是用一个开放或闭合的轮廓沿一条轨迹（路径）运动，创建简单或变化的扫掠特征。轨迹（路径）可以是线框几何图形、面边线、草图或曲线列表。

单击"扫掠"工具按钮，系统弹出"扫掠"对话框，如图 1-71 所示。通过"扫掠"对话框可以选择"轮廓"和"路径"对象，控制相关选项生成扫掠特征模型。

4. 拉伸特征高度给定方式

在中望 3D 建模软件的拉伸特征创建过程中，有着丰富的拉伸高度给定方式，而且不同的布尔运算方式，高度给定的方式也不完全相同。

（1）"拉伸到目标点"工具按钮 "拉伸到目标点"的含义就是将选择的轮廓沿指定的拉伸方向，以指定点所在的平行于草图平面的平面作为拉伸起始位置或拉伸终止位置，如图 1-72 所示。

（2）"拉伸到面"工具按钮 "拉伸到面"的含义是将选择的轮廓沿指定的拉伸方向，以指定面作为拉伸起始位置或拉伸终止位置，如图 1-73 所示。

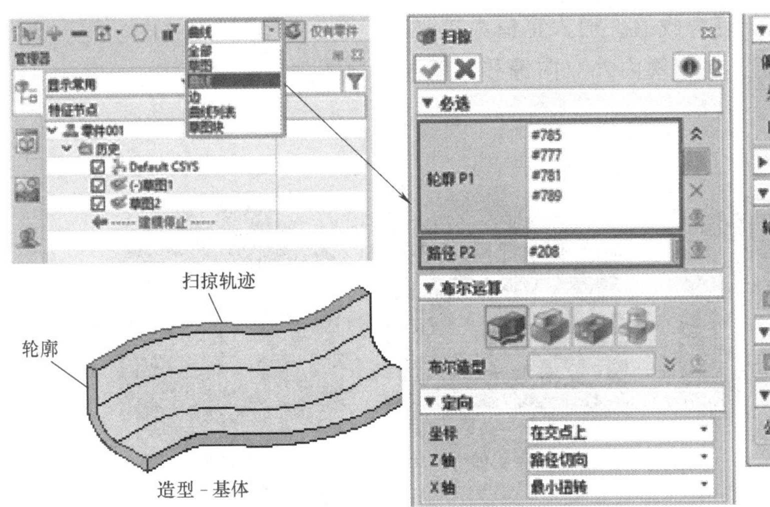

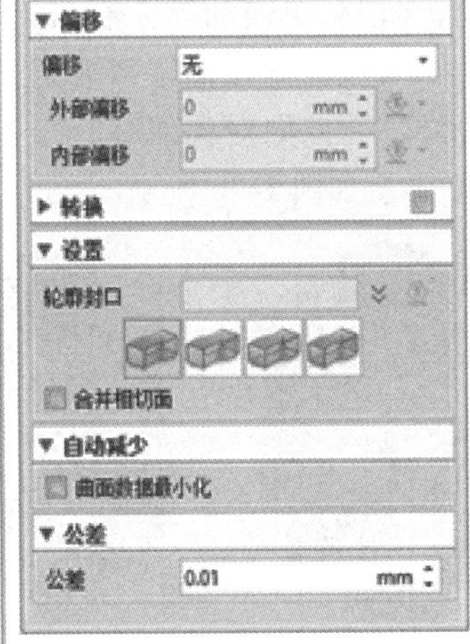

图 1-71　“扫掠”对话框

(3)“拉伸穿过所有”工具按钮　“拉伸穿过所有”工具通常用于布尔减运算，用于创建的拉伸特征沿拉伸方向穿透所有的实体。如图 1-74 所示。

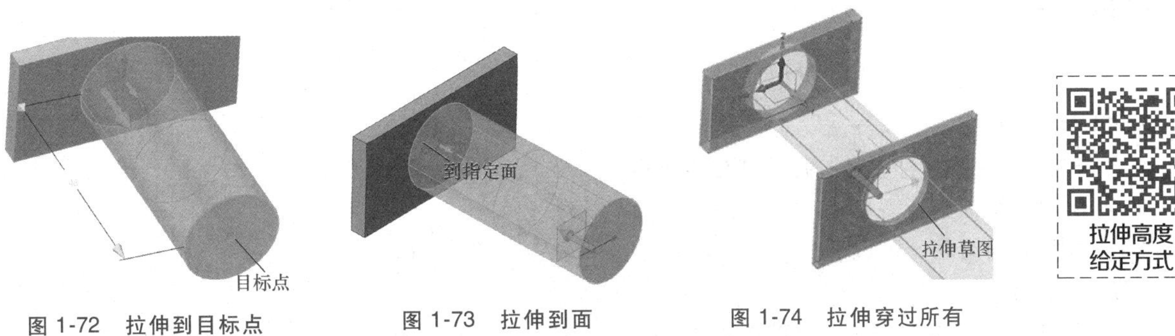

图 1-72　拉伸到目标点　　图 1-73　拉伸到面　　图 1-74　拉伸穿过所有

5. 拉伸特征其他选项

(1) 拔模　“拔模”选项组可以在创建拉伸特征时选中拔模选项的情况下，在拉伸特征的侧面产生 -87°~89°的倾斜角度。

“拔模”选项组下“桥接”选项有变量、常量和圆角三种形式，如图 1-75 所示。

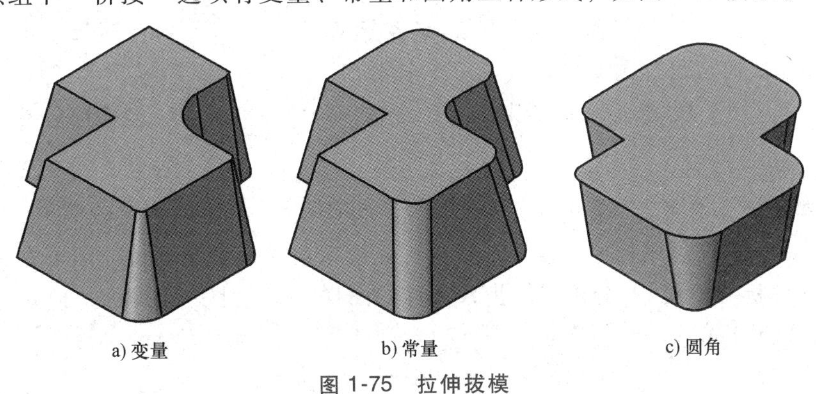

图 1-75　拉伸拔模

(2) 偏移　指定一个应用于曲线、曲线列表、开放或闭合草图轮廓的偏移方法和距离。

“偏移”选项组中的“偏移”工具包含“无”“收缩/扩张”“加厚”“均匀加厚”四个选项，各选项的含义如下：

1）“无”：不产生偏移，为默认选项。

2）“收缩/扩张”：单向加厚，输入负值为收缩，输入正值为扩张。

3）“加厚”：可以控制拉伸轮廓平面上向轮廓内外双向偏移，相当于草图加厚。

4）“均匀加厚”：双向对称加厚。

各选项图形示意如图 1-76 所示。

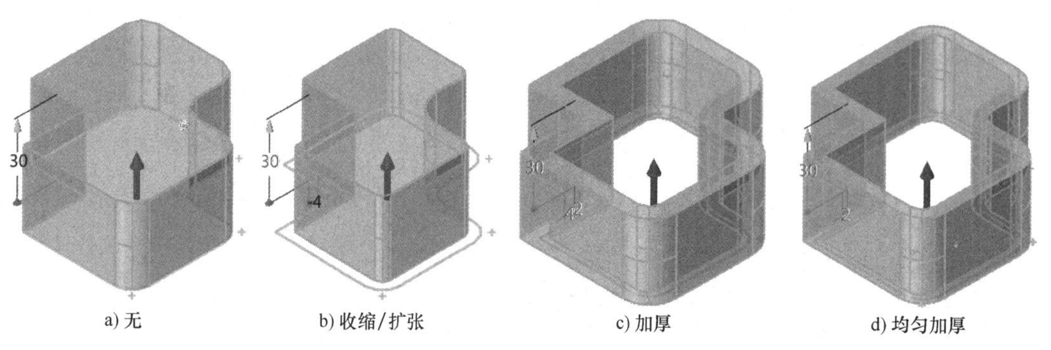

a) 无　b) 收缩/扩张　c) 加厚　d) 均匀加厚

图 1-76　拉伸偏移

（3）转换　可以控制生成拉伸特征时，沿拉伸方向，绕指定扭曲点旋转一定的角度。旋转角度最大为 90°。

课内实施

1. 预习效果检查

（1）填空题

1）中望 3D 建模软件中的扫掠特征种类包括________、________、________、________及________。

2）在扫掠特征中，需要________和________对象。

3）草图的约束状态可以分为________、________及________。

（2）判断题

1）在杆状扫掠特征中，只需要绘制路径曲线，不需要轮廓图形。（　　）

2）在利用杆状扫掠时，要想得到完全实心的杆模型，其内直径必须大于 0。（　　）

3）在螺旋扫掠中，必须具备轮廓、轴、匝数和距离四大要素（参数）。（　　）

（3）选择题（请选择一个或多个选项）

1）在拉伸过程中，可以进行（　　）布尔运算。

A. 加运算　B. 减运算　C. 交运算　D. 除运算

2）当草图欠定义时，可能需要进行（　　）操作。

A. 添加尺寸　B. 添加几何约束　C. 删除部分尺寸　D. 删除部分几何约束

2. 零件结构分析

（1）零件图样分析（参考）　滑动齿条零件如图 1-59 所示，总体结构比较简单，由环体、圆柱体、齿条部分等结构组成，零件可用扫掠、拉伸工具分段建模，再添加倒角等特征即可完成。

（2）零件图样分析（学员）　分析滑动齿条零件的图样，参考上边的提示，独立完成滑动齿条零件的图样分析，并填写表 1-4。

表 1-4　零件图样分析（学员）

序号	项目	分析结果
1	滑动齿条圆环部分为什么不能用拉伸特征造型	
2	齿条部分的结构有什么特点	
3	教师评价	

3. 零件建模方案设计

1）滑动齿条建模参考方案见表 1-5。

表 1-5　滑动齿条建模参考方案

序号	步骤	图　示
1	扫掠环体	
2	拉伸连接杆	
3	拉伸齿条杆	
4	切出齿条形状	
5	齿条端口加上倒角	

2）学员根据自己对零件的分析，参照表 1-5 的建模参考方案，独立设计滑动齿条建模方案，并填写表 1-6。

表 1-6　滑动齿条零件建模方案（学员）

序号	问题	解决方案
1	环体除了可以用扫掠特征建模外还可以怎么建模？请给出具体方案	
2	齿条的齿怎样建模效率会更高	
3	在上边方案，齿是使用布尔减运算的方式成形的，如果用布尔交运算的方式是否可行	
4	教师评语	

4. 建模实施过程

（1）建模实施过程（参考）

滑动齿条建模步骤1）~5）

1）新建文件。要求文件“类型”为“零件”，文件名为“滑动齿条 .Z3PRT”，“模板”为“PartTemplate（MM）”。

2）在 X-Y 面上创建草图，如图 1-77 草图。

3）在 X-Z 平面上创建草图。

① 图 1-78 所示右边圆弧 $R30$ 与步骤 2）草图圆相交。

② 将图 1-78 所示两个圆弧 $R30$ 的圆心限制到 X 轴上。

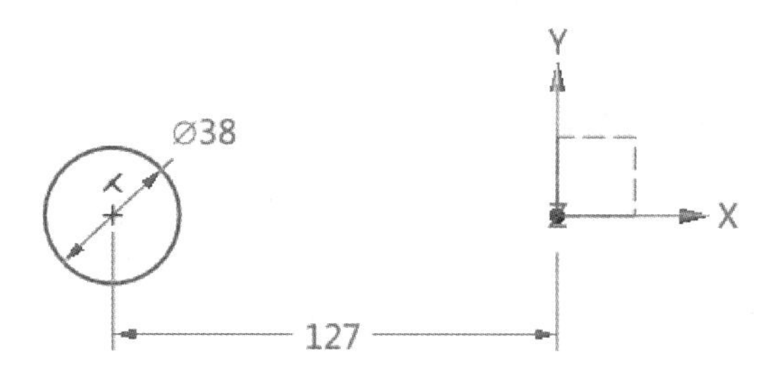

图 1-77 环体扫描轨迹草图

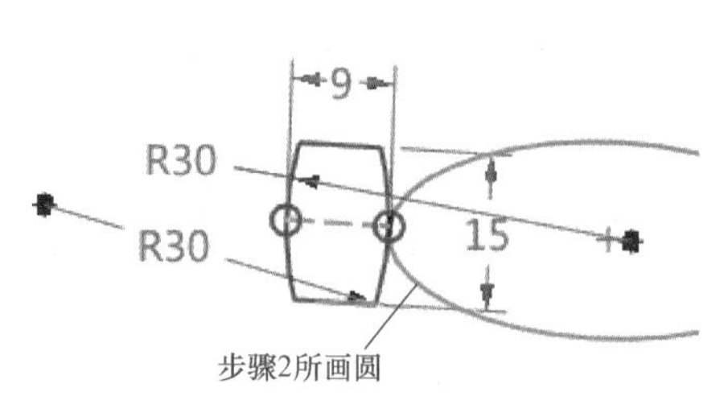

图 1-78 环体扫描截面草图

③ 上、下两条直线关于 X 轴对称。

④ 单击“尺寸标注”工具按钮，注出轮廓草图的尺寸。

4）创建“扫掠 1_基体”特征。

① 单击“扫掠”工具按钮，弹出“扫掠”对话框。

② 扫掠截面轮廓选择“草图 2”。

③ 扫掠路径选择“草图 1”。

④ 在“定向”选项组中将“坐标”设为“在交点上”，“Z 轴”设为“路径切向”，“X 轴”设为“最小扭转”，如图 1-79 所示。

⑤ 单击“确定”按钮，完成“扫掠”特征的创建，环体扫掠效果如图 1-80 所示。

5）创建“拉伸 1_凸台”特征。

① 拉伸草图的草图平面选择 Y-Z 平面，截面为 ϕ15mm 圆，圆心和坐标原点重合。如图 1-81 所示。

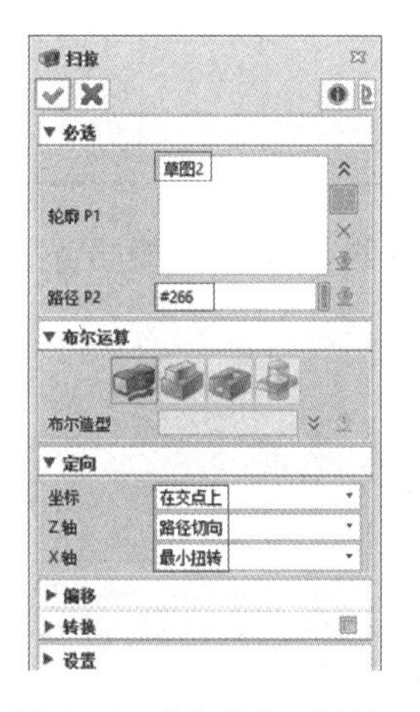

图 1-79 “扫掠”对话框

图 1-80 环体扫掠效果

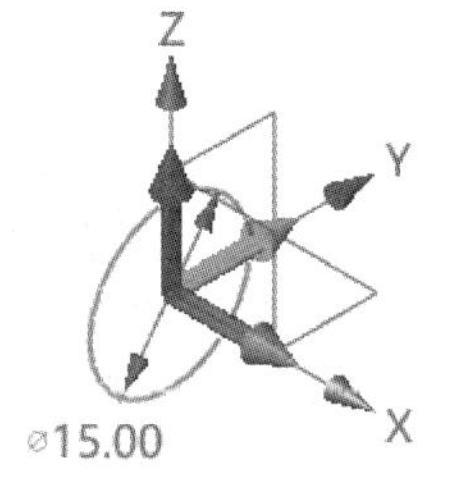

图 1-81 拉伸草图

② 拉伸方向为“-X”，“起始点 S”设为“0”，“结束点 E”设为“到面”，选择扫描特征外面右侧，如图 1-82 所示。

③ 布尔方式为“加运算”，结果如图 1-83 所示。

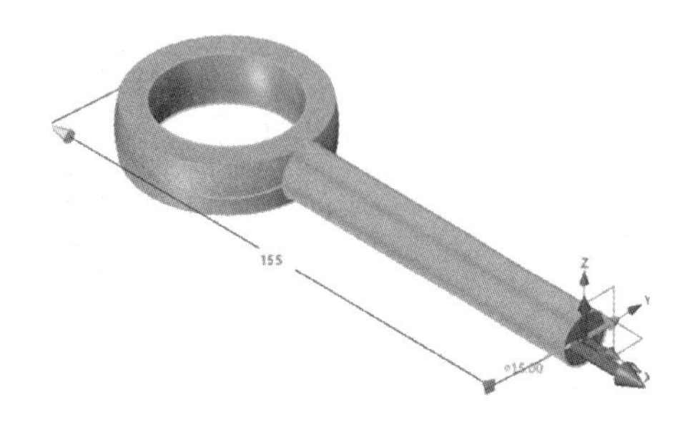

图 1-82 拉伸到面

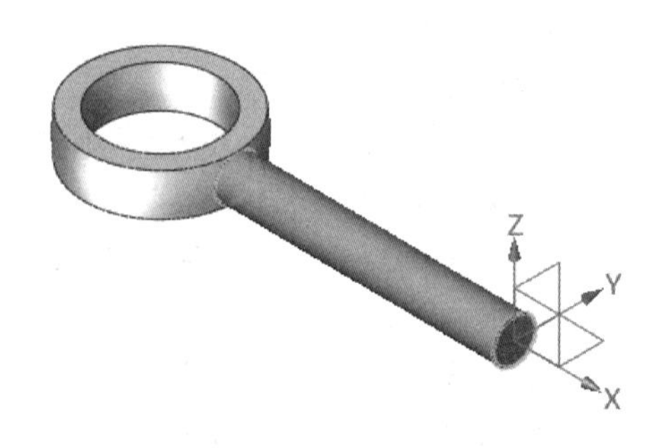

图 1-83 拉伸结果

6）创建“拉伸 2_凸台”特征。

滑动齿条建模步骤6）~10）

① 拉伸草图平面为 Y-Z 平面，截面为 ϕ24mm 圆，圆心和坐标原点重合。

② 拉伸方向为“-X”，拉伸高度为“96”。

③ 布尔方式为“加运算”，结果如图 1-84 所示。

7）创建“草图 5”齿条形状截面草图。

① 激活“草图”命令，草图平面选择 X-Z。

② 绘制单个齿条草图，如图 1-85 所示形状，并标注尺寸和几何约束。

③ 单击草图“阵列”工具按钮，选择齿条形状部分作为草图阵列对象，向右阵列 9 组，间距为 7.854mm，齿条形状阵列完成后，将草图连接完整，如图 1-85 所示。

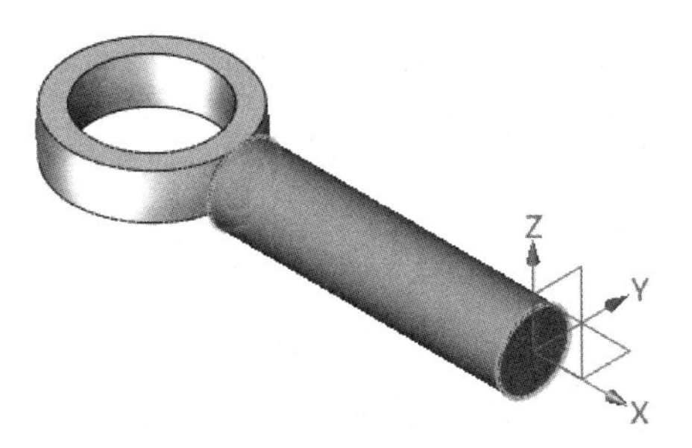

图 1-84　拉伸齿条杆结果

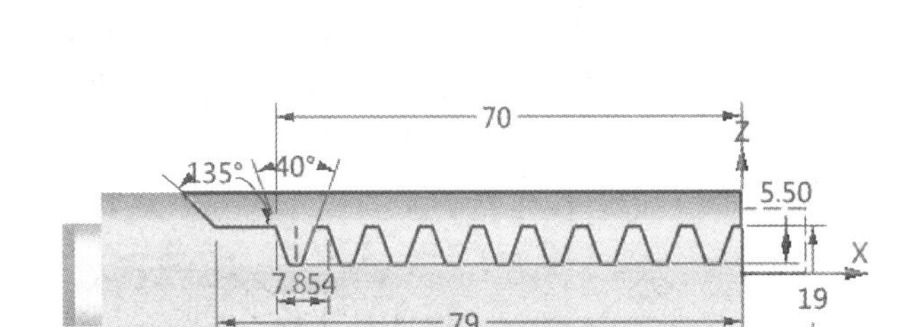

图 1-85　绘制齿条草图

8）创建“拉伸 3_切除”特征。

① 激活“拉伸”命令。

② 使用步骤 7）的草图作为拉伸截面。

③ 拉伸类型为“对称”，布尔方式为“减运算”，“结束点 E”设为“96”，结果如图 1-86 所示。

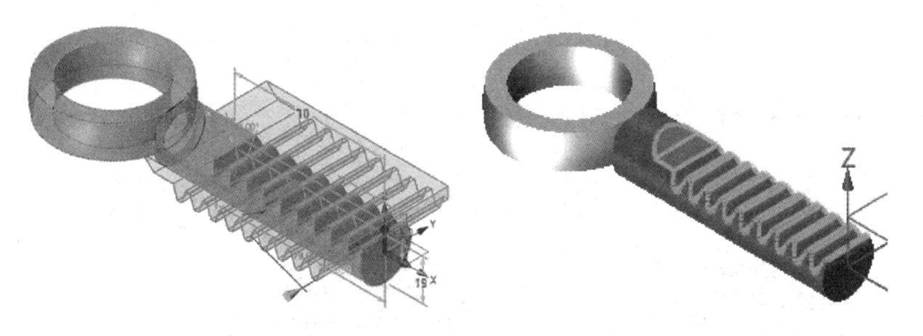

图 1-86　齿条形状效果

9）创建“倒角 1”特征。单击“倒角”工具按钮，激活“倒角”命令，弹出“倒角”对话框，倒角类型设为“对称倒角”，“边 E”设为齿条前端面的边，“倒角距离 S”设为“1.5”，结果如图 1-87 所示。

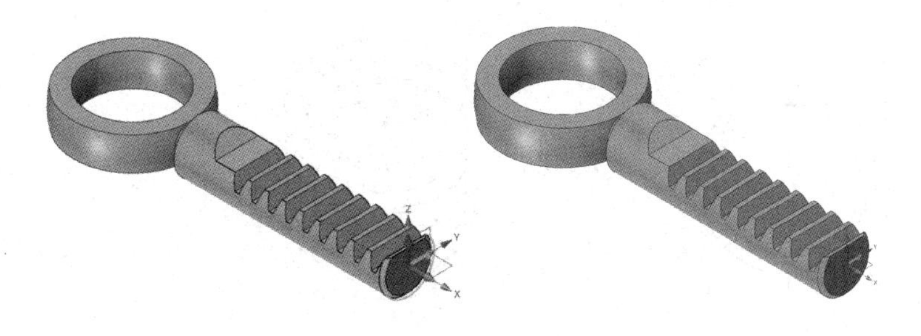

图 1-87　倒斜角

10）保存文件。

(2) 建模过程（学员） 根据自己的零件分析和方案设计，独立完成零件的建模过程，建模过程可以用附页电子文档的方式向老师提交。

课后拓展训练

1）根据图 1-88 所示图样进行零件造型。

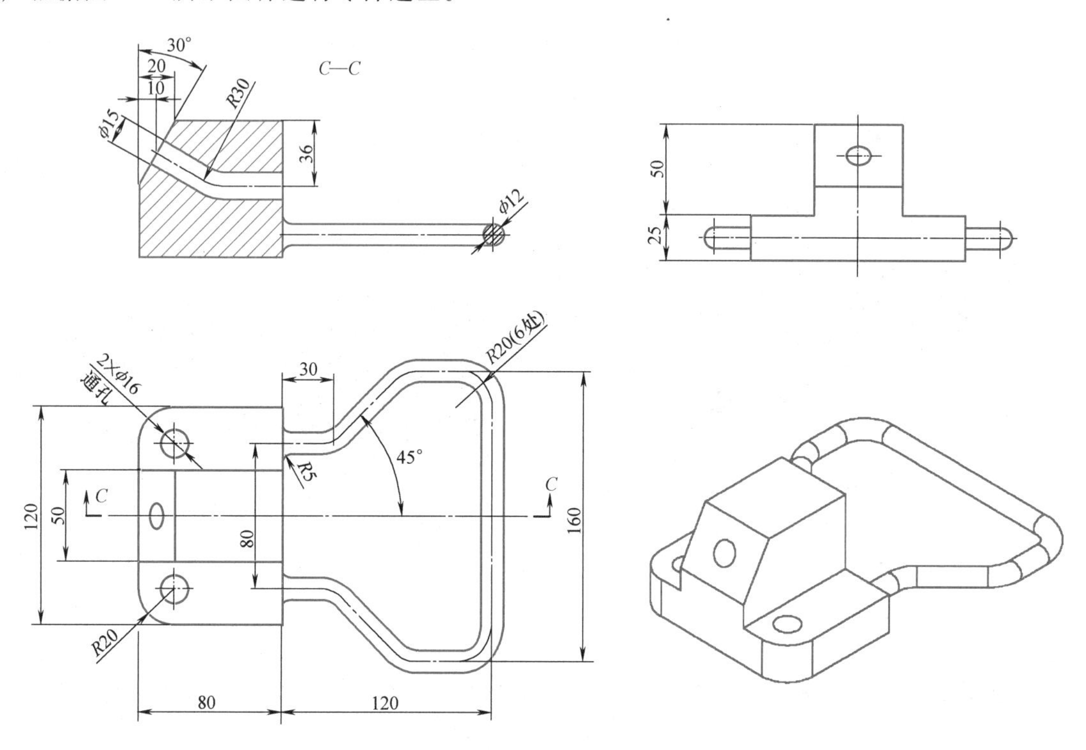

图 1-88 课后拓展训练图样

2）根据图 1-89 所示图样进行零件造型。

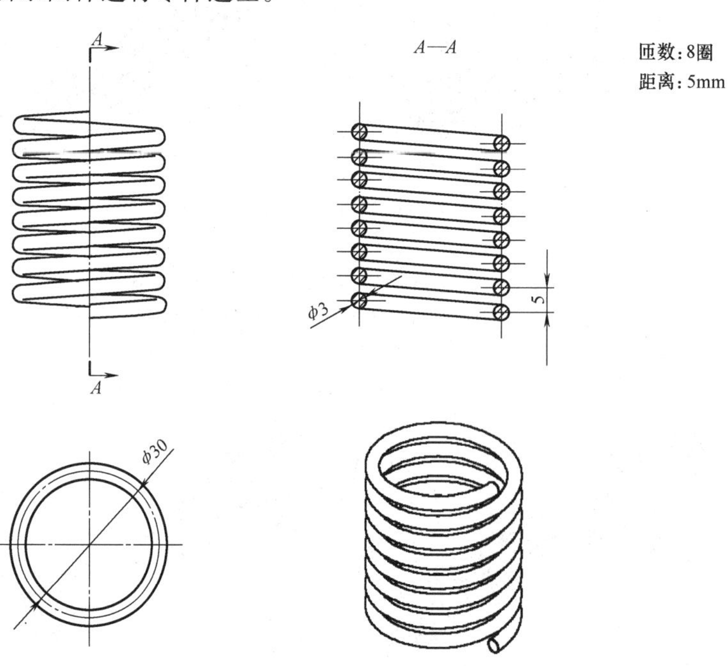

图 1-89 弹簧零件图样

学习任务 1.3　齿轮轴零件造型

任务描述

图 1-90 所示为节流阀齿轮轴零件图，轴身有摆轮、齿轮、螺纹、菱形台阶等结构。通过齿轮轴的建模，学员学习旋转特征的用法，熟悉中望 3D 建模软件中齿轮库、螺纹的创建方法。

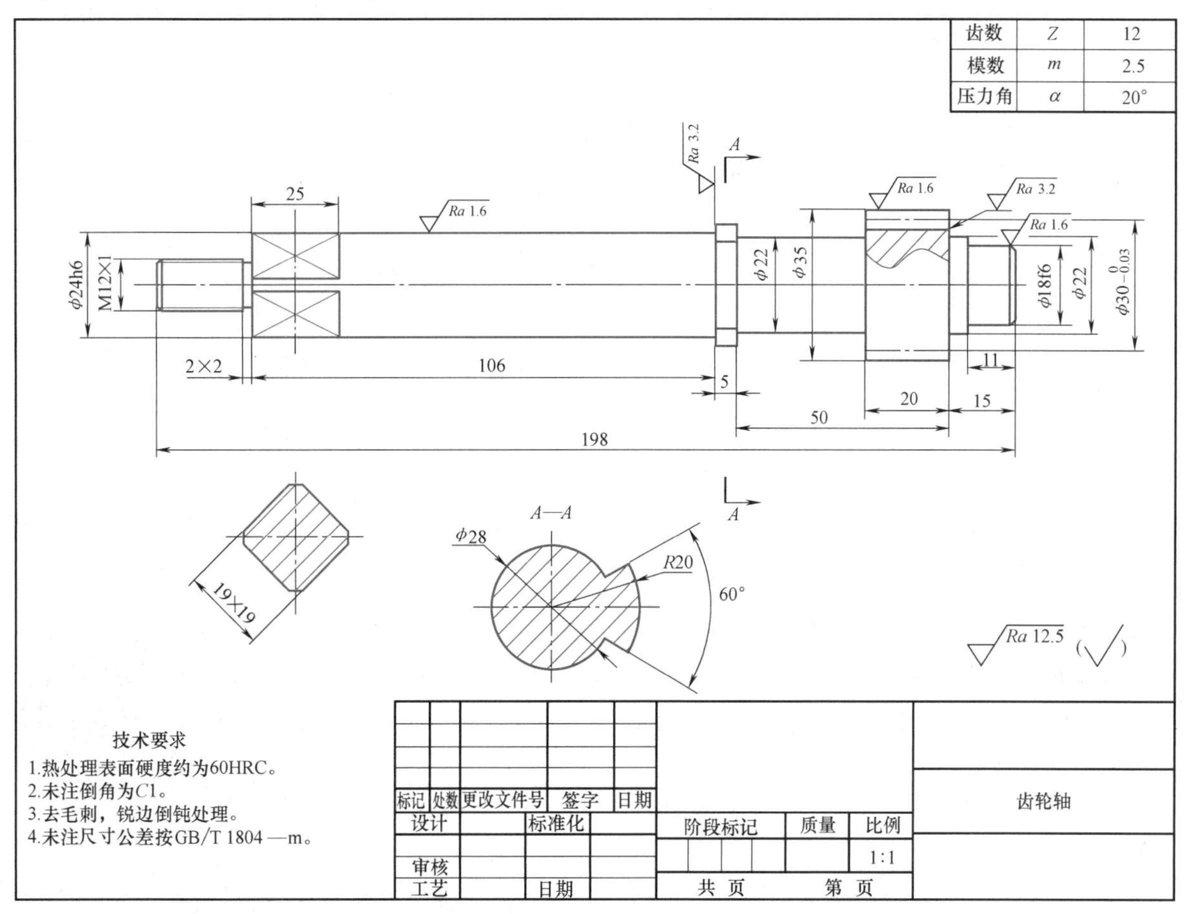

图 1-90　齿轮轴

知识点

- 草图曲线编辑。
- 旋转特征。
- “基础编辑”工具栏。
- 特征编辑。
- 插入标准件、常用件。

技能点

- 能综合使用草图工具进行草图绘制。
- 合理使用旋转特征进行建模。
- 会调用齿轮库进行齿轮建模。
- 合理使用特征编辑修改模型。

素质目标

通过齿轮轴零件造型，学员熟悉齿轮标准，掌握相关参数的计算方法，能够借助软件完成标准件、常用件的造型设计；能够通过分析零件图样，设计多种造型方案，能够在多个造型的方法中找到适合自己的方案，培养学员精益求精、耐心细致的工匠精神。

课前预习

1. 草图曲线编辑

(1) **移动** 移动工具可以实现草图图素的移动或复制操作。其中移动可以将图素从起始点移动到目标点，但对象之间的几何关系不发生变化。

复制可以将选择的图素从起始点复制到目标点，所选图素内部的几何关系不发生变化，复制出来的图素和原图素之间的位置关系可以通过手动添加尺寸或几何约束来确定。

移动或复制的过程中可以使用“角度”“缩放”命令对图素进行旋转和缩放操作。

单击“移动”工具按钮，系统弹出“移动”对话框，进行移动操作。如图 1-91 所示，对图素从起始点移动到目标点时缩放“0.5”，旋转角度为“-45°”。

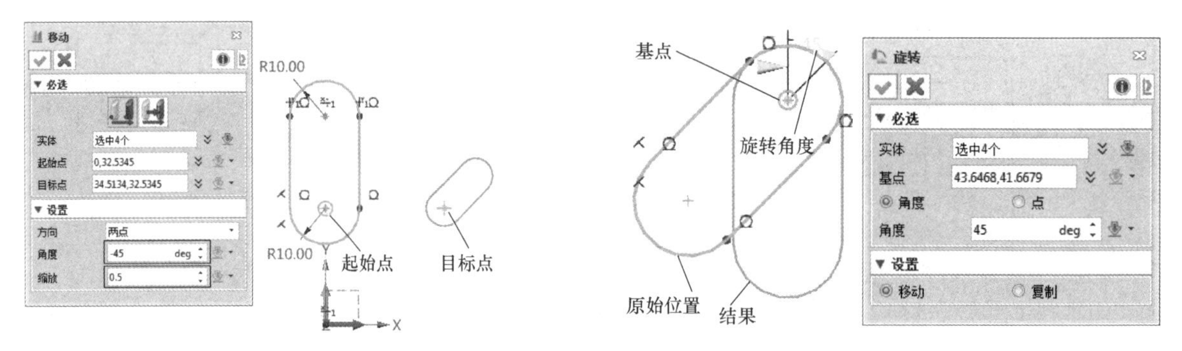

图 1-91 “移动”对话框　　图 1-92 “旋转”对话框

(2) **旋转** 以移动或复制的方式将选中的图素绕着基点旋转给定的角度。所选对象和其他图素之间的位置关系不变，内部图素保持原来的几何关系。

单击“旋转”工具按钮，系统弹出“旋转”对话框，如图 1-92 所示，可以将所选的 4 个图素绕基点旋转。

(3) **镜像** 可以将草图以镜像线为对称中心线产生一个镜像副本，副本和原图素保持对称关系，并关联。

单击“镜像”工具按钮，系统弹出“镜像几何体”对话框，如图 1-93 所示。

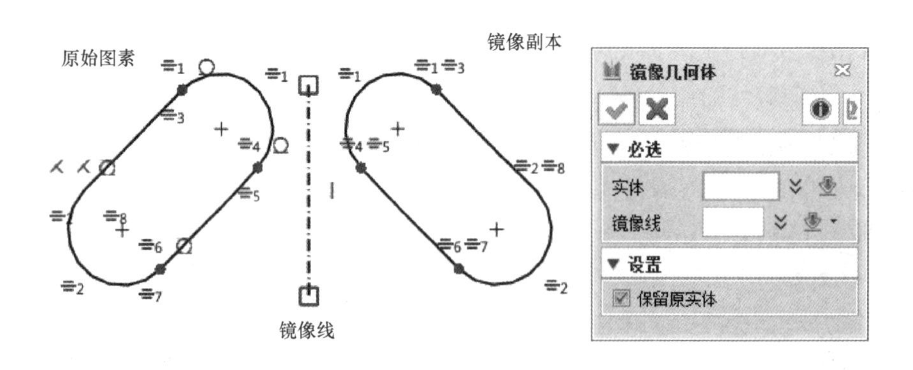

图 1-93 “镜像几何体”对话框

2. 草图对象选择方法

在草图环境中使用“编辑”命令都需要选择被操作的对象，部分“编辑”命令仅支持某一种选择方法，如“划线修剪”“修剪/延伸成角”等，有的编辑命令支持多种选择方法，如“阵列”“镜像”

等。草图中选择操作对象的方法可以和选择过滤器、选择菜单配合使用。选择过滤器通过工具按钮 实体进行设置，选择菜单则在系统需要选择对象时通过右键菜单进行控制。常有“单选”“窗口选择”“多段线选择”“选择所有”“上次选择”“快速链选”多种方法。系统默认的方法是“单选”“窗口选择”，如果使用其他选择方法，则需要使用右键菜单进行控制。

1）“多段线选择”：可以按图1-94所示方法使用。

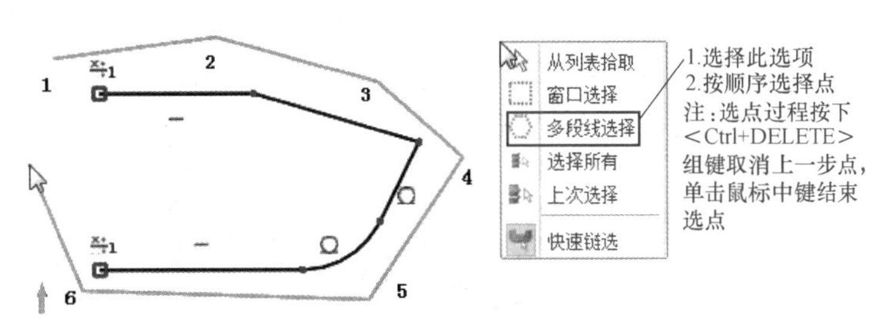

图1-94　多段线选择

2）“选择所有”：将符合选择条件的对象全部选中。

3）“上次选择”：将前一次编辑命令所选择的对象选中。

4）“快速链选”：使用该方法时，可以选择一个对象，系统自动按照首尾相连的原则自动串选其他对象。

5）取消选择：按<Ctrl>键的同时可以按照上述方法选择要取消的对象。

3. 旋转特征

旋转特征是一个截面轮廓围绕旋转轴旋转一定的角度所形成的特征，旋转轮廓支持草图、面、线框、面边界和曲线列表。创建特征的时候，可以与其他实体进行布尔运算。

单击“旋转”工具按钮，系统弹出“旋转”对话框，如图1-95所示。

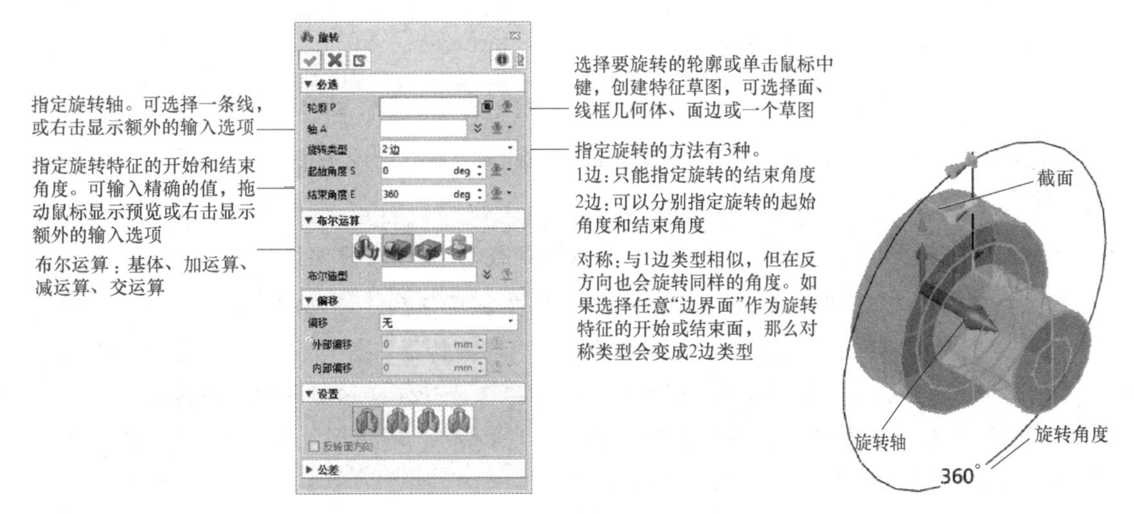

图1-95　“旋转”对话框

旋转特征的布尔运算和偏移选项组的含义和用法与拉伸特征相同。

4. “基础编辑”工具栏

“基础编辑”工具栏有“移动”“复制”“镜像”“阵列”“缩放”等工具。这类操作不仅适用于实体建模中，对于曲面、草图等图形对象也适用。

(1)“移动”工具按钮和“复制”工具按钮 “移动”可以对选择的实体、面、草图、曲线、基准等几何对象进行“动态移动”“点到点移动”“沿方向移动”“绕方向旋转”“对齐坐标移动”“沿路径移动”等操作。

单击“移动”工具按钮，系统弹出“移动”对话框，如图1-96所示，选择移动方法和需要移动的图素，按照移动方式，拖动光标移动图素。

“复制”“移动”的操作基本相同，不同的是“复制”可以产生副本（图1-97），“移动”不产生副本，所以复制可以参考移动操作学习。

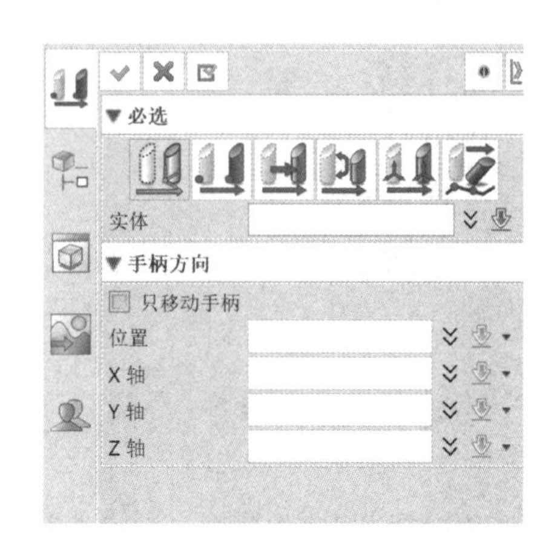

图1-96 “移动”对话框

图1-97 “复制”工具的应用

1）“动态移动”工具按钮：使用移动手柄动态移动实体。实体在移动时，会显示相应的尺寸编辑信息，输入数值后按<Enter>键确认，以实现精确操作。

2）“点到点移动”工具按钮：从一点移动零件实体到另一点。使用此命令时所有的草图副本将被锁定。使用向量选项对齐实体。

3）“沿方向移动”工具按钮：在线性方向移动实体至一个指定的距离。此命令也可用于旋转实体。使用此命令时，所有草图副本将被锁定。

4）“绕方向旋转”工具按钮：使用该命令绕指定的方向旋转三维零件实体。

5）“对齐坐标移动”工具按钮：通过将参考坐标系（基准面或平面）对齐到另一个坐标系来移动/复制零件实体。

6）“沿路径移动”工具按钮：沿着一个曲线路径移动/复制零件实体。

（2）“阵列特征”工具按钮和“阵列几何体”工具按钮 “阵列特征”和“阵列几何体”两个命令操作方式基本一致，区别是阵列的对象不同。“阵列特征”操作只针对特征进行阵列，“阵列几何体”操作则能对实体、曲面、曲线、草图等多种对象进行阵列。这里介绍阵列特征。

“阵列特征”操作可以对选择的特征进行“线性”“圆形”“多边形”“点到点”“在阵列上”“在曲线上”“在面上”“填充阵列”形式的阵列操作。

单击“阵列特征”工具按钮，系统弹出“阵列特征”对话框，如图1-98所示，按设定的参数对特征进行阵列操作。

5. 特征编辑

建模环境下可以对特征进行重定义、修改参数、变更建模顺序等操作。

（1）特征重定义 特征重定义可以返回特征创建时的参照、尺寸等所有选项进行修改。

在绘图区双击需要编辑的特征或在“特征节点”树中双击该特征，也可以右击该特征，在弹出的快捷按钮中单击图1-99所示按钮，激活“特征重定义”命令。

阵列类型。
线性：该法可创建单个或多个对象的线性阵列
圆形：该法可创建单个或多个对象的圆形阵列
多边形：该法可创建单个或多个对象的多边形阵列
点到点：该法可创建单个或多个对象的不规则阵列
在阵列上：该法根据前个阵列对所选对象进行阵列
在曲线上：该法通过输入一条或多条曲线，创建一个3D阵列
在面上：该法可在一个现有曲面上创建一个3D阵列
填充阵列：该法可在指定的草图区域创建一个3D阵列

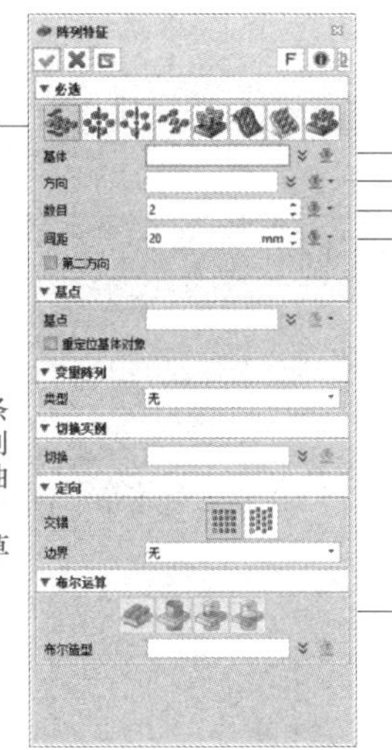

选择需阵列的基体对象
为阵列选择第一线性方向或旋转轴
输入阵列的数目或沿每个方向的实例的数目
控制多边形阵列的方式
布尔运算：基体、加运算、减运算、交运算

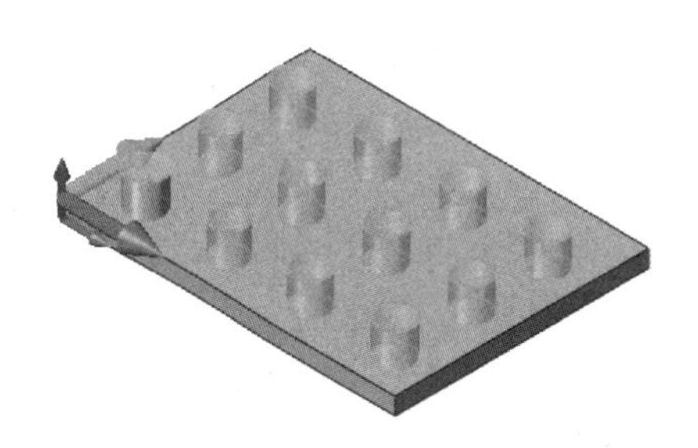

图 1-98　“阵列特征”对话框

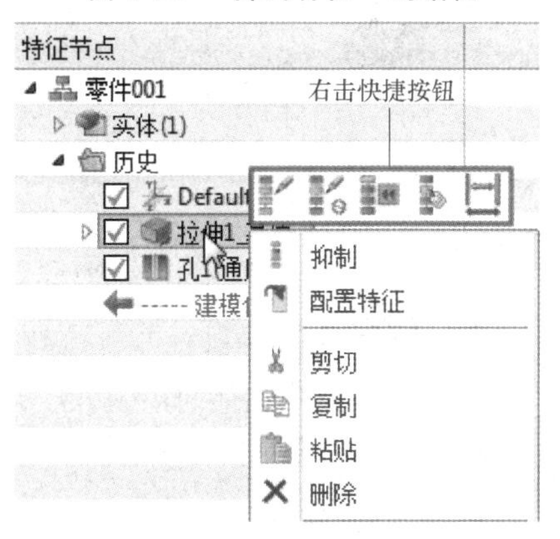

图 1-99　快捷按钮

(2) 编辑特征　只能对特征的部分参数进行修改，比如拉伸的拉伸高度、拔模和偏移选项，而拉伸的截面不能修改。

可以在“特征节点”树中右击要编辑的特征，单击快捷按钮就可以激活这个命令。

课内实施

1. 零件结构分析

(1) 零件结构分析（参考）　图 1-90 所示齿轮轴是机械产品中最常见的零件之一，掌握其建模过程非常有必要。该齿轮轴总体结构比较简单，由齿轮轴主体、齿轮、轴端四方、轴端螺纹、中部摆轮段等结构组成。零件建模过程中，先调入标准直齿圆柱外齿轮，与主体轴线对齐后，创建右侧轴头，然后依次创建中部摆轮、轴端四方、轴端螺纹等特征，最后倒角即可。

(2) 零件图样分析（学员）　分析齿轮轴零件的图样，参考上边的提示，独立完成齿轮轴零件的图样分析，并填写表 1-7。

表 1-7　零件图样分析（学员）

序号	项目	分析结果
1	齿轮是标准件还是常用件，齿轮的基本参数有哪些	
2	轴类零件的主体特点是什么	
3	螺纹段右侧为什么有环形槽	
4	教师评价	

2. 零件建模方案设计

1）齿轮轴建模参考方案见表1-8。

表1-8　齿轮轴建模参考方案

序号	步骤	图　示	序号	步骤	图　示
1	创建齿轮		4	四棱台建模	
2	创建回转体		5	创建螺纹	
3	摆轮建模		6	倒角 *C*1	

2）学员根据自己对零件的分析，参照表1-8的建模参考方案，独立设计齿轮轴建模方案，并填写表1-9。

表1-9　齿轮轴零件建模方案（学员）

序号	内容	方案
1	齿轮段如果放在轴的其他部分，建模完成后再建模需要注意什么	
2	试着用圆柱、拉伸特征设计传动轴的建模方案	
3	教师评价	

3. 建模实施过程

（1）建模实施过程（参考）

齿轮轴建模步骤1）~3）

1）新建文件。要求文件“类型”为“零件”，文件名为“齿轮轴.Z3PRT”，“模板”为“PartTemplate（MM）”。

2）调入标准齿轮。

① 单击界面右侧“重用库”按钮，打开“重用库”面板，依次展开“ZW3D Standard Parts”“GB（国标）”“齿轮”“直齿轮”文件夹。

② 在“重用库”面板下方“文件列表”栏中双击“直齿圆柱外齿轮-GB_t1356.Z3”，系统弹出“添加可重用零件”对话框。

③ 将“模数”设为“2.5”，“压力角”设为“20”，“齿数”设为“12”，“齿宽”设为“20”，“内孔直径”设为“0”。

④ 单击“确认”按钮，系统弹出“作为造型插入”对话框，在绘图区中选择坐标原点作为放置点，单击“确定”按钮完成齿轮的添加，结果如图 1-100 所示。

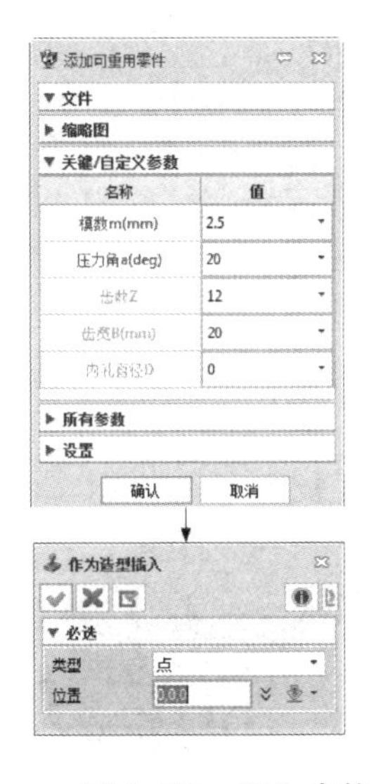

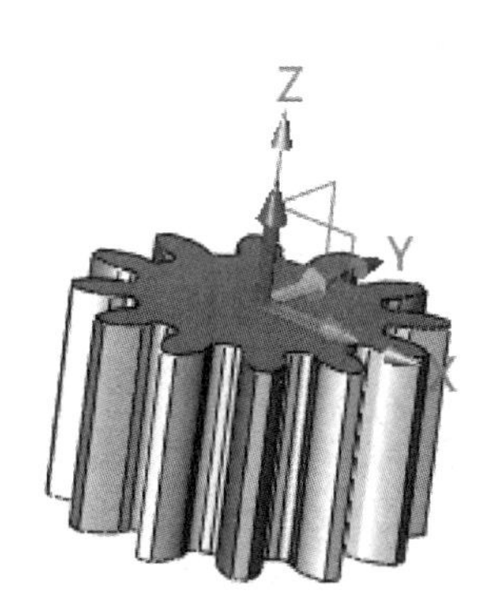

图 1-100 调入齿轮

3）对齐齿轮。

① 单击“移动”工具按钮，系统弹出“移动”对话框，单击“绕方向旋转”按钮。

②“实体”选择齿轮，“方向”选择 Y 轴，“角度”设为“90”。

③ 单击“确定”按钮完成齿轮对齐，结果如图 1-101 所示。

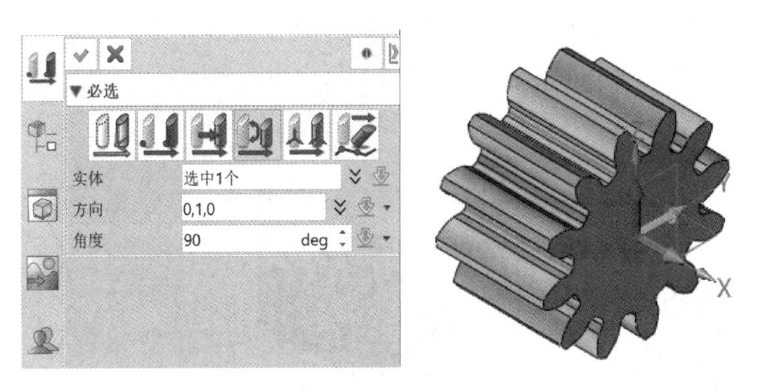

图 1-101 对齐齿轮

4）创建齿轮轴主体。

① 在 X-Z 平面上绘制图 1-102 所示草图。

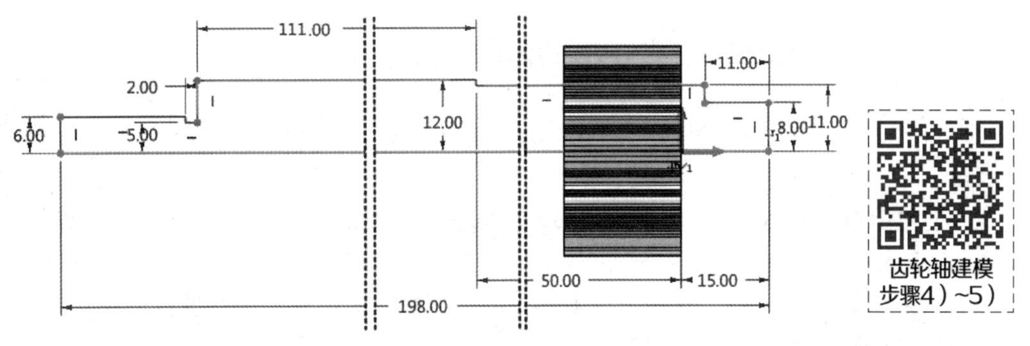

图 1-102 齿轮轴主体草图

② 单击“旋转”工具按钮，系统弹出“旋转”对话框。

③“轮廓”选择草图 1，“轴 A”选择 X 轴，布尔方式设为“加运算”，其他参数默认即可，单击“确定”按钮完成旋转，结果如图 1-103 所示。

5）创建摆轮结构。

① 选择图 1-104 所示平面作为草图平面。

② 绘制图 1-105 所示草图，并退出草图环境。

③ 以图 1-104 所示草图作为拉伸轮廓，拉伸方向为“-X”，“结束点 E”为“5”，布尔方式为“加运算”，结果如图 1-106 所示。

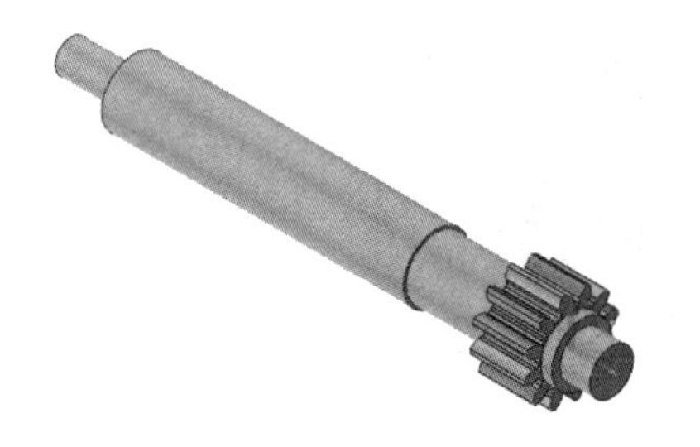

图 1-103　齿轮轴主体建模

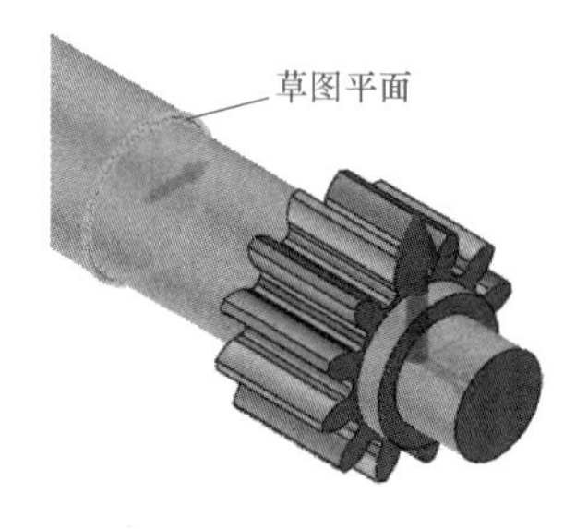

图 1-104　草图平面

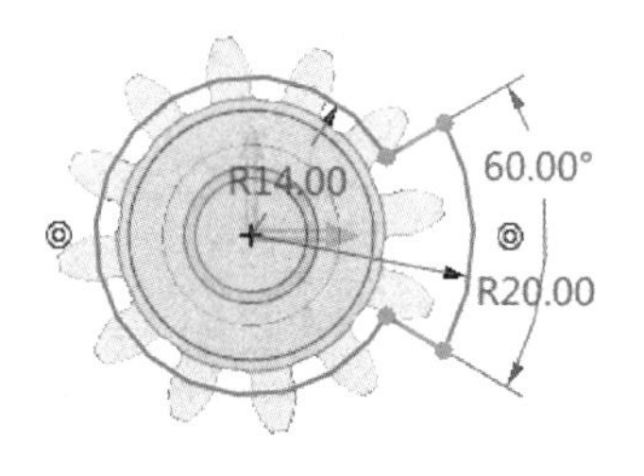

图 1-105　草图

6）创建轴端四方。

① 选择图 1-107 所示平面作为草图平面。

② 绘制图 1-108 所示草图，并退出草图环境。

③ 以图 1-108 所示草图作为拉伸轮廓，拉伸方向为“X”，“结束点 E”为“25”，布尔方式为“减运算”，结果如图 1-109 所示。

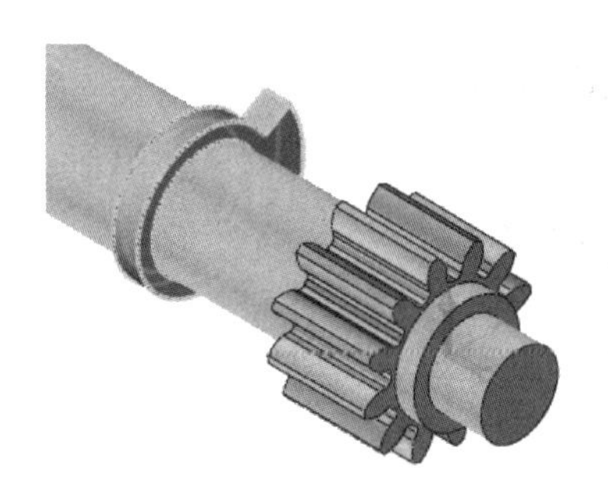

图 1-106　拉伸结果

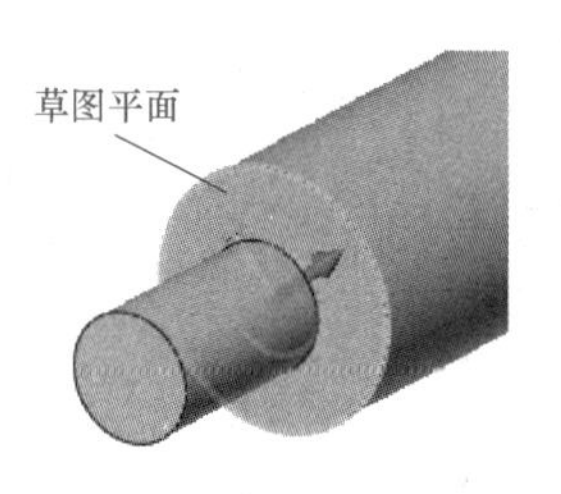

图 1-107　草图平面

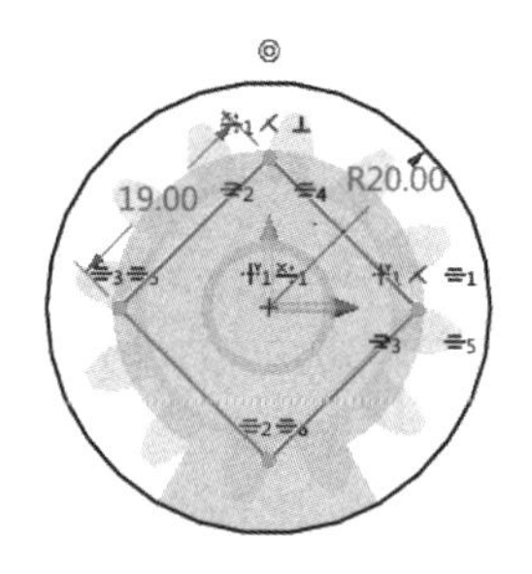

图 1-108　草图

7）创建 M12 螺纹。

① 单击“标记外部螺纹”工具按钮，弹出“标记外部螺纹”对话框。

②“面”选择 ϕ12mm 圆柱，“类型”设为“M”，“尺寸”设为“M12×1”，“长度类型”为“完整”，如图 1-110 所示。

8）创建倒角。为图 1-111 所示的边和轮齿创建 *C*1 斜角。

9）保存文件。

图 1-109　拉伸结果

（2）建模过程（学员）　根据自己对零件的分析和方案设计，独立进行齿轮轴零件建模，建模过程可以用附页电子文档的方式向老师提交。

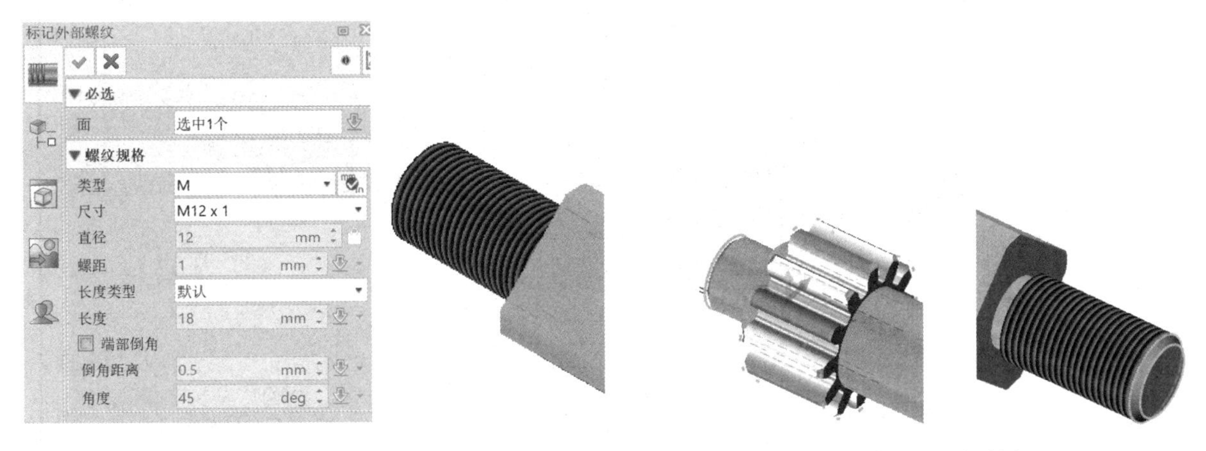

图 1-110　创建螺纹　　　　图 1-111　倒斜角

课后拓展训练

1）使用中望 3D 建模软件完成图 1-112 所示传动轴零件的三维造型。

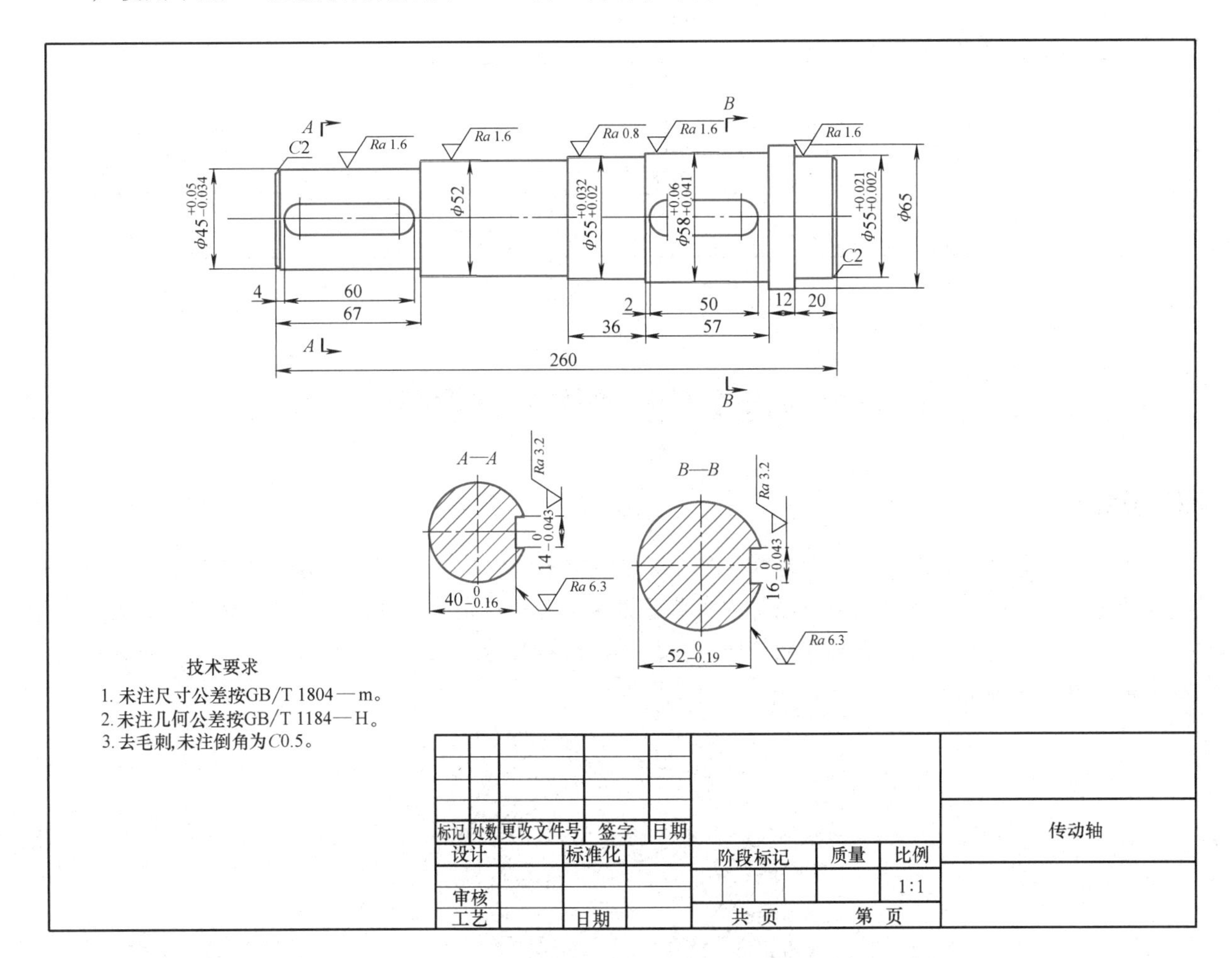

图 1-112　传动轴

2）使用中望 3D 建模软件完成图 1-113 所示输出轴零件的三维造型。

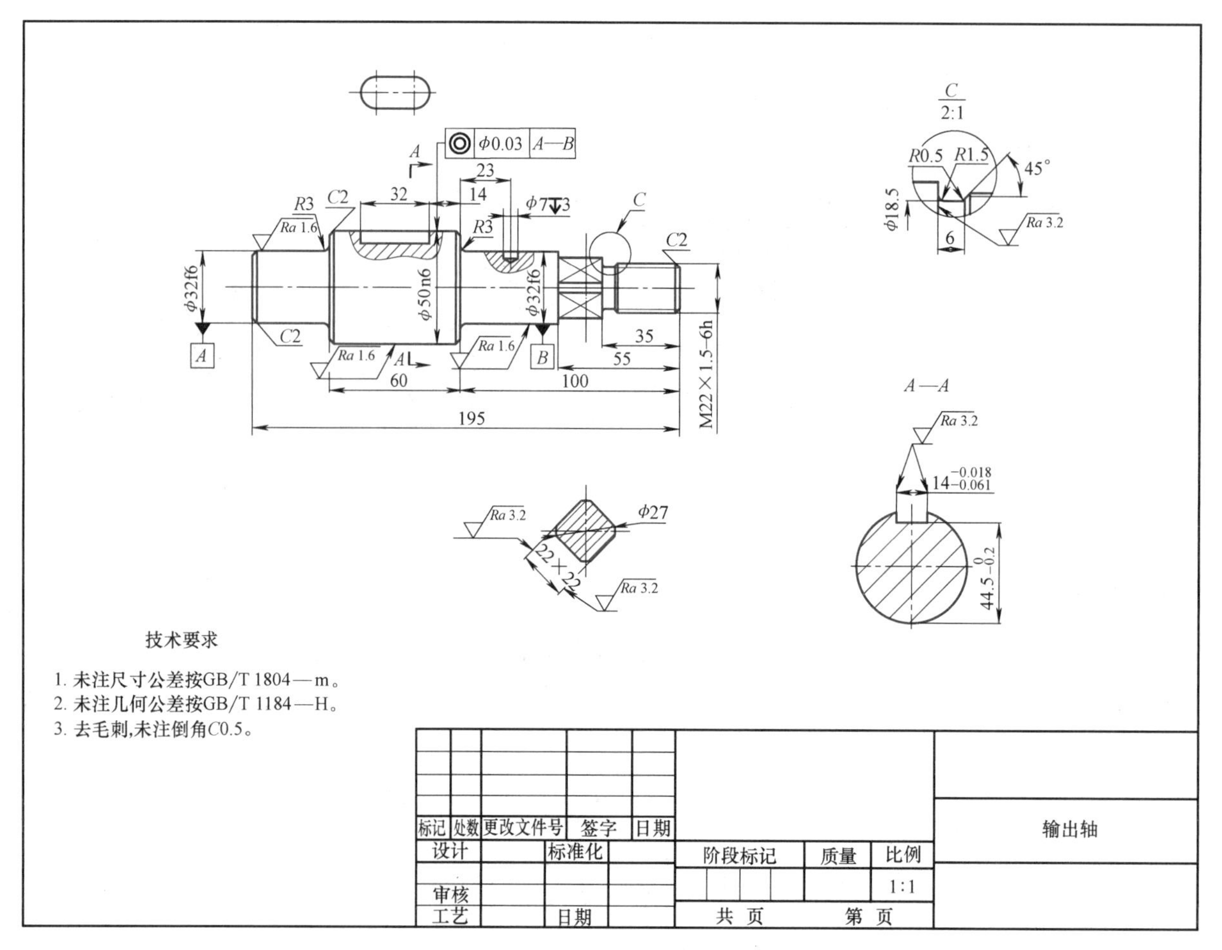

图 1-113　输出轴

学习任务 1.4　阀体零件造型

任务描述

图 1-114 所示是一个比较典型的阀体零件，整体结构相对简单，零件表面均匀分布多个孔位。通过完成阀体零件造型任务，学员学习草图阵列与草图镜像、旋转特征、特征阵列、特征镜像等工具的使用方法，能够在三维建模过程中合理使用草图、拉伸、旋转特征等工具，理解使用中望 3D 建模软件进行三维建模的基本思路。

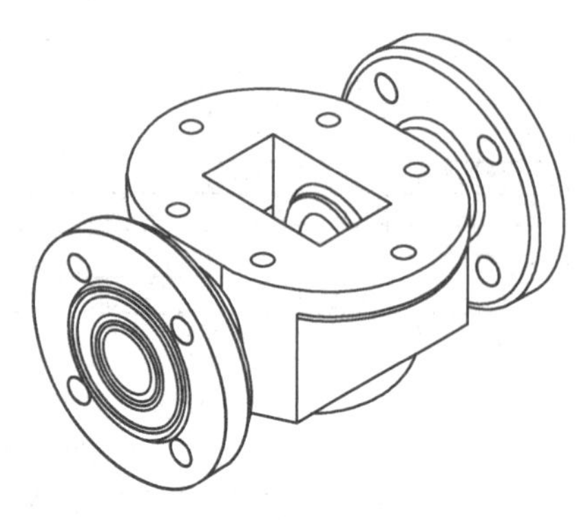

图 1-114　阀体模型图

知识点

- 草图阵列。
- 草图尺寸编辑。
- 调入标准草图图形。
- 阵列特征。
- 镜像特征。

技能点

- 能够正确分析图样，确定需要用到的工具。
- 能根据图样绘制所需特征轮廓。
- 正确绘制草图对象，完成尺寸标注和几何约束。
- 合理使用阵列、镜像工具。

素质目标

培养学员独立完成中等难度机械零件的结构分析能力，合理使用中望3D建模软件确定建模方案的综合应用能力，以及独立思考、善于创新的职业能力。

课前预习

1. 草图阵列

“草图阵列”命令可将草图中的图素进行阵列，阵列形式有“线性阵列”“圆形阵列”“沿曲线阵列”等，如图1-115所示。单击“阵列”工具按钮，系统弹出“阵列”对话框，如图1-116所示。

2. 草图尺寸编辑

“草图尺寸编辑”工具可以对选中的尺寸进行统一修改。

单击“尺寸编辑”工具按钮 标注编辑，激活“草图尺寸编辑”命令，弹出“草图编辑”对话框，如图1-117所示。未选中“更新”复选框时，修改的尺寸不会马上生效；选中更新复选框后，图形才会根据尺寸进行更新，避免单独修改尺寸发生图形变形的现象发生。

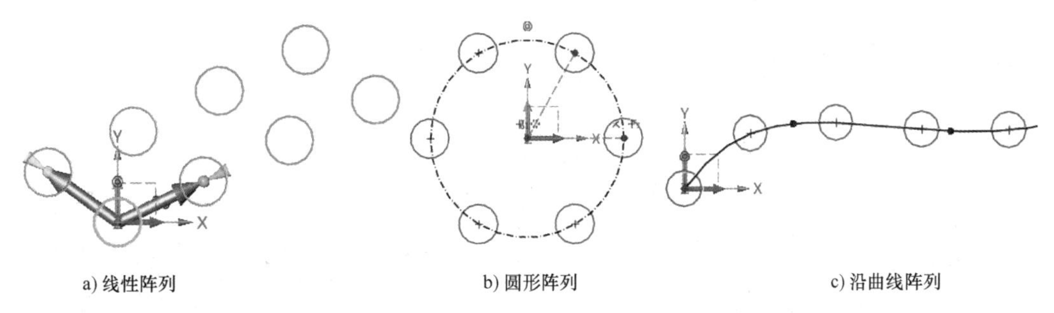

a) 线性阵列　　b) 圆形阵列　　c) 沿曲线阵列

图1-115　阵列形式

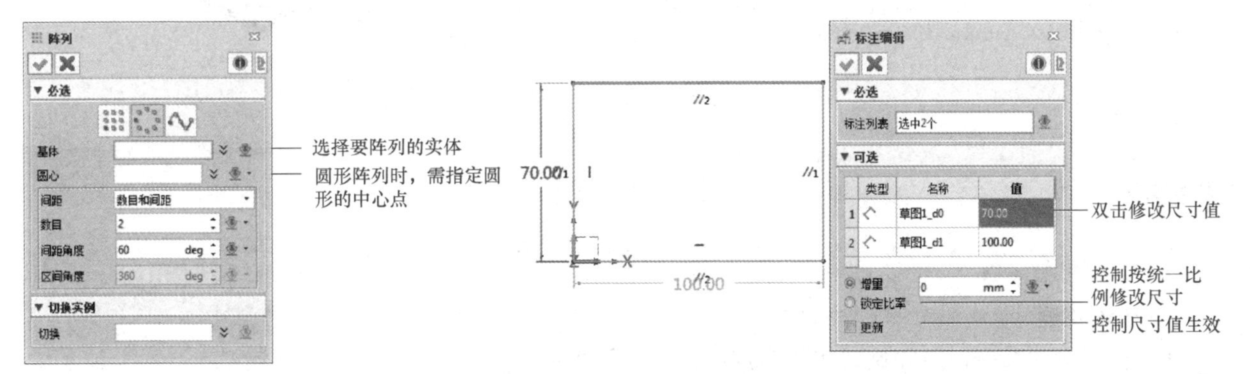

图1-116　“阵列”对话框　　图1-117　“标注编辑”对话框

3. 调入标准草图图形

由于在绘制草图过程中部分图形有一定的规律性，所以中望 3D 建模软件为用户定义了大量的标准图案，只要进行定位和修改形状尺寸就能得到需要的结果，从而大大提高绘制草图的效率。

单击“子草图”工具栏中的按钮△ 等边三角形 ▾，选择需要的图形，在绘图区选择一点作为图形放置的基准点，完成绘制。双击图形就可以修改图案尺寸。退出图形尺寸标注需要单击“退出”工具按钮。也可以在插入时选中“炸开”复选框，将图案的图素并入草图中。

图 1-118 所示为调入圆角矩形，图 1-119 所示为编辑圆角矩形尺寸。

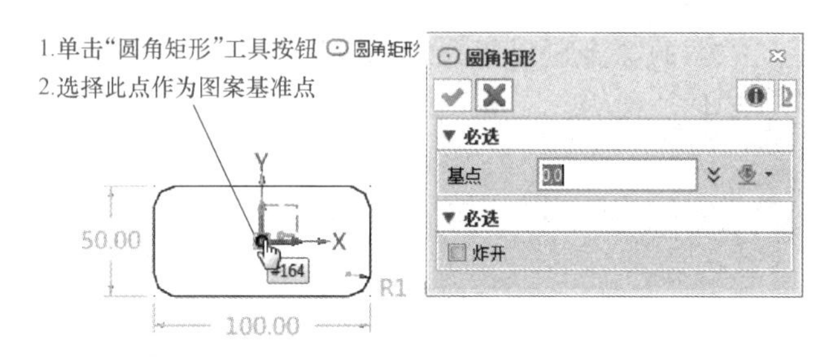

图 1-118 调入圆角矩形

图 1-119 编辑圆角矩形尺寸

4. 镜像特征

“镜像特征”工具可以将选择的特征沿指定的平面产生一个镜像副本。中望 3D 建模软件中有“镜像几何体”和“镜像特征”两个镜像命令，两个命令的操作流程基本一致，但“镜像特征”命令只针对特征，而“镜像几何体”命令可以对实体、曲线、曲面、草图等对象进行操作。

单击“基础编辑”工具栏中“镜像特征”工具按钮，系统弹出“镜像特征”对话框，如图 1-120 所示。使用此命令镜像特征。

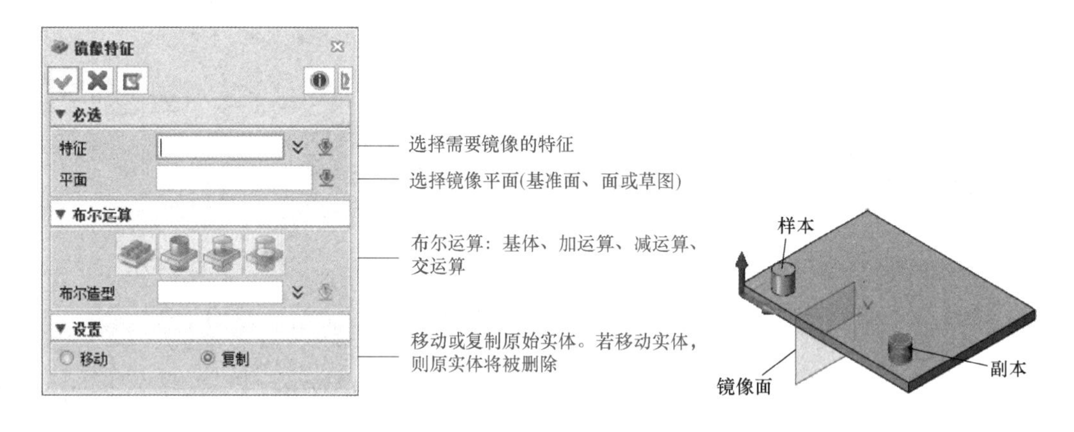

图 1-120 “镜像特征”对话框和示意图

课内实施

1. 预习效果检查

(1) 填空题

1）使用镜像命令时，在旋转实体确定后，还必须要指定________。

2）中望 3D 建模软件支持____种不同类型的阵列。

(2) 判断题

1）草图中“镜像”工具的镜像轴线可以是线性模型边线，也可以是直线。(　　)

2）草图中“阵列”工具不能选择标注与约束进行阵列，但是阵列时会自动对所选几何对象内部的标注和约束（非固定约束）进行阵列。(　　)

3）在“阵列”命令下对原特征进行编辑，阵列生成的特征不会一起变化。(　　)

4）当创建阵列特征时，可以选择跳过的实例。(　　)

5）旋转特征的旋转轴必须是中心线。(　　)

(3) 选择题（请选择一个或多个选项）

1）对一个孔进行线性阵列，在“数目”文本框中输入数值5，阵列完成之后一共生成（　　）孔。(假设基体足够大，阵列之后的特征能够完整呈现)。

A. 5个孔　　B. 6个孔　　C. 7个孔　　D. 4个孔

2）在“阵列”命令下，对原特征进行编辑，阵列生成的特征（　　）随之变化。

A. 会　　B. 不会　　C. 不确定　　D. 有一部分会

3）阵列命令包括（　　）。

A. 圆形阵列　　B. 线性阵列　　C. 多边形阵列　　D. 沿曲线阵列

2. 零件结构分析

(1) 零件图样分析（参考）　阀体零件如图1-121所示，总体结构比较简单，由主体、连接口、螺纹孔、圆角等结构组成，零件可用草图拉伸、旋转等工具分段建模，再添加孔、倒角等特征即可完成。

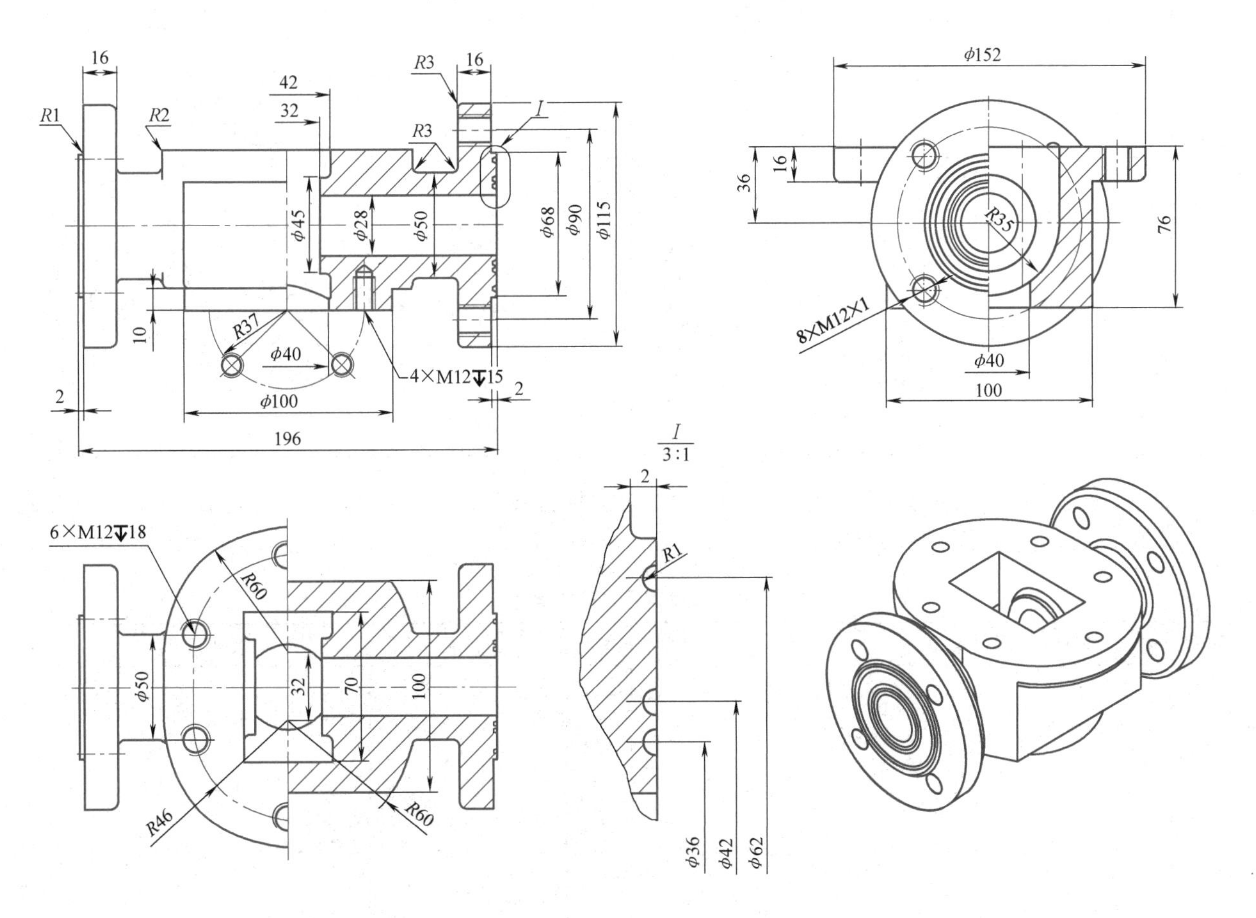

图1-121　阀体零件图

（2）零件图样分析（学员） 分析阀体零件的图样，参考上边的提示，独立完成阀体零件的图样分析，并填写表 1-10。

表 1-10 零件图样分析（学员）

序号	项目	分析结果
1	分解阀体的结构	
2	分解阀体左右两端的连接止口	
3	阀体零件的结构特点有哪些	
4	教师评价	

3. 零件建模方案设计

1）阀体建模参考方案见表 1-11。

表 1-11 阀体建模参考方案

序号	步骤	图　示	序号	步骤	图　示
1	创建阀体主体部分	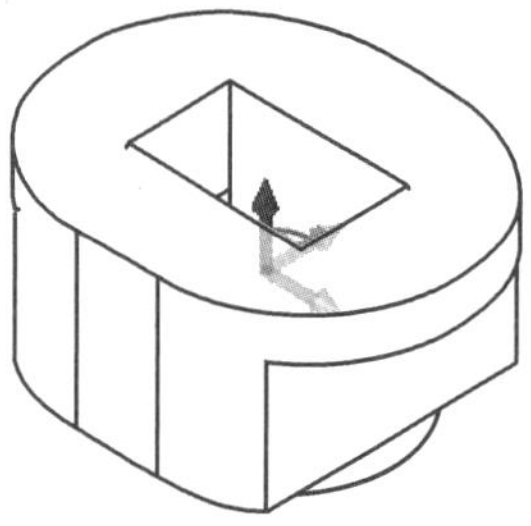	3	创建阀体螺纹孔部分	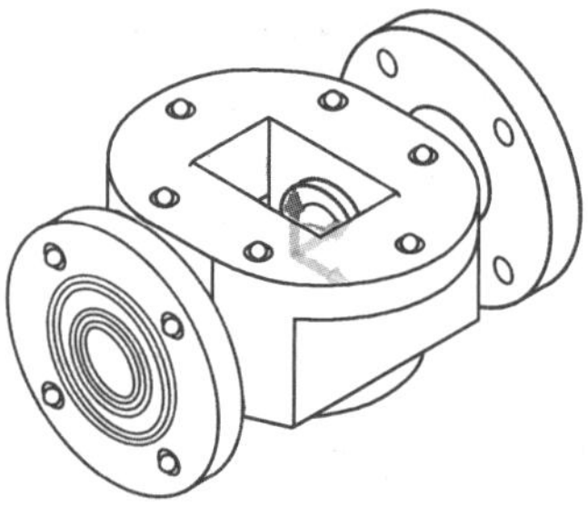
2	创建阀体连接口部分	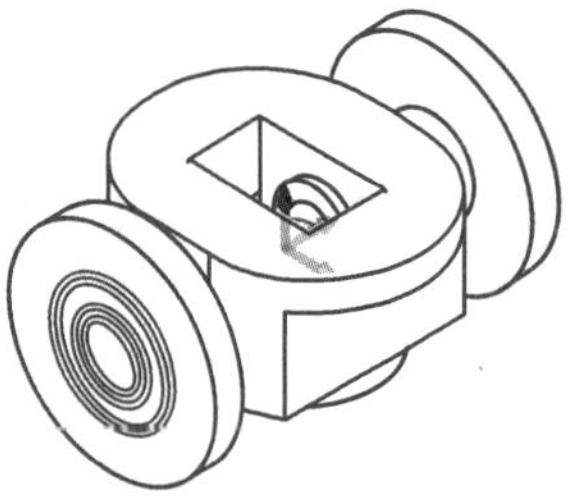	4	创建阀体圆角部分	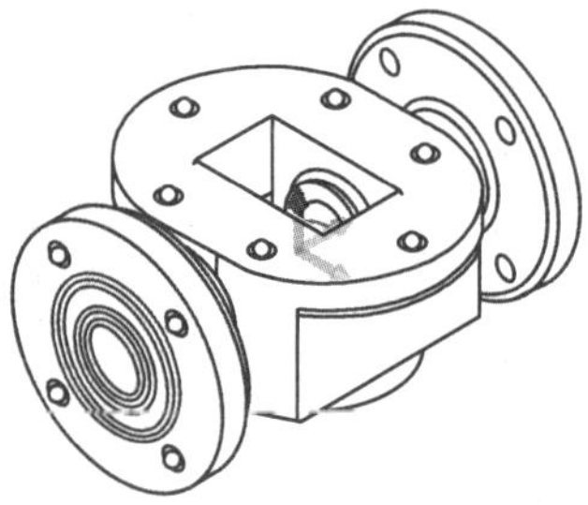

2）根据自己对零件的分析，参照表 1-11 的参考建模方案，独立设计阀体主体或两端连接口（带螺栓连接孔）的建模方案，并填写表 1-12。

表 1-12 阀体零件建模方案（学员）

序号	步骤	图　示	序号	步骤	图　示
1			2		

（续）

序号	步骤	图　示	序号	步骤	图　示
3			5		
4			6		

4. 建模实施过程

(1) 建模实施过程（参考）

阀体建模
步骤1)~3)

1）新建文件。要求：文件“类型”为“零件”，文件名为“阀体.Z3PRT”，“模板”为“PartTemplate（MM）”。

2）创建阀体主体（拉伸1_基体）。

① 在X-Y面绘制草图，如图1-122所示。

② 创建拉伸特征，轮廓为“草图1”，拉伸方向为“Z轴”，“起始点S”设为“-30”，“结束点E”设为“36”，结果如图1-123所示。

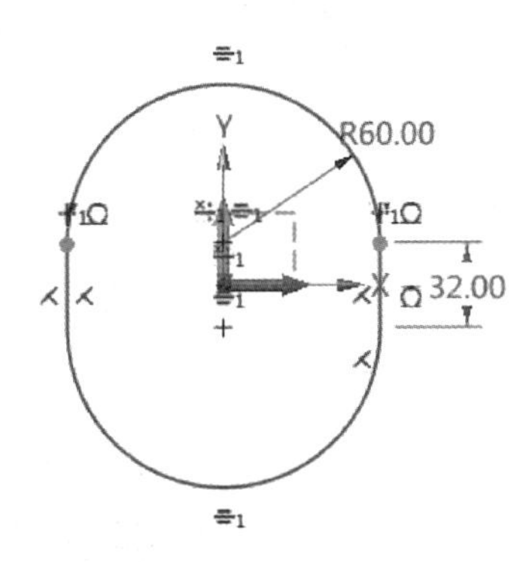

图1-122　绘制拉伸草图1

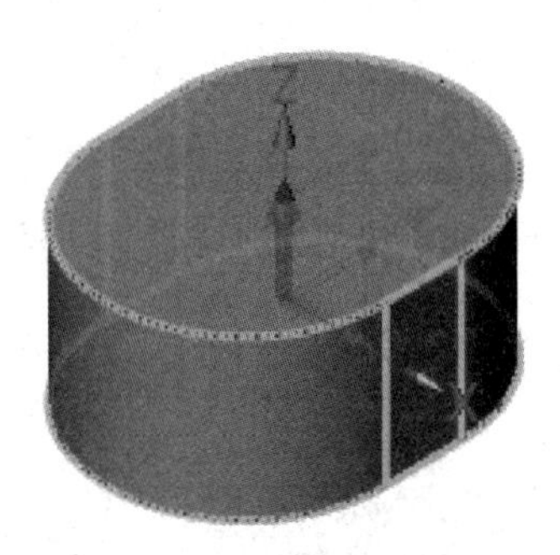

图1-123　拉伸结果1

3）创建主体下方前后两个台阶（拉伸2_切除）。

① 以“拉伸1_基体”底面为草图平面，绘制图1-124所示草图。

② 创建拉伸特征，轮廓为“草图2”，拉伸方向为“Z轴”，“结束点E”为“50”，布尔方式设为“减运算”，结果如图1-125所示。

4）创建主体底面圆柱凸台（拉伸3_凸台）。

阀体建模
步骤4)~6)

① 以主体底面为草图平面绘制草图，如图1-126所示。

② 创建拉伸特征，轮廓为“草图3”，拉伸方向为“-Z”轴，“结束点E”为“10”，布尔方式为“加运算”，结果如图1-127所示。

5）创建主体内腔（拉伸4_切除）。

① 以Y-Z面作为草图平面，绘制图1-128所示草图。

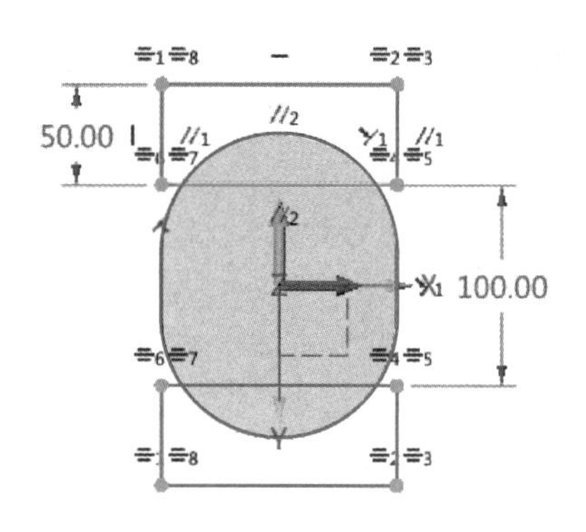

图 1-124　绘制拉伸草图 2

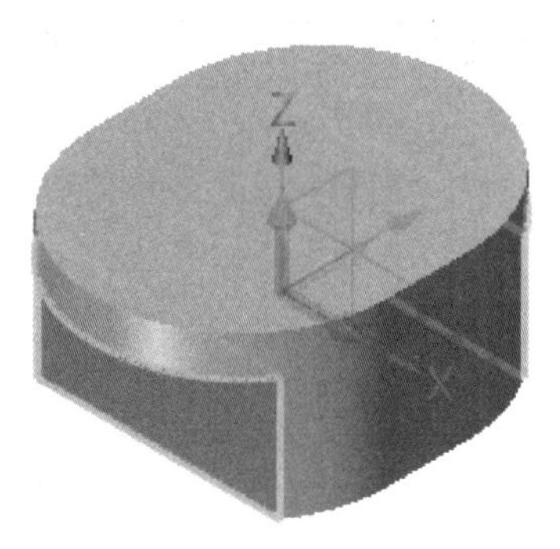
图 1-125　拉伸结果 2

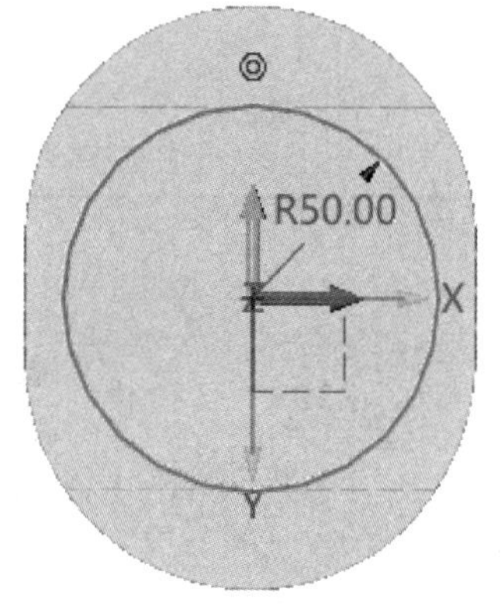

图 1-126　绘制拉伸草图 3

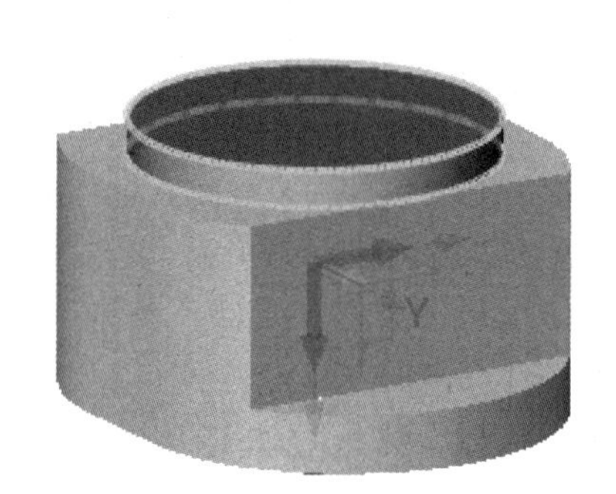
图 1-127　拉伸结果 3

② 创建拉伸特征，截面为“草图 4”，“拉伸类型”为“对称”，“结束点 E”设为“21”，布尔方式为“减运算”，结果如图 1-129 所示。

6）创建主体底部孔 ϕ40mm。

① 单击“孔”工具按钮，激活“孔”命令。

② 孔位置为主体底部圆心，孔的类型为“常规孔”，孔造型为“简单孔”，直径为“40”，结束端为“通孔”，结果如图 1-130 所示。

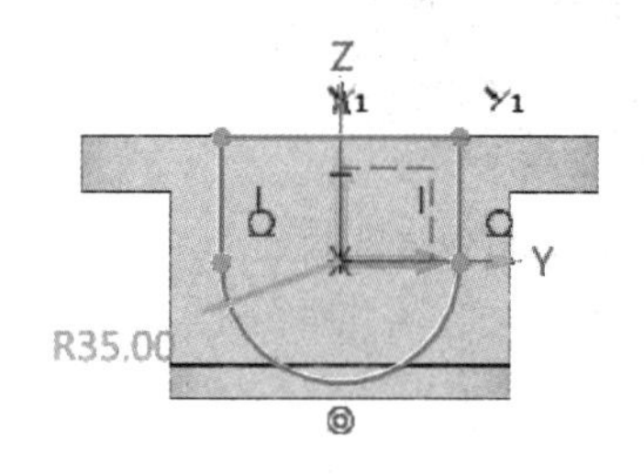

图 1-128　绘制拉伸草图 4

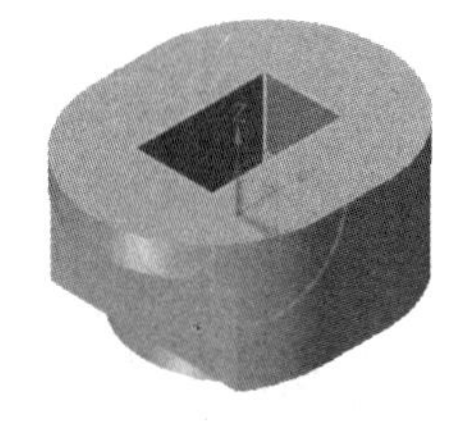
图 1-129　拉伸结果 4

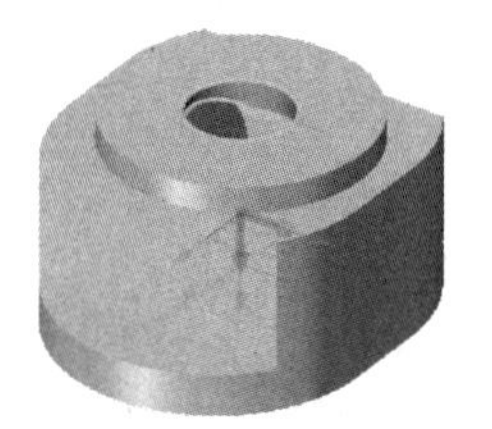
图 1-130　打孔

7）创建阀体左端接口主体部分。

① 在 X_Z 面上绘制图 1-131 所示草图。

② 创建旋转特征。截面为“草图 5”，旋转轴为“X 轴”，旋转角度为“360”，布尔方式为“加运算”，结果如图 1-132 所示。

阀体建模
步骤7）~9）

8）创建阀体左端接口端面环形槽。

① 在 X_Z 面上绘制图 1-133 所示草图。

② 创建旋转特征。截面为“草图 6”，旋转轴为“X 轴”，旋转角度为“360”，布尔方式为“减运算”，结果如图 1-134 所示。

9）创建阀体左端接口螺钉孔。

① 在阀体左端接口端面上绘制图 1-135 所示草图。

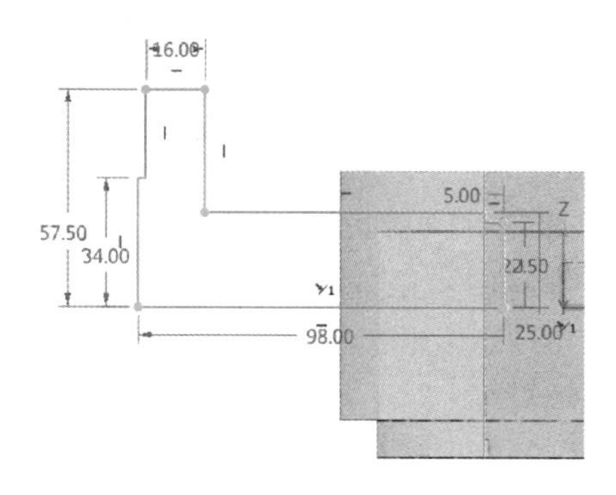

图 1-131　绘制拉伸草图 5

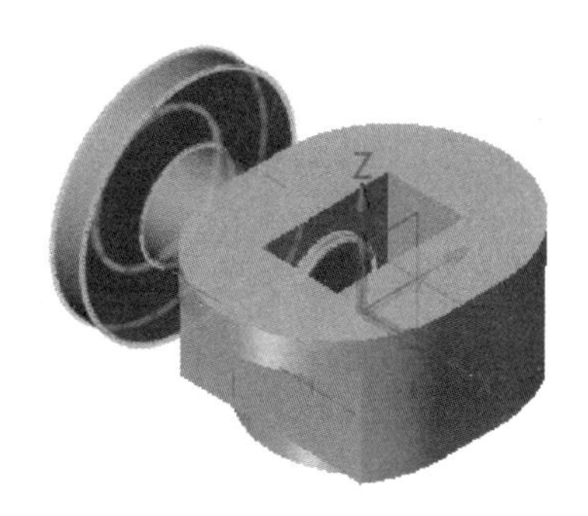

图 1-132　旋转结果（左端接口）

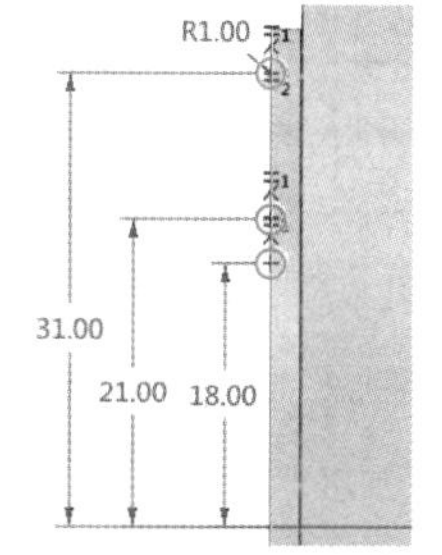

图 1-133　绘制拉伸草图 6

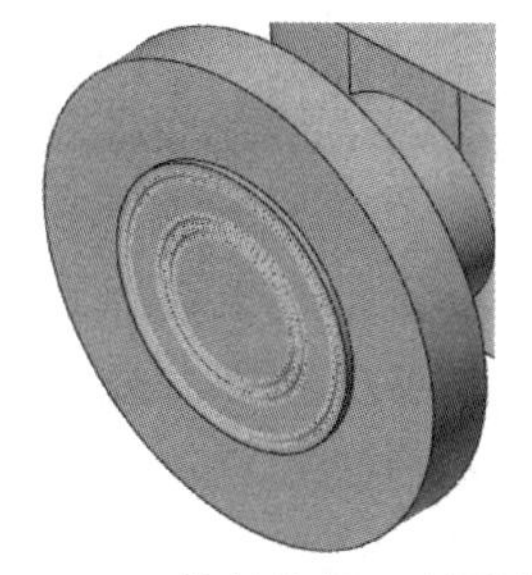

图 1-134　旋转结果（环形槽）

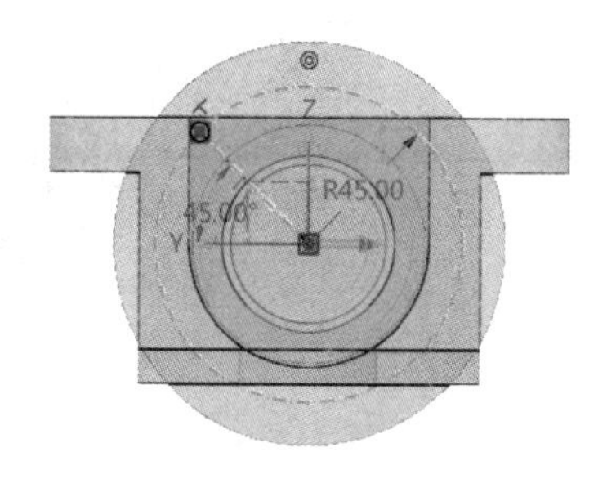

图 1-135　绘制拉伸草图 7

② 创建孔。位置为“草图 7”点，孔类型为“螺纹孔”“类型”为“M”，“尺寸”为“M12×1”，“深度类型”为“完整”，“深度（H1）”为“16”，结果如图 1-136 所示。

10）阵列孔。

① 单击“阵列特征”工具按钮，激活“阵列”命令。

② “阵列形式”为“圆形”，“基体”为“孔 2 螺纹 M12×1”，方向为“+X 轴”，“数目”为“4”，“角度”为“90”。

③ 单击“确定”按钮完成阵列，结果如图 1-137 所示。

阀体建模步骤10）~12）

11）对阀体左端接口进行镜像。

① 单击“镜像特征”工具按钮，弹出“镜像特征”对话框。

② “特征”为“旋转 1_凸台”“旋转 2_切除”“孔 2（螺纹 M12×1）”“阵列 1”，“平面”为“X-Z 平面”，单击“确定”按钮完成镜像特征，如图 1-138 所示。

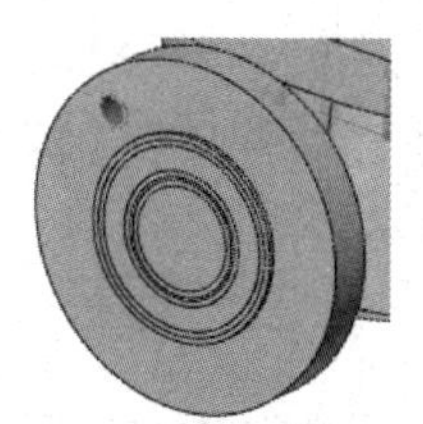

图 1-136　创建 M12×1 孔

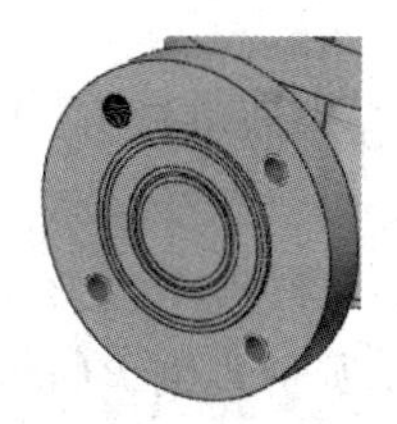

图 1-137　阵列螺纹孔

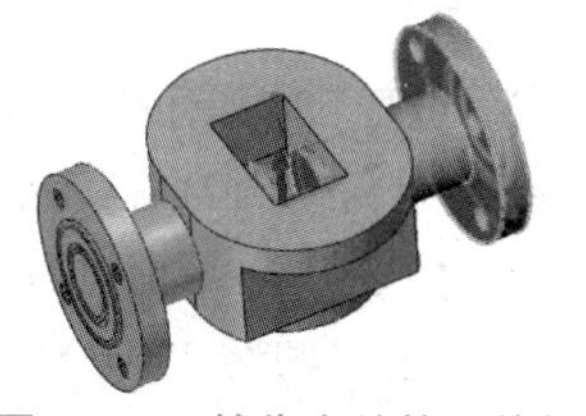

图 1-138　镜像左端接口特征

12）创建 ϕ28mm 孔。

① 单击“孔”工具按钮，激活“孔”命令。

② 孔位置为阀体左端接口圆心，孔的类型为“常规孔”，孔造型为“简单孔”“直径”为“28”，“结束端”为“通孔”，结果如图 1-139 所示。

13）创建主体顶面螺纹孔 M12×1。

① 在主体顶面绘制图 1-140 所示草图。

② 单击“孔”工具按钮，激活“孔”命令，类型为“螺纹孔”，“位置”为“草图 8”上的 6 个点。

③“孔造型”为“简单孔”，“尺寸”为“M12×1”，“深度”（螺纹深度）为“18”，“深度（H1）”为“21”，“结束端”为“盲孔”，单击“确定”按钮完成孔创建，结果如图 1-141 所示。

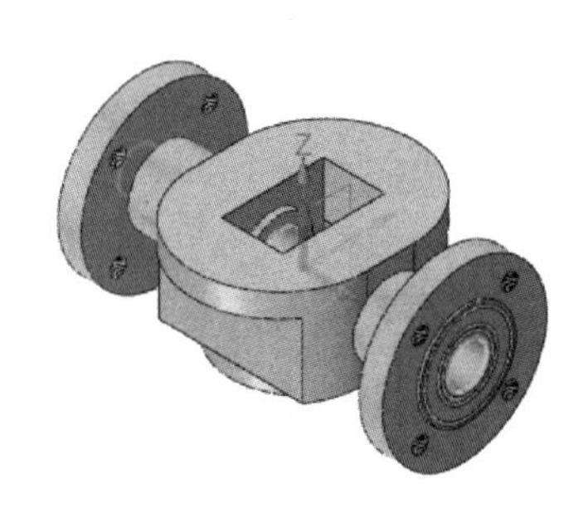

图 1-139　创建 ϕ28mm 通孔

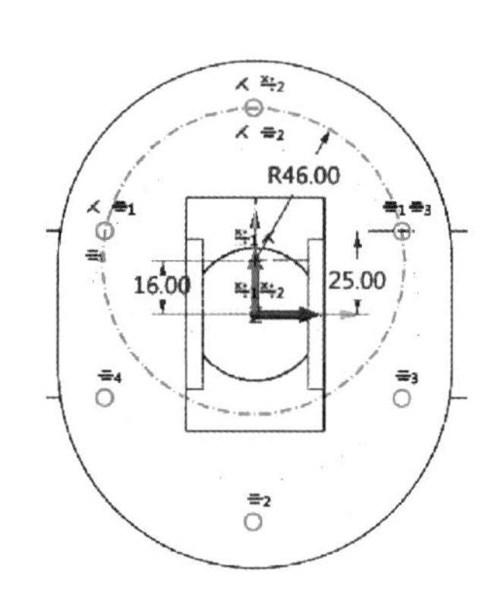

图 1-140　创建草图

14）创建主体底部 4×M12 孔。

① 单击“孔”工具按钮，激活“孔”命令，选择“螺纹孔”类型，孔“位置”为草图。

② 草图平面选择主体底面，绘制图 1-142 所示草图，单击“确定”按钮返回“孔”对话框。

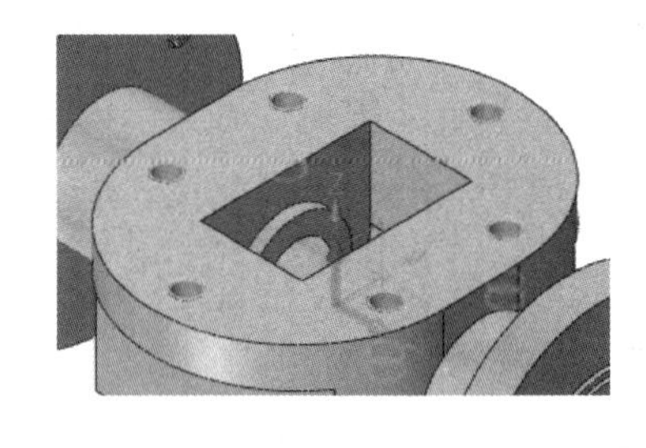

图 1-141　创建螺纹孔

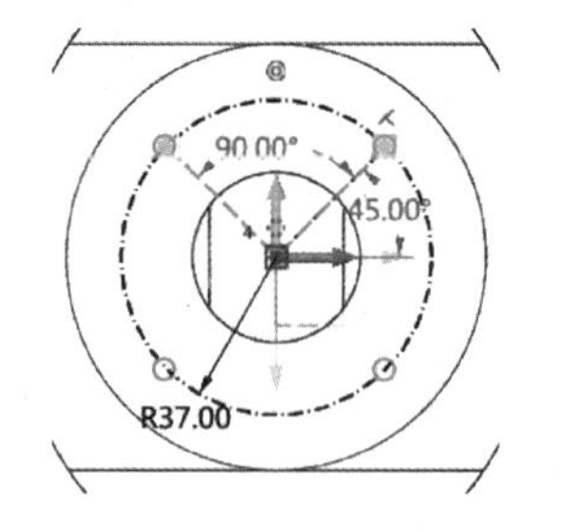

图 1-142　绘制拉伸草图 8

③“位置”为草图中的点，“孔造型”为“简单孔”，“尺寸”为“M12×1”，“深度”（螺纹深度）为“15”，“深度（H1）”为“18”，“结束端”为“盲孔”，结果如图 1-143 所示。

15）创建“圆角 1（R1）”“圆角 2（R2）”“圆角 3（R3）”特征。

① 创建“圆角 1（R1）”，选择图 1-144 所示边倒 $R1$mm 圆角。

② 创建“圆角 2（R2）”，选择图 1-145 所示边倒 $R2$mm 圆角。

③ 创建“圆角 3（R3）”，选择图 1-146 所示边倒 $R3$mm 圆角。

16）保存文件。

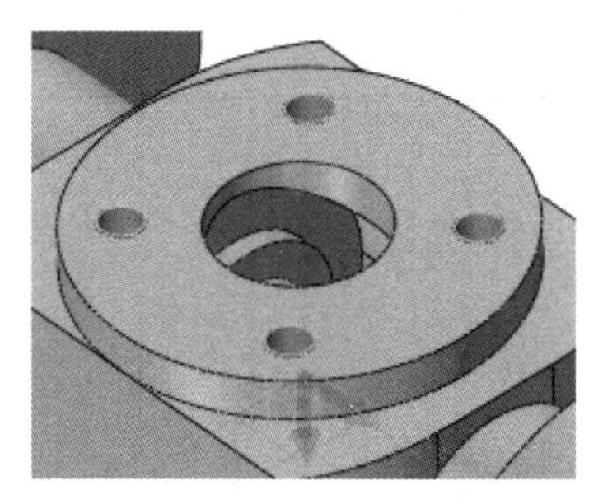

图 1-143　创建 4 个 M12X1 孔

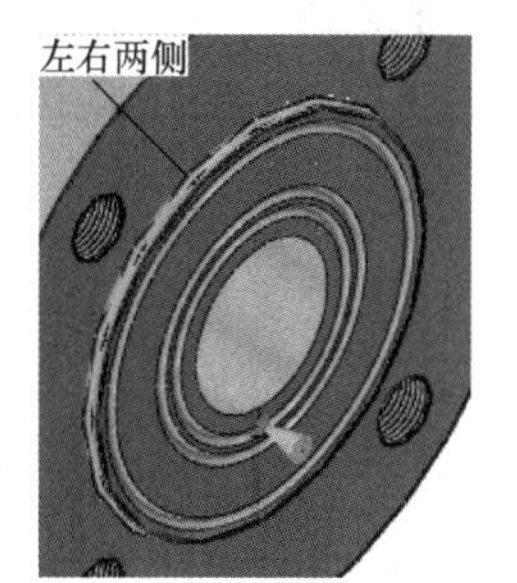

图 1-144　倒圆角（R1mm）

(2) 建模过程（学员）　请根据自己对零件的分析和方案设计，独立进行阀体零件建模，建模过程可以用附页电子文档的方式向老师提交。

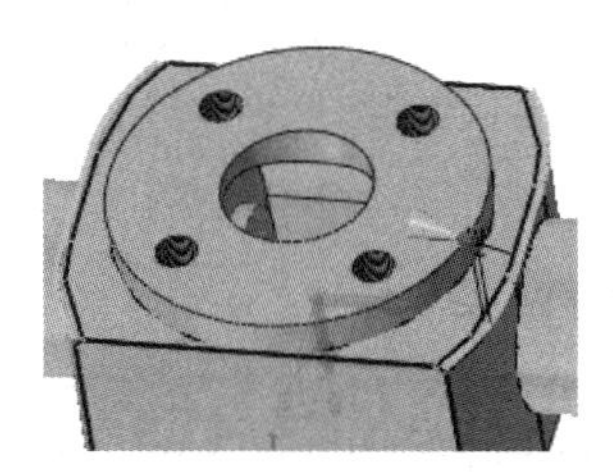

图 1-145　倒圆角（R2mm）

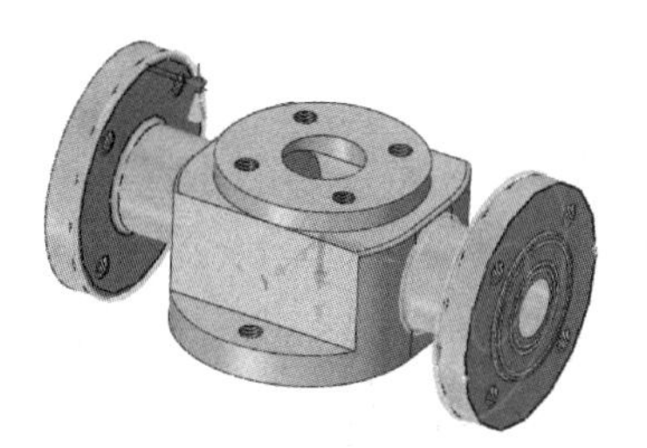

图 1-146　倒圆角（R3mm）

课后拓展训练

1）根据图 1-147 所示的图样进行零件建模。

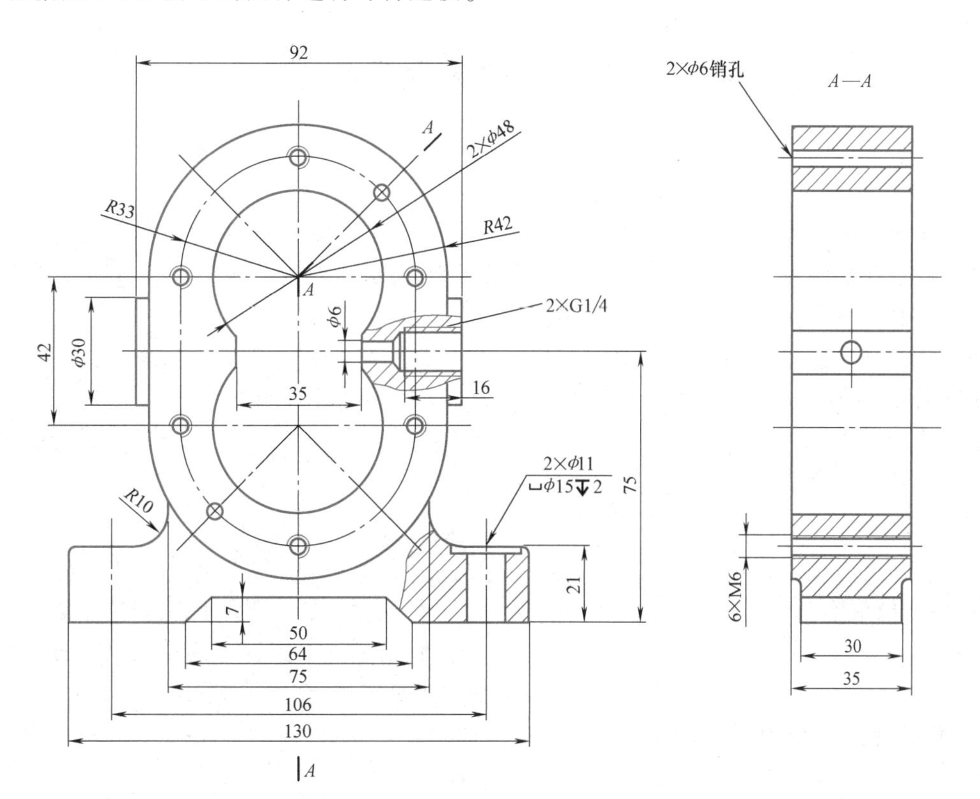

图 1-147　齿轮泵-泵体零件图

2）根据图 1-148 所示的图样进行零件建模。

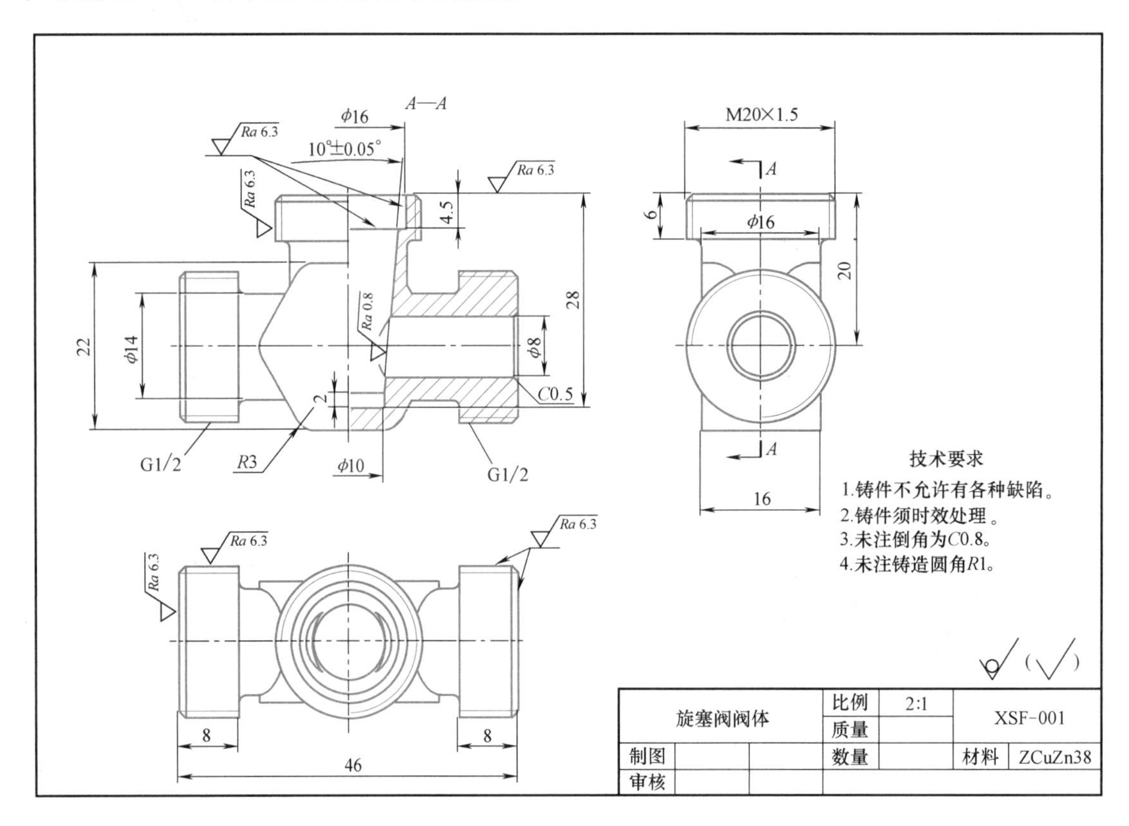

图 1-148 旋塞阀阀体零件图

学习任务 1.5 阀盖零件造型

任务描述

阀盖是比较典型的箱体类零件，模型如图 1-149 所示。整体结构相对复杂，特征较多。通过完成阀盖零件造型任务，学员学习草图绘制与编辑、拉伸特征、孔特征、圆柱体、圆角特征、球、拉伸、切除、镜像等工具的使用方法，能够在三维建模过程中合理使用草图、拉伸、孔特征、圆柱体、圆角特征、拉伸切除特征、球、镜像等工具，理解使用中望 3D 软件创建三维模型的基本思路。

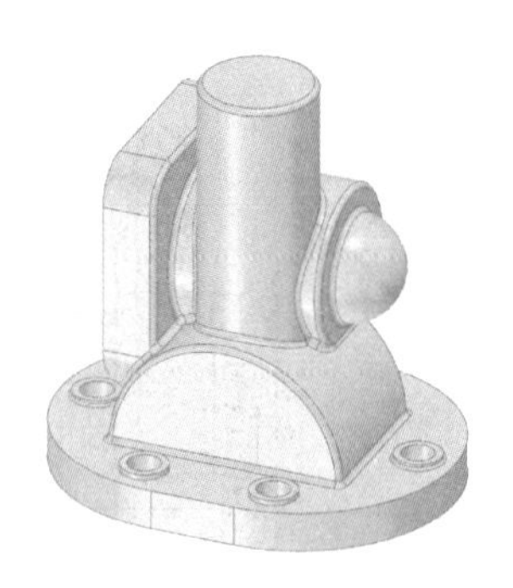

图 1-149 阀盖模型

知识点

- 草图偏移下拉菜单。
- 唇缘特征。
- 筋特征。
- 直接编辑工具：“DE 阵列”“DE 镜像”“置换”“简化”工具。
- 放样特征。

技能点

- 使用草图工具正确绘制草图。
- 使用唇缘特征、筋特征、放样特征、直接编辑工具等进行零件的三维建模。

素质目标

培养学员独立完成中等难度机械零件的结构分析能力，合理使用中望 CAD 建模软件确定建模方案并完成建模的综合应用能力，以及独立思考、善于创新的职业能力。

课前预习

1. “偏移”下拉菜单

“曲线”工具栏中的“偏移”下拉菜单包括“偏移”和“中间曲线”两个工具。

(1)“偏移”工具按钮 可以将选择的曲线沿单边或双边生成等距曲线。

单击“草图”选项卡中的“偏移”工具按钮 偏移，系统弹出“偏移”对话框。通过“偏移”对话框，用户可以很方便地进行曲线的偏移，如图 1-150 所示。

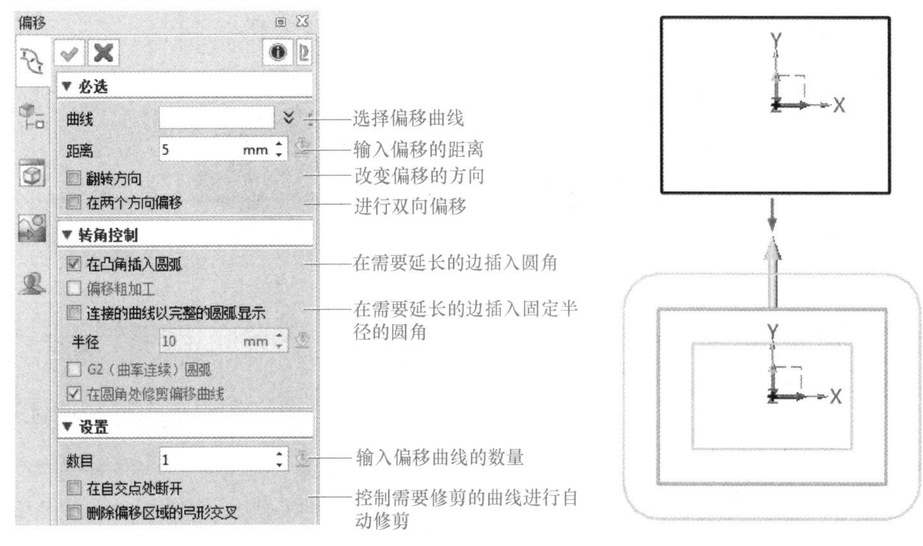

图 1-150　“偏移”对话框

(2)“中间曲线”工具按钮 中间曲线 可以在两条曲线、圆弧或两个圆的中间创建一条曲线。中间曲线在数学上的定义为：通过两条曲线间一组等距点的曲线。中间曲线上的任何点到两条曲线的距离均相等。

单击“草图”选项卡中的“中间曲线”工具按钮 中间曲线，系统弹出“中间曲线”对话框。通过“中间曲线”对话框，用户可以很方便地生成中间线，如图 1-151 所示。“中间曲线”对话框“设置”选项组中的“方法”选项有“等距-中分端点”“等距-等距端点”“中分”三种形式，如图 1-152 所示。

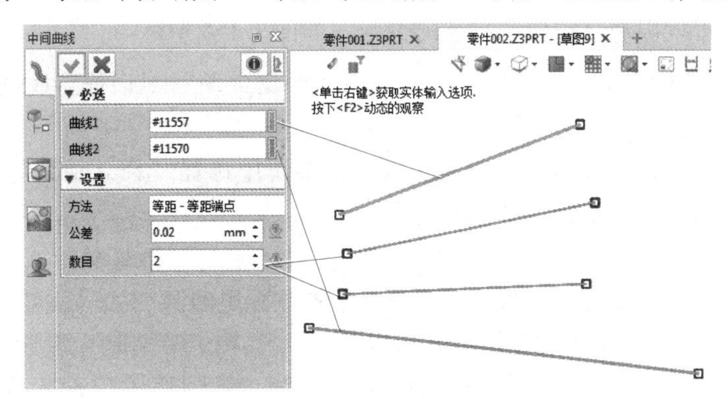

图 1-151　“中间曲线”对话框

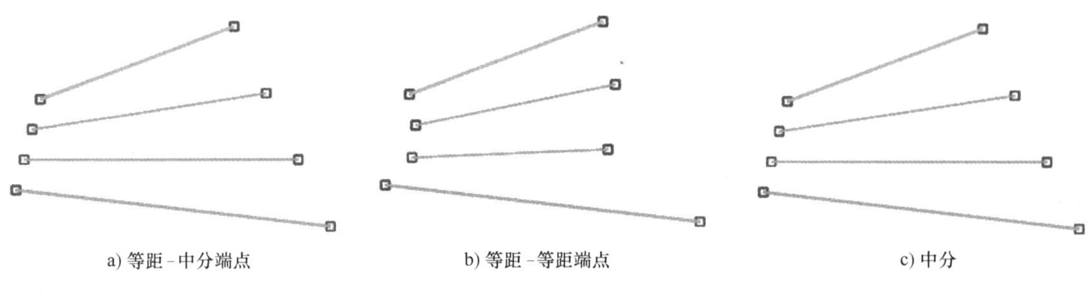

图 1-152 中间曲线-方法

2. 唇缘特征

唇缘特征是中望 CAD 软件的一个突出的特征，使用此命令，基于两个偏移距离沿所选边创建一个唇缘特征。如图 1-153 所示，“必选”选项组包括创建特征的面边和偏移 1、2。用户可以持续选择边和输入偏移量，直到完成所需的唇缘特征。

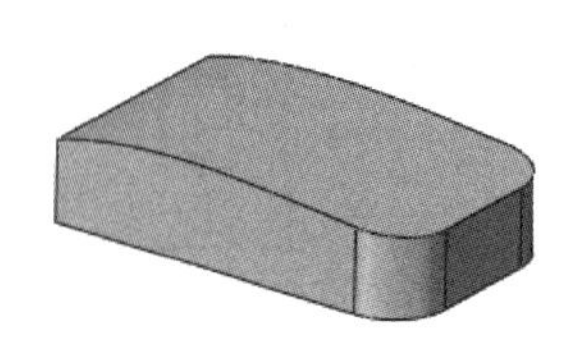
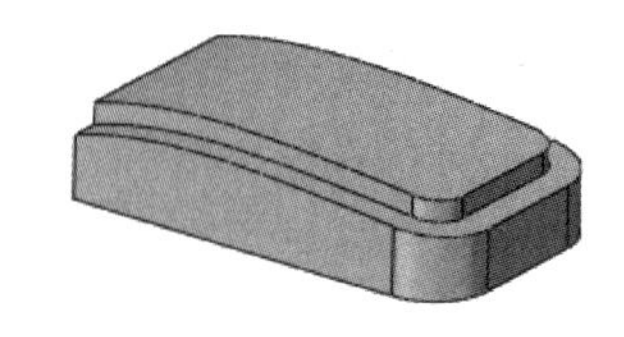

图 1-153 唇缘特征

单击“造型”选项卡中的“唇缘”工具按钮，系统弹出“唇缘”对话框。通过“唇缘”对话框，用户可以很方便地绘制唇缘特征，如图 1-154 所示。

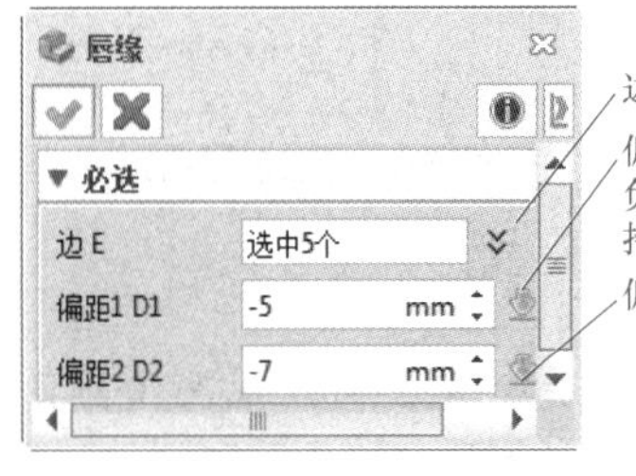

图 1-154 “唇缘”对话框

3. 筋特征

筋是在实际的零件中是非常常见的特征，其主要作用是增加局部或整体的强度。使用“筋”命令时，用户可以用一个开放轮廓草图创建一个筋特征。“必选”选项组包括轮廓、宽度、拔模角度、包络框和参考平面。包络框可以限制或扩展筋特征的范围，如图 1-155 所示。

单击“造型”选项卡中的“筋”工具按钮，系统弹出“筋”对话框。通过“筋”对话框，用户可以很方便地绘制筋特征，如图 1-156 所示。

另外，在轮廓输入的过程中可右击，并从输入选项菜单中选择“插入曲线”命令。这样，用户可制作一份现有曲线的参数列表，用作该命令的输入。

4. 直接编辑工具

直接编辑工具可以对非参数化和参数化模型进行编辑，常用的有“DE 阵列”“DE 镜像”“DE 移动”“DE 复制”“DE 缩放”等。以“阵列”工具和“镜像”工具说明。

(1)“DE 阵列”工具 “DE 阵列”工具的基本操作和“阵列特征”工具基本相同，不同的是 DE 阵列可以对面进行阵列，它支持“线性”“圆形”“点到点”“阵列上”“在曲线上”“在面上”六种形式的阵列，每种方法都需要不同类型的参数。最常用的是“线性阵列”和“圆形阵列”。

如图 1-157 所示，若要对非参数化模型上的孔进行线性阵列，则只能使用直接编辑中的“DE 阵列”命令来实现。

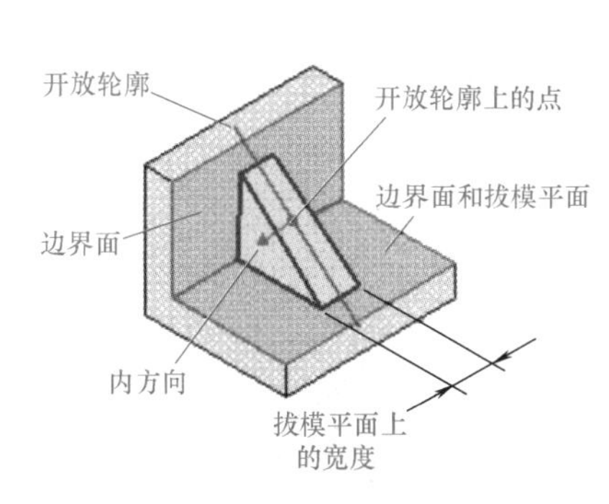

图 1-155　筋特征示意图

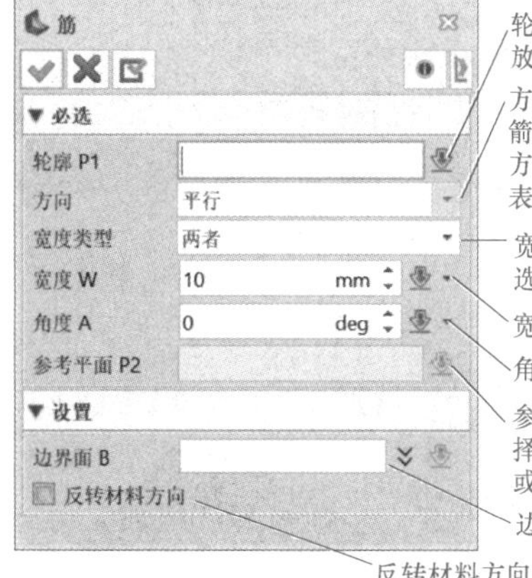

图 1-156　“筋”对话框

单击“直接编辑”工具选项卡下的“DE 阵列”工具按钮，激活“DE 阵列”命令，开始“阵列”操作。

（2）“DE 镜像”工具按钮　对模型中具有对称特性的面，可以使用“DE 镜像”工具快速成型。它不同于“镜像特征”工具和“镜像几何体”工具，“DE 镜像”工具的对象可以选择实体上的面。

单击“直接编辑”选项卡中的“DE 镜像”工具按钮，系统弹出“DE 镜像”对话框。通过“镜像”对话框，用户可以进行面的镜像，如图 1-158 所示。

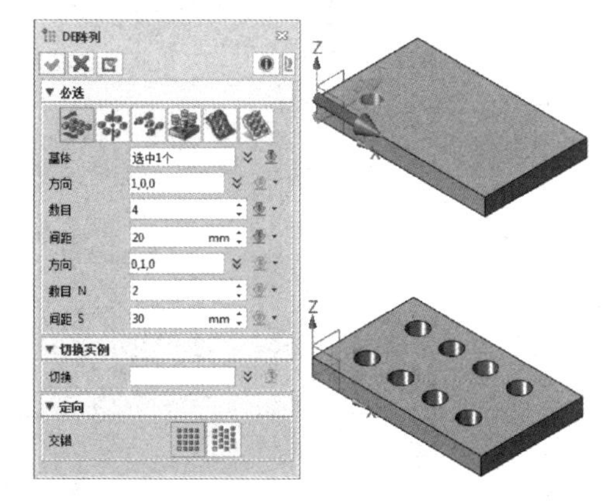

图 1-157　“DE 阵列”对话框和示意图

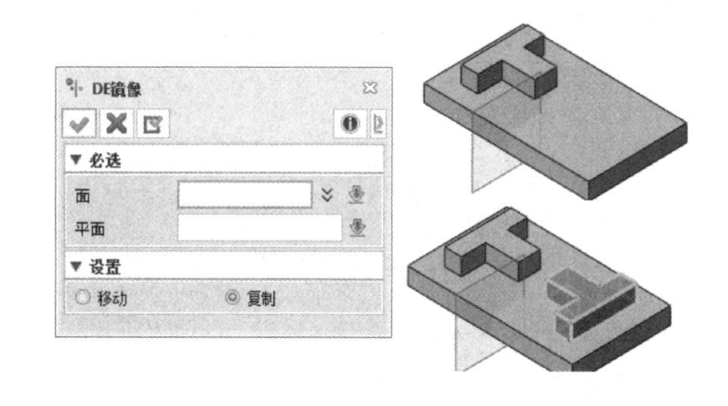

图 1-158　“DE 镜像”对话框和示意图

1）“移动”单选按钮：删除原始面，在镜像位置生成新的面。

2）“复制”单选按钮：不删除原始面，生成一个镜像副本面。

（3）“置换”工具按钮　利用别的面或造型或基准面来替换某个实体或造型的一个或多个面。

单击“直接编辑”选项卡中的“置换”工具按钮，系统弹出“置换”对话框。通过“置换”对话框，用户可以进行面的替换，如图 1-159 所示。

（4）“简化”工具按钮　如果要删除非参数化模型或参数化模型中出现一些不需要的面，可以使用“简化”工具。

单击“直接编辑”选项卡中的“简化”工具按钮，系统弹出“简化”对话框。通过“简化”对话框，用户可以进行面的简化，如图 1-160 所示。

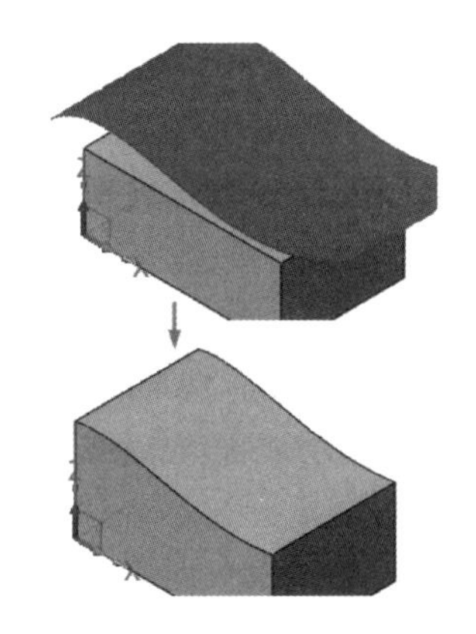

图 1-159 “置换”对话框和示意图

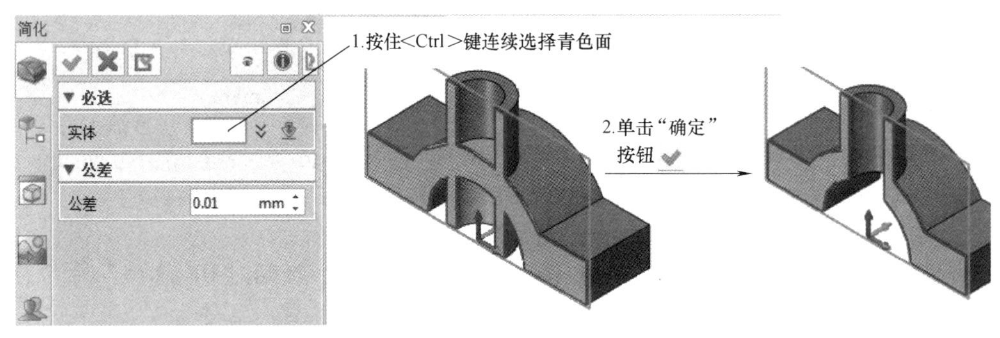

图 1-160 “简化”对话框和示意图

5. 放样特征

放样特征可以通过两个以上的线串生成曲面或实体，并能控制所生成特征与邻接面的连接关系，如图 1-161 所示。

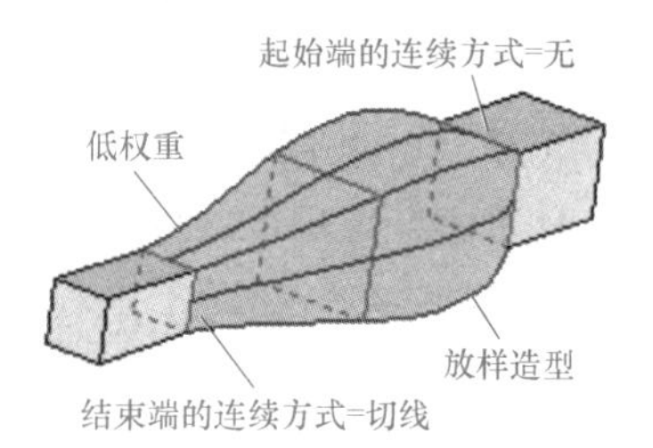

图 1-161 “放样”特征示意图

单击“造型”选项卡中的“放样”工具按钮，系统弹出“放样”对话框。通过“放样”对话框，用户可以创建放样曲面或实体特征，如图 1-162 所示。

放样类型：从以下列表中选择放样的方法。
①轮廓：按照需要的放样顺序来选择轮廓，确保放样的箭头指向同一个方向
②起点和轮廓：选择放样的起点并按顺序选择要放样的轮廓
③终点和轮廓：按顺序选择要放样的轮廓并选择放样的终点
④首尾两端点和轮廓：选择放样的起点和终点，以及要放样的轮廓

轮廓：选择要放样的轮廓。可以是草图，曲线或边等
起点：选择放样的起点
终点：选择放样的终点

轮廓：此选项用于存储多个轮廓，单击“插入”按钮进行添加。用户可在此列表添加、修改或删除轮廓

布尔造型：指定布尔运算和进行布尔运算的造型。若不指定布尔造型则默认选择所有的造型。除基体外，其他运算都将激活该选项。加运算、减运算和交运算选项与组合模型命令相类似

图 1-162 “放样”对话框

课堂任务实施

1. 预习效果检查

（1）填空题

1）唇缘特征是中望 CAD 软件的一个突出的特征，使用此命令，基于两个偏移____沿所选边创建的。

2）使用“筋”命令时，用户可以用一个____轮廓草图创建一个筋特征。

3）通过“DE 阵列”工具能快速得到完成有一定排列规律的特征的创建，可对外形、面、曲线、点、文本、____、基准面等任意组合进行阵列。

4）中望 CAD 软件可以 DE 镜像以下对象的任意组合：造型、____、曲线、点、草图、基准面等。

（2）判断题

1）唇缘特征只能选择一条边作为边 E。（　　）

2）筋特征是在实际的零件中是非常常见的特征，其主要作用是增加局部或整体的强度。（　　）

3）最常用的阵列方式为“圆周阵列”和“线性阵列”。（　　）

4）对于非对称特征的对象，可以使用镜像特征快速建模。（　　）

5）放样不能实现减材料。（　　）

2. 零件结构分析

（1）零件图样分析（参考）　阀盖零件图样如图 1-163 所示，其外形复杂，不适合使用基本体布尔

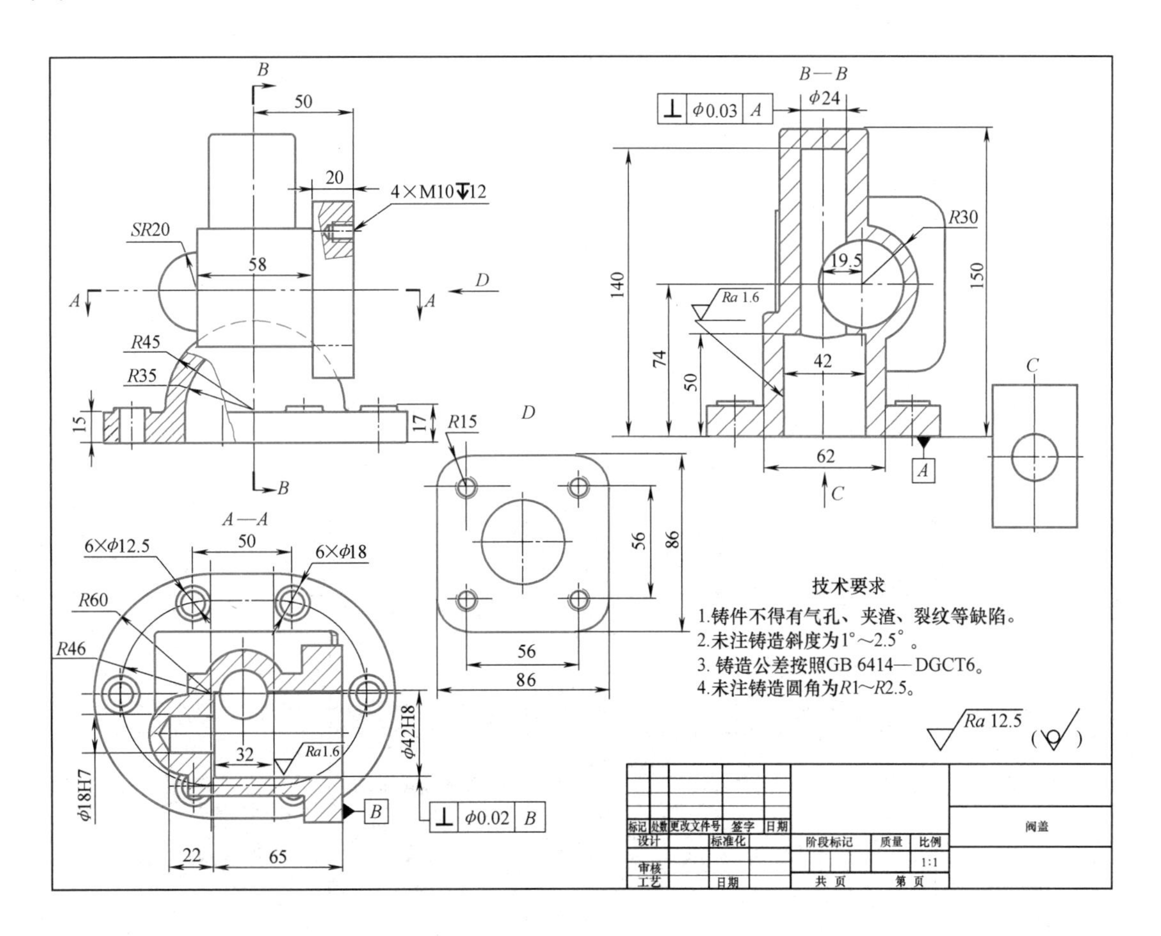

图 1-163　阀盖零件图

组合的方式造型，大致按照从下至上，先增后减的建模的思路来进行建模。在建模过程中主要是使用常用的拉伸、快速造型、编辑工具等来实现。

（2）零件图样分析（学员） 分析阀盖零件的图样，参考上边的提示，独立完成阀盖零件的图样分析，并填写表 1-13。

表 1-13 零件图样分析（学员）

序号	项目	分析结果
1	根据结构可以将阀盖分解成哪些组成部分	
2	总结阀盖零件结构分析的过程	
3	教师评价	

3. 零件建模方案设计

1）阀盖建模参考方案见表 1-14。

表 1-14 阀盖建模参考方案

序号	步骤	图 示	序号	步骤	图 示
1	盖底部草图	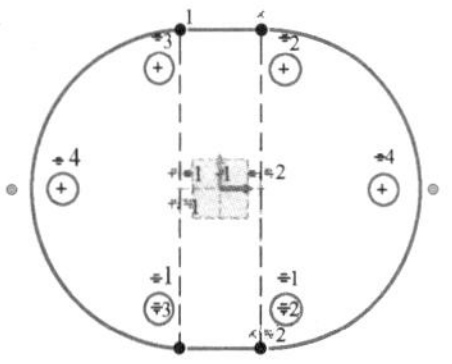	4	半圆台	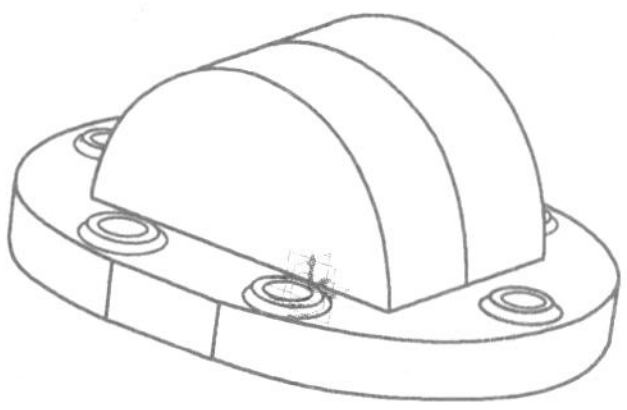
2	盖底部实体	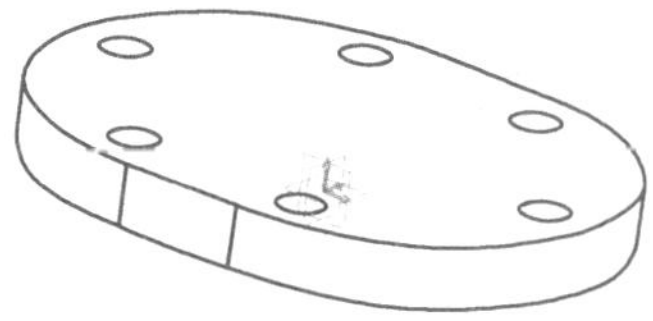	5	圆柱体	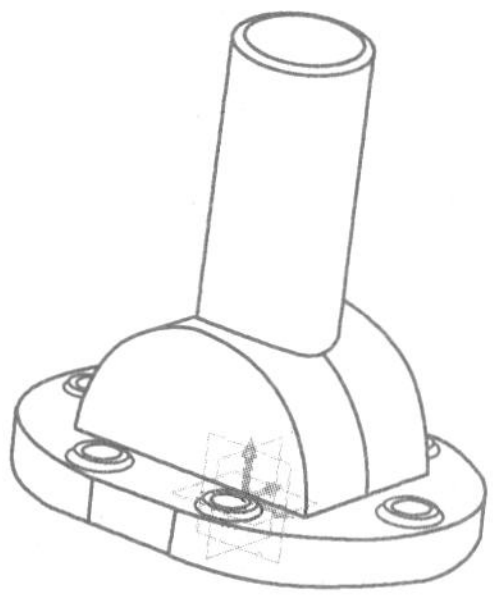
3	盖底座完成	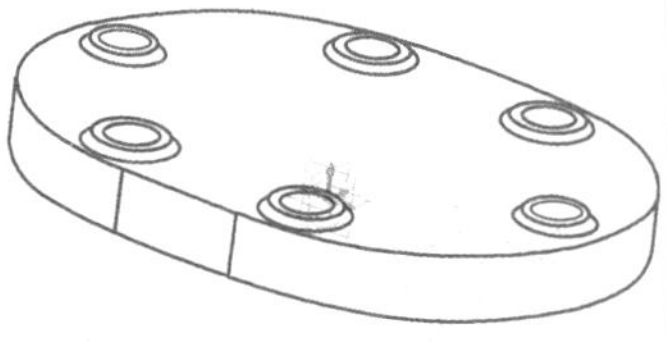	6	一侧连接体	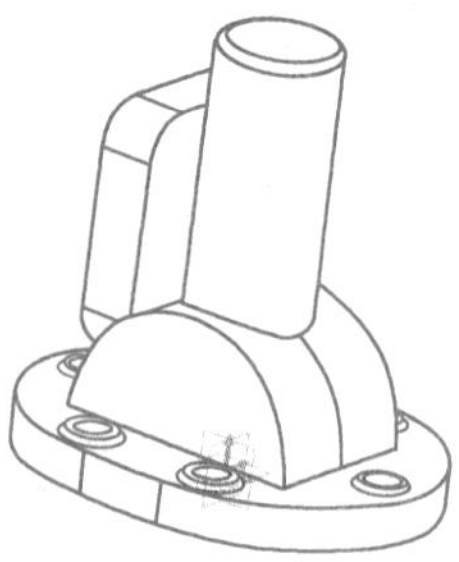

（续）

序号	步骤	图　示	序号	步骤	图　示
7	水平圆柱体	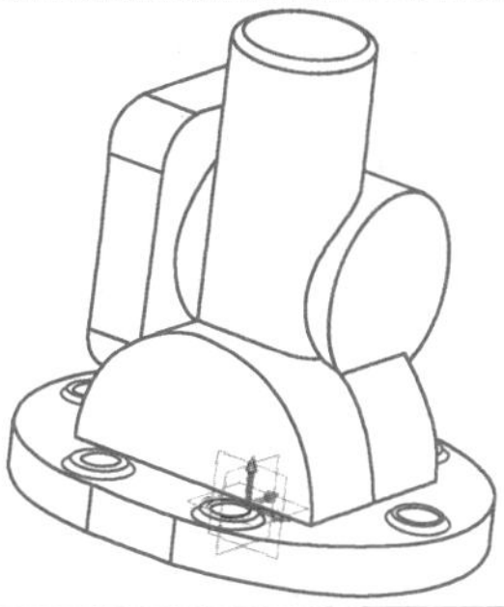	10	内孔	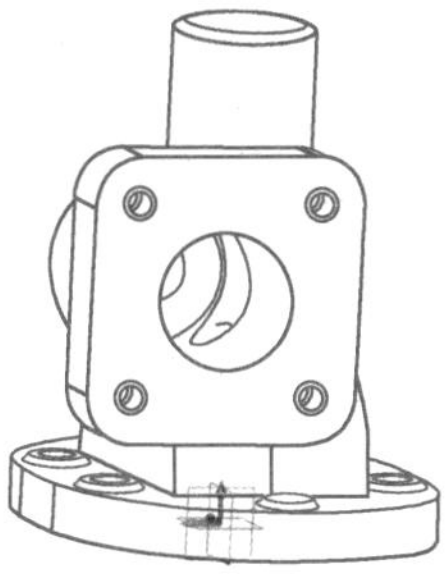
8	球	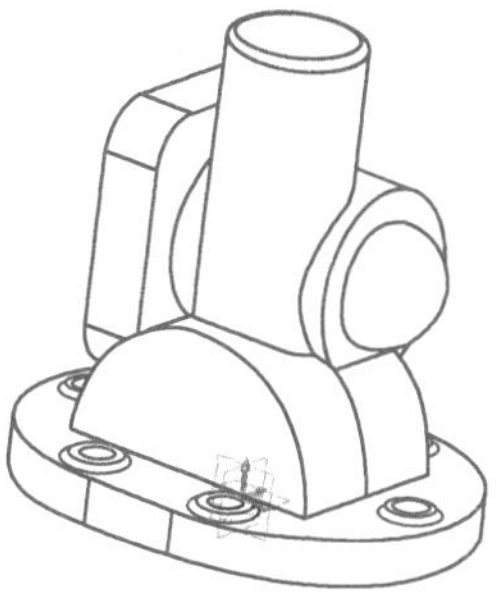	11	底部切除	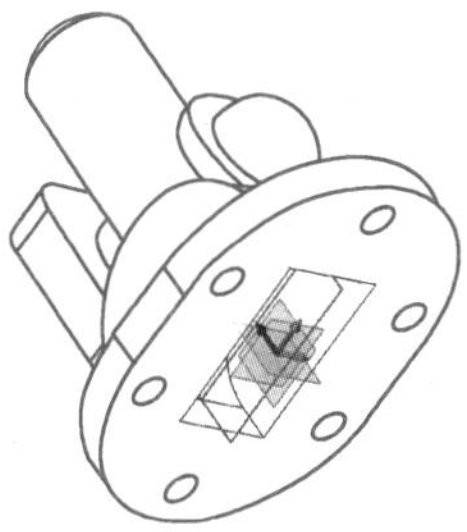
9	螺纹孔	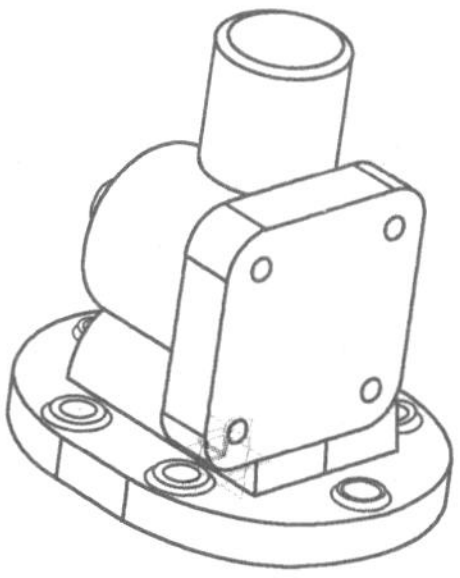	12	圆角和倒角	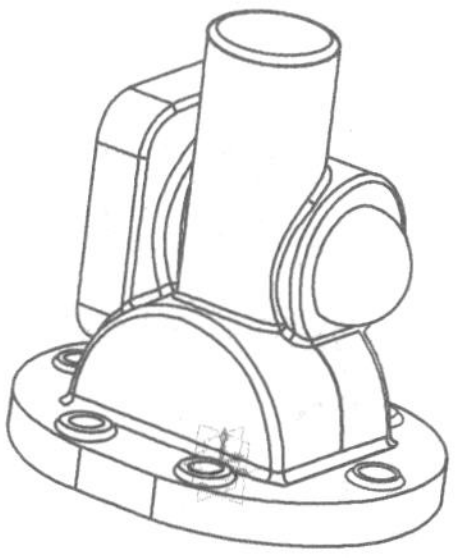

2）根据自己对零件的分析，参照表1-14的建模参考方案，独立设计阀盖建模方案，并填写表1-15。

表1-15　阀盖零件建模方案（学员）

序号	步骤	图　示	序号	步骤	图　示
1			3		
2			4		

（续）

序号	步骤	图　示	序号	步骤	图　示
5			8		
6			9		
7			考评结论		

4. 建模实施过程

(1) 参考建模实施过程（参考）

阅盖建模步骤1)~5)

1）新建文件。要求：文件“类型”为“零件”，文件名为“阀盖.Z3PRT”，“模板”为“PartTemplate（MM）”。

2）创建“草图 1”。

① 草图平面选择 X-Y 平面。

② 绘制图 1-164 所示草图。

3）创建“拉伸 1_基体”特征。

① 拉伸截面使用图 1-164 所示“草图 1”。

② 单击轮廓右侧的按钮，选取所有草图。

③ 拉伸高度：“起始点 S”设为“0”，“结束点 E”设为“15”。

④ 单击“确定”按钮完成拉伸特征的创建，结果如图 1-165 所示。

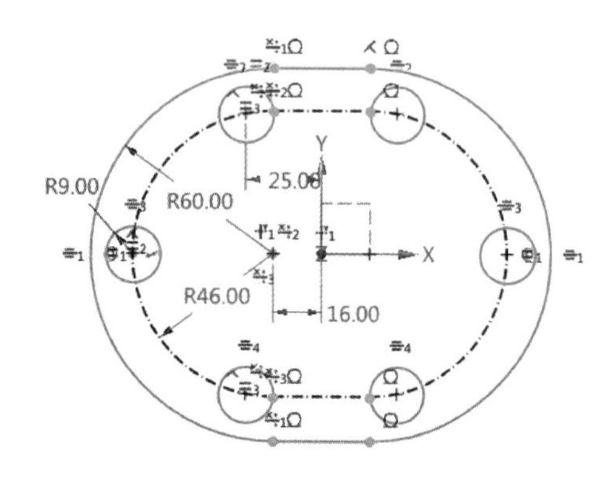

图 1-164　绘制草图 1

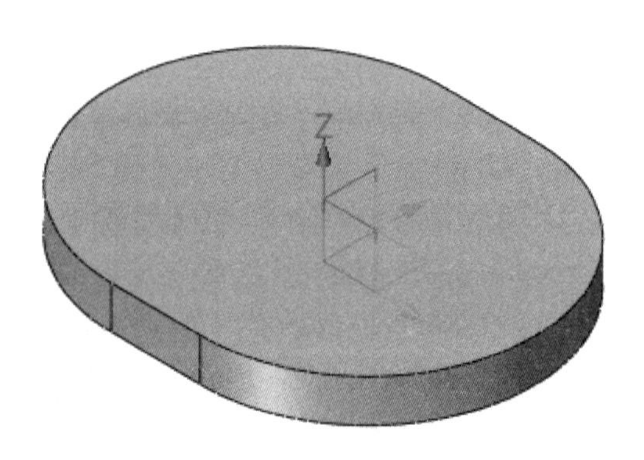

图 1-165　拉伸结果 1

4）创建“拉伸 2_凸台”特征。

① 拉伸截面：选择图 1-166 所示的“草图 1”作为拉伸截面。

② 单击轮廓右侧的按钮，选取 6 个半径为 9mm 的圆。

③ 拉伸高度：“起始点 S”设为“0”，“结束点 E”设为“17”。

④ 布尔方式为“加运算”。结果如图 1-167 所示。

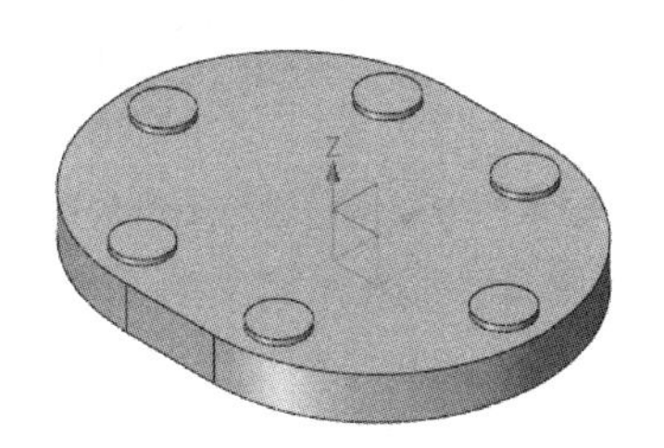

图 1-166　创建“拉伸 2_凸台”特征

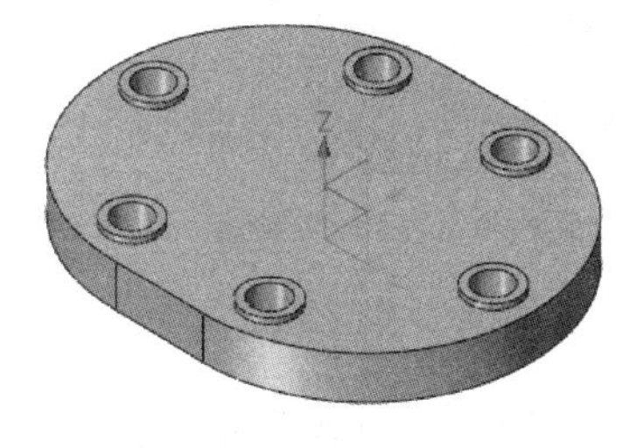

图 1-167　创建 6×ϕ12.5mm 孔

5）创建 6 个 ϕ12.5mm 孔。

①“孔位置”为顶面的 6 个圆的圆心。

②“孔类型”为“简单孔”。

③ 孔的直径为“12.5”“结束端”为“通孔”。

6）创建“拉伸 3_凸台”特征。

① 在 X-Z 面上绘制图 1-168 所示“草图 2”。

② 拉伸截面选择图 1-168 所示的“草图 2”。

③“拉伸类型”为“对称”。

④ 拉伸高度：“结束点 E”为“31”。

⑤ 布尔方式为“加运算”，结果如图 1-169 所示。

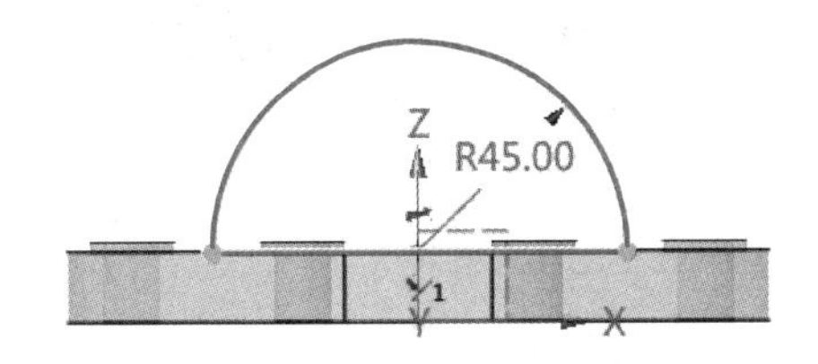

图 1-168　绘制草图 2

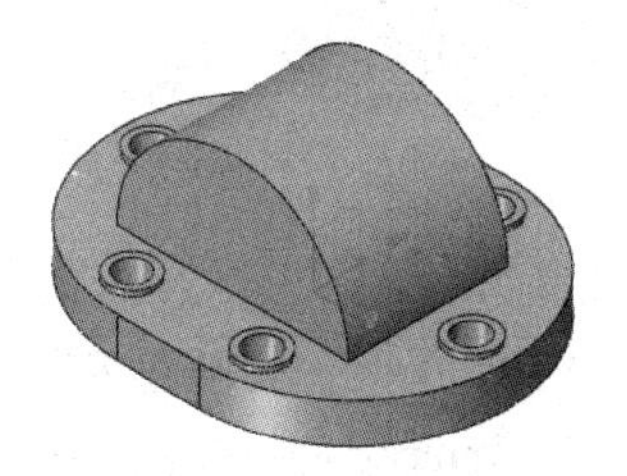

图 1-169　“拉伸 3_凸台”特征

7）创建“圆柱体 1_凸台”特征。

① 单击“圆柱体”工具按钮，激活“圆柱体”命令。

② 设置坐标原点为中心，“半径”为“22”，“长度”为“150”。

③ 布尔方式为“加运算”，结果如图 1-170 所示。

8）使用拉伸创建横向 ϕ60mm 圆柱。

① 以 Y-Z 面作为草图平面，创建图 1-171 所示“草图 3”。

② 以图 1-171 所示的“草图 3”为截面，创建拉伸特征。

③“拉伸类型”为“2 边”，拉伸方向为“X 轴”。

④“起始点 S”为“-28”；“结束点 E”为“50”。

⑤ 布尔方式为“加运算”，结果如图 1-172 所示。

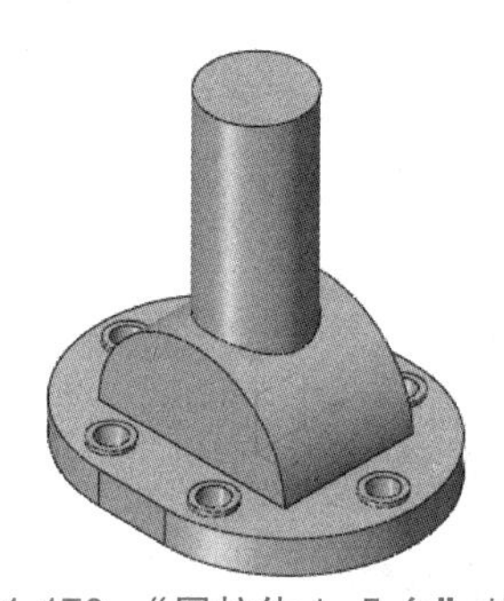

图 1-170 “圆柱体 1_凸台”特征

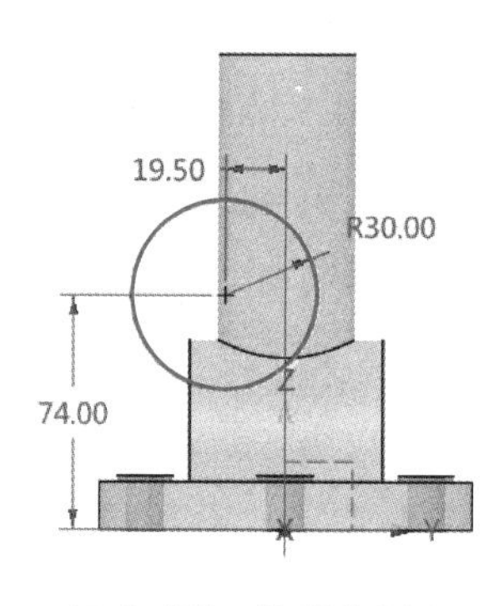

图 1-171 绘制草图 3

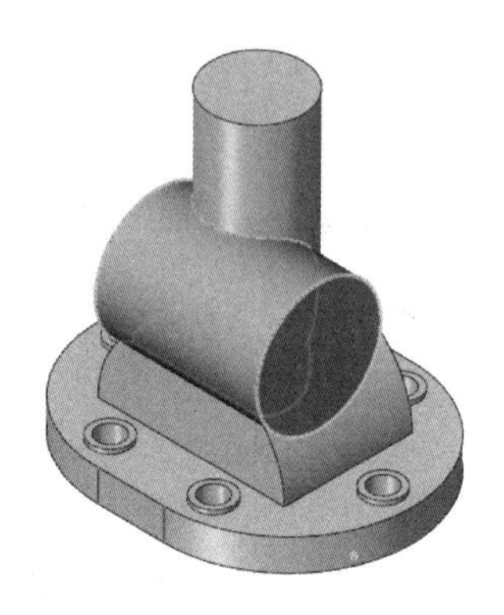

图 1-172 拉伸横向圆柱

9）创建圆球 $SR20$mm。

① 单击“球”工具按钮，激活“球”命令。

② 球心选取中间横向圆柱体左侧面圆心，“半径”为“20”，布尔方式为“加运算”，结果如图 1-173 所示。

10）创建横向圆柱右侧凸台。

① 以横向圆柱右端面为草图平面，绘制“草图 4”，如图 1-174 所示。

② 以图 1-174 所示的草图为截面创建拉伸特征，“拉伸方向”为“X 轴”。

③“拉伸类型”为“1 边”，“结束点 E”为“28”，布尔方式为“加运算”，结果如图 1-175 所示。

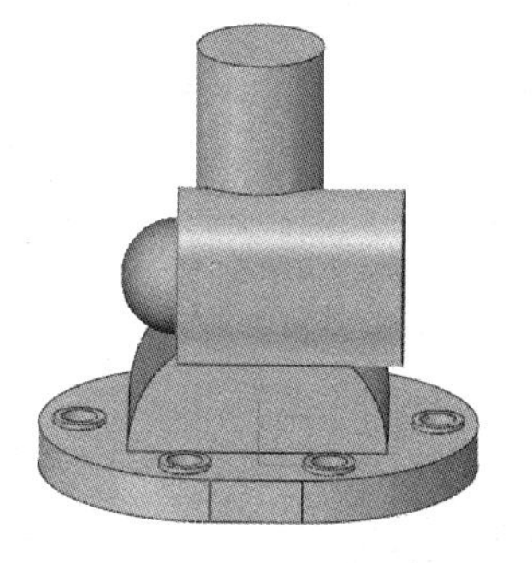

图 1-173 圆球 $SR20$mm

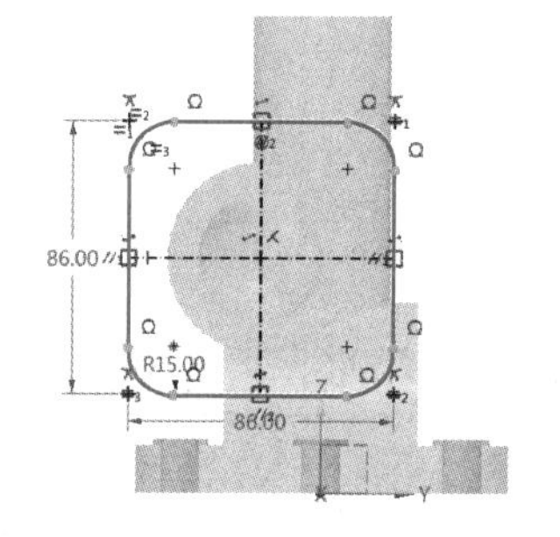

图 1-174 绘制草图 4

图 1-175 横向圆柱右侧凸台拉伸结果

11）倒圆角 $R1.5$mm 和 $R2.5$mm。

① 创建底座 6 个凸台处圆角 $R1.5$mm，如图 1-176 所示。

② 创建 $R2.5$mm 圆角，如图 1-177 所示（可分多次倒圆角）。

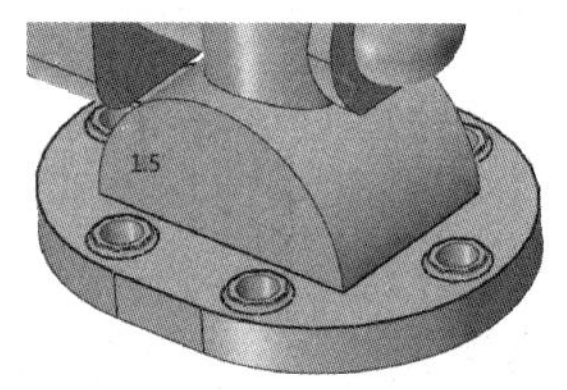

图 1-176 6 个 $R1.5$mm 圆角

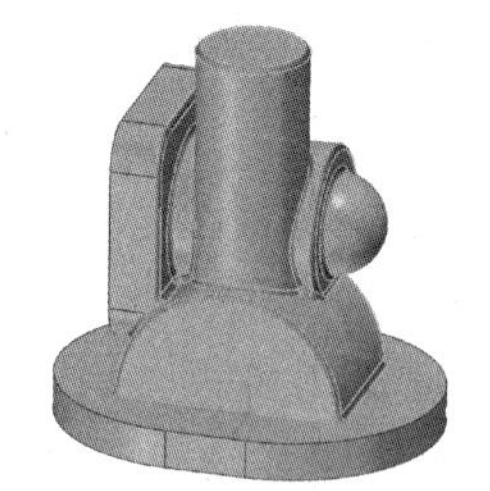

图 1-177 创建 $R2.5$mm 圆角

12）创建右侧凸台 4 个螺纹孔。

① 选择凸台右端面 4 个圆角的圆心作为螺纹孔中心。

②“孔造型”为“简单孔”。

③ 螺纹选项：“类型”为“M”，“尺寸”为“M10×1.5”，“深度类型”为“1.0×直径”。

④ 孔规格："深度 H1" 为 "12"，结果如图 1-178 所示。

13）创建 ϕ42mm 台阶孔。

① 单击 "孔" 工具按钮，激活 "孔" 命令。

② 单击 "孔" 对话框中 "位置" 选项后的按钮，系统弹出菜单，选择 "两点之间" 命令。

③ 在绘图区选择图 1-179 所示两条边的中点，系统将孔的中心定位在两个中点的中间。

④ 单击 "常规孔" 按钮，"孔造型" 为 "台阶孔"。

⑤ 台阶孔参数按图 1-180 所示的内容输入，结果如图 1-181 所示。

14）创建腔。

① 以 X-Z 平面作为草图平面，创建图 1-182 所示 "草图 5"。

② 以图 1-181 所示的草图为截面创建拉伸特征，"拉伸类型" 为 "对称"，"结束点 E" 为 "21"。

③ 布尔方式为 "减运算"，结果如图 1-183 所示。

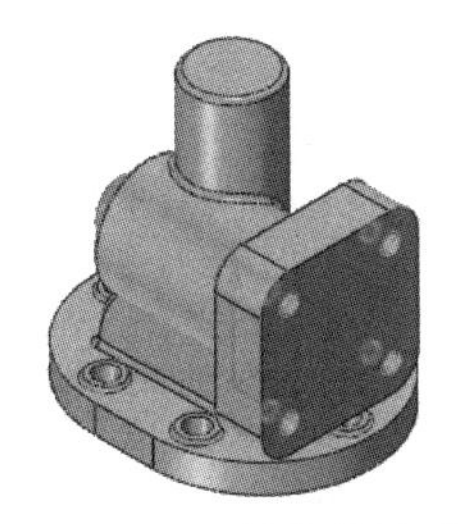
图 1-178　创建螺纹孔

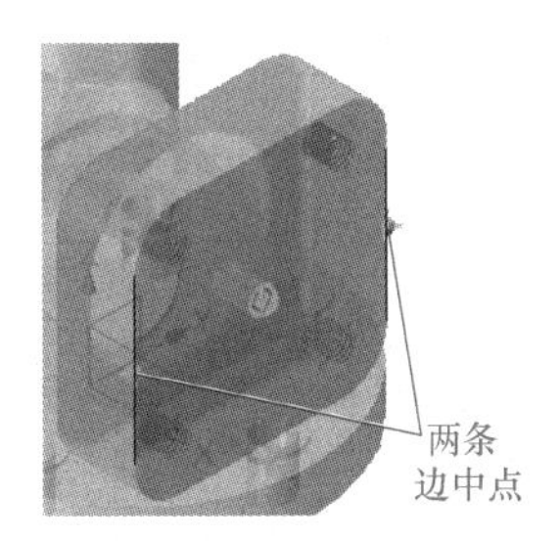

图 1-179　孔中心定位

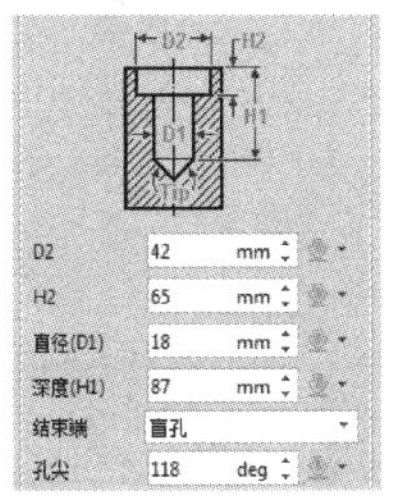

图 1-180　台阶孔参数

图 1-181　台阶孔结果

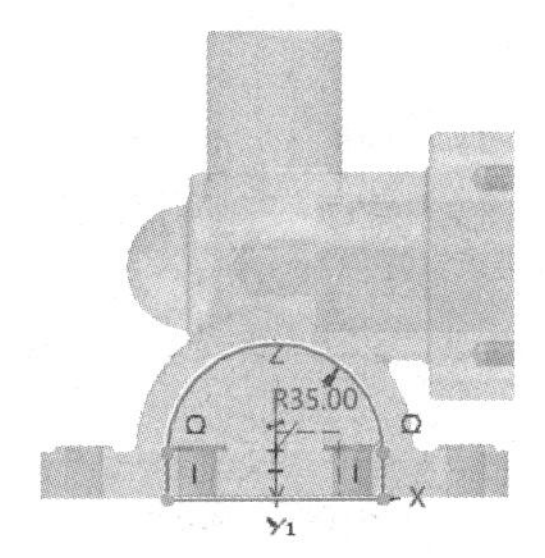

图 1-182　绘制草图 5

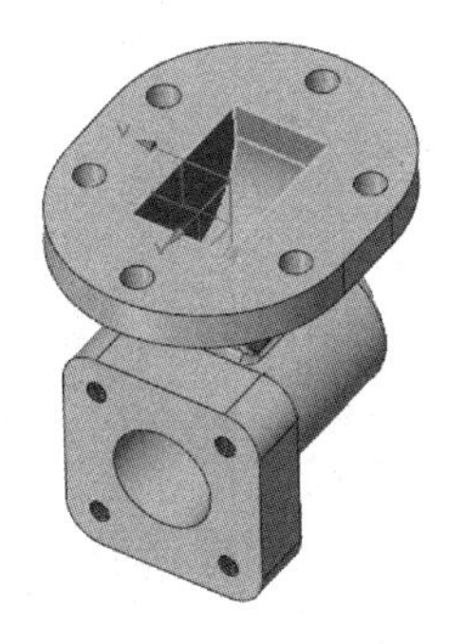
图 1-183　创建腔结果

15）创建 ϕ24mm×140mm 不通孔。

① 激活 "孔" 命令后在 "孔" 对话框中单击 "常规孔" 按钮，"孔类型" 为 "简单孔"。

② 选取坐标原点作为孔的放置点，激活 "孔对齐" 选项组下的 "面" 选项，在绘图区选择零件底面，确定孔的沿着所选面的负法线方向创建。

③ "直径（D1）" 为 "24"，"深度（H1）" 为 "140"，"孔尖" 为 "0"，确定后完成孔的创建，结果如图 1-184 所示。

④ 单击 "查询" 选项卡下 "剖面视图" 工具按钮，系统弹出 "剖面视图" 对话框。

⑤ 对齐平面选择 "X-Z 平面"，绘图区显示图 1-185 所示截切后的状态。

⑥ 取消截切状态可以单击 "查询" 选项卡下 "剖面开/关" 工具按钮。

16）保存文件。

（2）建模过程（学员）　请根据自己对零件的分析和方案设计，独立进行阀盖零件建模，建模过程可以用附页电子文档的方式向老师提交。

图 1-184　创建孔

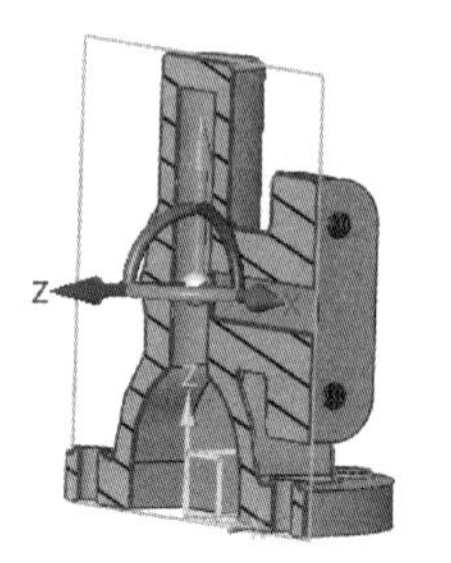

图 1-185　截切图形

课后拓展训练

按图 1-186 所示的图样进行把手零件的建模。

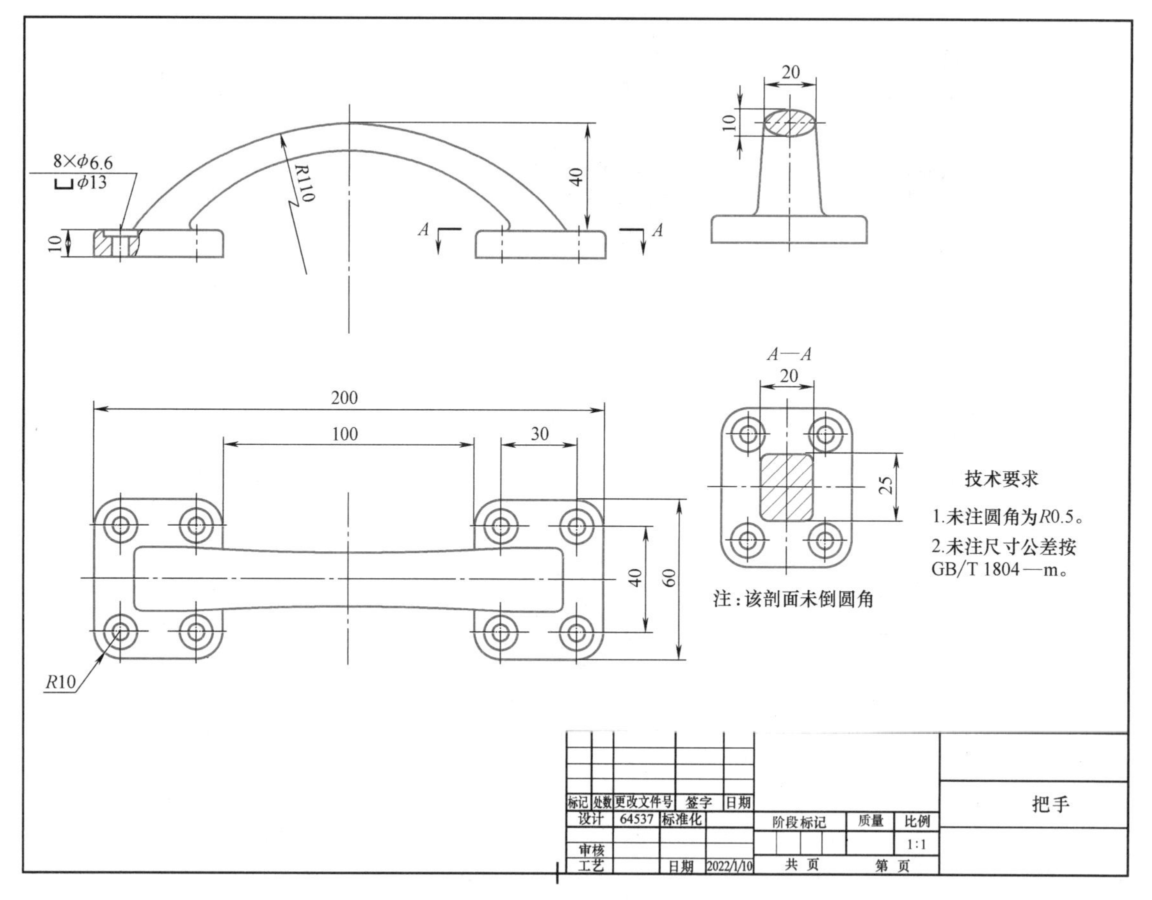

图 1-186　把手

模块2

曲面零件造型

教学目标

掌握圆、圆弧、椭圆、样条曲线等基本曲线的绘制及编辑方法。

掌握投影曲线的构建要素及选项设置方法。

掌握相交曲线的构建要素。

掌握桥接曲线的构建要素，理解桥接曲线之间的连续方式、切向等约束条件。

掌握曲线的圆角、修剪、延伸、控制点修改等基本编辑方式。

能够综合使用曲线绘制及编辑等方式正确构建复合曲线。

了解曲面构建的基本方法——基于曲线及基于曲面的构建方法，并了解中望3D建模软件中常用曲面的构建方法。

掌握曲线（开环、闭环）拉伸获得曲面的方法。

掌握利用驱动曲线放样获得曲面的选项及参数设置。

掌握UV曲面（网格面）的构面方法、要素、连续方式及公差等选项及参数设置。

掌握桥接面的构面方法、要素、连续方式及缝合等选项及参数设置。

掌握曲线分割、曲面修剪、延伸面、缝合及加厚等编辑命令的操作方法。

能够分析带曲面零件的结构特征，综合运用草图、拉伸、旋转、扫掠命令，以及曲面构面和编辑命令进行综合建模。

知识重点

曲面的定义以及常用曲面的基本构造方法。

曲面建模中的基本术语。

U曲线、V曲线的方向，以及曲线方向对曲面构面的影响。

曲面阶次的基本含义，以及阶次对曲面形状的影响。

知识难点

曲面的结构分析及构面方式的选择，曲线的构建方法、曲面连接方式的选择。

曲线及曲面连接中的连续方式及其几何特征。

综合利用基本建模方法及曲面方法获得复合曲面或曲面体的方法。

曲面的参数化管理。

曲面质量的分析及评估。

教学方法

线上线下相结合，采用任务驱动模式。

建议学时

6~9学时。

知识图谱

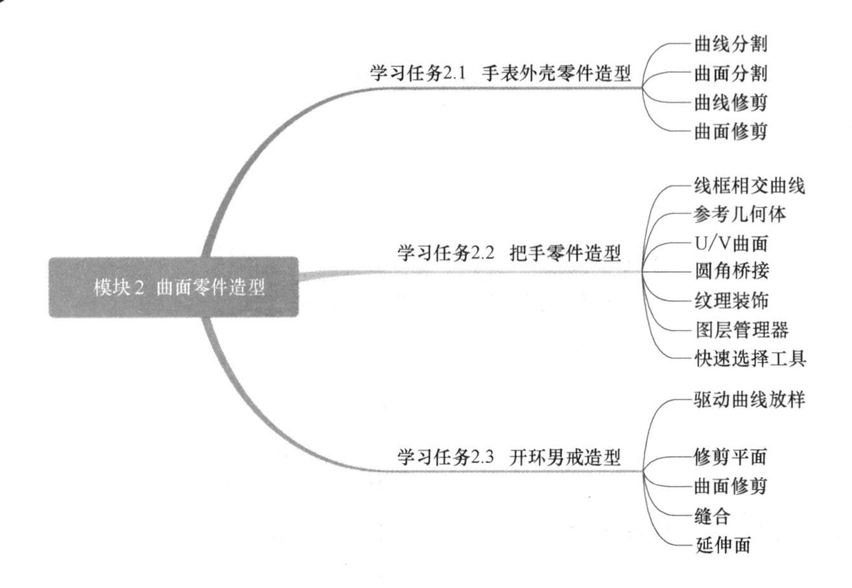

学习任务 2.1 手表外壳零件造型

任务描述

如图 2-1 所示，手表外壳是一个比较典型的曲面零件，外观较为复杂，结构对称，零件表面有多个曲面组成。通过完成手表外壳零件造型任务，学员学习约束状态查询、扫掠特征、拉伸特征等工具的使用方法，能够在三维建模过程中合理使用草图约束状态查询、扫掠、拉伸特征等工具，理解使用中望 3D 建模软件进行三维曲面零件建模的基本思路。

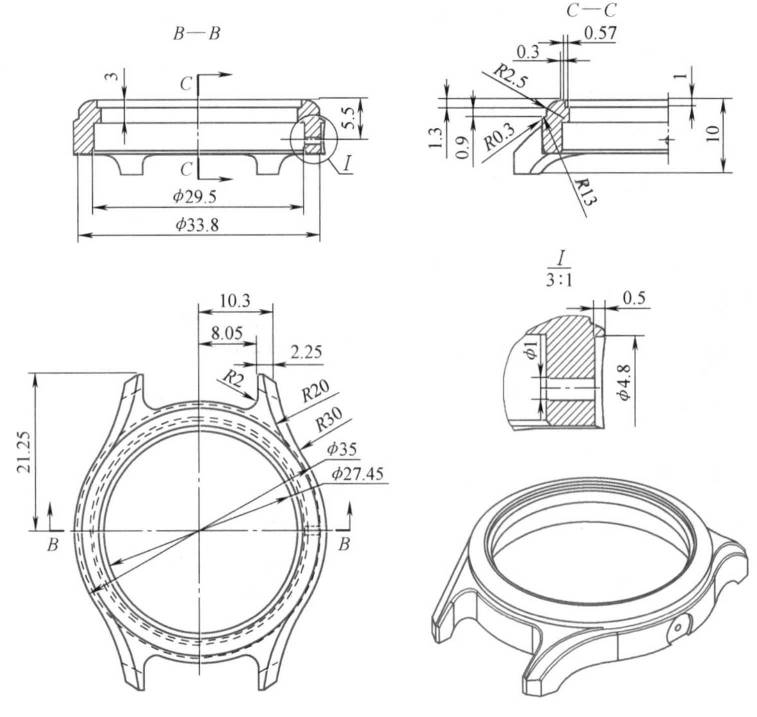

图 2-1 表壳零件图

知识点

- 曲线分割。
- 曲面分割。
- 曲线修剪。
- 曲面修剪。

技能点

- 正确使用草图工具绘制基本曲线。
- 能根据草图曲线构造出基本曲面。
- 能合理使用曲线分割和曲面分割工具。
- 能合理使用曲线修剪和曲面修剪工具。

素质目标

学员应掌握零件图绘制的相关国家标准要求，熟悉曲面建模的基本知识。培养学员的空间想象力，能使用常用的曲线工具构建建模需要的空间线框，合理使用中望3D建模软件在曲面造型中找到适合自己的绘图方法，培养学生精益求精、耐心细致的工匠精神。

课前预习

1．曲线分割

曲线分割是利用一条或多条曲线对曲面进行分割。当分割曲线不在曲面上时，可以定义一个投影方向，先将曲线投影到面上，再进行分割。

单击“曲面”工具选项卡下“编辑面”工具栏中的“曲线分割”工具按钮，系统弹出“曲线分割”对话框，如图2-2所示，定义一个分割面和分割曲线，即可以对曲面进行分割。当分割曲线为开放曲线时，该曲线必须将曲面完整地分割为两个部分，否则可以通过勾选“延伸曲线到边界”复选框自动延伸分割曲线。

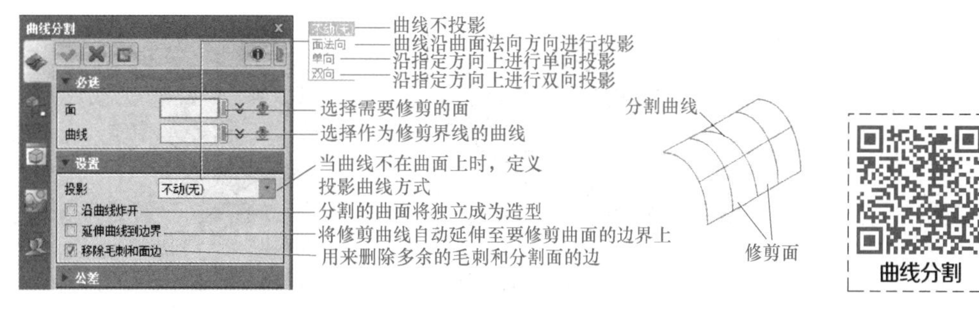

图2-2 “曲线分割”对话框

2．曲面分割

曲面分割是利用曲面将其他相交曲面进行分割。

单击“曲面”工具选项卡下“编辑面”工具栏中的“曲线分割”工具按钮后的，单击“曲面分割”工具按钮，系统弹出“曲面分割”对话框，如图2-3所示，首先定义被分割曲面，再定义分割体，即可将曲面分割。

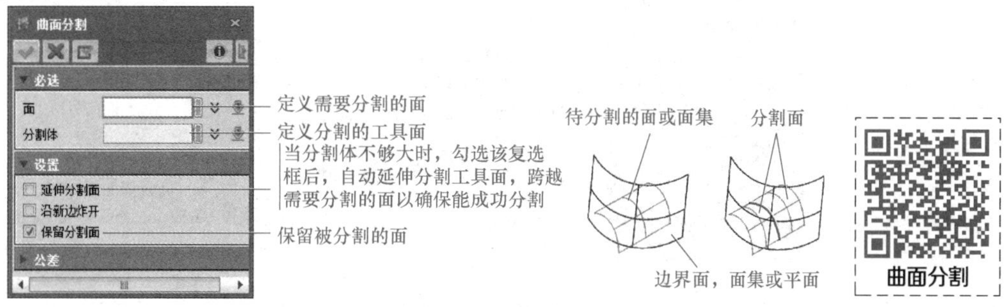

图2-3 “曲面分割”对话框

3. 曲线修剪

曲线修剪是利用一条或多条曲线对面进行修剪。当修剪曲线不在曲面上时，可以定义一个投影方向，先将曲线投影到面上，再进行修剪。

单击“曲面”工具选项卡下“编辑面”工具栏中的“曲线分割”工具按钮后的，单击“曲线修剪”工具按钮，系统弹出“曲线修剪”对话框，如图 2-4 所示。定义一个或一组被修剪面和一组修剪曲线，选择保留面一侧，即可以对曲面进行修剪。当修剪曲线为开放曲线时，该曲线必须将曲面完整分割成两个部分，否则可以通过勾选“延伸曲线到边界”复选框自动延伸修剪曲线。

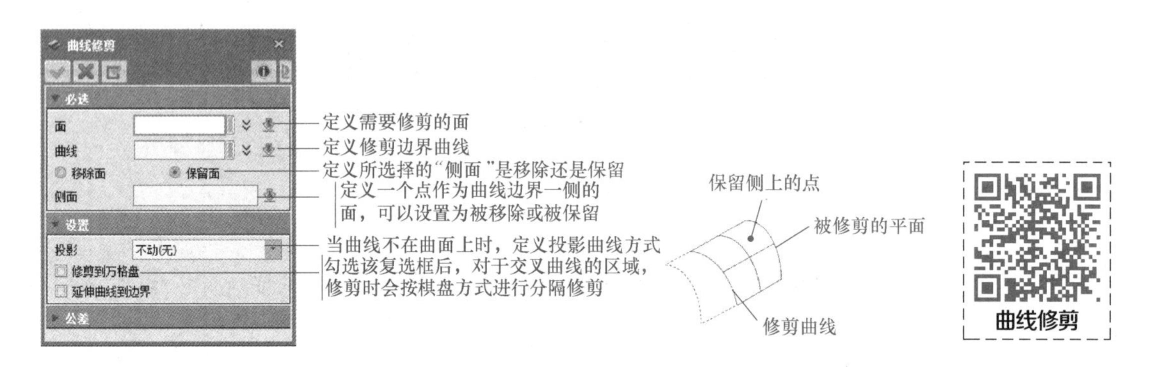

图 2-4 “曲线修剪”对话框

勾选“修剪到万格盘”复选框后，对于交叉曲线的区域，修剪时会按棋盘方式进行分隔修剪，如图 2-5 所示。

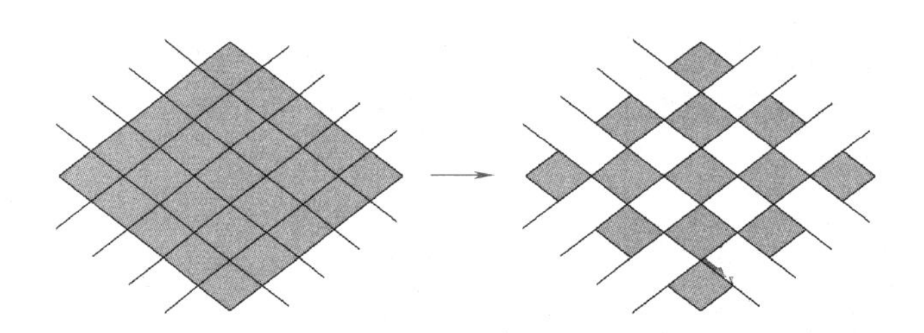

图 2-5 勾选“修剪到万格盘”复选框示例

4. 曲面修剪

曲面修剪是利用曲面作为修剪工具对其他相交面或造型进行修剪。

单击“曲面”工具选项卡下“编辑面”工具栏中的“曲线分割”工具按钮后的，单击“曲面修剪”工具按钮，系统弹出“曲面修剪”对话框，如图 2-6 所示。

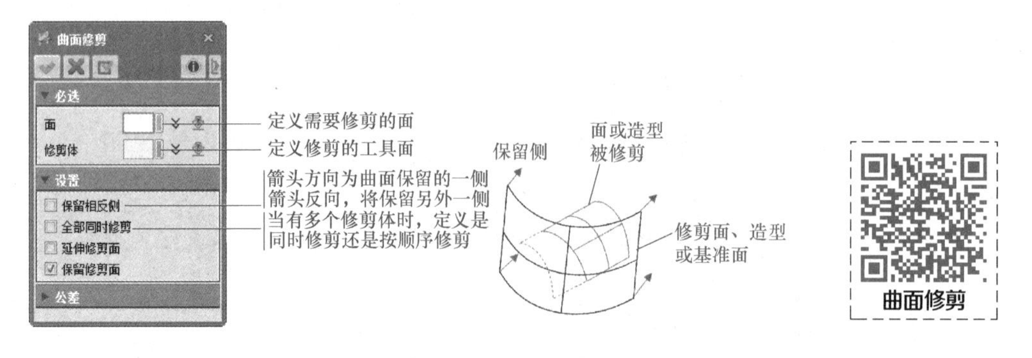

图 2-6 “曲面修剪”对话框

课内实施

1. 预习效果检查

(1) 填空题

1）曲线分割功能是利用一条或多条曲线对______进行分割。

2）当分割曲线不在曲面上时，可以定义一个________，先将曲线________到面上再进行分割。曲线投影方式一共有________种。

3）当分割曲线为______曲线时，该曲线不能短于被分割面的边界处。

4）曲面分割是利用______将其他相交曲面进行分割。

5）曲线修剪功能是利用一条或多条曲线对________进行修剪。

6）曲面修剪时利用______作为修剪工具，对其他相交面或造型进行修剪。

(2) 判断题

1）曲线修剪每次只能利用一条曲线对面进行修剪。(　　)

2）曲线分割必须要选择一组曲线及曲面。(　　)

3）当修剪曲线为闭合曲线时，该曲线不能短于被修剪面的边界处。(　　)

4）双向投影方式可以在任意方向上沿正负方向进行投影。(　　)

(3) 选择题（请选择一个或多个选项）

1）当曲线不在曲面上时，需要定义投影曲线方式，投影方式包括（　　）。

A. 不动　　B. 曲面法向　　C. 单向　　D. 双向

2）在曲线修剪中，定义所选择的“侧面”处理方式包括（　　）。

A. 移除面　　B. 保留面　　C. 复制面　　D. 增厚面

2. 零件结构分析

(1) 零件图样分析（参考）　手表外壳零件图样如图 2-7 所示，由主体、旋钮槽、倒角等结构组成。

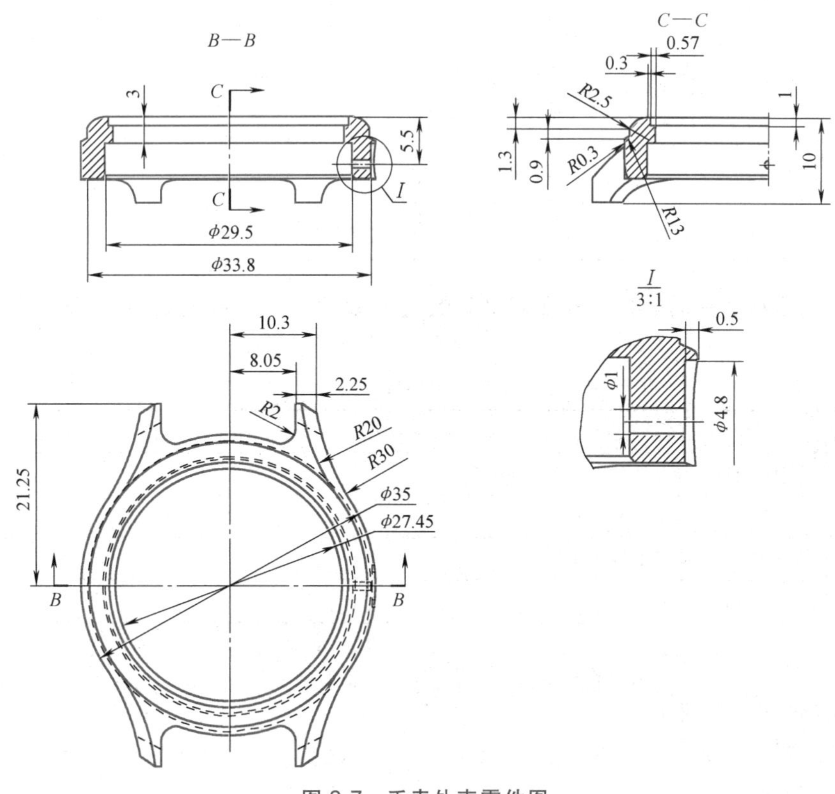

图 2-7　手表外壳零件图

零件可用草图拉伸、旋转工具进行四分之一部分的建模，再通过“镜像”工具完善主体，并添加倒角等特征即可完成。

(2) 零件图样分析（学员） 分析手表外壳零件的图样，参考上边的提示，独立完成手表外壳零件的图样分析，并填写表 2-1。

表 2-1 零件图样分析（学员）

序号	项目	分析结果
1	手表外壳基本体是哪一部分	
2	手表外壳哪一部分需要用到“曲面”工具	
3	手表外壳的倒角有哪些	
4	教师评价	

3. 零件建模方案设计

1）手表外壳建模参考方案见表 2-2。

表 2-2 手表外壳建模参考方案

序号	步骤	图示	序号	步骤	图示
1	创建四分之一手表外壳基本体		4	镜像完成二分之一手表外壳主体	
2	完善手表外壳基本体		5	镜像完成手表外壳完整主体	
3	添加细节部分		6	创建旋钮槽	

2）学员根据自己对零件的分析，参照表 2-2 的建模参考方案，独立设计手表外壳建模方案，并填写表 2-3 。

表 2-3 学员手表外壳零件建模方案

序号	内容	方案
1	建模时第一个特征的选择原则是什么	
2	其他结构创建顺序如何确定	
3	一般最后创建什么特征	
4	教师评价	

4. 建模实施过程

(1) 建模实施过程（参考）

1）新建文件。要求：文件“类型”为“零件”或“装配”，文件名为“表壳 .Z3PRT”，“模板”为“PartTemplate（MM）”。

2）创建手表外壳四分之一主体（拉伸1_基体）。

① 在X-Y面绘制草图，如图2-8所示。

② 创建“拉伸”特征，轮廓为图2-8所示的“草图1”，“拉伸方向”为“-Z轴”，“起始点S”为“0”，“结束点E”为“10”，如图2-9所示。

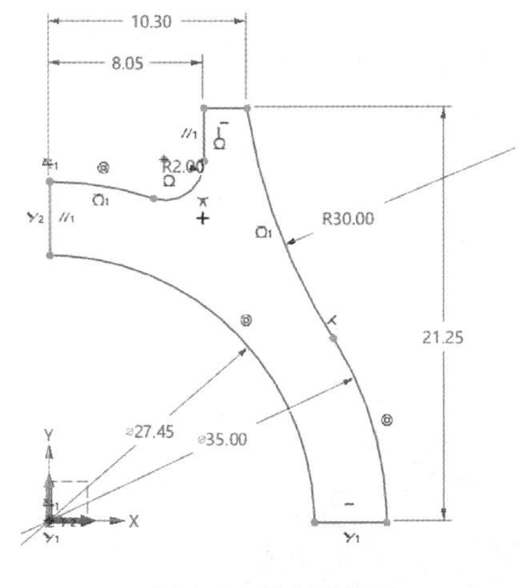

图2-8　绘制草图1

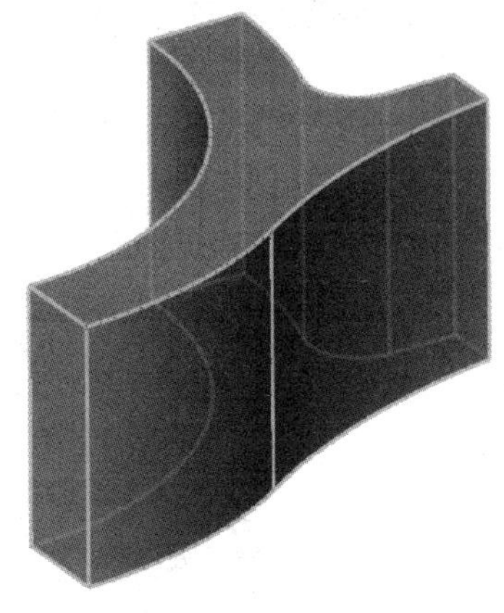

图2-9　拉伸结果1

3）修剪手表外壳四分之一主体（旋转1_切除）。

① 在X-Z面绘制草图，如图2-10所示。

② 创建“旋转”特征。截面为图2-10所示“草图2”，“旋转轴”为“Z轴”，“旋转角度”为“360”，布尔方式为“减运算”，结果如图2-11所示。

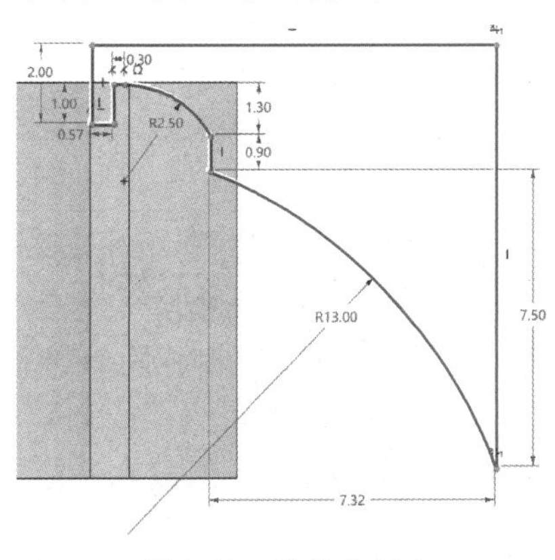

图2-10　绘制草图2

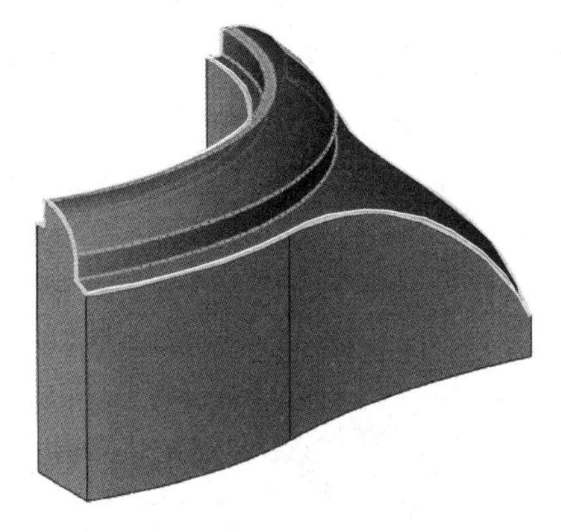

图2-11　旋转结果1

4）倒角。创建“倒角”特征，“类型”为“倒角距离和角度”，选择需要倒角的边，“倒角距离”为“1.55”，“角度”为“33”，方向如图2-12所示。

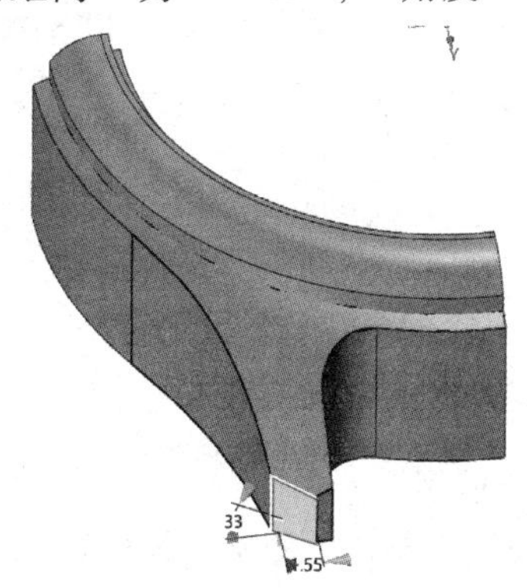

图2-12　倒角

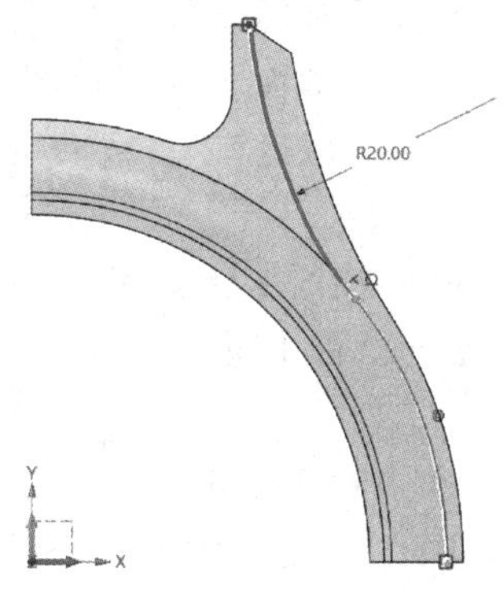

图2-13　绘制草图3

5）修剪手表外壳四分之一主体（拉伸 2_切除）。

① 在 X-Y 面绘制草图，如图 2-13 所示。

② 单击“曲面”工具选项卡下的“曲线分割”工具按钮，如图 2-14 所示。

③“面”为需要分割的面，“曲线”为绘制好的草图，“投影”为“单向”，“方向”为“-Z 轴”，如图 2-15 所示。

图 2-14 “曲线分割”工具按钮

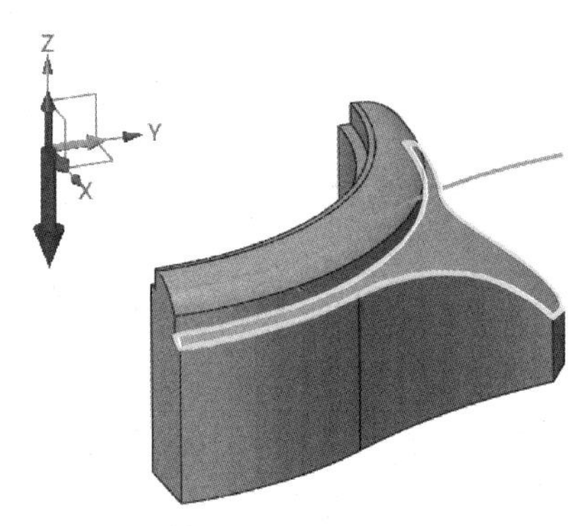

图 2-15 “曲线分割”对话框

④ 创建“拉伸”特征，“轮廓”为分割好的面，拉伸“方向”为“-Z 轴”，“起始点 S”为“0”，“结束点 E”为“0.3”，布尔方式为“减运算”，如图 2-16 所示。

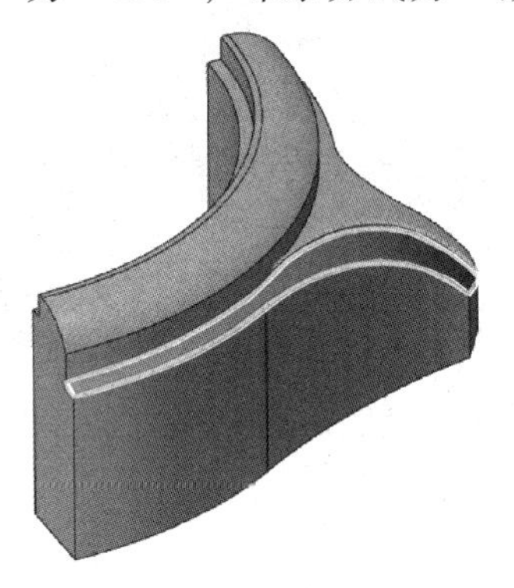

图 2-16 拉伸结果 2

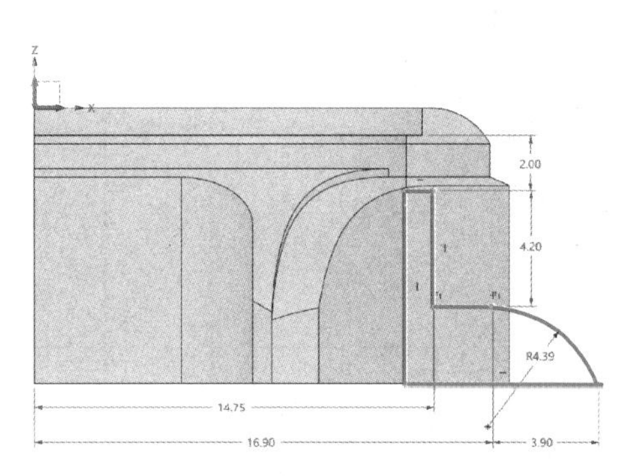

图 2-17 绘制草图 4

6）修剪手表外壳四分之一主体（旋转 2_切除）。

① 在 X-Z 平面绘制草图，如图 2-17 所示。

② 创建“旋转”特征。“截面”为“草图 4”，“旋转轴”为“Z 轴”，“旋转角度”为“360”，布尔方式为“减运算”，结果如图 2-18 所示。

7）倒圆角、倒角。

① 倒圆角“*R*0.3mm”，如图 2-19 所示。

② 倒角 *C*0.3mm，如图 2-20 所示。

8）镜像手表外壳主体。

① 单击“镜像几何体”工具按钮，将“过滤器列表”设为“造型”。

②“实体”为绘制好的四分之一主体，“平面”为“Y-Z 平面”，布尔方式为“加运算”，选中“复制”复选框，结果如图 2-21 所示。

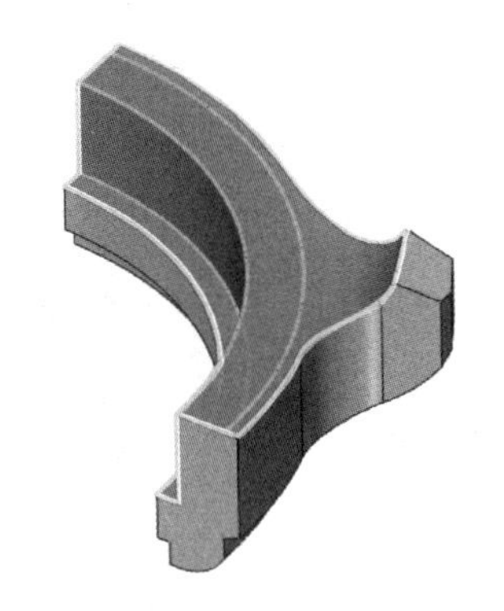

图 2-18　旋转结果 2

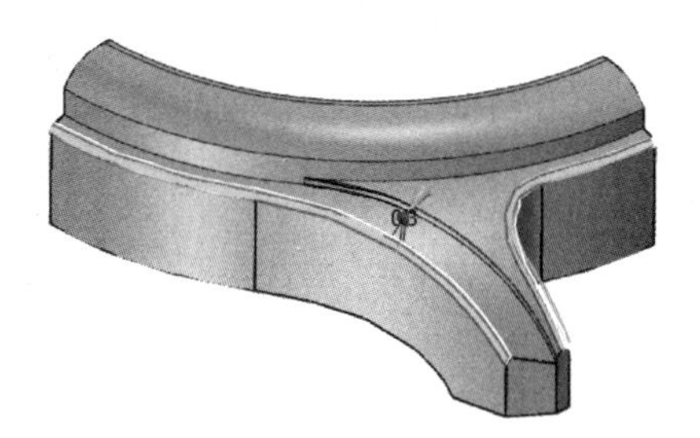

图 2-19　倒圆角

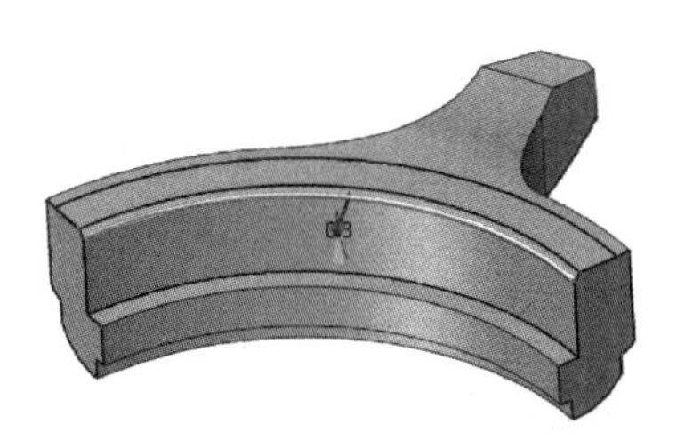

图 2-20　倒角

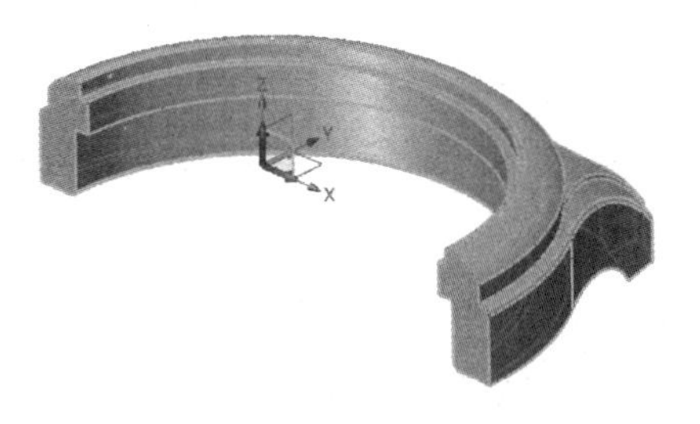

图 2-21　镜像四分之一后结果

③ 单击“镜像几何体”按钮，“实体”为绘制好的二分之一主体，“平面”为“X-Z 平面”，布尔方式为“加运算”，结果如图 2-22 所示。

9）创建手表外壳旋钮槽（旋转 3_切除）。

① 在 X-Z 平面绘制草图，如图 2-23 所示。

② 创建“旋转”特征。“截面”为“草图 5”，“旋转轴”选择长度为“3”的直线，“旋转角度”为“360”，布尔方式为“减运算”，结果如图 2-24 所示。最终效果如图 2-25 所示。

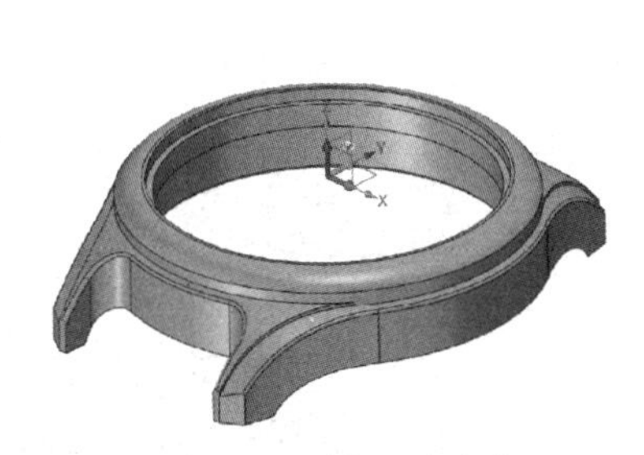

图 2-22　手表外壳主体

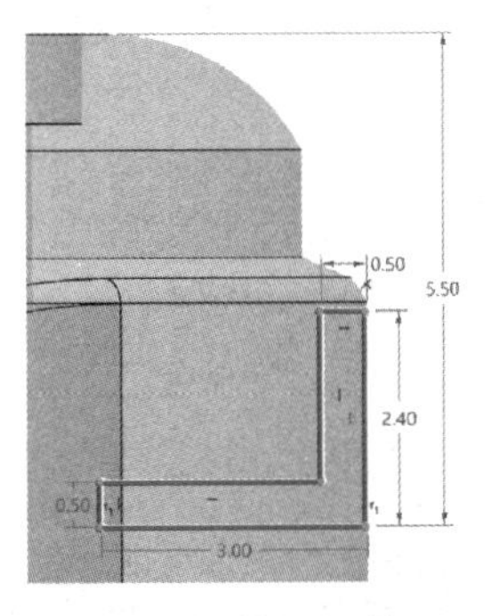

图 2-23　旋转特征草图 5

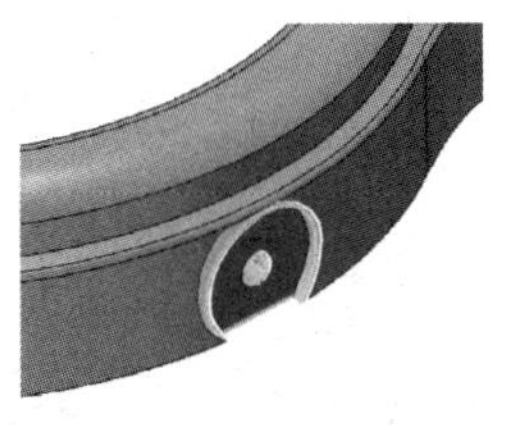

图 2-24　旋转结果 3

10）保存文件。

（2）建模实施过程（学员）　请根据自己对零件的分析和方案设计，独立进行手表外壳零件建模，建模过程可以用附页电子文档的方式向老师提交。并按照要求将结果提交到指定位置。

图 2-25　最终效果

课后拓展训练

完成图 2-26 所示图样的曲面造型建模，根据图中的数据编辑草图，并使用 UV 曲面、曲线修剪、曲面修剪、缝合等工具创建曲面造型实体。

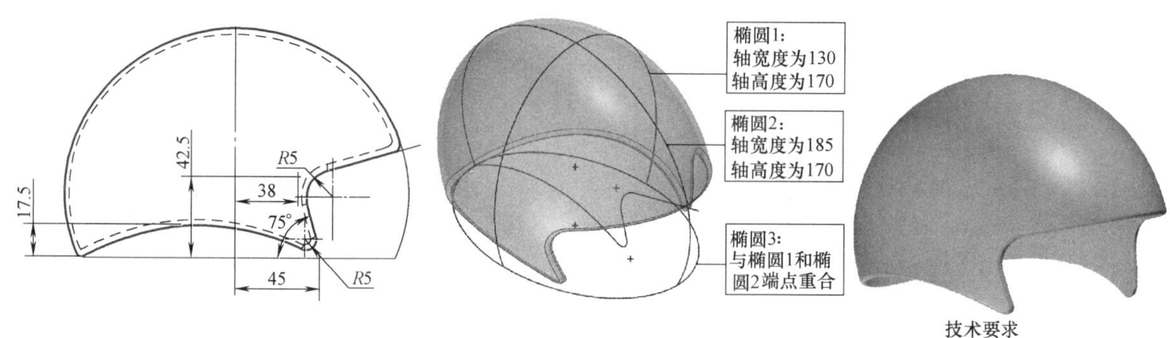

图 2-26　安全头盔零件图

学习任务 2.2　把手零件造型

任务描述

把手是我们生活工作中经常接触的零件，其由把手主体与两端把手底座连接而成，曲面结构相对复杂，适合提高曲面建模水平的学员学习。通过完成把手造型任务，学员学会使用“插入曲线列表”选项对外部导入的曲线进行拉伸、相交曲线、参考几何体、U/V 曲面、缝合实体、圆角桥接、纹理装饰等工具的使用方法，合理利用过滤器进行曲面建模，掌握实体、曲面的混合建模技术。图 2-27 为把手三维模型图。

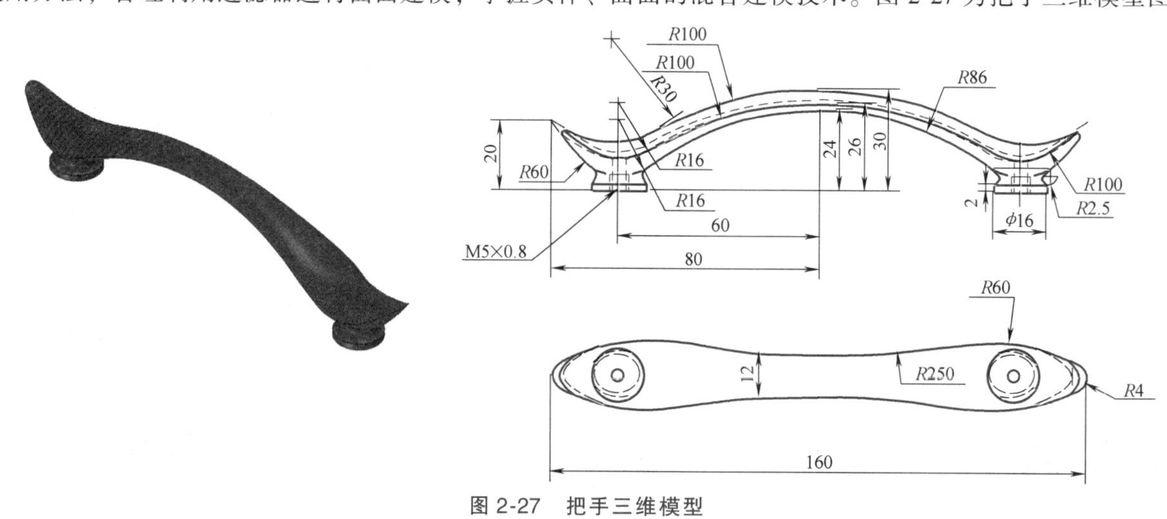

图 2-27　把手三维模型

知识点

- 线框相交曲线。
- 参考几何体。
- U/V 曲面。
- 圆角桥接。
- 纹理装饰。
- 图层管理器。
- 快速选择工具。

技能点

- 能使用“插入曲线列表”选项对导入的曲线进行拉伸建模。
- 能正确选取曲线段进行“U/V 曲面”命令建立曲面。
- 能正确使用“圆角桥接”工具。
- 能正确使用“纹理装饰”工具。

素质目标

培养学员绘制多个草图曲线，使用复杂曲面构建方法，对构建符合要求的曲面进行缝合曲面实体化，对独立的实体进行桥接并装饰外观的能力，养成一丝不苟、专心致志的学习精神。

课前预习

1. 相交曲线

相交曲线是利用多个实体造型或曲面在相交处产生曲线。

单击“线框”工具选项卡下“相交曲线”工具按钮，系统弹出“相交曲线”对话框，如图 2-28 所示。通过该指令可以在两个或多个相交的曲面、实体造型或基准面之间产生一条或多条相交曲线。

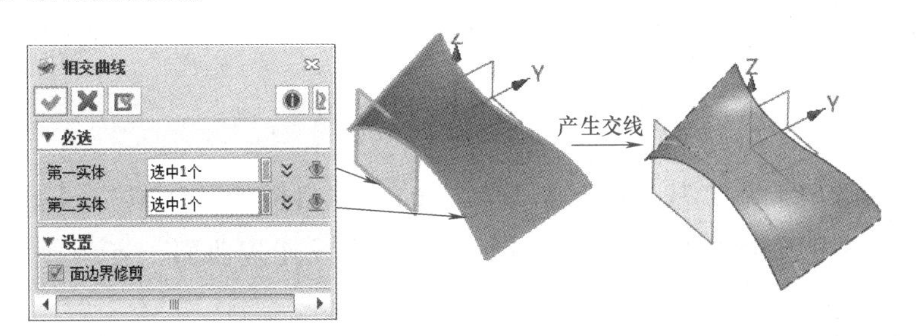

图 2-28 “相交曲线”对话框

2. 参考几何体（2D）

参考几何体（2D）可以在草图中将外部的曲线、边投影到当前草图平面上，也可以产生实体、曲面、平面与草图平面的交线，所产生的参考线与原对象关联。

在草图环境中单击“参考”工具按钮，系统弹出“参考”对话框，如图 2-29 所示。

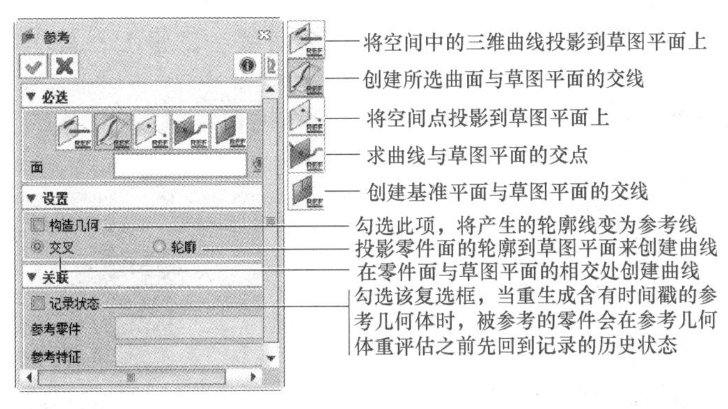

图 2-29 “参考”对话框

3. U/V 曲面

U/V 曲面也称网格曲面。通过定义两个交叉方向的曲线（即曲面的 U 方向和 V 方向），以类似于织网的原理创建曲面。

单击“曲面”工具选项卡下“基础面”工具栏中的“U/V 曲面”工具按钮，弹出“U/V 曲面”对话框，如图 2-30 所示，该功能利用网格的 U/V 线生成曲面。

4. 圆角桥接

圆角桥接用于创建智能圆角面。必需的输入包括新面起始的、要到达的和要通过的曲线、边或面。可选输入包括作为脊线控制曲线、面或基准面，圆弧和二次曲线截面，缝合等选项。

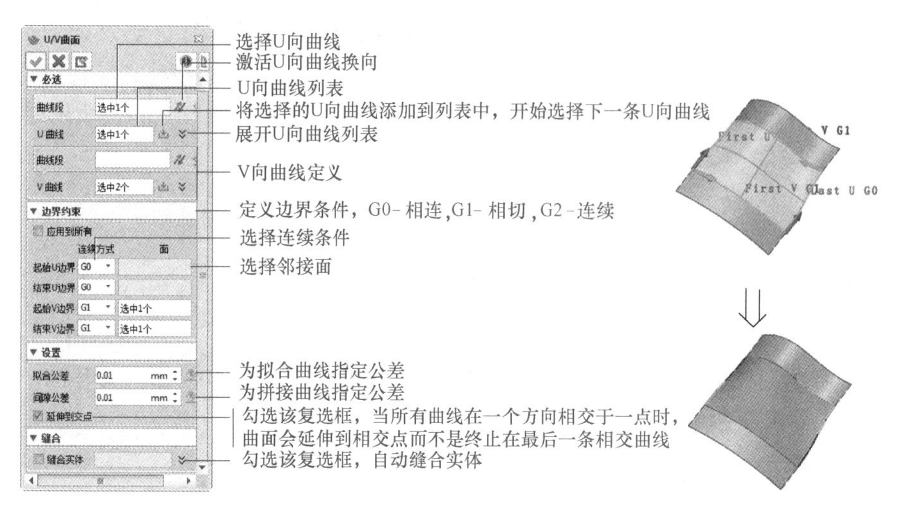

图 2-30 “U/V 曲面”对话框

单击“曲面”工具选项卡下“基础面”工具栏中的“圆角桥接”工具按钮，系统弹出“圆角桥接”对话框，可以通过桥接功能将曲面或线进行连接，生成连接曲面。有两种方式：通过实体桥接和通过设定半径桥接，如图 2-31 所示。

(1) 截面线类型 设置桥接面圆弧的类型，包含圆弧、二次曲线、G2 桥接和 G3 桥接。当设置为二次曲线时，可以设置二次曲线比率。

(2) 缝合 缝合选项组下的缝合选项有四个：

1）无操作：起始面和到达面不发生任何改变。

2）分割：起始面和到达面在与桥接面相交的地方自动分割。

3）修剪：与倒圆角类似，起始面和到达面超出桥接面的部分自动修剪。

(3) 缝合选项组 在修剪的基础上，桥接面与相邻的面自动缝合。

(4) 加盖 桥接面在宽度不等时的连接方法，有三种方式，即最大、最小和相切匹配。

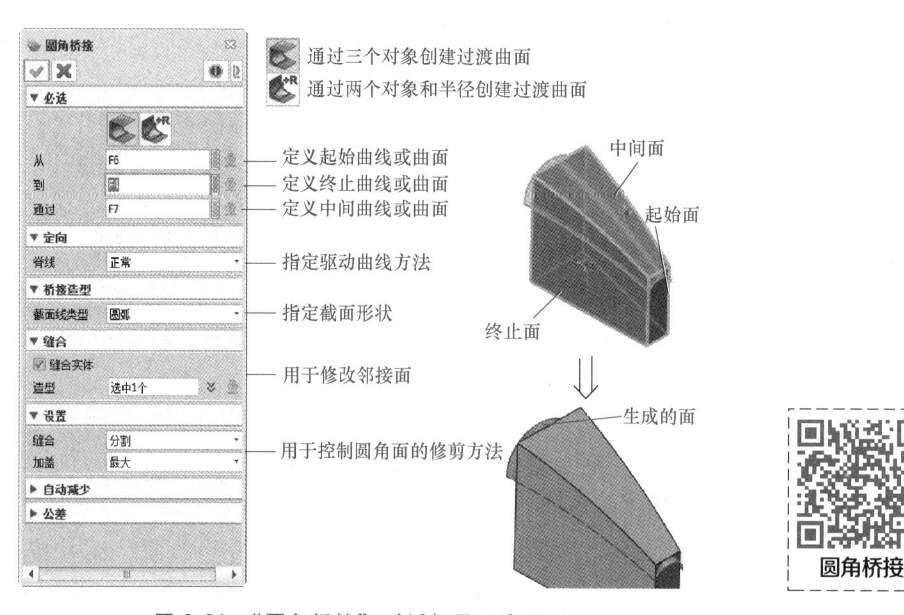

图 2-31 “圆角桥接”对话框及示意图

5. 纹理

纹理是将实体造型或曲面的表面进行各种材质的装饰表达。

在“视觉样式”工具选项卡下的“纹理”工具栏给零件的表面赋予材质或纹理。

下面用给实体表面赋予青铜铸造金属表面附着材质为例，说明“纹理”工具的使用方法。

单击“金属（铸造）”工具按钮，系统弹出“金属铸造”对话框，如图 2-32 所示。

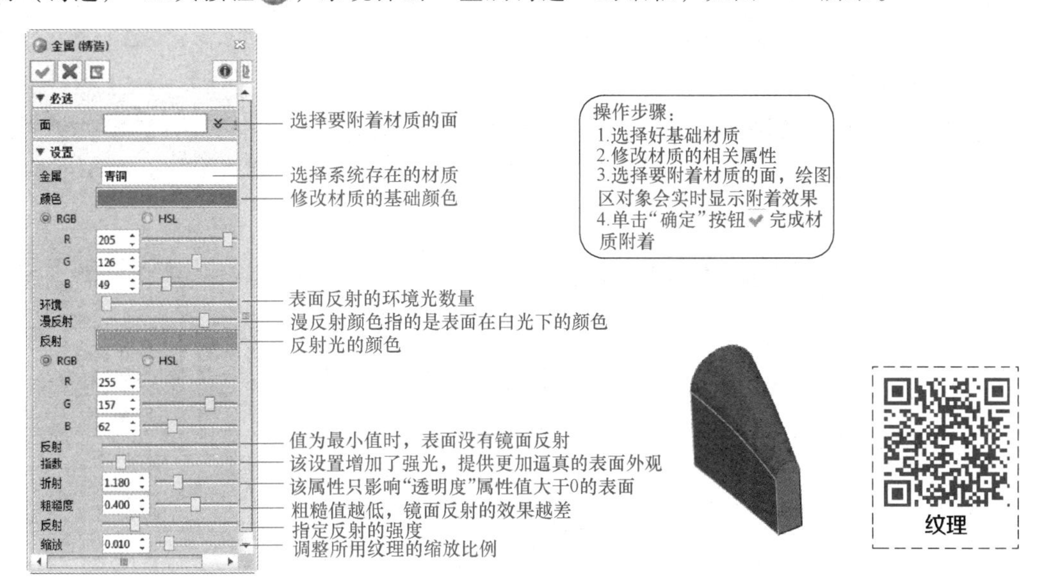

图 2-32　纹理应用

6. 图层管理器

通过图层管理器可以创建、编辑、删除、隐藏、激活和冻结图层，实体可以被分配到不同的图层。

“图层管理器”工具按钮在绘图区正上方的快捷工具栏中，单击快捷工具栏的“图层”按钮，系统弹出“图层管理器”对话框，如图 2-33 所示。

(1) 新建、打开、冻结图层　新建、打开、冻结图层的操作可以在图 2-33 所示“图层管理器”对话框中进行。

(2) 图层激活　被激活的图层被作为当前工作图层，以后创建的对象都被放置到当前层中，直到用户再次指定当前层。

图层激活可以直接在“图层管理器”对话框中双击对应图层最左边的空白框或在快捷工具栏右边的图层列表（图 2-34）中选择对应图层名称即可。

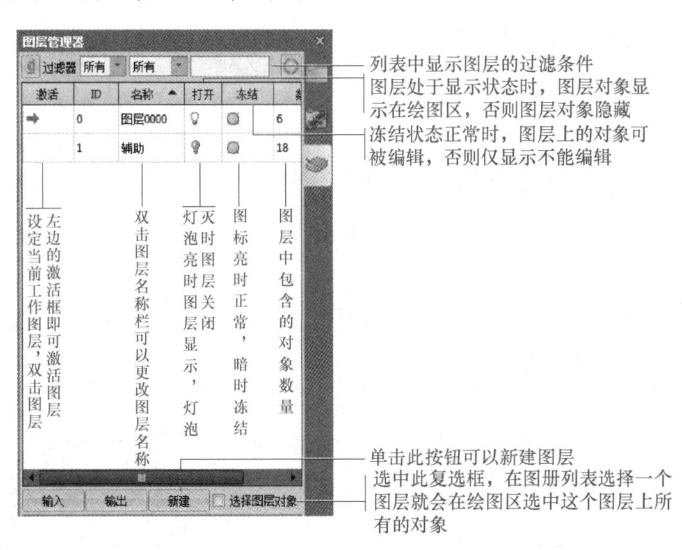

图 2-33　“图层管理器”对话框

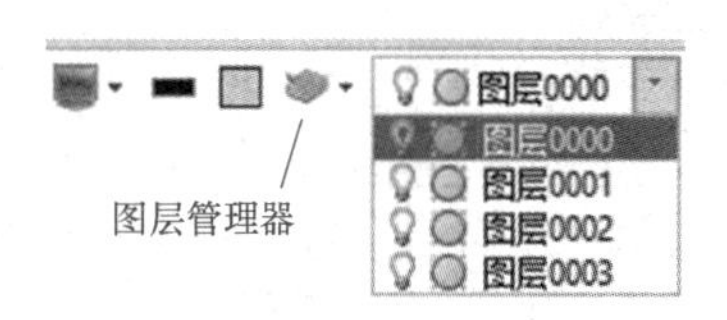

图 2-34　“图层”下拉列表

（3）在图层间移动或复制对象 在绘图区选中对象后，可以在右键菜单中选择“复制/移动到图层”命令，系统弹出“复制/移动到图层”对话框，选择目标图层，指定移动、复制操作类型，即可完成相应操作。也可以单击快捷工具栏中的“复制/移动到图层”工具按钮，激活“复制/移动到图层”对话框，完成相应操作。

7. 快速选择工具

合理使用软件中的快速选择工具可以大幅度提高绘图的效率，中望 3D 建模软件为用户提供了大量的选择工具，这些工具在用户界面快捷工具栏的上方，在不同的环境下，会有不同的选项处于可用状态，如图 2-35 所示。

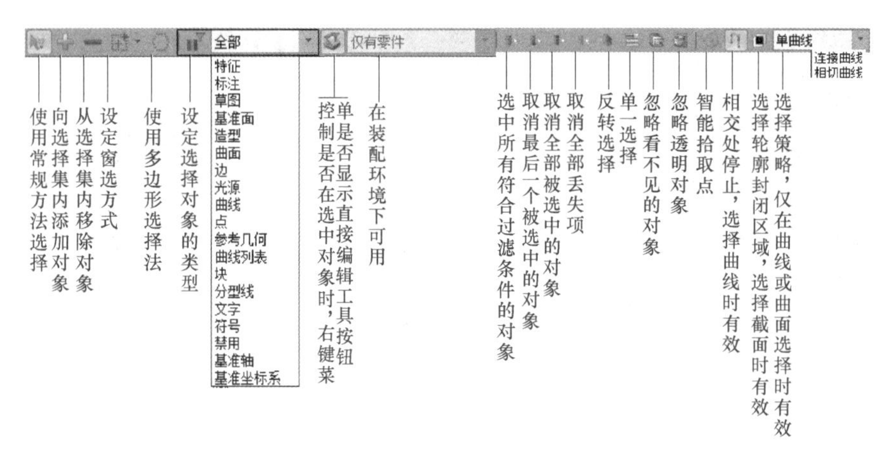

图 2-35 快速选择方法设定

课内实施

1. 预习效果检查

填空题

1）圆角桥接可分为________、________两种桥接方式。

2）相交曲线可以在________、________、________中产生。

3）“U/V 曲面”工具在选择完每个曲线段后需要按________确认。

4）U/V 曲面也称________。

5）参考几何体的“曲线相交”工具可以求出选择的曲线与草图绘制平面的________。

2. 零件结构分析

（1）零件图样分析（参考）

把手零件图样如图 2-27 所示，外形相对复杂，适合作为曲面造型的提高练习。零件可先进行 U/V 曲面的建模，缝合为实体，再进行底座的建模及圆角桥接，最后组合并添加螺纹孔及木质纹理装饰。

（2）零件图样分析（学员） 分析把手零件的图样，独立完成零件的图样分析，并填写表 2-4。

表 2-4 零件图样分析（学员）

序号	项目	分析结果
1	把手主体形状由哪些曲面组成	
2	把手主体与把手底座怎么连接	
3	教师评价	

3. 零件建模方案设计

1）把手建模参考方案见表 2-5。

表 2-5　把手建模参考方案

序号	步骤	图示	序号	步骤	图示
1	创建主体上部曲面		4	桥接主体与底座	
2	创建主体下部曲面		5	添加螺纹孔	
3	创建底座				

2）学员根据自己对零件的分析，参照表 2-5 的建模参考方案，独立设计把手建模方案，并填写表 2-6。

表 2-6　把手零件建模方案（学员）

序号	步骤	图　示	序号	步骤	图　示
1			5		
2			6		
3			考评结论		
4					

4. 建模实施过程

（1）建模实施过程（参考）

1）新建文件。文件“类型”为“零件”，文件名为“把手”，“模板”为“默认”。

把手建模步骤 1）~3）

2）绘制草图 1。激活“草图”命令，选择 X-Y 平面作为草图平面，绘制图 2-36 所示的草图 1。

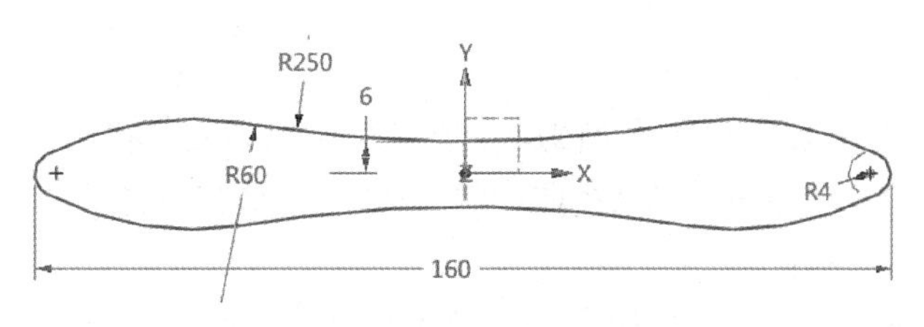

图 2-36　绘制草图 1

3）绘制草图 2。

① 选择 X-Z 平面作为草图平面。

② 使用“圆弧”“镜像”工具绘制图 2-37 所示的草图 2 第一部分曲线。

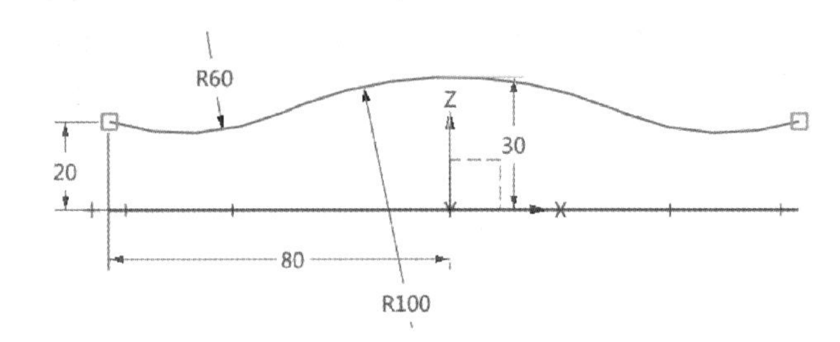

图 2-37　草图 2 第一部分曲线

③ 使用“圆弧”“镜像”工具绘制图 2-38 所示的草图 2 第二部分曲线。

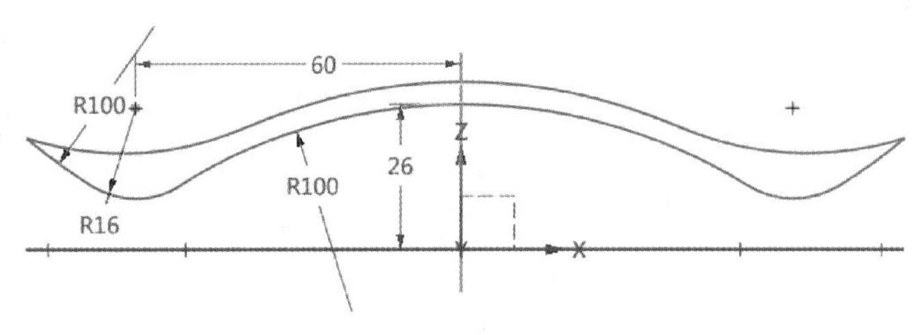

图 2-38　草图 2 第二部分曲线

④ 使用“圆弧”“镜像”工具绘制图 2-39 所示草图 2 第三部分曲线。

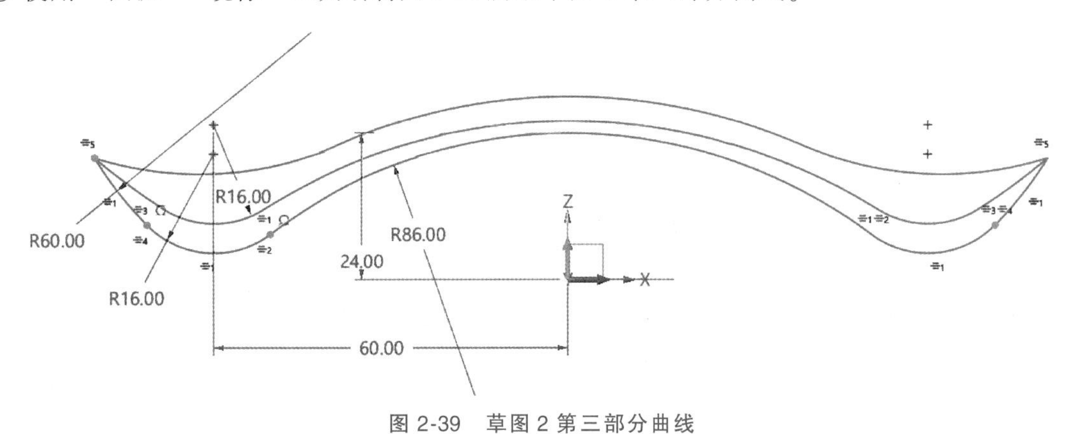

图 2-39　草图 2 第三部分曲线

4）使用“拉伸”特征创建“拉伸 1_基体”。

① 单击“拉伸”工具按钮，激活“拉伸”命令。

②“拉伸轮廓”为“草图 1”，“拉伸方向”为“+Z 轴”，“拉伸类型”为“1 边”，在“结束点 E”文本框中输入大于 30mm 的数值即可。

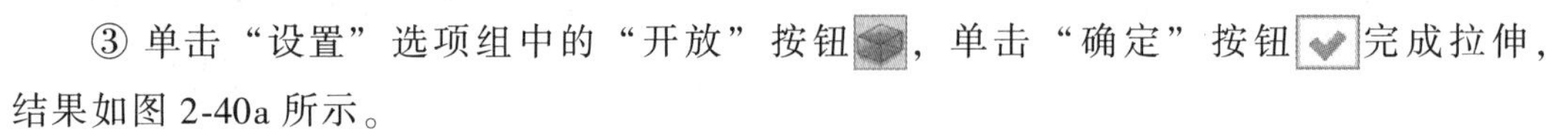

③ 单击“设置”选项组中的“开放”按钮，单击“确定”按钮完成拉伸，结果如图 2-40a 所示。

5）新建图层辅助，将“拉伸 1_基体”移到辅助层，并关闭辅助层。

① 单击绘图区正上方快捷工具栏中的“图层管理器”工具按钮，软件界面右侧弹出“图层管理器”对话框，单击“新建”按钮，在图层列表中会出现“图层 001”，并等待用户输入图层名，这里输入“辅助”后，按<Enter>键。

② 单击“复制/移动到图层”工具按钮，系统弹出“复制/移动到图层”对话框，在对话框中

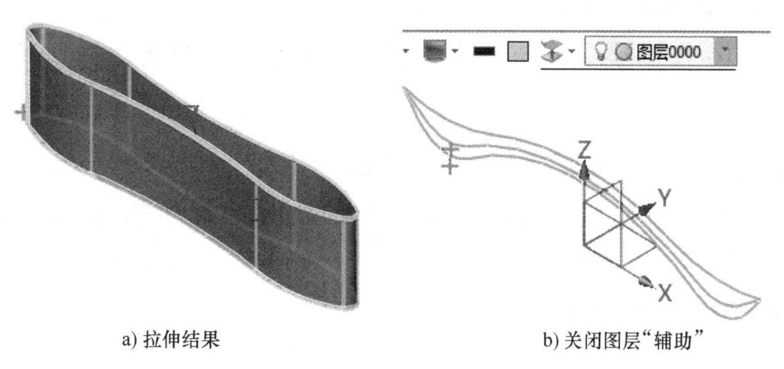

a) 拉伸结果　　　　b) 关闭图层“辅助”

图 2-40　创建“拉伸 1_基体”特征

单击“移动到层”按钮，“类型”为“实体”，“目标图层”为“辅助”。

③ 在绘图区选择“拉伸 1_基体”，单击“确定”按钮，完成对象移动。

④ 关闭辅助层，结果如图 2-40b 所示

6）使用拉伸特征创建“拉伸 2_基体”。

① 激活“拉伸”命令，将“过滤器列表”设为“曲线”。

② 按图 2-41 所示方法选择曲线。

③“拉伸类型”为“对称”，“结束点 E”为“30”，单击“确定”按钮完成拉伸，结果如图 2-42 所示。

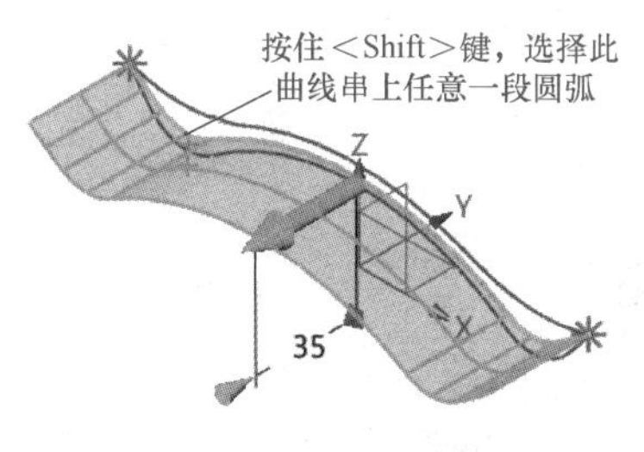

图 2-41　选择拉伸轮廓

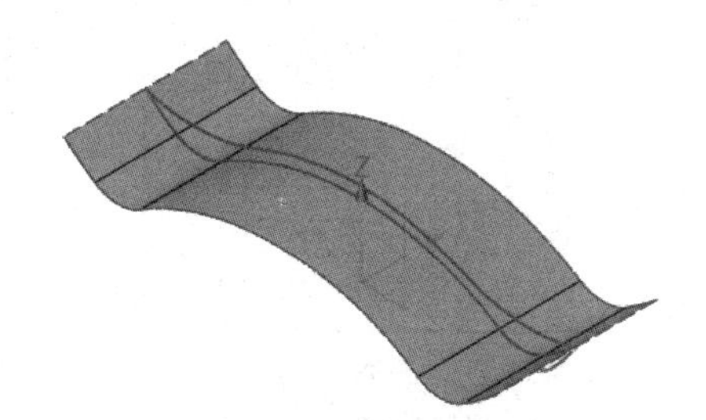

图 2-42　拉伸曲面结果

7）创建两个曲面的交线。

① 参考步骤 5）将步骤 6）的拉伸曲面移动到“辅助”层，并打开“辅助”层，结果如图 2-43 所示。

② 单击“线框”选项卡下“曲线”工具栏中的“相交曲线”工具按钮，系统弹出“相交曲线”对话框。

③ 选择图 2-44 所示两个曲面。

④ 单击“确定”按钮完成相交曲线创建，关闭辅助图层，结果如图 2-45 所示。

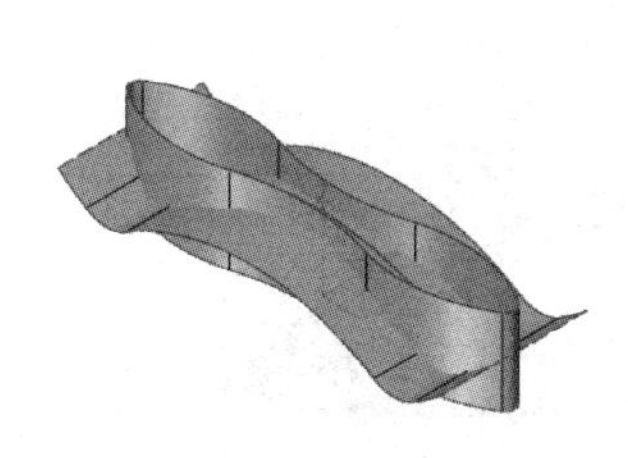

图 2-43　打开辅助层

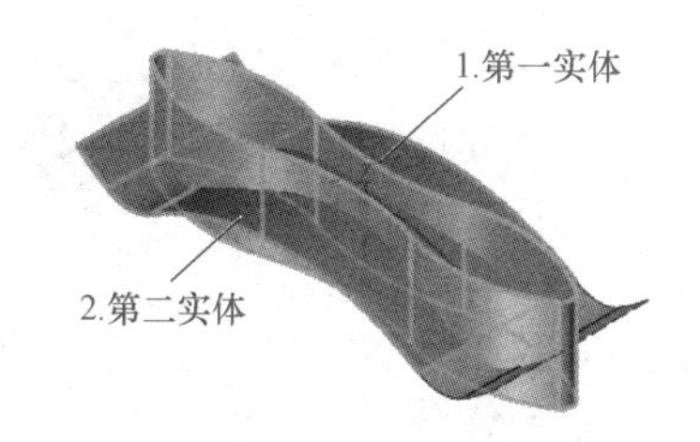

图 2-44　选择曲面

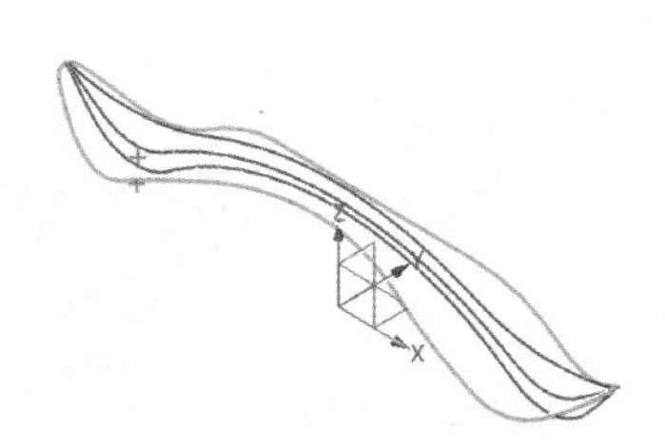

图 2-45　相交曲线

8）绘制草图 3。

把手建模步骤
8）~9）

① 选择“Y-Z”平面作为草图平面。

② 单击“参考”工具按钮，系统弹出“参考”对话框，单击“曲线相交”按钮。

③ 将“过滤器列表”设为“曲线” 曲线。

④ 选择图 2-46 所示四条曲线，得到四个交点，单击“确定”按钮退出“参考创建”对话框。

⑤ 过 3 点绘制图 2-47 所示两条圆弧。

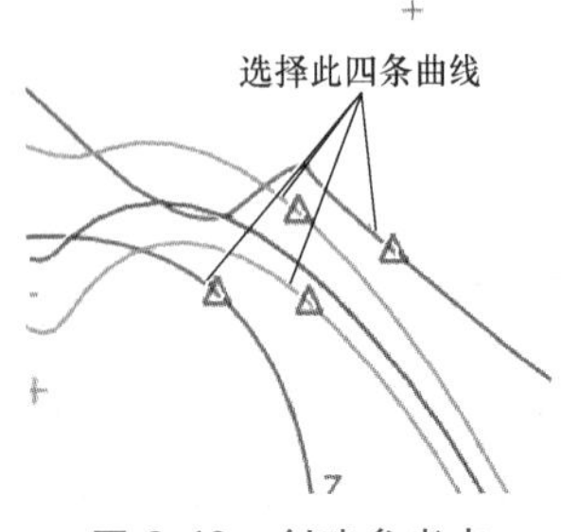

图 2-46　创建参考点

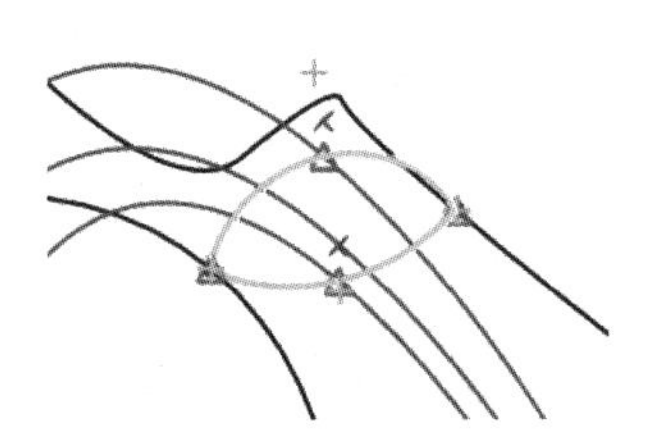

图 2-47　通过 3 点创建圆弧

9）创建 U/V 曲面。

① 单击“U/V 曲面”按钮，弹出“U/V 曲面”对话框，如图 2-48 所示。

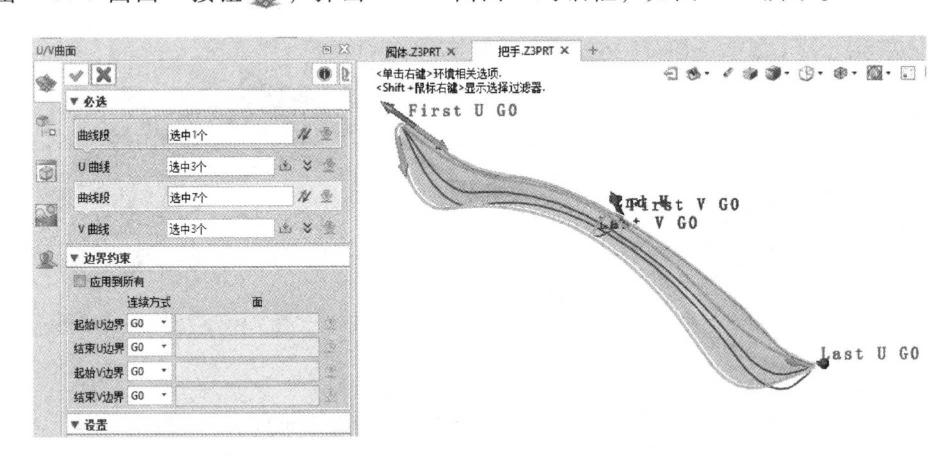

图 2-48　“U/V 曲面”对话框

② 将过滤器设为“曲线”，依照图 2-49 所示顺序依次选择三条 U 曲线，选择一条曲线后须单击鼠标中键确认后再选择下一条曲线，选择过程中注意箭头方向一致。

③ U 曲线选择完成后，单击鼠标中键切换至选择 V 曲线，采用同样的方法选择三条 V 曲线（绿色箭所示），如图 2-50 所示。

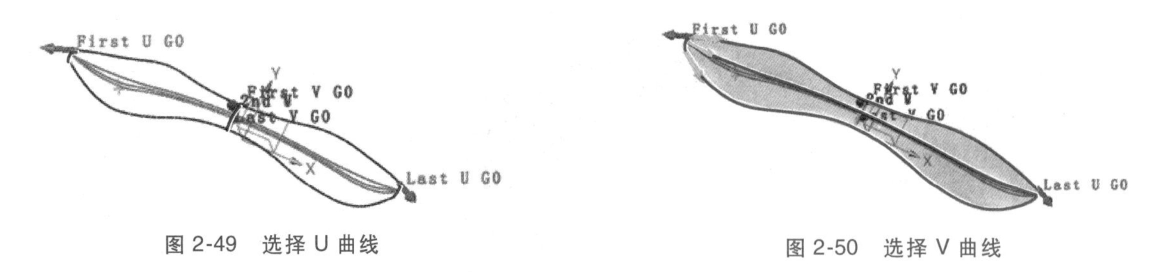

图 2-49　选择 U 曲线

图 2-50　选择 V 曲线

④ 选择完成后单击“确认”按钮，完成上曲面创建，结果如图 2-51 所示。

⑤ 采用同样方法创建下曲面，注意将“过滤器列表”设为“边/曲线”，结果如图 2-52 所示。

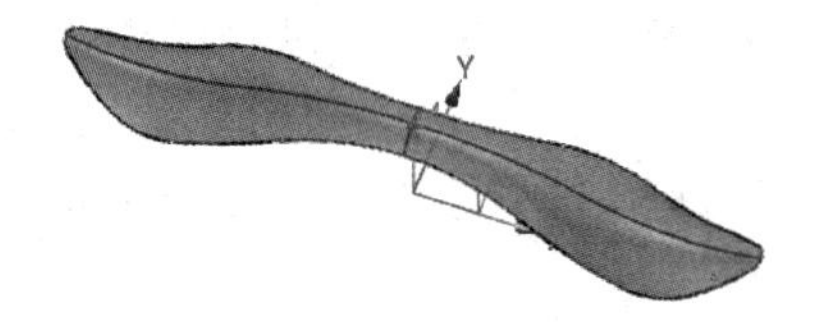

图 2-51　正面 U/V 曲面

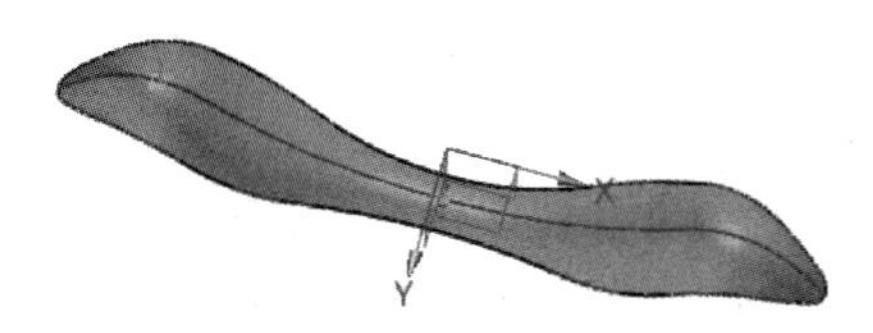

图 2-52　反面 U/V 曲面

10）缝合曲面。

① 单击“缝合”工具按钮，系统弹出“缝合”对话框。

② 选择绘图区两个曲面，公差可以适当改大。这里改为“0.02”，结果如图 2-53 所示。

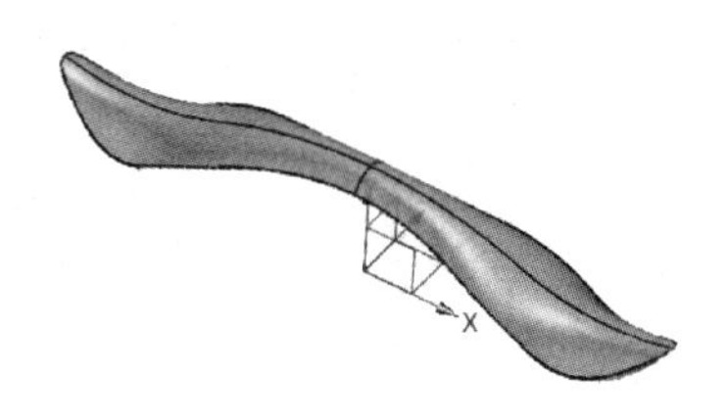

图 2-53　缝合曲面

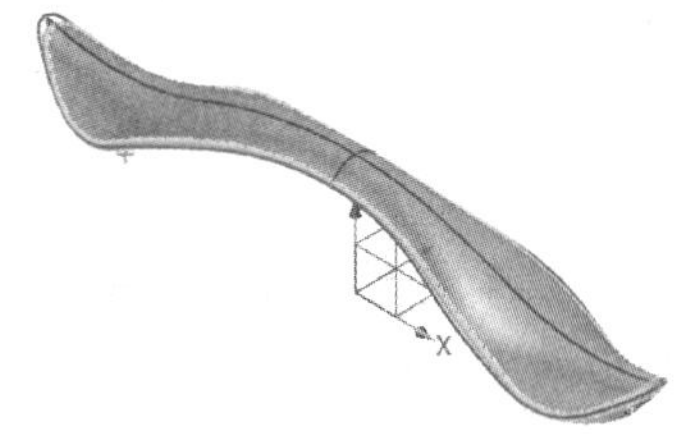

图 2-54　倒圆角 $R1$mm

11）倒圆角 $R1$mm，结果如图 2-54 所示。

12）使用“旋转”特征创建底座。

①“旋转截面”为 X-Z 平面的草图，如图 2-55 所示。

② 创建“旋转”特征，结果如图 2-56 所示。

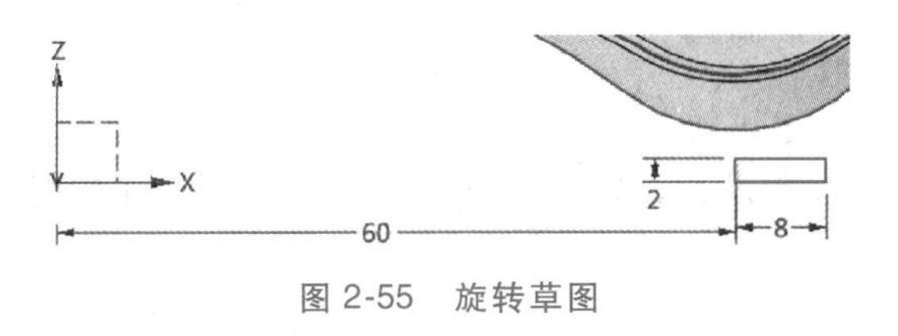

图 2-55　旋转草图

图 2-56　旋转结果

③ 单击“镜像几何体”工具按钮，系统弹出“镜像几何体”对话框。

④“实体”为“旋转 1_基体”，“镜像面”为“Y-Z 面”，结果如图 2-56 所示。

13）创建“圆角桥接”特征。

① 单击“曲面”工具选项卡下的“圆角桥接”工具按钮，单击“半径桥接”按钮，“半径”为“2.5”。

② 选择底座上端面轮廓线和把手下曲面，如图 2-57 所示。

③ 单击“应用”按钮，完成右端圆弧桥接特征创建。

④ 同样方法创建左端圆弧桥接，结果如图 2-58 所示。

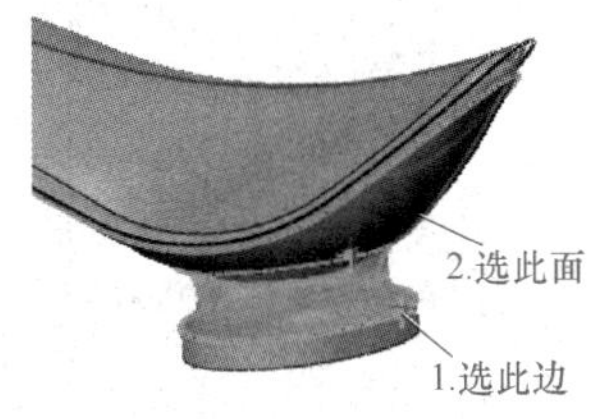

图 2-57　右端桥接曲面

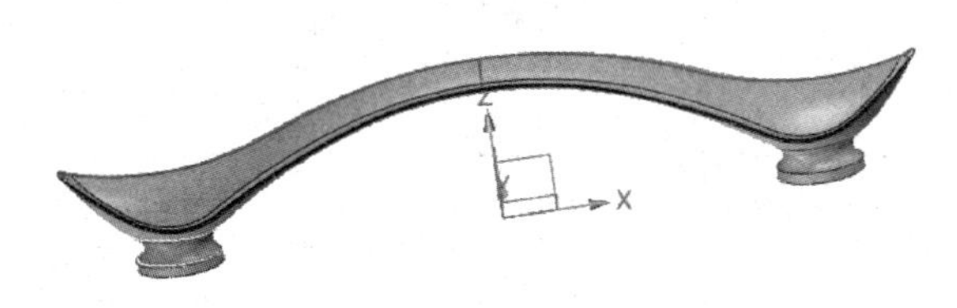

图 2-58　左端桥接曲面

14）实体合并。

① 单击“造型”工具选项卡下的“添加实体”工具按钮，系统弹出“添加实体”对话框。

② 选中绘图区所有实体，单击“确定”按钮，完成添加实体操作。

③ 将草图、坐标面、曲线等隐藏，仅显示造型，如图 2-59 所示。

把手建模步骤14）~17）

15）添加螺纹孔。

① 单击“造型”工具选项卡下的“孔”工具按钮，系统弹出“孔”对话框。

② 单击“螺纹孔”按钮，“孔造型”为“简单孔”，“类型”为“M5×0.8”，其他参数默认。

③ 放置位置选择两个底座下表面的“曲率中心”，如图 2-60 所示，打孔结果如图 2-61 所示。

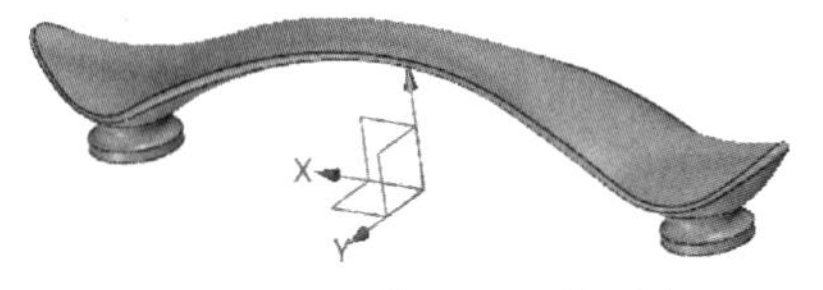

图 2-59　隐藏不需要的对象

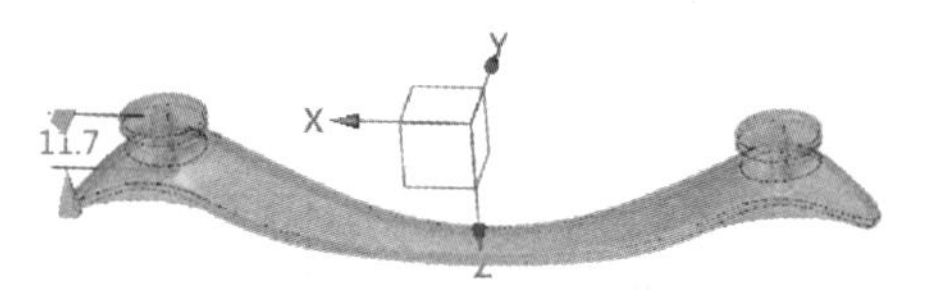

图 2-60　确定孔位置

16）更改视觉样式。单击“视觉样式”工具选项卡下的“木质”按钮，框选把手所有曲面，更改其视觉样式为木质纹理，如图 2-62 所示。

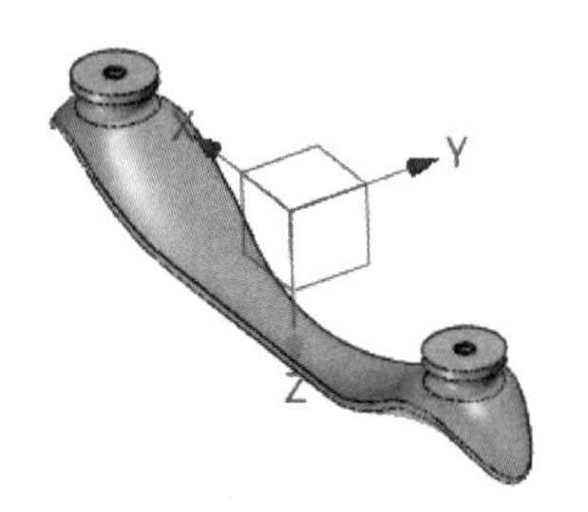

图 2-61　打孔结果

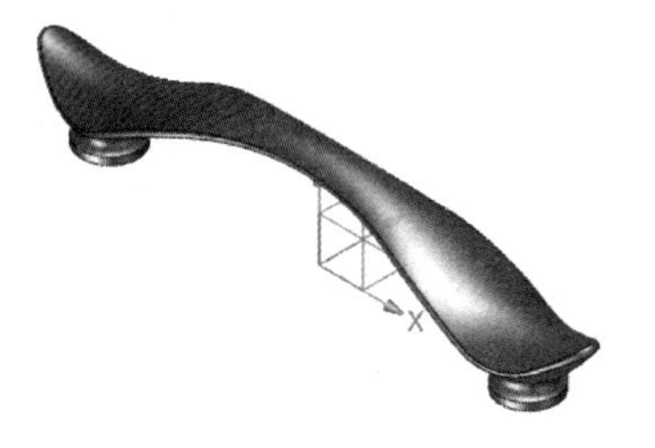

图 2-62　添加材质后结果

17）保存文件。

（2）建模过程（学员）　请根据自己对零件的分析和方案设计，独立进行把手零件建模，建模过程可以用附页电子文档的方式向老师提交。

课后拓展训练

根据图 2-63 所示勺子的图样进行零件造型。

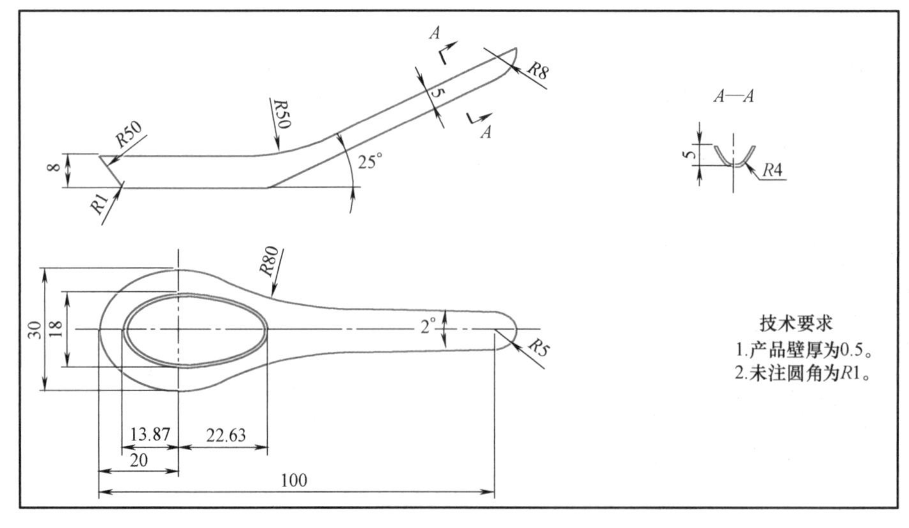

图 2-63　勺子零件图

学习任务 2.3　开环男戒造型

任务描述

如图 2-64 所示，开环男戒造型需要使用“曲面建模”工具，适合初次练习曲面建模的学员学习。通过完成开环男戒造型任务，学员可学会使用驱动曲线放样、拉伸曲线形成曲面、曲面修剪、修剪平面形成曲面、曲面实体化、曲面延伸等工具，合理利用过滤器进行曲面建模，掌握曲面建模的基本思路。

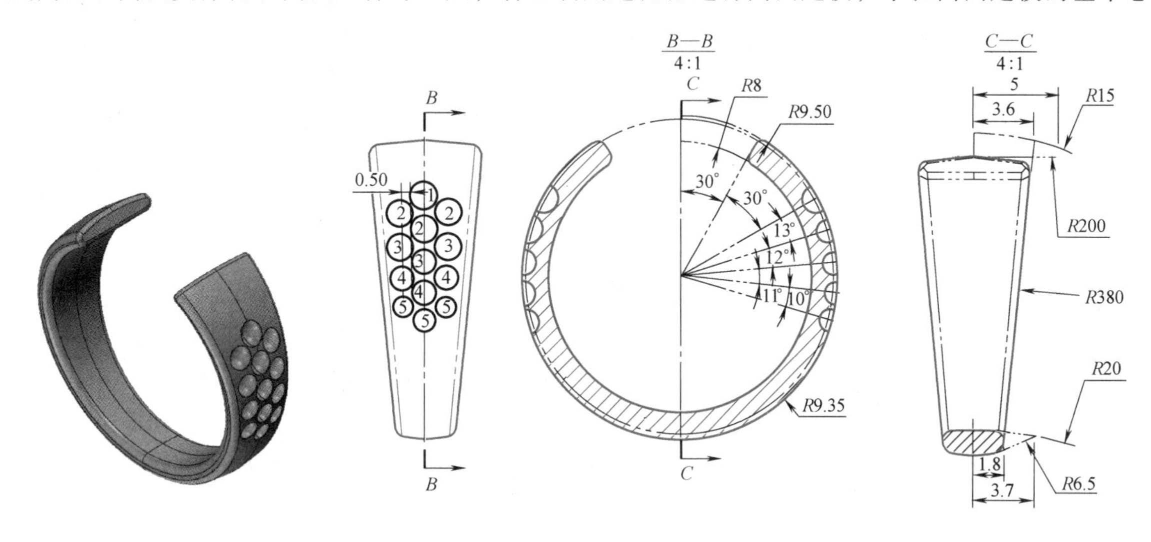

序号1，2，3，4，5圆球的直径分别为 0.85、0.8、0.75、0.7、0.65。
球心距离戒指外曲面0.15。
球侧边圆角R0.03，端面圆角为0.3 其他圆角为R0.5。

图 2-64　开环男戒

知识点

- 驱动曲线放样。
- 修剪平面。
- 曲面修剪。
- 缝合。
- 延伸面。

技能点

- 能使用“驱动曲线放样”工具进行建模。
- 能使用多种命令对曲面进行编辑修改及缝合成实体。
- 能使用“镜像几何体”工具进行建模。

素质目标

培养学员依据空间曲线，选择合适的曲面构建方法，构建符合要求的曲面并利用基础面及编辑面功能对曲面进行修改的能力，养成精工至善、精益求精的职业精神。

课前预习

1. 驱动曲线放样

放样是利用多个图形的截面形状光滑连接形成实体或曲面，中望 3D 建模软件中有“放样”“驱动曲线放样”“双轨放样”三种方式。

单击“造型”工具选项卡下“基础造型”工具栏中的“放样”工具按钮，单击“驱动曲线放样”工具按钮，系统弹出“驱动曲线放样”对话框，如图 2-65 所示。该工具结合了“扫掠”和“放样”

工具的功能，利用截面图形和引导路径创建放样实体或曲面。

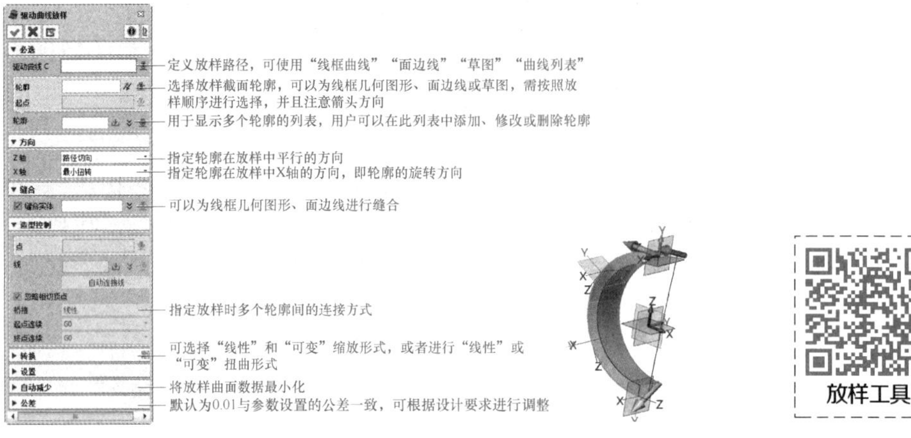

图 2-65 “驱动曲线放样”对话框

2. 修剪平面

修剪平面是利用封闭的曲线边界生成一个边界曲面。

温馨提示:

修剪平面无论边界是否在一个平面上，创建的曲面都是基于一个平面。

单击“曲面”工具选项卡下“基础面”工具栏中的“修剪平面”工具按钮，系统弹出“修剪平面”对话框，如图 2-66 所示。

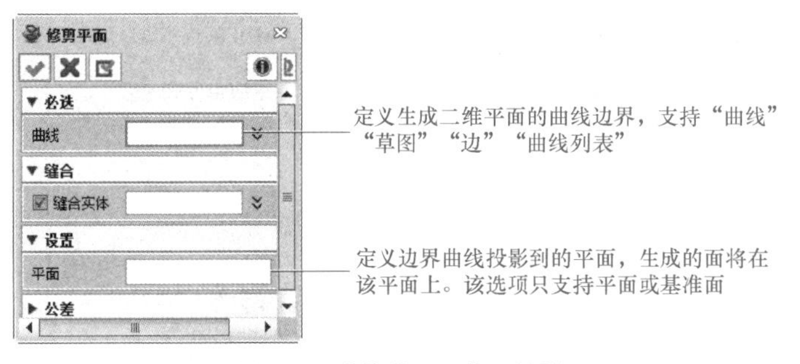

修剪平面

图 2-66 “修剪平面”对话框

3. 曲面修剪

曲面修剪是利用曲面作为修剪工具，对其他相交面或造型进行修剪。

单击“曲面”工具选项卡下“编辑面”工具栏中的“曲面修剪”工具按钮，系统弹出“曲面修剪”对话框，如图 2-67 所示。

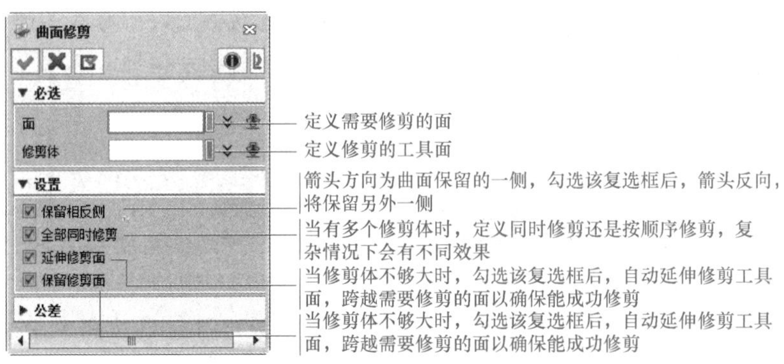

图 2-67 “曲面修剪”对话框

4. 缝合

缝合是将相互连接而又各自独立的曲面缝合在一起，形成一个整体的实体造型。

单击“曲面”工具选项卡下“编辑面”工具栏中的“缝合”工具按钮，系统弹出“缝合”对话框，如图 2-68 所示。

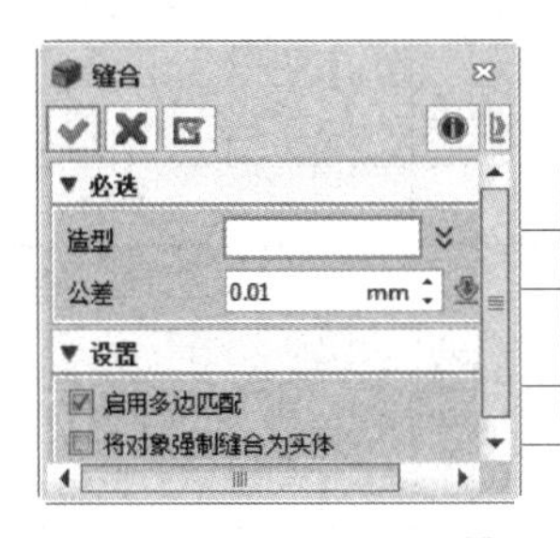

图 2-68　“缝合”对话框

5. 延伸面

延伸面是对所选面上的某些边以一定的距离进行延伸。需要注意的是，该功能只支持单个面内的边界。

单击“曲面”工具选项卡下“编辑面”工具栏中的“延伸面”工具按钮，系统弹出“延伸面”对话框，如图 2-69 所示。选择一个面中需要延伸的边界，输入延伸距离，即可以延伸该边界处的曲面。

(1) **面**　定义需要延伸的面。

(2) **边**　定义面上需要延伸的边界。

(3) **距离**　定义延伸距离值。

(4) **合并延伸面**　勾选该复选框后，延伸曲面与相邻面自动合并，否则将分开。

(5) **延伸**　定义延伸面的生成方法，包含四个选项，“线性”“圆形”“反射”“曲率递减”。

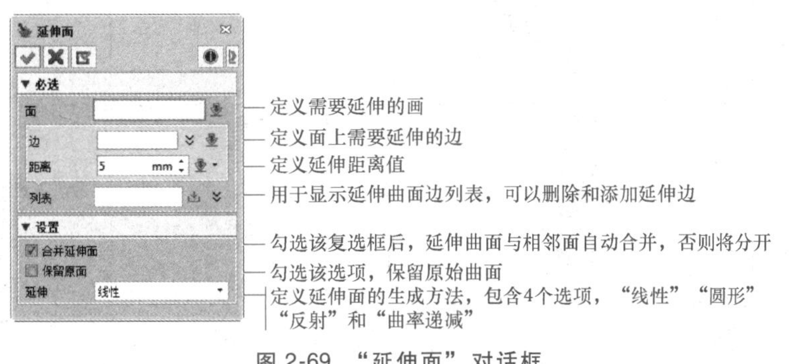

图 2-69　“延伸面”对话框

课内实施

1. 预习效果检查

填空题

(1)“延伸面”工具中“距离”的数值可以是________，也可以是________。

(2)“拉伸”工具既可以用封闭曲线拉伸实体，也可以用单个曲线拉伸________。

(3)“拉伸”工具支持的轮廓类型包括______、______、______、______和______。

2. 零件结构分析

(1) 零件图样分析（参考）　开环男戒零件图样如图 2-64 所示，外形不算复杂，适合作为曲面造型的基本练习。由于零件呈前后左右对称，所以可以先建四分之一模型，然后通过两次“镜像几何体”

的方式形成整体模型。

（2）零件图样分析（学员） 分析开环男戒零件的图样，独立完成零件的图样分析，并填写表 2-7。

表 2-7 零件分析（学员）

序号	项目	分析结果
1	开环男戒指能否使用实体建模的方式造型	
2	不考虑对称结构,试分析一下零件的结构	
3	教师评价	

3. 零件建模方案设计

1）开环男戒建模参考方案见表 2-8。

表 2-8 开环男戒建模参考方案

序号	步骤	图示	序号	步骤	图示
1	创建四分之一基本体		4	装饰实体圆弧面	
2	倒圆角		5	镜像 1/4 实体并求和	
3	装饰实体中心边缘		6	镜像 1/2 实体并求和	

2）学员根据自己对零件的分析，参照表 2-9 的建模参考方案，独立设计开环界戒建模方案，并填写表 2-9。

表 2-9 开环男戒零件建模方案（学员）

序号	步骤	图 示	序号	步骤	图 示
1			2		

（续）

序号	步骤	图　示	序号	步骤	图　示
3			6		
4			考评结论		
5					

4. 建模实施过程

（1）建模实施过程（参考）

开环男戒建模步骤1）~3）

1）新建文件并保存。要求：创建一个名称为“开环男戒”的文件，“类型”为“零件”，“子类”为“标准”，“模板”为“默认”。

2）创建“草图1”。

① 选择X-Z平面作为草图平面，X轴为水平方向。

② 绘制图2-70所示的草图。

3）创建“草图2”。

① 选择Y-Z平面作为草图平面，Y轴为水平方向。

② 绘制图2-71所示的草图。

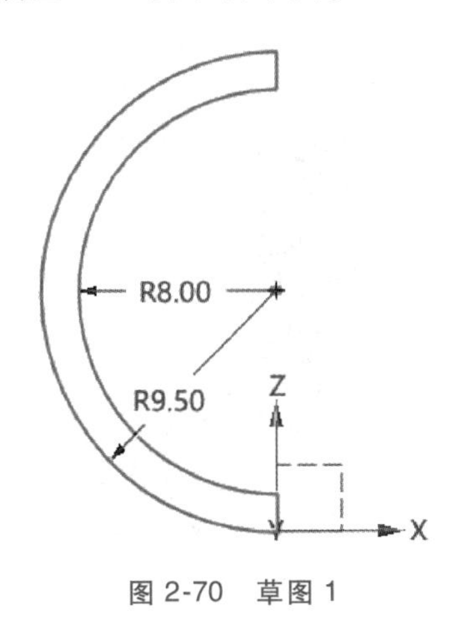

图2-70　草图1

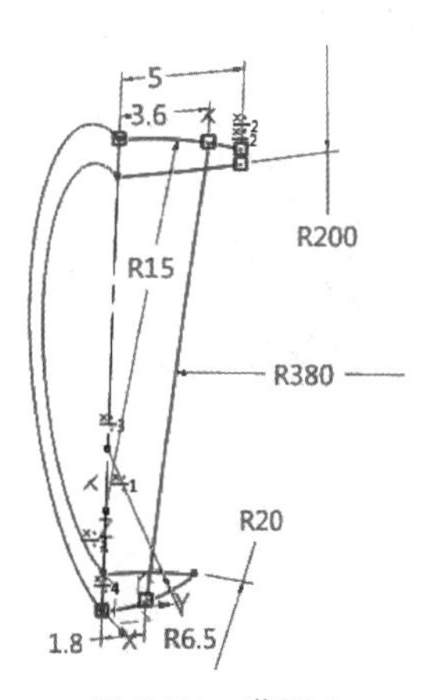

图2-71　草图2

4）创建“放样1_曲面”。

开环男戒建模步骤4）~5）

① 单击“驱动曲线放样”按钮，系统弹出“驱动曲线放样”对话框。

② 将“过滤器列表”设为“曲线”。

③ 设置“驱动曲线C”为“草图1”中$R9.5$mm圆弧。

④ 选择轮廓项，“过滤器列表”仍然为“曲线”，选择“草图2”中$R15$mm圆弧。

⑤ 单击对话框中的按钮，选择“草图2”中$R6.5$mm圆弧，如图2-72所示。

⑥ 单击“应用”按钮完成“驱动曲线放样”曲面操作（不退出对话框），如图2-73所示。

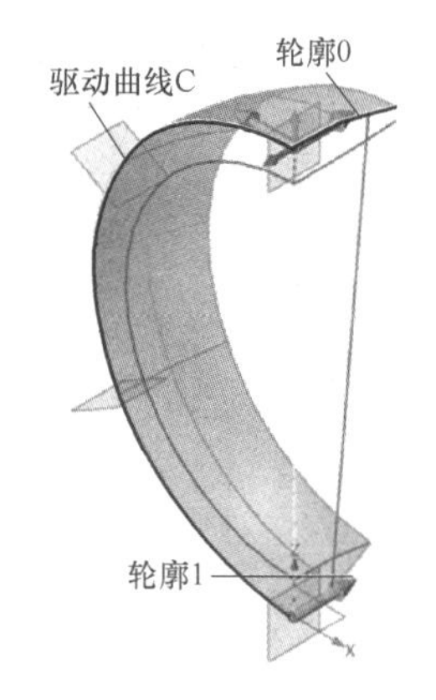

图 2-72　驱动曲线和轮廓线

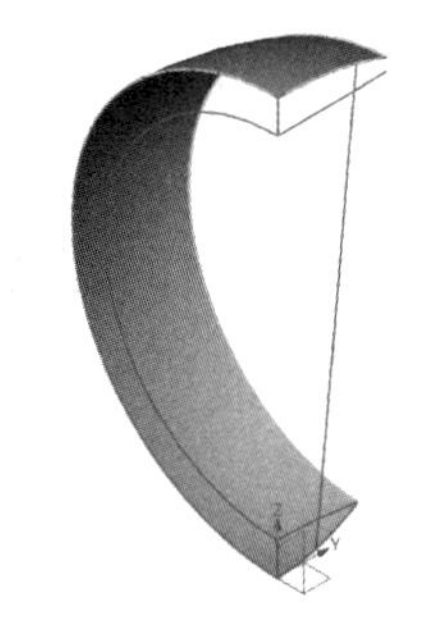

图 2-73　放样 1_曲面

温馨提示：

操作时需要注意以下几点。

① 选择驱动曲线和轮廓线时，要注意曲线选择过滤方法是“曲线”。

② 有多个轮廓时，每选择完一个轮廓，单击对话框中的按钮，切换选择下一个轮廓。

③ 选择时要注意驱动曲线和每一个轮廓的方向，不合适时单击对话框中的按钮换向。

5）创建“放样 2_曲面”。

① 设置“驱动曲线 C”为“草图 1”中 R8mm 圆弧。

② 选择轮廓项，“过滤器列表”仍然为“曲线”，选择“草图 2”中 R200mm 圆弧。

③ 单击对话框中的按钮，选择“草图 2”中 R20mm 圆弧。如图 2-74 所示。

单击“确定”按钮完成“驱动曲线放样”曲面操作（不退出对话框），如图 2-75 所示。

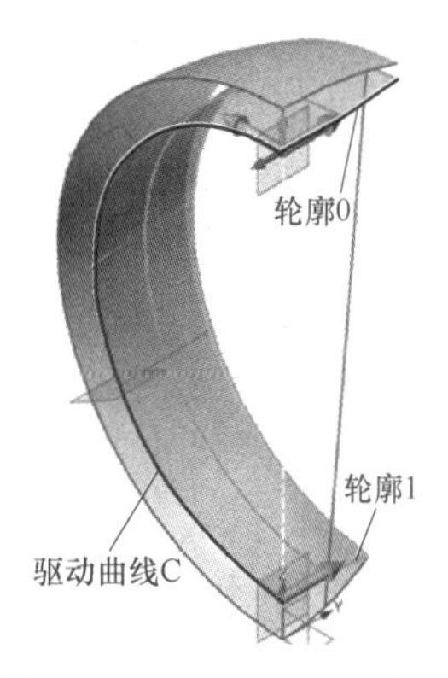

图 2-74　驱动曲线和轮廓

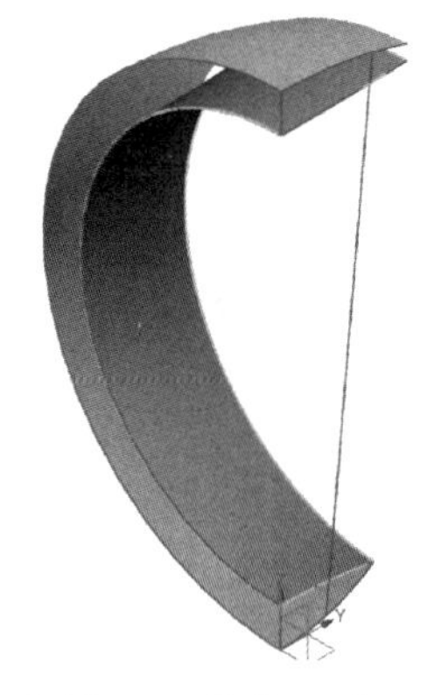

图 2-75　放样 2_曲面

6）创建“拉伸 1_曲面”。

开环男戒建模步骤6）~7）

① 激活“拉伸”命令。

② 轮廓为“草图 2”R380mm 圆弧，“拉伸类型”为“1 边”。

③“结束点 E”为“10”，“方向”为“-X 轴”。

④ 布尔方式为“交运算”，“布尔造型”选择 R8mm 曲面（放样 2_曲面），结果如图 2-76 所示。

7）使用“曲面修剪”工具，修剪掉多余的曲面。

① 单击“曲面修剪”按钮，系统弹出“曲面修剪”对话框。

② 参数设置如图 2-77 所示，结果如图 2-78 所示。

③ 修剪另一个面多余的部分，结果如图 2-79 所示。

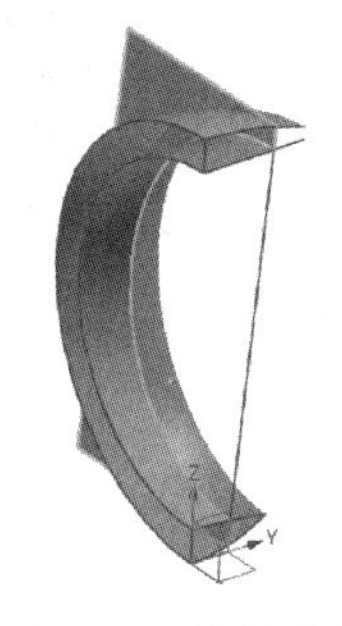

图 2-76　拉伸曲面

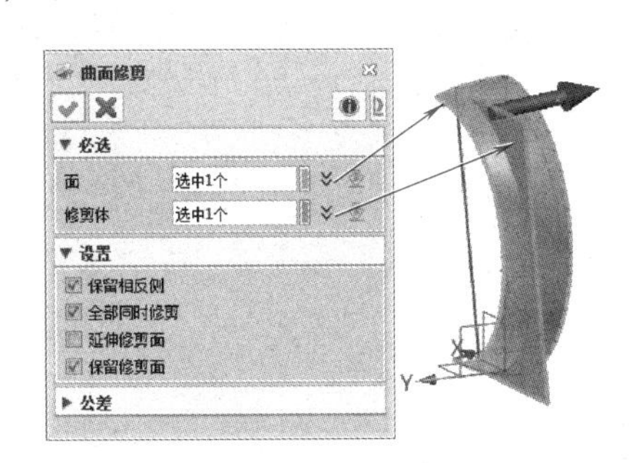

图 2-77　修剪曲面

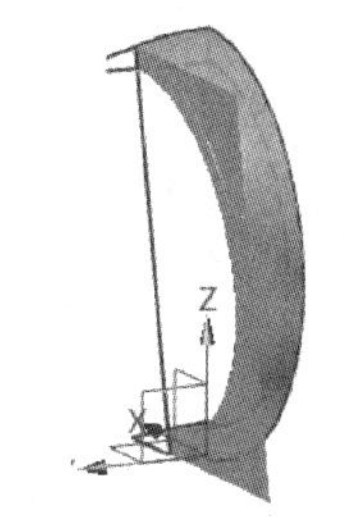

图 2-78　修剪结果

温馨提示:

①“面”为需要修剪的对象，“修剪体”为修剪工具。

② 如果保留曲面方向不对，可以勾选“设置”选项组中的“保留相反侧曲面”复选框。

8）创建修剪平面。

① 单击“曲面”工具选项卡下的“修剪平面”按钮，系统弹出“修剪平面”对话框。

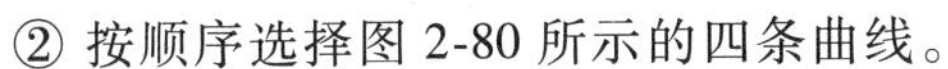

② 按顺序选择图 2-80 所示的四条曲线。

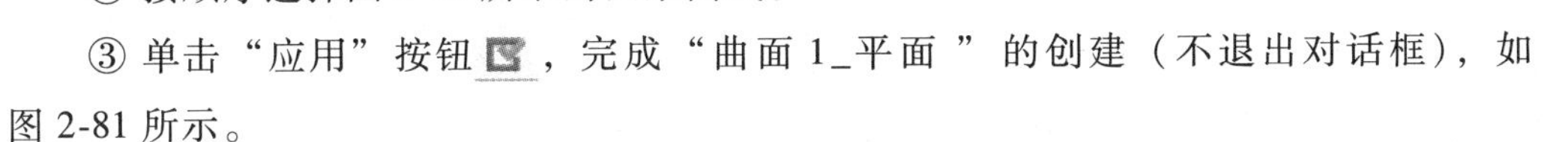

③ 单击“应用”按钮，完成“曲面 1_平面 ”的创建（不退出对话框），如图 2-81 所示。

图 2-79　修剪最终结果

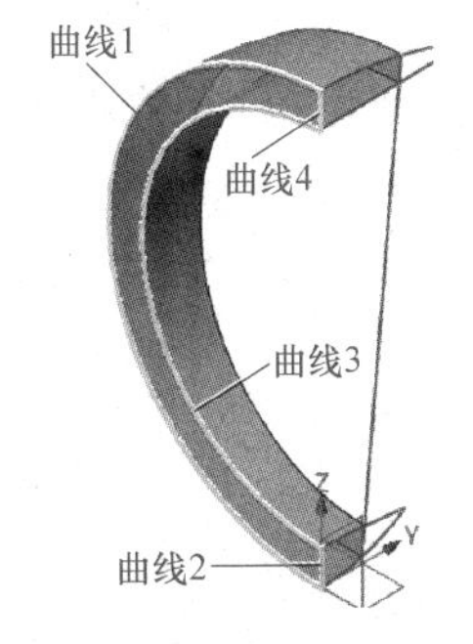

图 2-80　创建曲面 1_平面

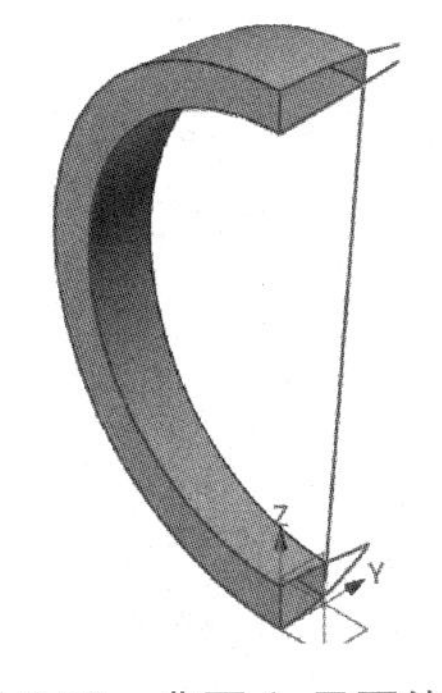

图 2-81　曲面 1_平面结果

④ 采用相同方法创建剩余两处平面（注意，曲线的选择方法是“边”），结果如图 2-82 所示。

9）缝合曲面。

① 隐藏不再使用的草图。

② 单击“曲面”选项卡下的“缝合”按钮，系统弹出“缝合”对话框。

③ 单击“确定”按钮完成所有曲面的缝合。

④ 单击“查询”选项卡下的“剖面视图”工具按钮，检查是否生成实体。

10）创建“草图 3”。

① 选择 X-Z 工作平面为草图平面。

② 绘制图 2-83 所示的草图，图中虚线为参考线。

11）修剪实体。

① 激活“拉伸”命令，“轮廓 P”为“草图 3”，拉伸“方向”为“Y 轴”，“结束点 E”为“10”。

② 布尔方式为“交运算”，修剪实体，完成结果如图 2-84 所示。

③ 用“隐藏”工具隐藏不再使用的草图。

④ 倒圆角：上端面 $R0.3$mm、侧面 $R0.5$mm，结果如图 2-85 所示。

12）创建“草图 4”。

① 选择 X-Z 工作平面为草图平面。

② 创建图 2-86 所示草图 4。

开环男戒建模
步骤12）~13）

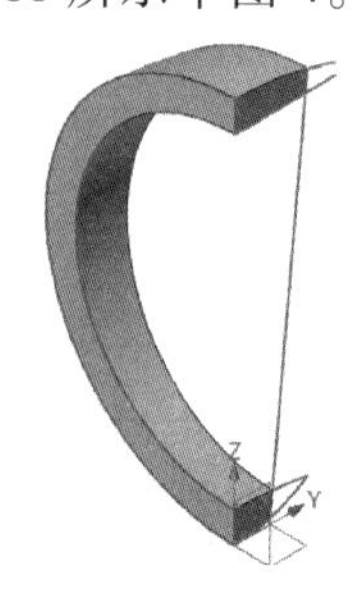

图 2-82　创建修剪平面结果

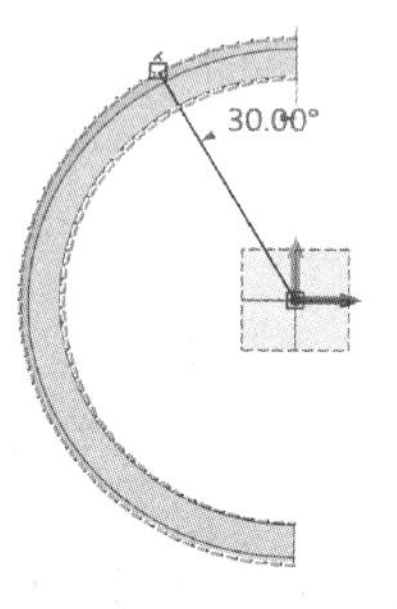

图 2-83　草图 3

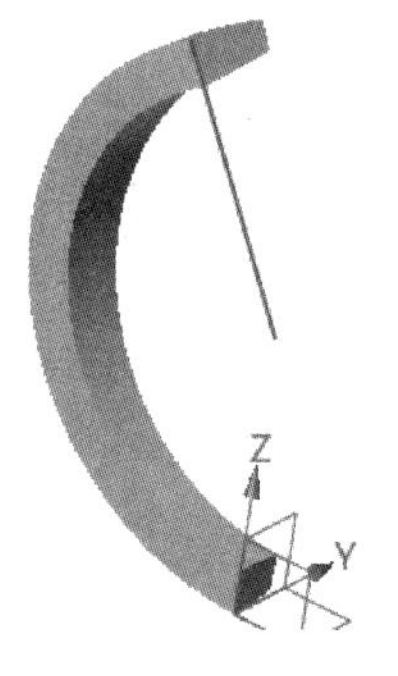

图 2-84　修剪实体

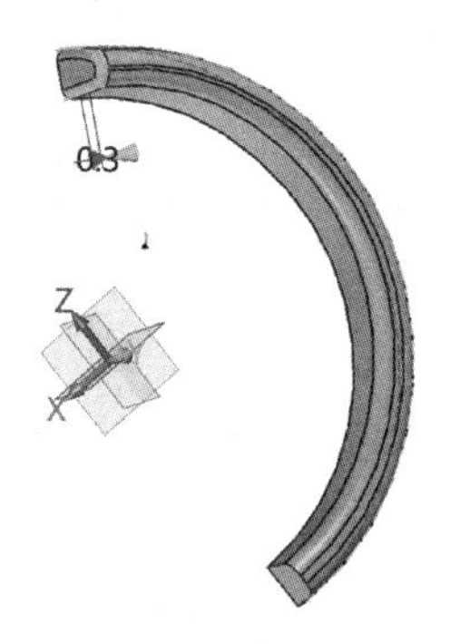

图 2-85　倒圆角

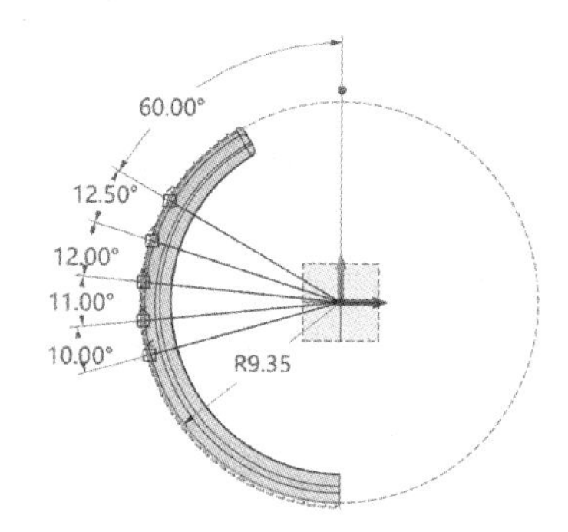

图 2-86　草图 4

13）创建圆球。

① 激活“球体”命令，以草图 4 各线段各个端点为球心，创建半径分别为 0.65mm、0.7mm、0.75mm、0.8mm、0.85mm 的圆球。

② 布尔方式为“减运算”，结果如图 2-87 所示；

③ 隐藏“草图 4”。

④ 各边倒圆角 $R0.03$mm，结果如图 2-88 所示。

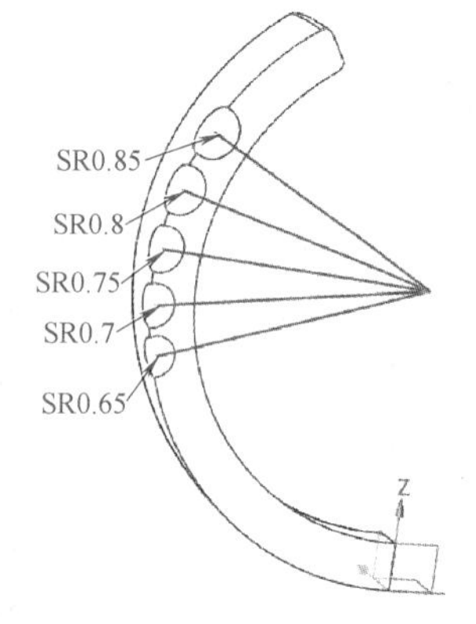

图 2-87　创建球

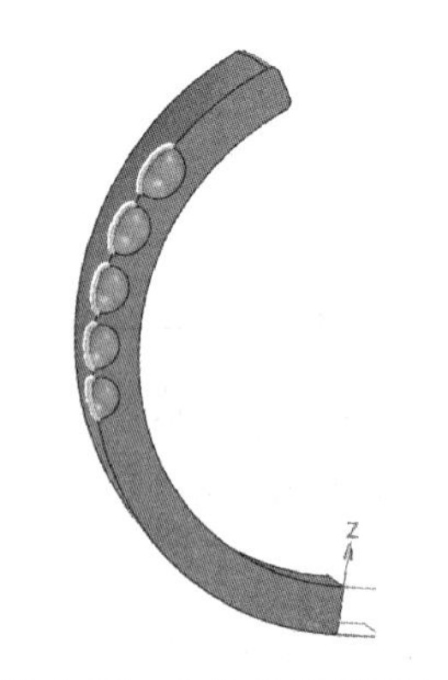

图 2-88　实体边缘倒圆角

开环男戒建模
步骤14）~16）

14）创建“草图 5”。

① 选择 Y-Z 平面作为草图平面。

② 创建图 2-89 所示的草图 5，构造线与 $R0.65$mm 和 $R0.85$mm 圆弧相切。

15）创建拉伸平面。

① 激活“拉伸”指令，“轮廓 P”为“草图 5”。

② 拉伸“方向”为“-X 轴”，“结束点 E”为“到面”，并选择箭头指向的圆弧面，如图 2-90 所示，结果如图 2-91 所示。

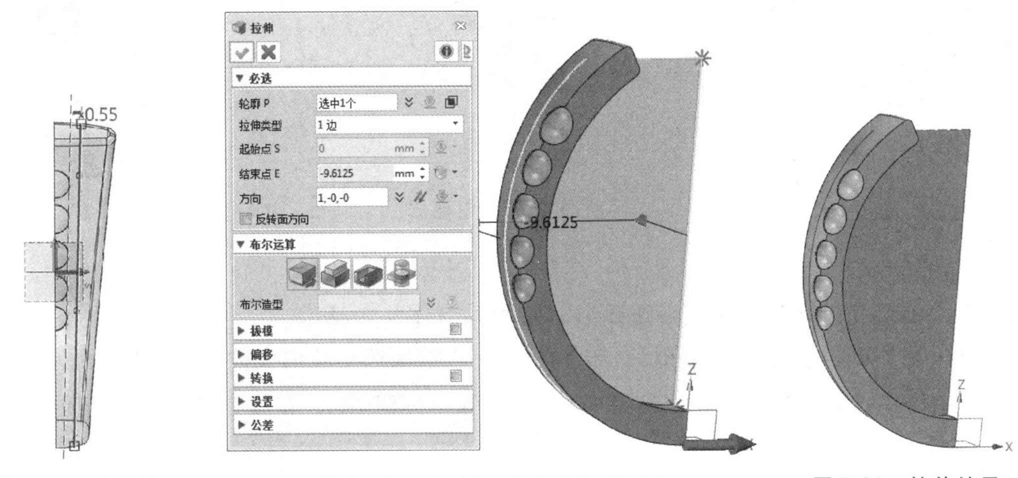

图 2-89 草图 5　　图 2-90 “拉伸”对话框参数设置　　图 2-91 拉伸结果

16）向内延伸曲面。

① 单击“曲面”选项卡下的“延伸面”工具按钮，系统弹出“延伸面”对话框。

② 将刚拉伸的曲面圆弧边向实体内侧缩减 0.15mm，如图 2-92 所示。

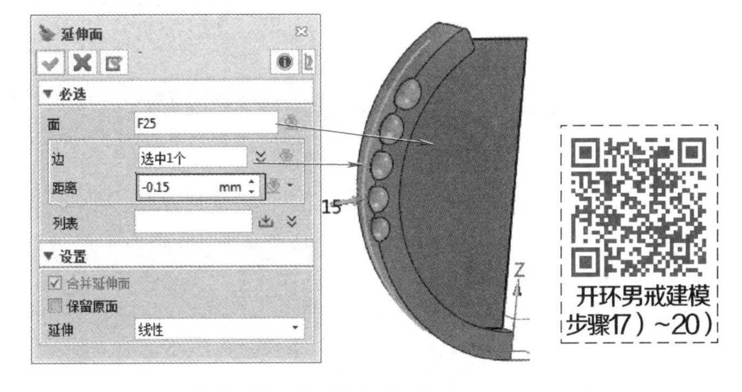

图 2-92 延伸平面

17）创建“草图 6”。

① 草图平面选择步骤 16）创建的平面。

② 创建参考线，并修剪，结果如图 2-93 所示。

③ 绘制四条线段，如图 2-94 所示。

④ 以原点为起点，绘制四条直线，用“中点”工具分别让直线终点落到第③步绘制的线段中点处，如图 2-95 所示。

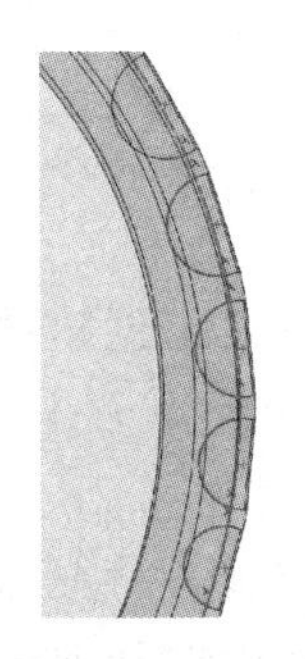

图 2-93 创建参考线

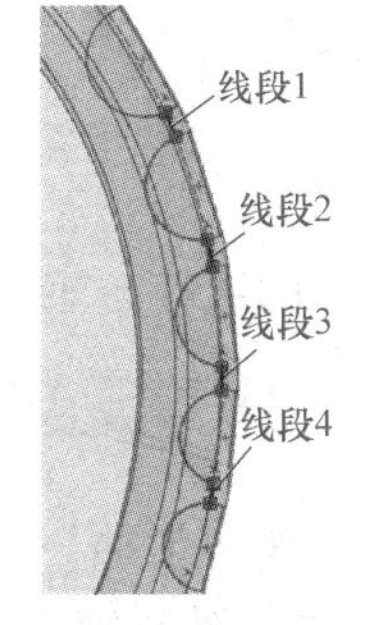

图 2-94 创建线段

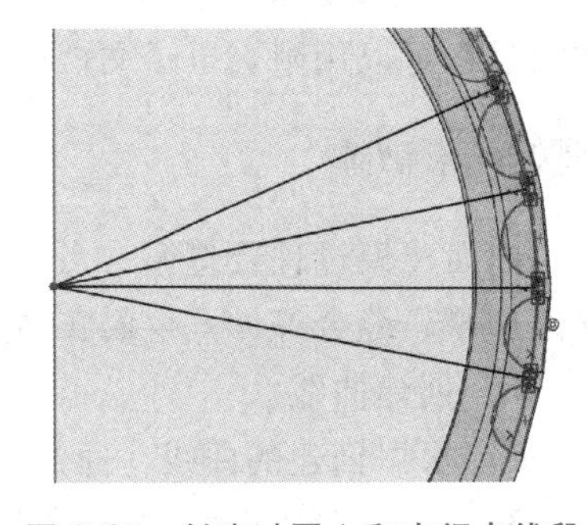

图 2-95 创建过圆心和中间点线段

⑤ 将第③步绘制的直线转换成构造线，结果如图 2-96 所示。

18）创建圆球面。

① 激活“球体”命令，以“草图 6”四条线段端点作为球心，半径分别为 0.65mm、0.7mm、

0.75mm、0.8mm 四个球体，布尔方式为“减运算”，结果如图 2-97 所示。

② 使用“圆角”工具，给四个球体圆弧面的边缘倒 $R0.03$mm 的圆角，结果如图 2-98 所示。

③ 用“隐藏”工具隐藏不再使用的草图和曲面，完成效果如图 2-99 所示。

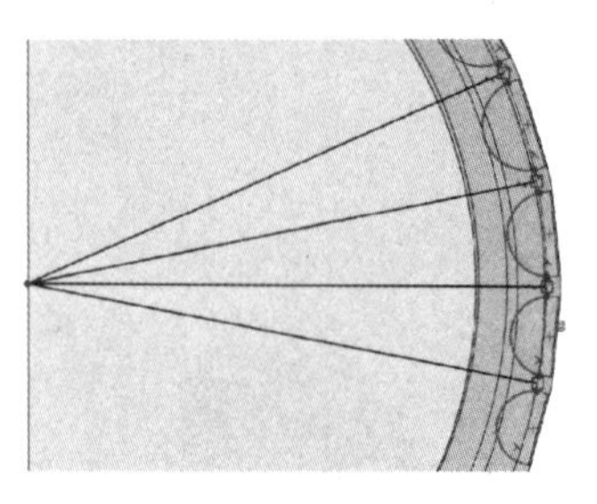
图 2-96　草图 6

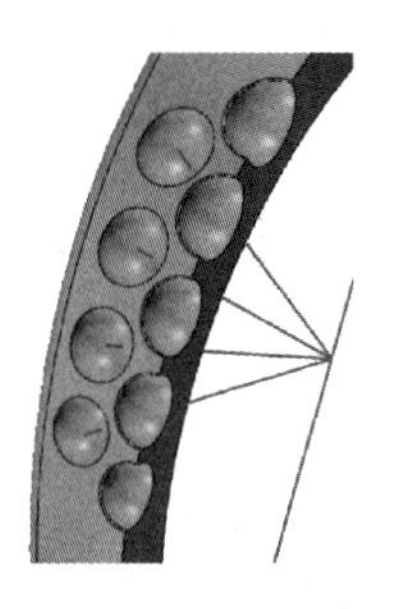
图 2-97　创建球

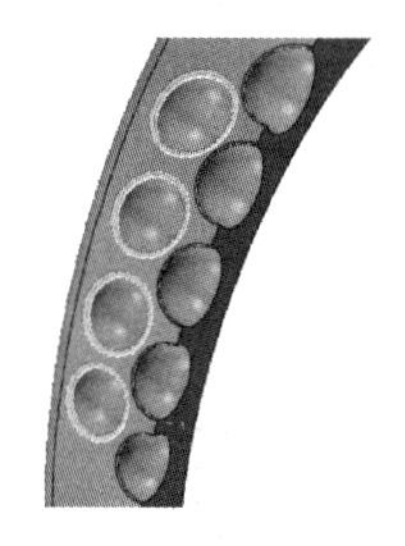
图 2-98　倒圆角

19）完成整体造型。

① 激活“镜像几何体”命令，系统弹出“镜像几何体”对话框。

② 将“过滤器列表”设为“造型”，布尔方式为“添加选中几何实体”，镜像平面为“X-Z 平面”。

③ 在绘图区中选择几何体，单击对话框中“应用”按钮，完成二分之一模型创建，如图 2-99 所示。

④ 选择实体，布尔方式为“添加选中几何实体”，镜像平面为“Y-Z 平面”，单击对话框中的“确定”按钮，开环男戒整体模型创建完成，效果如图 2-100 所示。

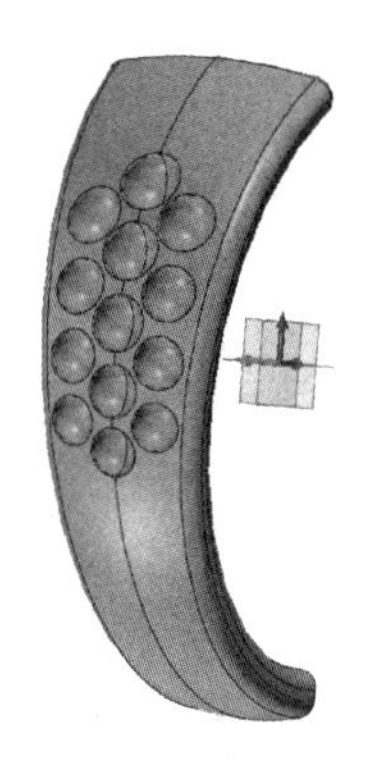
图 2-99　完成二分之一模型镜像

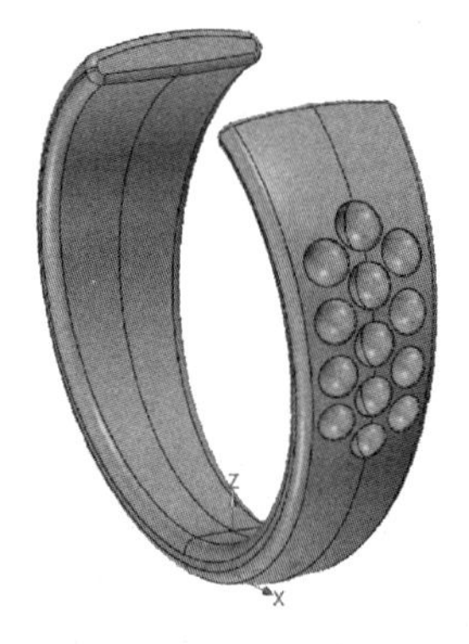
图 2-100　镜像结果

20）保存文件。

（2）建模实施过程（学员）　请根据自己对零件的分析和方案设计，独立进行开环男戒零件建模，建模过程可以用附页电子文档的方式向老师提交。

课后拓展训练

曲面建模过程要遵循“点—线—面—体”的顺序。通过点创建曲线，再由曲线来创建曲面，最后通过加厚、缝合等方式生成实体。其创建过程如下：

1）创建曲线。

2）根据创建的曲线，通过“直纹曲面”“N 边形面”“扫掠”等工具，创建产品的主要曲面。

3）利用“桥接面”“连接面”等工具，对前面创建的曲面进行过渡接连；利用“裁剪分割”等工具编辑调整曲面；利用“光顺”工具改善模型质量。最终得到完整的产品初级模型。

4）最后通过“加厚”“缝合”等工具生成实体。

请参照图 2-101 所示的雨伞零件图，利用前面所学的知识，建立雨伞三维模型。

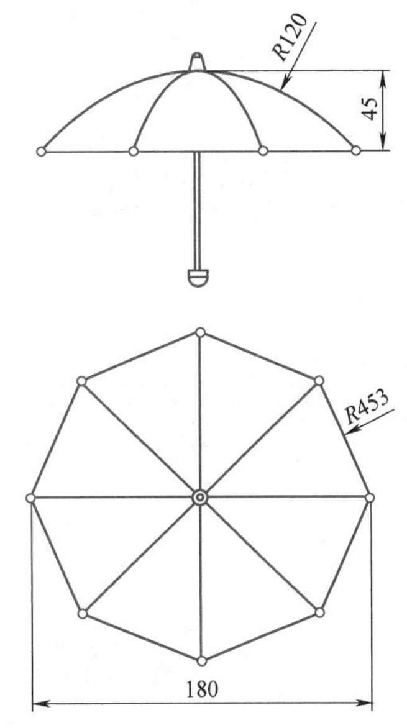

图 2-101　雨伞零件图

模块3

零件装配

教学目标

熟悉产品虚拟装配的流程及其相关的国家标准。
能准确把握图样要求，运用综合专业知识进行零件的虚拟装配。
能熟练运用中望3D软件进行虚拟装配的组件插入、约束定义、标准件调入等操作。
能熟练完成部件爆炸设计，合理设置部件拆装爆炸参数。
能熟练使用中望3D软件的渲染功能，合理设置渲染参数。
能熟练使用中望3D软件的动画功能，合理设置动画参数。

知识重点

组件“装配”“渲染”“动画”“爆炸视图”操作。
干涉检查、标准件调入。

知识难点

组件“装配”“动画”操作。

教学方法

线上线下相结合，采用任务驱动模式。

建议学时

4~8学时。

知识图谱

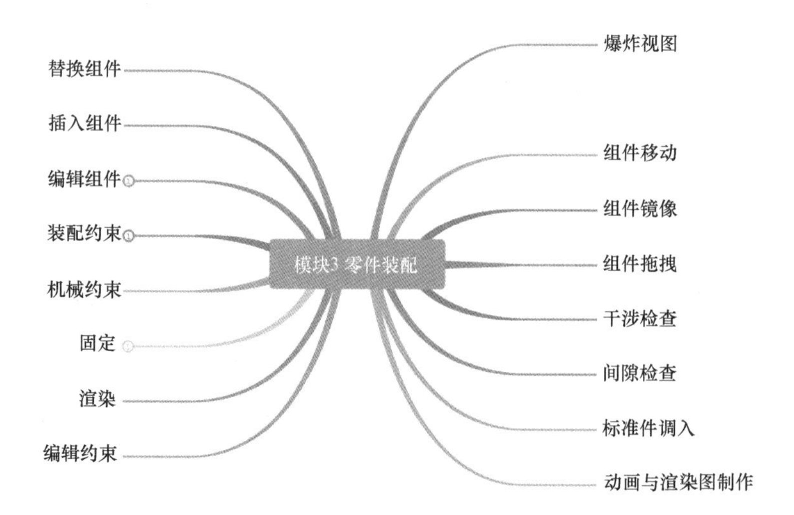

学习任务　节流阀装配

任务描述

图 3-1 所示节流阀是取自企业一个比较典型的机械部件，部件包括多个典型零件及标准件，整体结构规范。通过完成节流阀部件装配任务，学员学习组件装配、标准件调入、装配操作、干涉检查、装配拆装的方法，真实体验现代企业虚拟装配场景，能够在三维装配中完成由零件到部件再到整体的全过程，并且在装配过程中合理使用约束等工具，理解使用中望 CAD 软件进行三维装配的基本思路。

图 3-1　节流阀装配效果图

知识点

- 插入组件、替换组件、编辑组件。
- 装配约束、机械约束和编辑约束。
- 干涉与间隙检查。
- 标准件调入。
- 动画与渲染图制作。

技能点

- 能合理选用装配工具正确完成部件装配设计。
- 能合理应用“约束”“阵列”等装配工具，灵活进行中等复杂部件的三维装配。

素质目标

培养学员独立完成中等难度机械部件的数字化装配能力，合理使用中望 CAD 软件装配工具确定装配方案的综合应用能力，以及独立思考、善于创新的职业能力。

课前预习

1. 插入

“插入”工具可以把一个已经存在的零件装配到当前装配体中，成为装配体的组件。插入组件时，可以使用的定位方式有“点”“多点”“自动孔对齐”“布局”“激活坐标”“默认坐标”“面/基准”“坐标”共八种定位方式。

单击“装配”工具选项卡下“组件”工具栏中的“插入”工具按钮，系统弹出“插入”对话框，如图 3-2 所示，激活“插入”命令。

2. 替换

“替换”工具可使用一个新的组件替换当前装配体中的某个组件。

单击“装配”工具选项卡下“组件”工具栏中的“替换”工具按钮，弹出“替换”对话框（图 3-3），依次选择需要替换的组件，先选择需要替换的组件所在文件夹，再选择需要替换的组件，单击“确认”按钮即可。

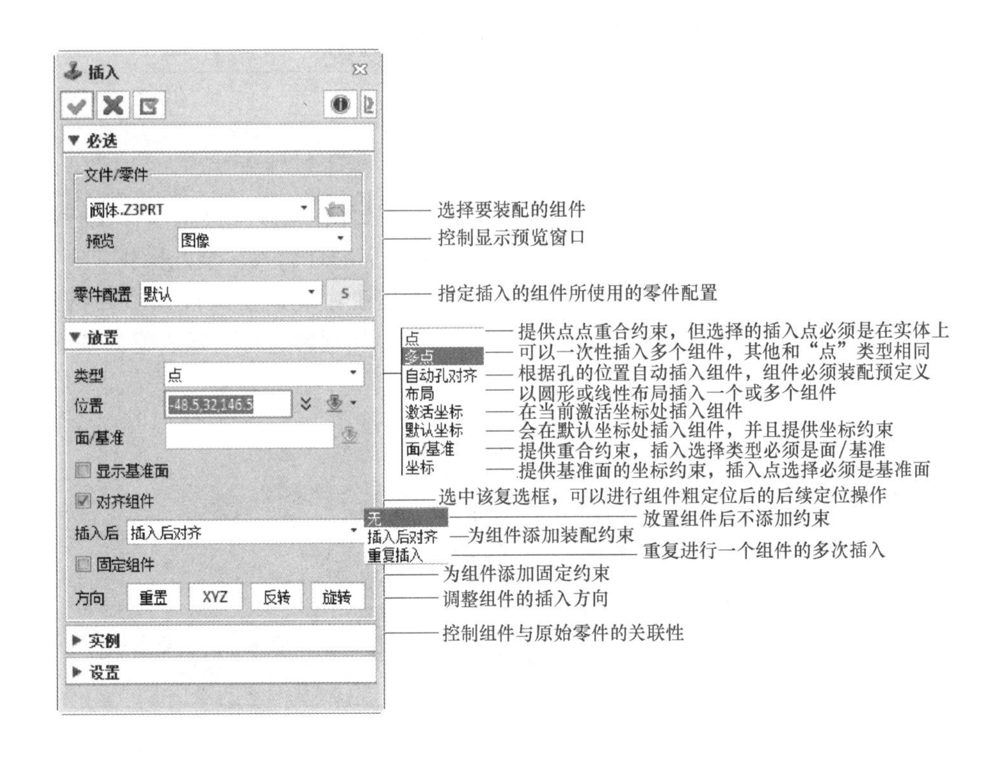

图 3-2 “插入”对话框

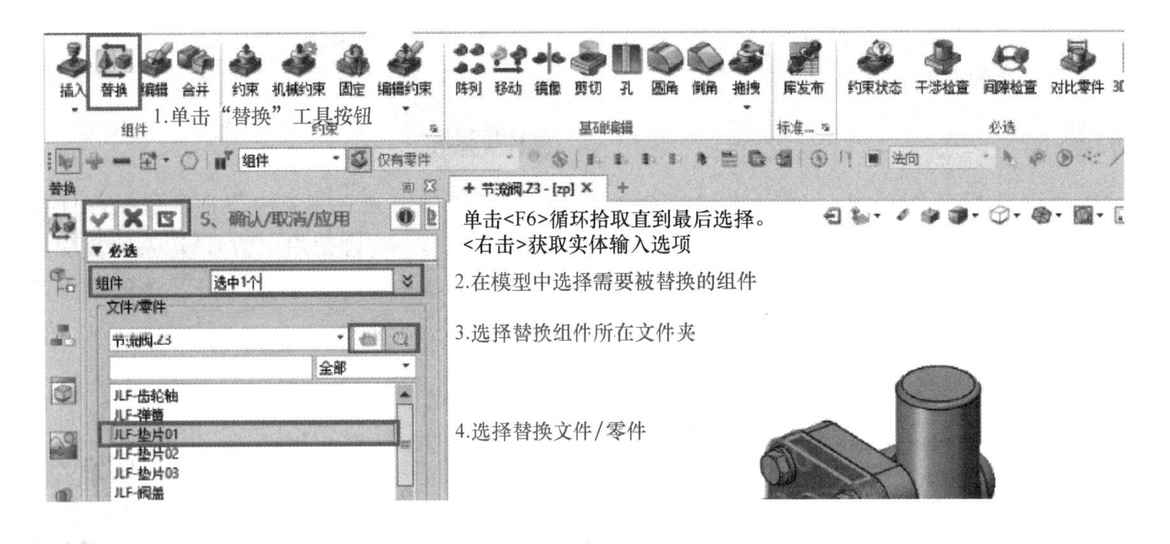

图 3-3 “替换”对话框

3. 编辑

“编辑”工具的主要功能是激活现有组件进行编辑，并进入零件级别。

单击“装配”工具选项卡下“组件”工具栏中的“编辑”工具按钮，弹出“编辑”对话框，如图 3-4 所示。在绘图区选择需要被编辑的组件后，单击按钮，系统转入选中组件的编辑窗口，返回装配窗口可以选择窗口左边“管理器”中的“装配节点”选项卡即可。“编辑”命令也可以在“装配节点”选项卡中双击对应组件进行激活。

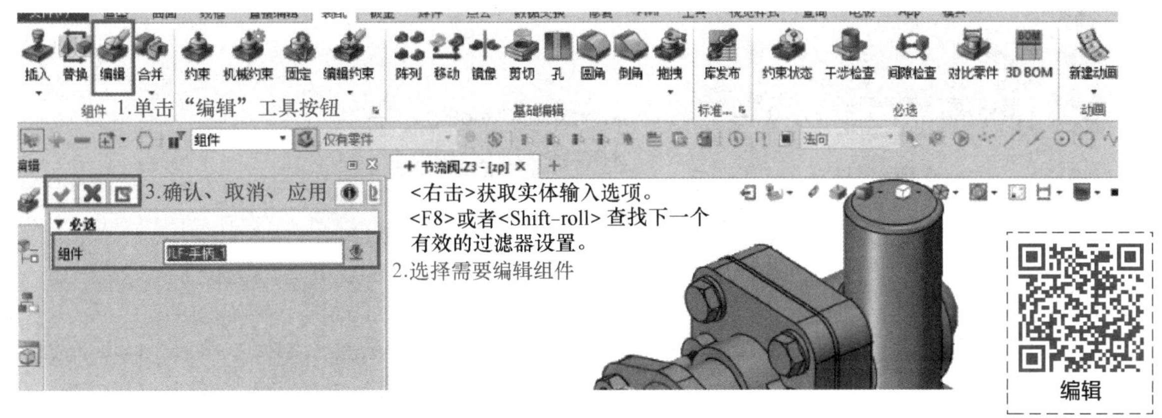

图 3-4　组件“编辑”对话框

4. 约束

“约束”工具可以为自由度没有被完全限制的组件添加约束，限制其自由度，直到组件被完全约束。

单击“约束”工具按钮，或在“插入”组件对话框中选中“对齐组件”复选框，并在“插入后”选项列表中选择“插入后对齐”选项，激活“约束”命令，弹出“约束”对话框，如图 3-5 所示。

图 3-5　组件“约束”对话框

5. 机械约束

“机械约束”工具可以在两个组件之间创建运动副，包括“啮合约束”“路径约束”“线性耦合约束”“齿轮齿条约束”“螺旋约束”“槽约束”“凸轮约束”。

单击“机械约束”工具按钮，即可激活“机械约束”命令，弹出“机械约束”对话框，如图 3-6 所示。

6. 固定

“固定”工具约束可将组件固定在其当前位置，不会在约束系统求解时移动。

图 3-6　组件“机械约束”对话框

单击“固定”工具按钮，弹出“固定”对话框，选择需要固定的组件，如图 3-7 所示。

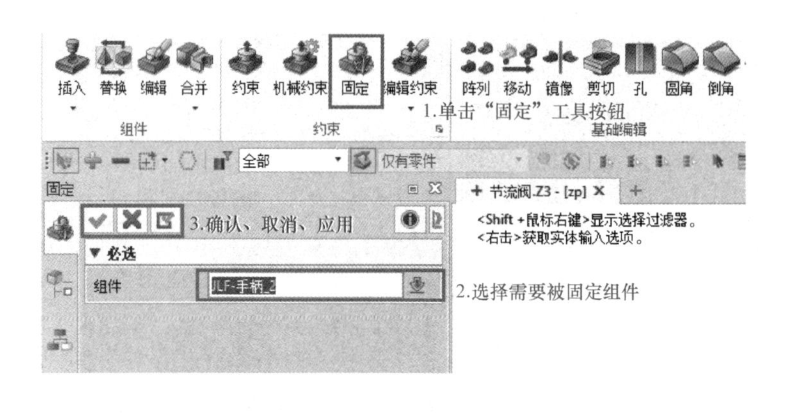

图 3-7　组件“固定”对话框

7. 编辑约束

使用“编辑约束”工具可以对已装配组件的约束进行编辑，更改约束类型或约束的几何要素，达到装配要求。

单击“编辑约束”工具按钮，弹出“编辑约束”对话框，选择需要编辑的组件，如图 3-8 所示。

8. 组件阵列

组件阵列工具可对组件进行六种不同的阵列方式，以简化装配过程。

单击“基础编辑”工具栏中“阵列”工具按钮，激活“阵列”命令，弹出“阵列”对话框，如图 3-9 所示。

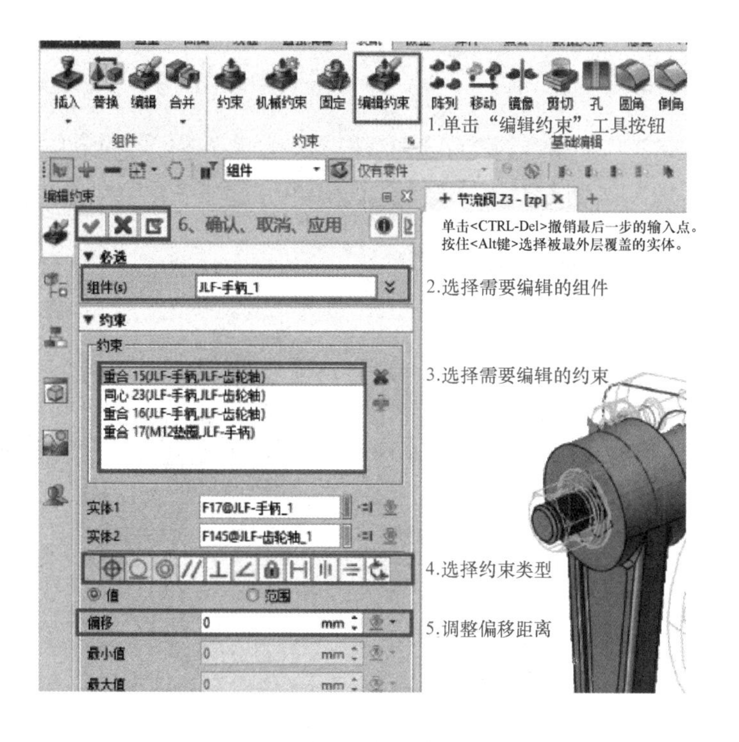

图 3-8　组件“编辑约束”对话框

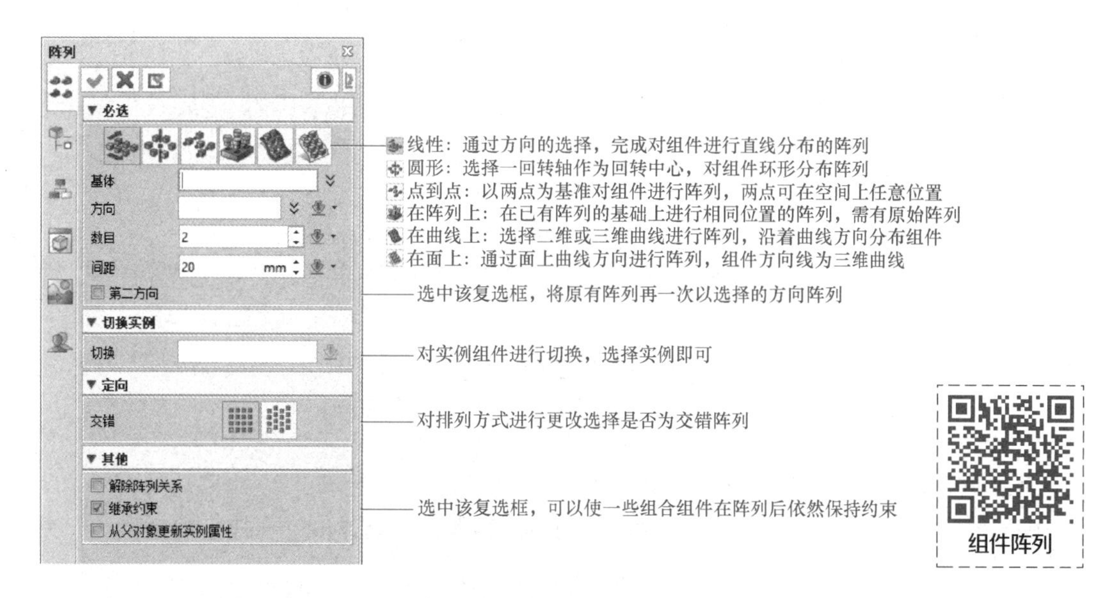

图 3-9　组件“阵列”对话框

9. 组件移动

组件“移动”工具可以在装配环境下对自由度没有被完全约束的组件进行平移操作。

单击“基础编辑”工具栏中的“移动”工具按钮，系统弹出“移动”对话框，选择移动的方式及需要移动的组件进行移动，移动参数设置如图 3-10 所示。

10. 组件镜像

“镜像”工具可通过基准面、平面或草图面镜像组件，对选定的组件进行镜像操作，也可以通过镜像操作创建一个新的零件，并将其以组件的形式插入激活的装配体中。

单击“基本编辑”工具栏中的“镜像”工具按钮，系统弹出“镜像”对话框，如图 3-11 所示。

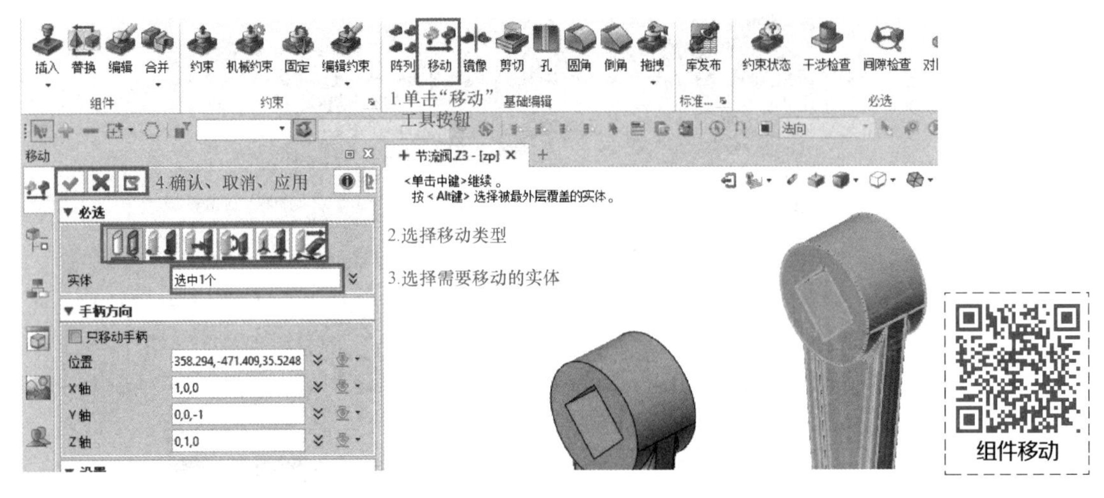

图 3-10　组件“移动”对话框

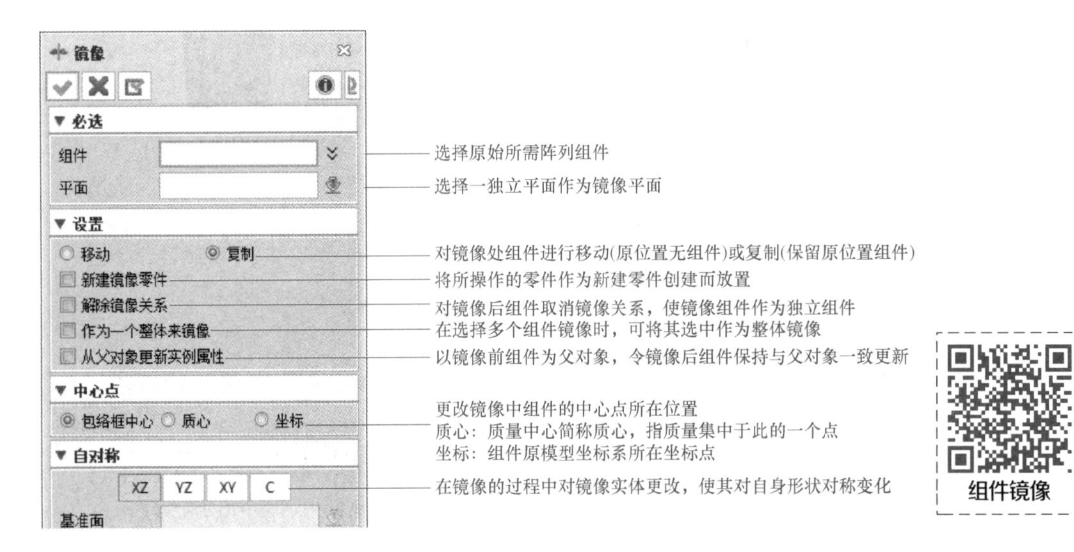

图 3-11　组件“镜像”对话框

11. 组件拖拽

“拖拽”工具可以将组件沿未被限制的自由度方向进行动态移动。

单击“基本编辑”工具栏中的“拖拽”工具按钮，系统弹出“拖拽”对话框，如图 3-12 所示。

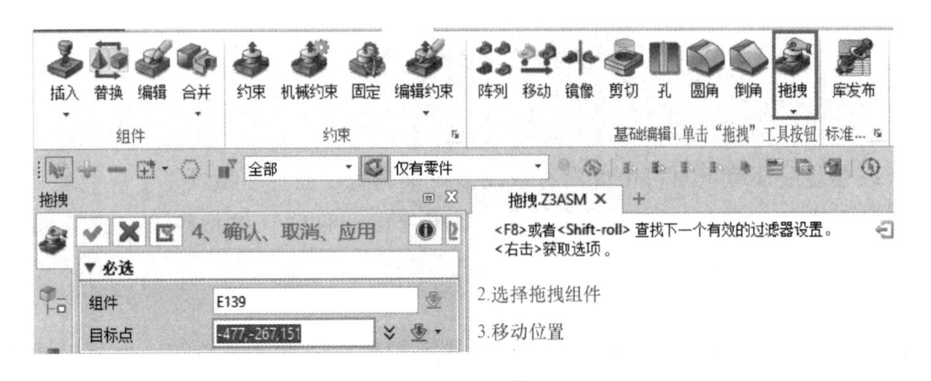

图 3-12　组件“拖拽”对话框

12. 干涉检查

“干涉检查”工具可用于组件或装配体之间的干涉检查。在干涉检查中，装配体中被抑制的组件将被忽略。

单击“查询”工具栏中的“干涉检查”工具按钮，系统弹出“干涉检查”对话框，如图 3-13 所示。

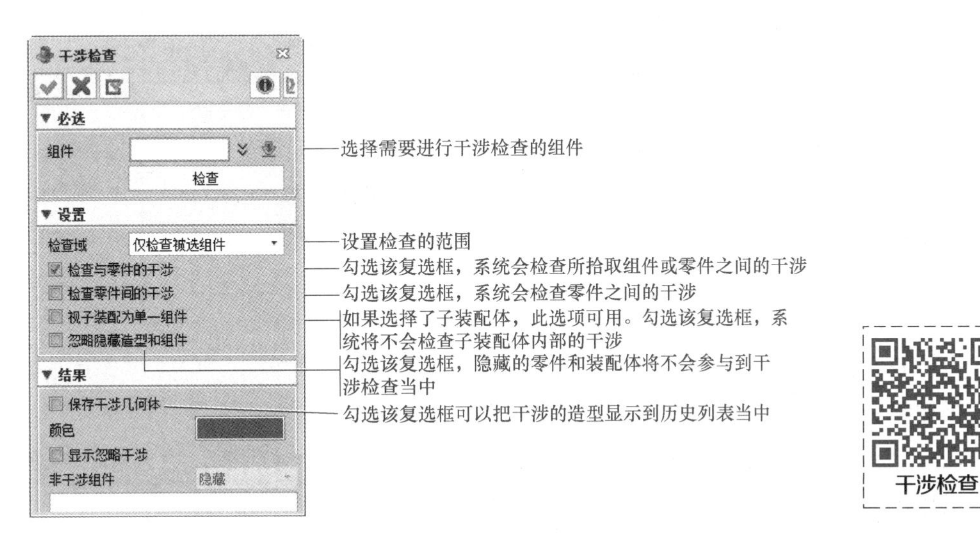

干涉检查

图 3-13　组件“干涉检查”对话框

13. 间隙检查

“间隙检查”工具可以检查组件之间的间隙。

单击“查询”工具栏中的“间隙检查”工具按钮，系统弹出“间隙检查”对话框，如图 3-14 所示。

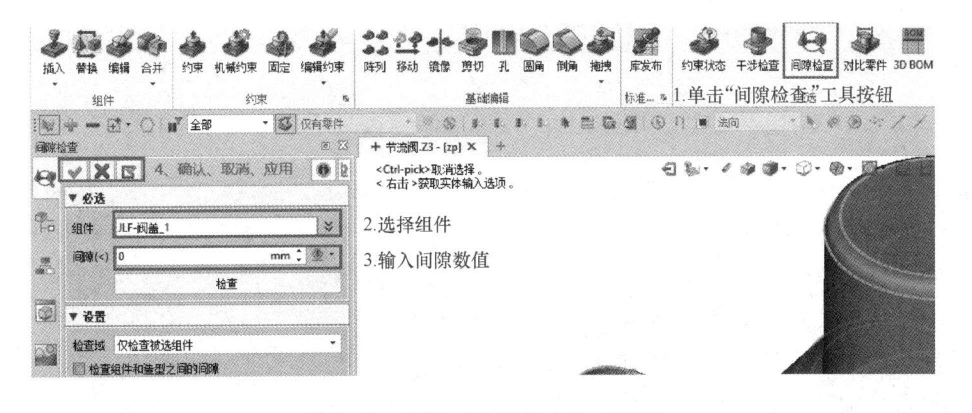

图 3-14　组件“间隙检查”对话框

14. 标准件调入

使用“ZW3D standard Parts”可以调入一定参数标准件，减少对标准件的建模，提高产品设计效率。

在界面右侧单击“重用库”选项卡，在“ZW3D standard Parts”中选择“GB”（国标）文件夹，文件夹下寻找所需的标准件，或是通过搜索框进行搜索，将标准件放置到视图当中，更改详细尺寸，最后单击“确认”按钮完成标准件的调入，如图 3-15 所示。

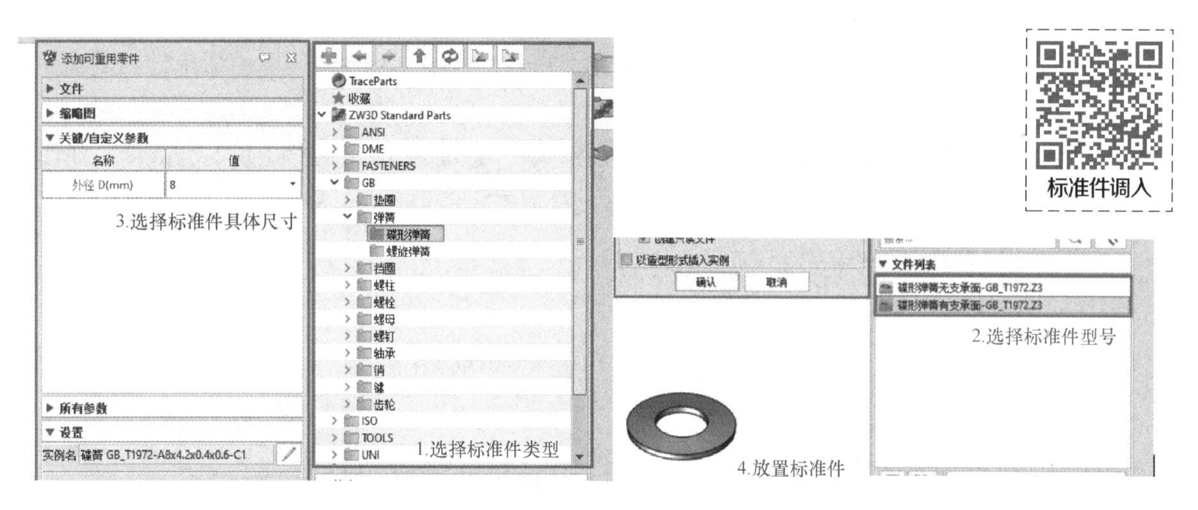

图 3-15　标准件调入

15. 爆炸视图

“爆炸视图”工具可以动态展示部件装配或拆解过程。

单击“爆炸视图”工具按钮，系统弹出“爆炸视图”对话框，进入爆炸视图环境，如图 3-16 所示。

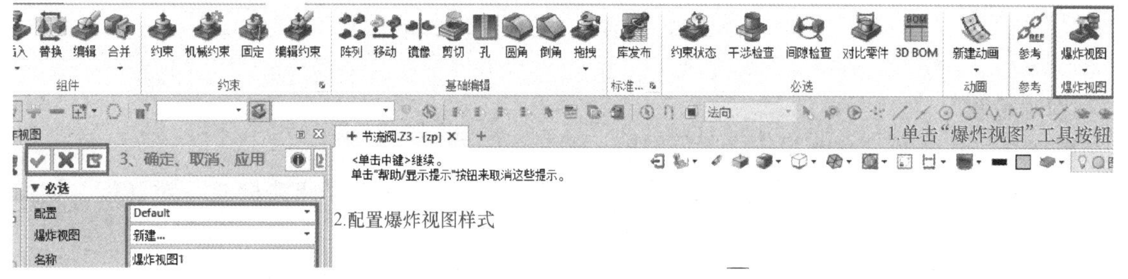

图 3-16　“爆炸视图”对话框

课内实施

1. 预习效果检查

(1) 填空题

1）部件装配前，需启动______。

2）如果表示一个装配或子装配在工作部件中，则其图标颜色为______。

3）装配约束中的距离约束是指两个对象之间的______最小距离。

4）一个部件如果没有施加约束，它将有______个自由度。

(2) 判断题

1）装配时，可以少约束自由度。(　　)

2）部件装配时，可以调换装配顺序。(　　)

3）调入标准件可以从用户自行建立的零件库中调入。(　　)

4）创建部件约束只有一种约束方式。(　　)

2. 装配工艺分析

(1) 装配工艺分析（参考）

1）装配应遵循的原则。首先了解部件的工作原理，根据工作原理选择装配基准件，它是最先进入装配的零件，并从保证所选定的原始基面的直线度、平行度和垂直度的调整开始，然后根据装配结构的具体情况和零件之间的连接关系，按“先下后上、先内后外、先难后易、先重后轻、先精密后一般”的原则确定其他零件或组件的装配顺序。

2）节流阀装配分析。图3-17所示为节流阀数字化装配示意图，其零件见表3-1。

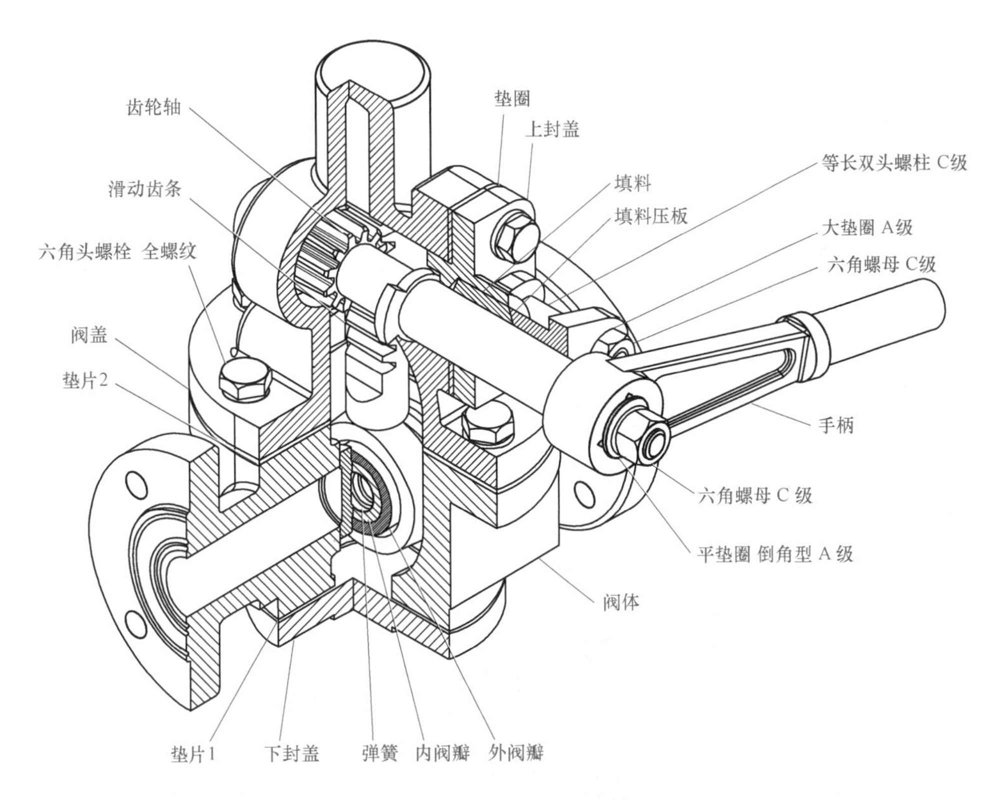

图3-17　节流阀数字化装配示意图

表3-1　节流阀零件

零件名称	模型	零件名称	模型	零件名称	模型
齿轮轴		垫片1		垫片2	
垫圈		内阀瓣		手柄	
下封盖		弹簧		阀盖	
滑动齿条		上封盖		外阀瓣	
填料压板		填料		螺柱	
阀体					

3）分析。表3-1所示为节流阀部件零件列表，节流阀部件种类及数量较多；装配中既有位置固定不动的组件，也有相对运动的组件。其中，齿轮轴和滑动齿条之间有齿轮啮合关系，由齿轮轴的旋转运动带动滑动齿条上下运动，从而实现节流阀的功能要求。

(2) 装配工艺分析（学员）　参考上边的提示，完善装配工艺分析过程，并填写表3-2。

3. 装配方案设计

(1) 装配方案设计（参考）　节流阀产品组件较多，组件之间的关系既有固定的，也有相对运动的，为了能清楚地表达装配流程，将装配过程分为组件装配，动画定义（运动仿真）和定义装配爆炸图三个阶段。

表 3-2 装配工艺分析（学员）

序号	项目	分析结果
1	装配任务分析包含的内容	
2	节流阀任务分析的难点	
3	使用子装配的优点	
4	教师评价	

阀体是整个部件的中心，因此选择阀体作为基准件。首先装配阀体，并将阀体设为固定，保证部件稳定可靠；根据装配关系，选择垫片 1 作为第二个装配件，具体装配流程见表 3-3。

表 3-3 装配方案设计（参考）

序号	零件名称	模型	装配工艺
1	阀体		固定约束，作为基准
2	垫片 1		跟阀体螺纹孔同心约束，阀体侧面重合约束

（2）装配方案设计（学员） 分析节流阀装配关系，参考上边的提示，完善分析内容，填写表 3-4。

表 3-4 装配方案设计（学员）

序号	零件名称	模型	装配工艺
1	阀体		固定约束，作为基准
2	垫片 1		跟阀体螺纹孔同心约束，阀体侧面重合约束
3	下封盖		
4	垫片 2		
5	阀盖		
6	垫圈		
7	填料		
8	填料压板		
9	齿轮轴		

（续）

序号	零件名称	模型	装配工艺
10	手柄		
11	内阀瓣		
12	外阀瓣		
13	滑动齿条		
14	弹簧		
15	上封盖		
16	标准件		
17	教师评价		

4. 装配实施过程

(1) 装配实施过程（参考）

节流阀装配步骤1）~3）

1）新建文件。要求："类型"为"装配"，文件命名为"节流阀.Z3ASM"，完成后单击"确认"按钮进入装配环境。

2）装配阀体。

①单击"组件"工具栏中的"插入"工具按钮，系统弹出"插入"对话框。

②"文件"为装配素材文件夹中"阀体.Z3PRT"。

③"插入后"为"插入后对齐"，勾选"对齐组件"复选框。

④"放置"选项组中"类型"为"默认坐标系"。

⑤单击"确定"按钮，完成阀体装配，如图3-18所示。

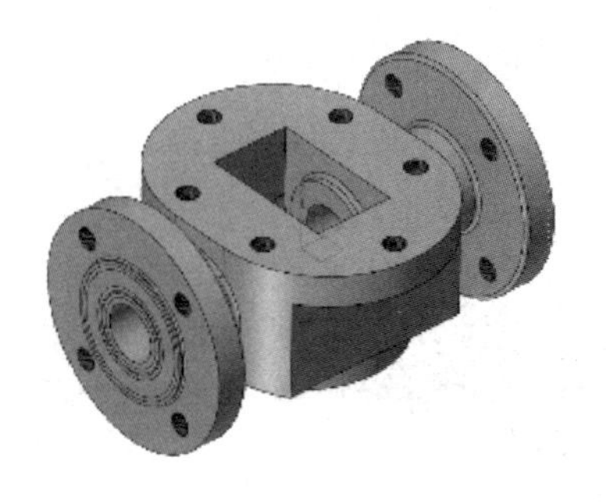

图3-18　阀体组件装配

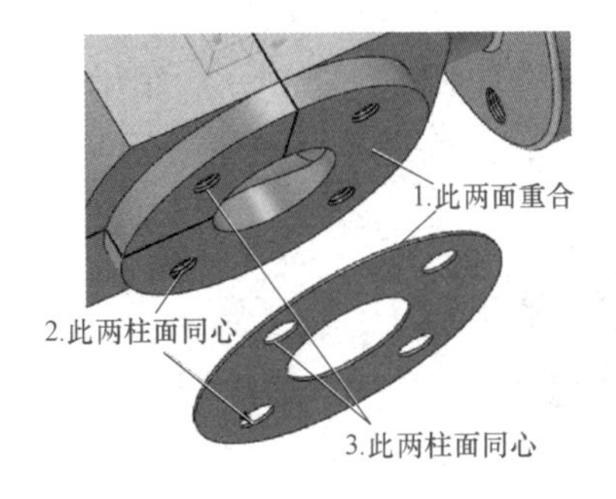

图3-19　装配垫片1

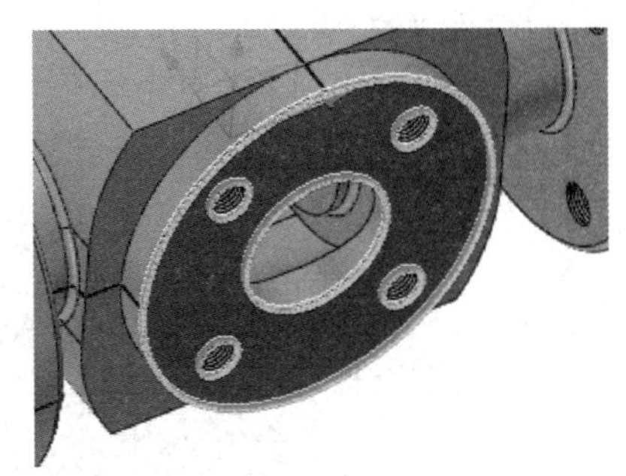

图3-20　装配垫圈结果

3）装配垫片 1。

① 激活“插入”命令，“文件”为“垫片 1. Z3PRT”。

② 勾选“对齐组件”复选框，“插入后”为“插入后对齐”。

③“放置”选项组中“类型”为“多点”，在绘图区内任意位置单击，系统弹出“约束”对话框。

④ 按图 3-19 所示定义两个同心约束，一个重合约束，结果如图 3-20 所示。

4）装配下封盖。

① 激活“插入”命令，“文件”为“下封盖 . Z3PRT”。

② 勾选“对齐组件”复选框，“插入后”为“插入后对齐”。

③“放置”选项组中“类型”为“多点”，在绘图区内任意位置单击，系统弹出“约束”对话框。

④ 按图 3-21 所示定义两个同心约束，一个重合约束，结果如图 3-22 所示。

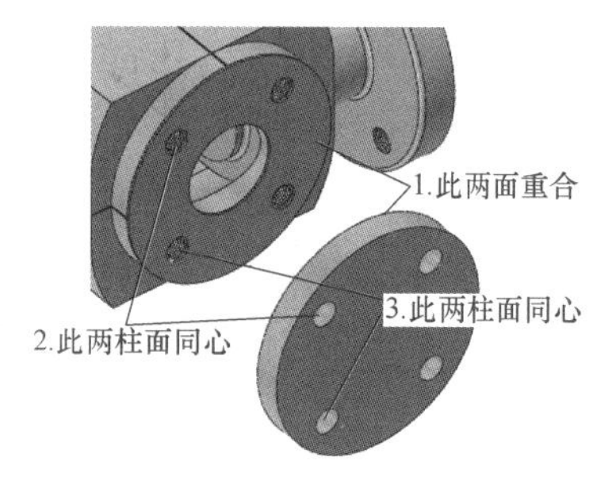

图 3-21　装配下封盖

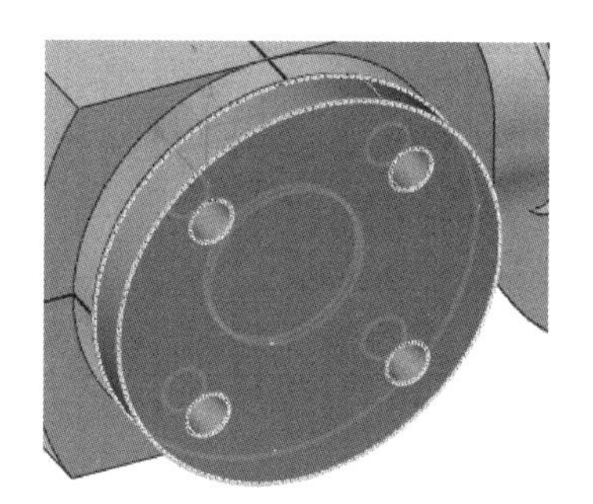

图 3-22　装配下封盖结果

5）装配垫片 2。

① 激活“插入”命令，“文件”为“垫片 2. Z3PRT”。

② 勾选“对齐组件”复选框，“插入后”为“插入后对齐”。

③“放置”选项组中“类型”为“多点”，在绘图区内任意位置单击，系统弹出“约束”对话框。

④ 按图 3-23 所示定义两个同心约束，一个重合约束，结果如图 3-24 所示。

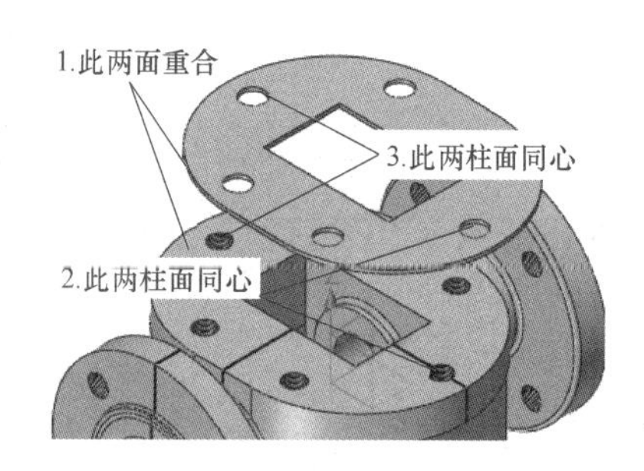

图 3-23　垫片 2 约束

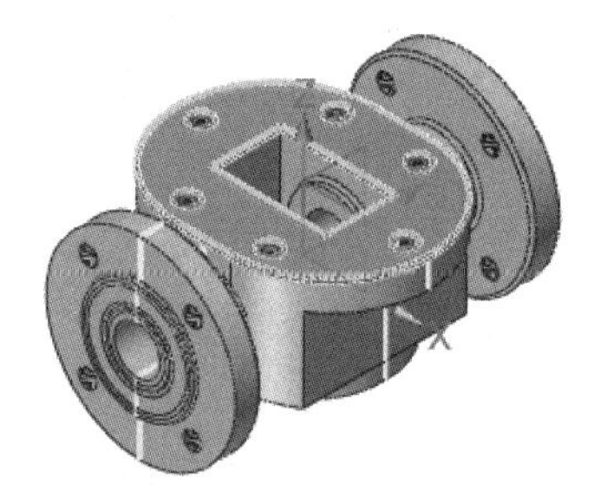

图 3-24　垫片 2 装配结果

6）装配阀盖。

阀盖装配过程参考下垫圈 2，定义约束如图 3-25 所示，结果如图 3-26 所示。

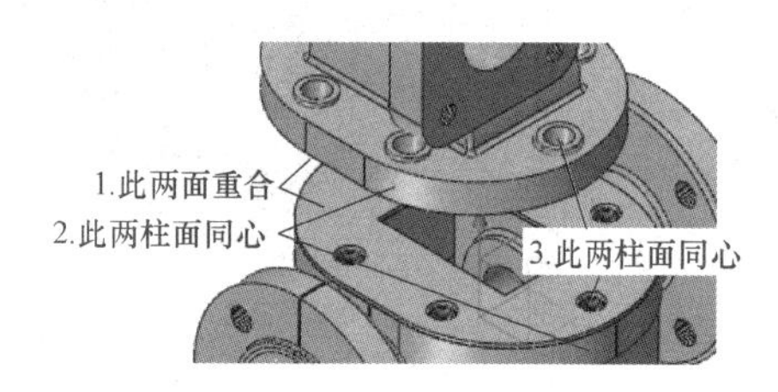

图 3-25　阀盖约束

图 3-26　装配阀盖结果

7）装配垫圈。

垫圈装配过程参考阀盖装配，定义约束如图 3-27 所示，结果如图 3-28 所示。

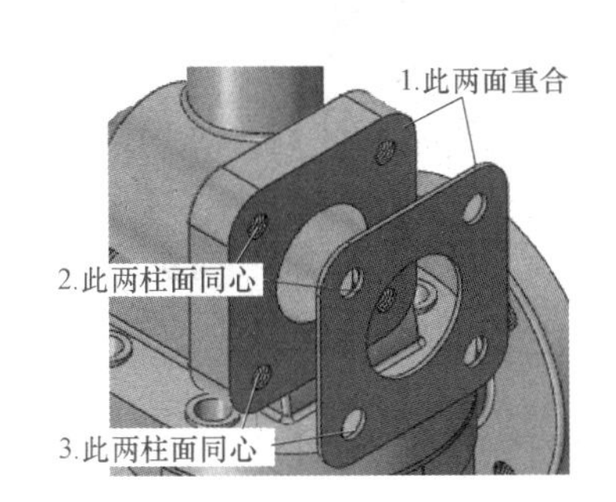

图 3-27　垫圈装配约束

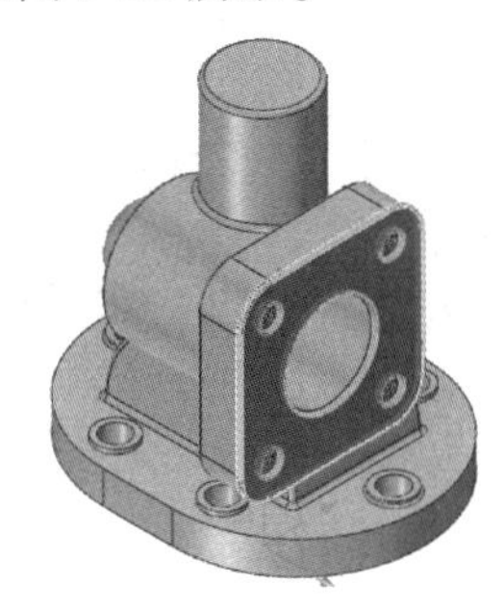

图 3-28　垫圈装配结果

8）上封盖装配。

上封盖装配过程参考垫圈，定义约束如图 3-29 所示，结果如图 3-30 所示。

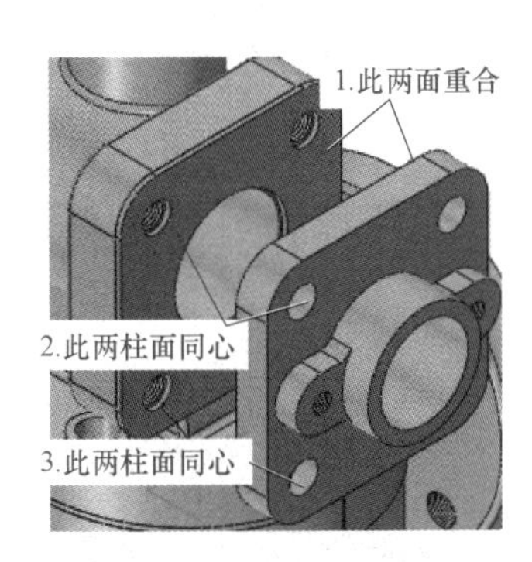

图 3-29　上封盖装配约束

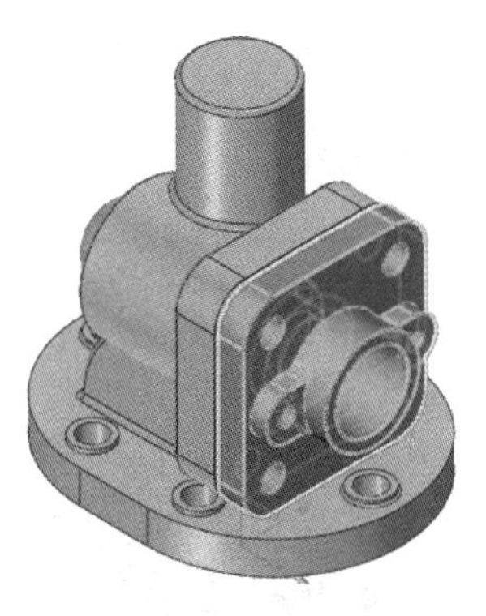

图 3-30　上封盖装配结果

9）填料装配。

① 隐藏除上封盖之外其他组件。

② 参考上封盖装配过程装配填料，定义约束如图 3-31 所示，结果如图 3-32 所示。

节流阀装配步骤9）~12）

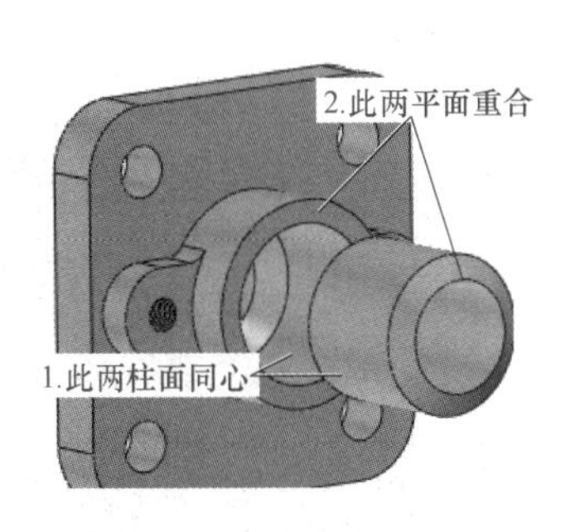

图 3-31　填料装配约束

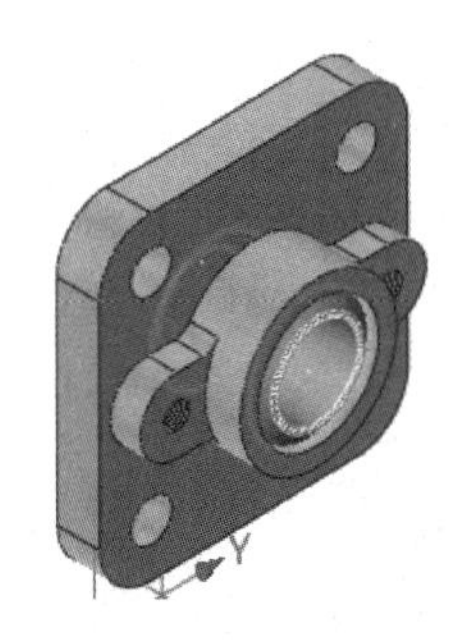

图 3-32　装配结果

10）装配填料压板。

参考填料装配过程装配填料压盖，定义约束如图 3-33 所示，结果如图 3-34 所示。

11）装配齿轮轴。

① 隐藏组件填料和填料压板。

② 参考填料压板装配过程装配齿轮轴，定义约束如图 3-35 所示，结果如图 3-36 所示。

12）装配手柄。

① 隐藏上封盖。

② 手柄装配过程参考填料压板，定义约束如图 3-37 所示，装配结果如图 3-38 所示。

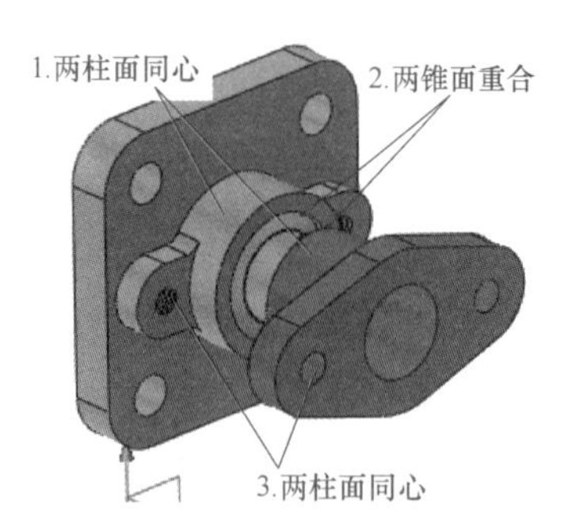

图 3-33 填料压板装配约束

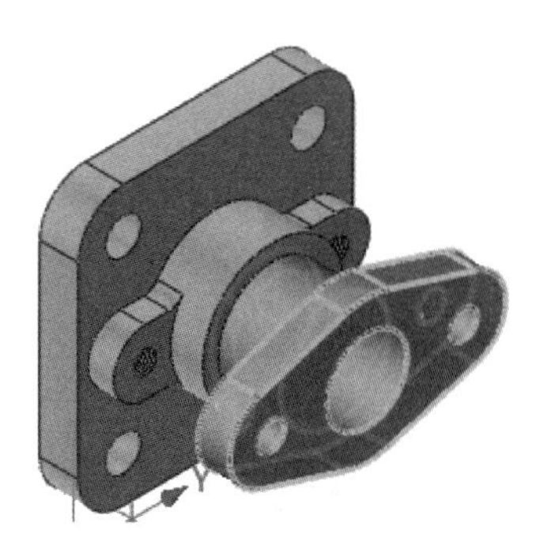

图 3-34 填料压板装配结果

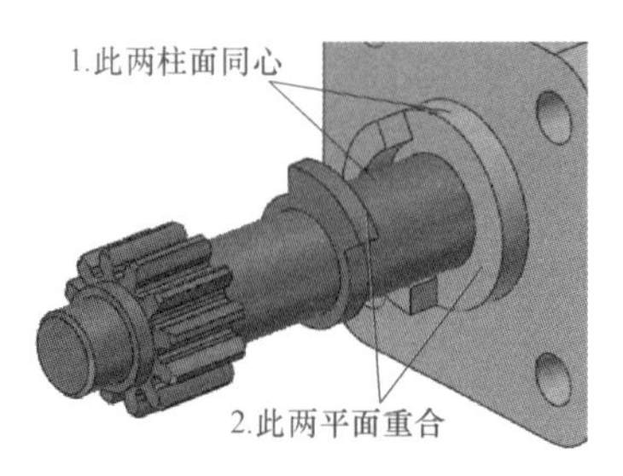

图 3-35 齿轮轴装配约束

图 3-36 齿轮轴装配结果

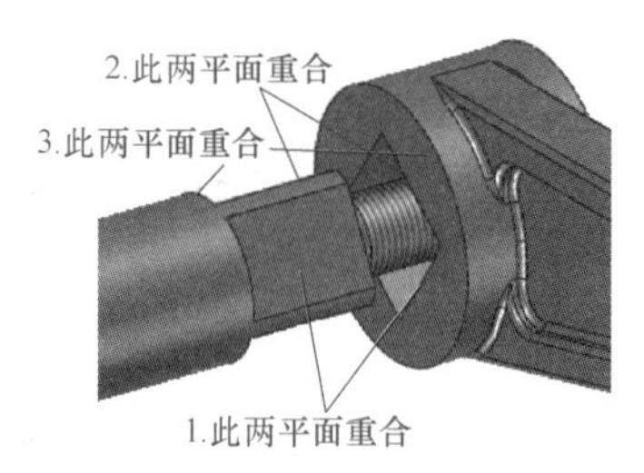

图 3-37 手柄装配约束

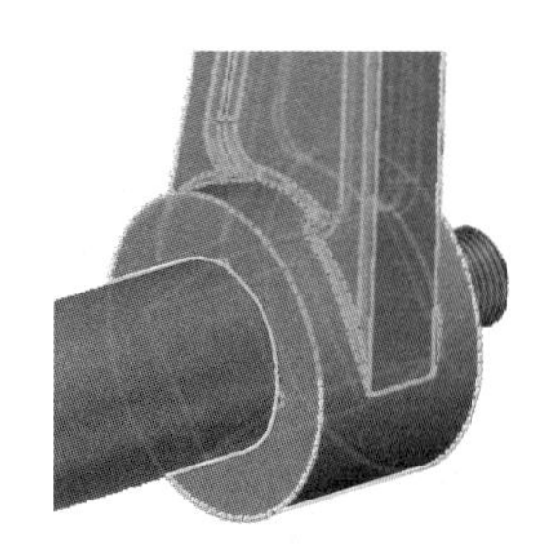

图 3-38 手柄装配结果

13）新建子装配“阀瓣 . Z3ASM”，并在子装配中装配内阀瓣和外阀瓣。

① 新建文件。文件“类型”为“装配”，文件名为“阀瓣 . Z3ASM”。

② 装配零件“内阀瓣 . Z3PRT”，放置“类型”为“默认坐标”，结果如图 3-39 所示。

③ 装配零件“外阀瓣 . Z3PRT”，定义约束如图 3-40 所示，装配结果如图 3-41 所示。

图 3-39 内阀瓣装配结果

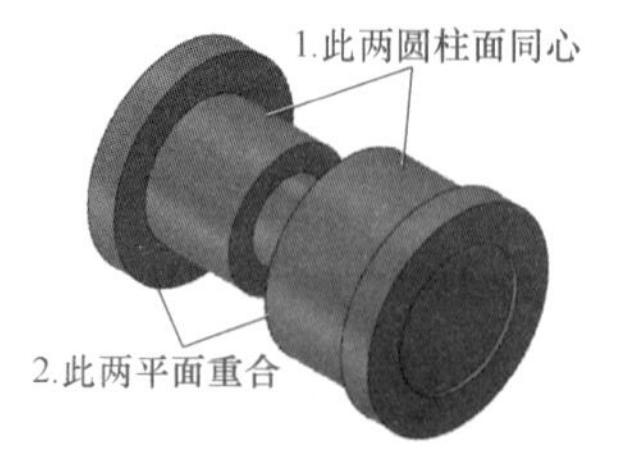

图 3-40 外阀瓣装配约束

图 3-41 外阀瓣装配结果

④ 装配齿条，定义约束如图 3-42 所示，装配结果如图 3-43 所示。

⑤ 保存文件。

14）在总装配中装配阀瓣。

① 在总装配中仅显示阀盖。

② 使用图 3-44 所示约束定义阀瓣子装配。

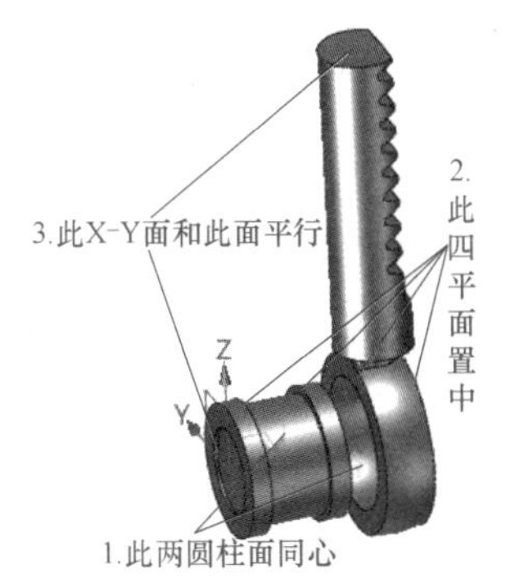

图 3-42　齿条装配约束

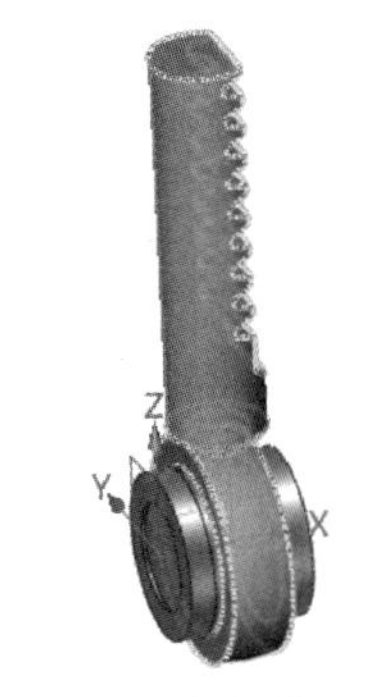

图 3-43　齿条装配结果

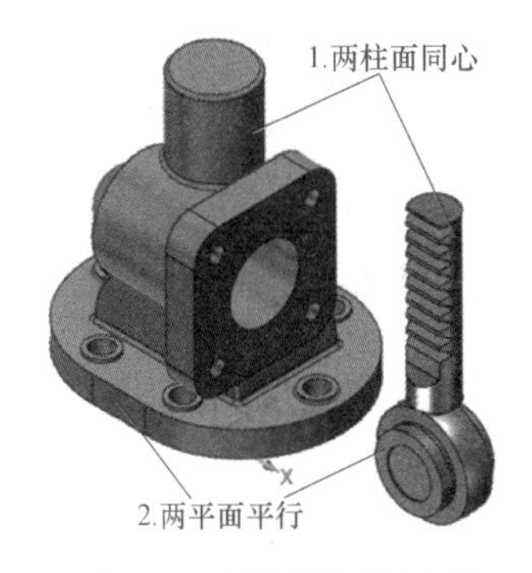

图 3-44　阀瓣子装配约束

③ 显示阀体，隐藏阀盖，结果如图 3-45 所示。

15）为齿轮和齿条添加约束。

① 装配体仅显示齿轮和齿条、上封盖，隐藏其余组件，如图 3-46 所示。

② 将齿轮轴旋转到合适位置，齿条拖动到合适位置，如图 3-47 所示。

③ 在齿条靠近啮合齿和齿轮轴靠近啮合齿的侧面添加相切约束，结果如图 3-48 所示。

图 3-45　阀瓣装配结果

图 3-46　隐藏其他组件

图 3-47　调整齿轮轴和齿条位置

16）装配六角头螺栓。

节流阀装配步骤16）~17）

① 在界面右侧“重用库”中找到“GB（国标）”→“六角头螺栓”，在文件列表中单击“六角头螺栓全螺纹（GB5783. Z3）”并将其拖到绘图区，系统弹出“添加可重用零件”对话框。

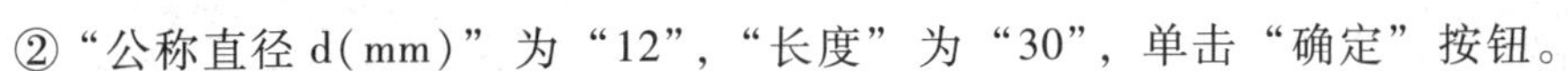

②“公称直径 d(mm)”为“12”，“长度”为“30”，单击“确定”按钮。

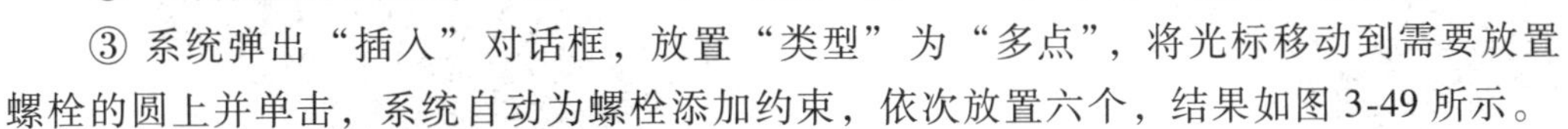

③ 系统弹出“插入”对话框，放置“类型”为“多点”，将光标移动到需要放置螺栓的圆上并单击，系统自动为螺栓添加约束，依次放置六个，结果如图 3-49 所示。

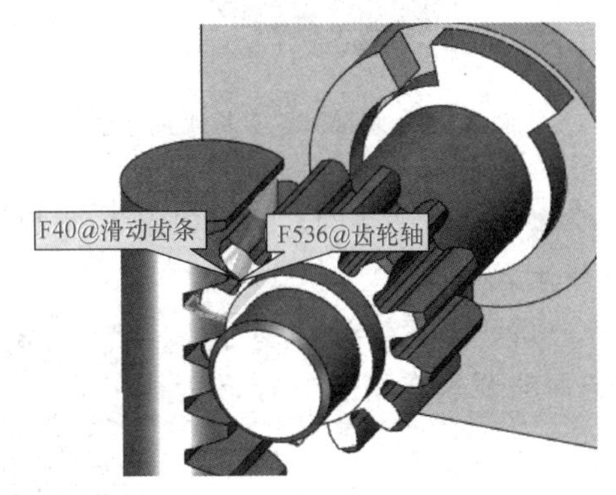

图 3-48　在齿轮和齿条间添加相切约束

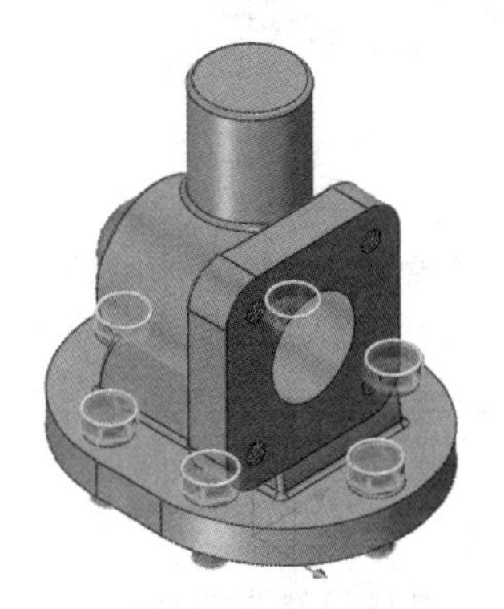

图 3-49　装配 M12×30 六角头螺栓

17）节流阀用到的标准件见表 3-5，装配标准件。

表 3-5 节流阀标准零件表

名称	代号	数量	规格
平垫圈 倒角形 A 级	GB/T 97. 2—2002	1	10
等长双头螺柱 C 级	GB/T 901—1988	1	M8×60
大垫圈 A 级	GB/T 96. 1—2002	2	8
1 六角螺母 C 级	GB/T 41—2016	1	M8
1 六角螺母 C 级	GB/T 41—2016	1	M12×30
平垫圈 倒角形 A 级	GB/T 97. 2—2002	1	12
六角头螺栓 全螺纹	GB/T 5783—2016	8	M10×25

① 装配规格为 10 的平垫圈。显示上封盖，隐藏其他组件，参考 M12×30 六角头螺栓的装配方法装配 10 GB/T 97. 2—2002 平垫圈，结果如图 3-50 所示。

② 装配 M10×25　GB/T 5783—2016 六角头螺栓，结果如图 3-51 所示。

③ 显示填料压板，隐藏其余组件，装配 8 GB/T 96. 1—2002 大垫圈，结果如图 3-52 所示。

④ 装配 M8 GB/T 41—2016 六角螺母，结果如图 3-53 所示。

⑤ 装配 M8×60 GB/T 901—1988 等长双头螺柱，结果如图 3-54 所示（注：外端伸出 3mm）。

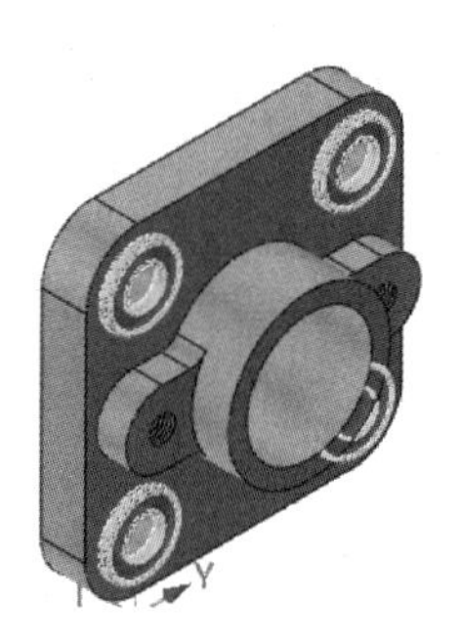

图 3-50　规格为 10 的平垫圈装配

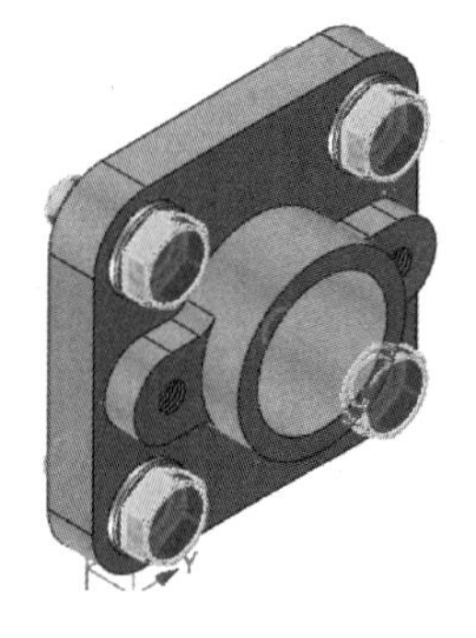

图 3-51　M10×25 六角头螺栓

图 3-52　8 大垫圈装配

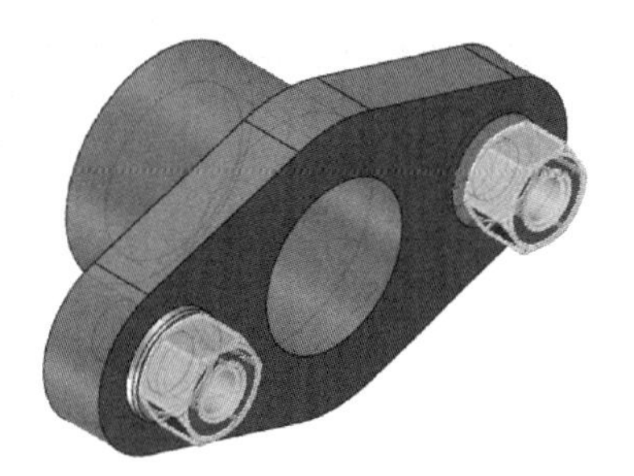

图 3-53　装配 M8 六角螺母

图 3-54　装配 M8 等长双头螺柱

⑥ 显示齿轮轴和手柄，隐藏其余组件，装配 12 GB/T 97. 2—2002 平垫圈，结果如图 3-55 所示。

⑦ 装配 M12 GB/T 41—2016 六角螺母，结果如图 3-56 所示。

（2）装配实施过程（学员）　依据前边自己完善的任务分析、方案设计和参考任务实施内容，独立完成节流阀装配工艺实施过程，并按照老师的要求在指定位置提交过程记录文档。

节流阀爆炸图创建

5. 节流阀爆炸图及渲染效果图创建实施过程（参考）

（1）节流阀爆炸图及渲染效果图创建实施过程（参考）

图 3-55　装配 12 平垫圈

图 3-56　装配 M12 六角螺母

1）显示所有组件。

2）进入爆炸视图用户界面。

① 单击“爆炸视图”工具按钮，系统弹出“爆炸视图”对话框。

② 单击“确定”按钮进入“爆炸视图”操作界面。

③ 在“爆炸视图”对话框中单击“添加步骤”按钮，系统弹出“移动”对话框，进行部件手动爆炸操作。

3）M12 六角螺母沿水平方向移动 80mm。

① 选择 M12 六角螺母，界面显示坐标系。

② 拖动 Z 轴，输入移动的距离为“80”。

③ 单击“确定”按钮，完成螺母移动，结果如图 3-57 所示。

4）规格为 12 的平垫圈沿水平方向移动 70mm，手柄沿水平方向移动 50mm，结果如图 3-58 所示。

5）参考图 3-59 所示效果产生爆炸图。

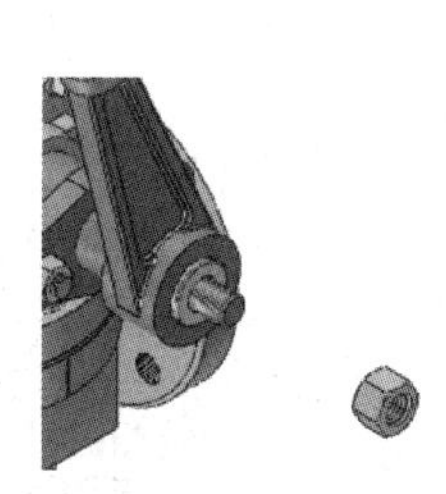

图 3-57　移动螺母

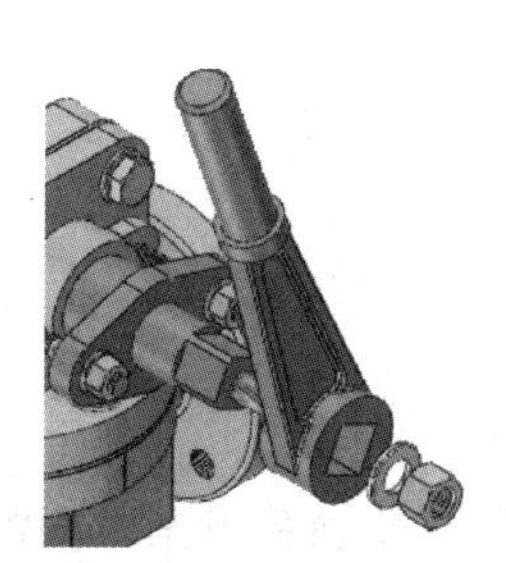

图 3-58　移动平垫圈和手柄

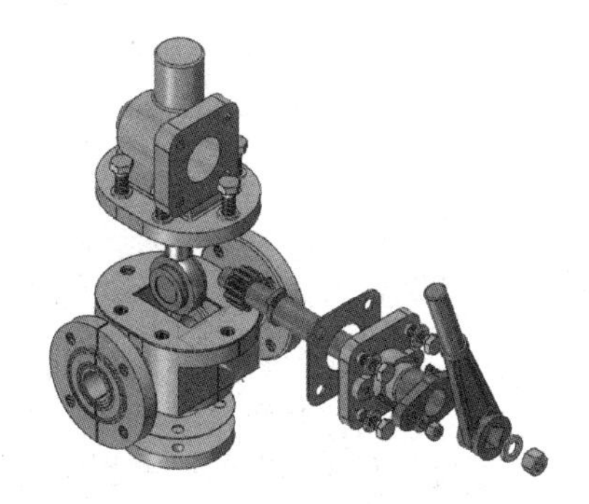

图 5-59　产品爆炸结果

6）在“装配节点”中，右击“爆炸视图 1”，在弹出的菜单中选择“动画解除爆炸”命令，系统自动播放组件解除爆炸的过程。

7）解除爆炸后，再次右击“爆炸视图 1”，在弹出的菜单中选择“动画爆炸”命令，系统自动播放爆炸过程。

8）右击“爆炸视图 1”，在弹出的菜单中选择“解除爆炸”命令，退出爆炸状态。

9）退出爆炸视图用户界面。单击“退出”工具按钮，系统返回装配用户界面。

（2）节流阀爆炸图及渲染效果图创建实施过程（学员）　参考前边爆炸图和渲染图的生成方法，按照自己的爱好和需要创建自己的装配爆炸图和渲染效果图，并提交结果。

6. 节流阀外观渲染

1）渲染阀体。

① 双击阀体零件进入阀体零件编辑状态。

② 选择“视觉样式”选项卡，系统显示渲染用到的工具栏。

③ 为非加工面添加金属（铸件）材质，方法为：单击“金属（铸造）”工具按钮系统弹出“金属”（铸造）对话框。在绘图区选择实体面非加工面，单击“确定”按钮，完成添加材质。

④ 为加工面添加金属材质，结果如图 3-60 所示。

2）参考阀体渲染的方法渲染阀盖，结果如图 3-61 所示。

3）渲染其他组件，结果如图 3-62 所示。

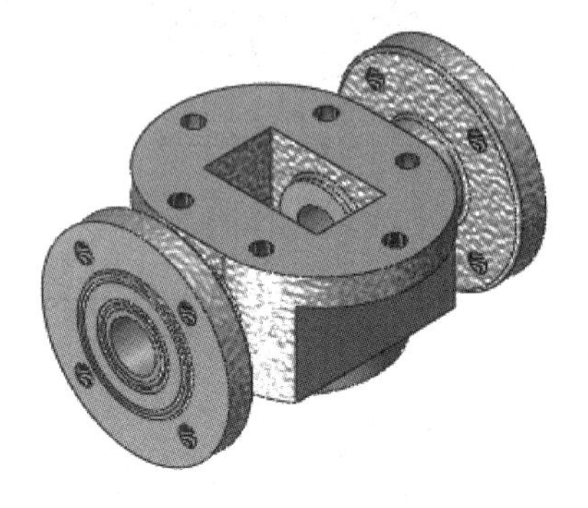

图 3-60　节流阀体渲染效果图

图 3-61　阀盖渲染效果图

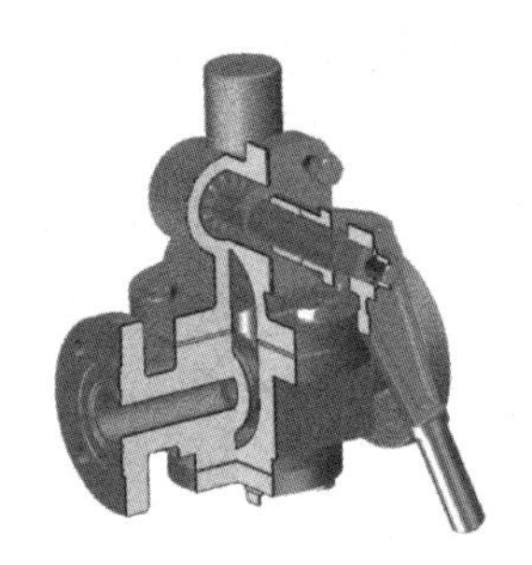

图 3-62　节流阀渲染效果图

7. 节流阀运动动画创建实施过程

（1）节流阀动画创建实施过程（参考）

节流阀动画创建

1）在齿轮轴和齿条之间添加机械约束。

① 在“装配节点”中删除前边定义的齿轮轴和齿条之间的相切约束。

② 单击“机械约束”工具按钮，系统弹出“机械约束”对话框。

③ 约束“类型”为“齿轮齿条”，按图 3-63 所示定义约束。

④“值”为“30 * pi”，单击“机械约束”对话框中“确定”按钮完成机械约束定义。

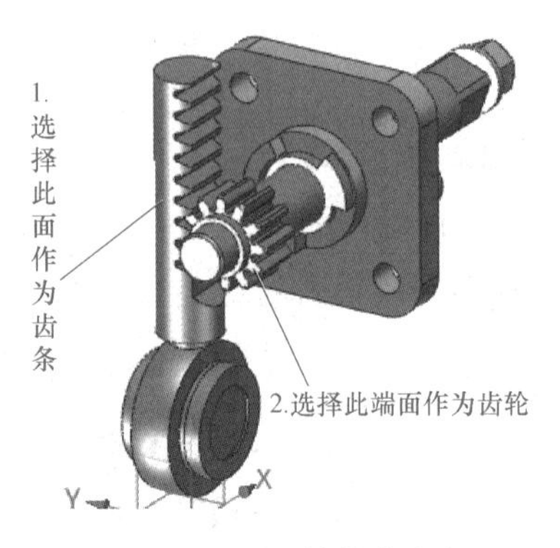

图 3-63　机械约束定义

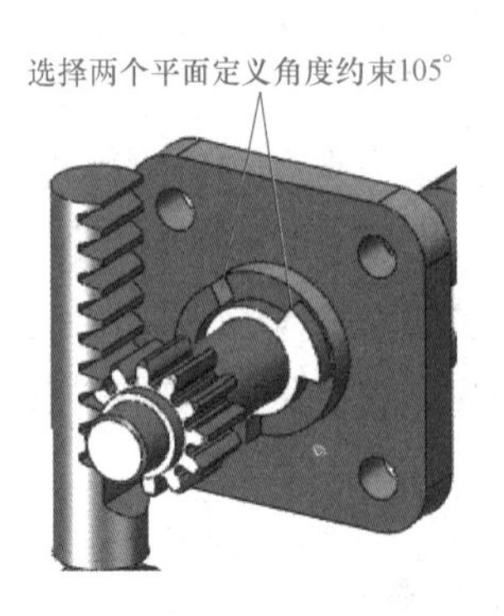

图 3-64　定义角度约束的面

图 3-65　角度约束定义结果

2）创建角度驱动尺寸。

① 激活“约束”命令，约束“类型”为“角度”。

② 选择图 3-64 所示的两面定义角度尺寸，“尺寸值”为 105°，结果如图 3-65 所示。

温馨提示：

如果结果不对，单击“对齐组件”迷你工具栏上按钮进行切换。

3）进入动画环境。

① 单击“新建动画”工具按钮“”，系统弹出“新建动画”对话框。

②“时间”为“20”，“名称”为“动画演示”，单击“确定”按钮进入动画创建环境。

4）创建关键帧。

① 选择“动画”→“关键帧”命令，系统弹出“关键帧”对话框。

②“时间”为“10”，单击“确定”按钮完成关键帧创建。

5）定义驱动参数。

① 选择“动画”→“参数”命令，系统弹出“参数”对话框。

② 在列表中双击最后定义的“∠对齐 d4（平面/平面）”，系统弹出“输入标注值”对话框，这里直接单击“确定”按钮。

6）定义各关键帧驱动参数值。

① 双击“管理器”中“动画”选项下的“0：00”，激活第一帧。

② 在“管理器”中“动画参数”选项下参数值 105 上双击，系统弹出“输入标注值”对话框，在文本框中输入“170”，表示动画开始时驱动尺寸为 170°，单击对话框中的“确定”按钮，完成第一帧的参数设置。

③ 同样方法激活第二帧。

④ 将驱动尺寸值改为“137.5°”。

⑤ 第三帧驱动尺寸值改为“105°”。

7）动画播放。激活第一帧，单击“播放”按钮，系统自动播放动画。

8）录制动画。

① 激活第一帧，选择“动画”→“相机位置”命令，系统弹出“相机位置”对话框，调整模型大小和方位，单击“当前视图”按钮和“预览”按钮后，单击“确定”按钮完成第一帧相机定义。

② 调整视图方向和模型大小，使用同样方法定义第二帧相机和第三帧相机。

③ 选择“动画”→“录制动画”命令，系统弹出“录制动画”和“保存文件”对话框。

④ 输入要保存的文件名“动画演示”，单击“保存”按钮，单击“确定”按钮，系统开始录制动画。

9）退出“动画制作”界面。单击“完成”按钮，系统返回装配界面。

10）保存文件。

（2）节流阀动画创建实施过程（学员）　根据前边动画的创建过程和自己的理解，创建自己的动画过程，并录制动画，按照老师的要求提交结果。

课后拓展训练

根据本书提供的模型源文件完成图 3-66 所示手动钻孔机装配工艺设计，并通过软件完成非标零件、标准件装配和装配渲染。

图 3-66　手动钻孔机

模块4

工程图样制作

教学目标

熟悉机械工程图样中所适用的现行国家标准。
掌握调用标准图纸和标题栏的方法。
掌握模型的基本视图和投影视图的创建方法。
掌握符合国家标准的尺寸标注方法。
熟悉视图中的切线、消隐线的编辑方法。
掌握模型的常用剖视图和截面图的创建方法。
熟悉剖视图的编辑、注释、几何公差、符号等工具的应用。
熟悉在中望机械 CAD 工程环境中生成符合国家标准的视图的方法。
熟悉将工程图正确转入中望机械 CAD 软件的方法。

知识重点

图纸和标题栏、基本视图、投影视图、视图编辑、尺寸标注。
剖视图编辑、注释、几何公差、表面粗糙度。
三维工程图环境转二维绘图环境。

知识难点

剖视图编辑、三维工程图环境转二维绘图环境。

教学方法

线上线下相结合，采用任务驱动模式。

建议学时

4～8 学时。

知识图谱

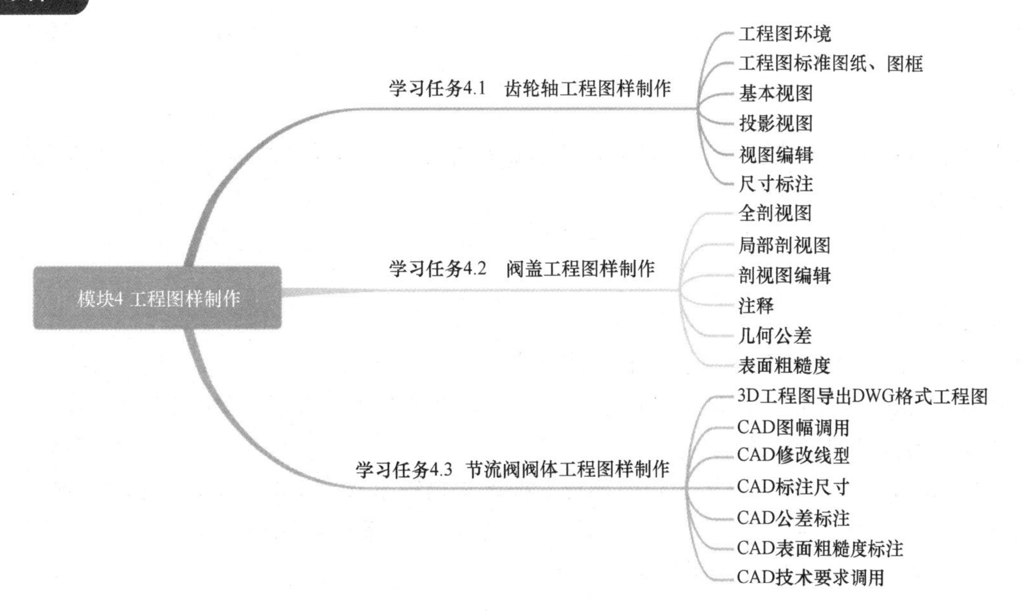

学习任务 4.1 齿轮轴工程图样制作

任务描述

中望 3D 软件具有非常完备的机械工程图制作模块，可以将任何已完成的三维模型的零件（含装配图）直接转换为工程图，并且当零件或装配发生变更时，工程图也能自动更新。

中望 3D 软件的工程图模块除了提供常规的视图布局，还具有生成各种剖视图、工程图标注、自动 BOM 表等功能。本任务要创建图 4-1 所示的齿轮轴零件的工程图，要求零件结构表达清晰，尺寸标注完整，并且注明合理的技术要求等。

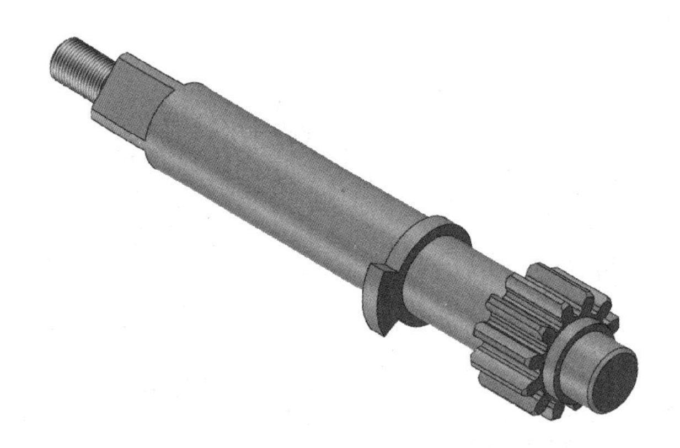

图 4-1 齿轮轴零件

知识点

- 工程图环境。
- 工程图标准图纸、图框。
- 基本视图。
- 投影视图。
- 视图编辑。
- 尺寸标注。

技能点

- 能根据国家标准调用标准的图纸和标题栏。
- 能根据国家标准创建模型的基本视图和投影视图。
- 能根据国家标准要求标注尺寸。
- 能根据机械制图有关国家标准和相关知识，正确编辑视图中的切线和消隐线。

素质目标

培养学员学习标准，使用标准，严谨细致的职业素养。能根据零件结构要求，创建模型符合现行国家标准要求的视图和尺寸。

课前预习

1. 创建工程图

运用中望 3D 软件中创建工程图有以下两种方法：

1）在零件图或装配图的绘图区的空白处右击，在弹出的菜单中选择“2D 工程图”命令（图 4-2），系统自动进入当前零件的工程图环境。

2）通过“新建文件”命令进入工程图环境。按下快捷键<Ctrl+N>新建文件，在系统弹出的“新建文件”对话框中，设置文件“类型”为“工程图”（图 4-3），系统进入到工程图环境 ，但由于没有激活任何零件，需要用户在视图布局时选择零件。

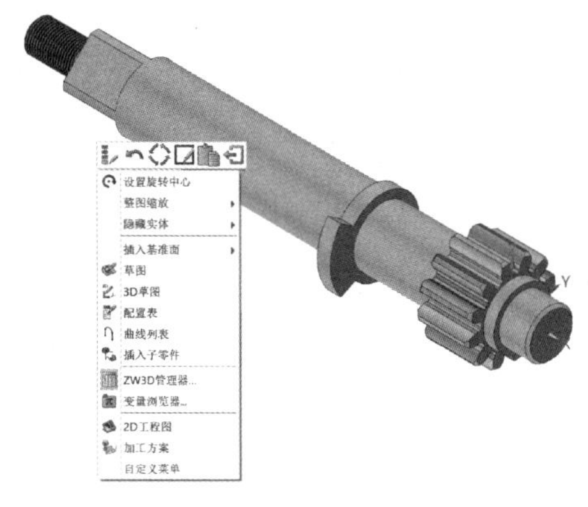

图 4-2　选择“2D 工程图”命令

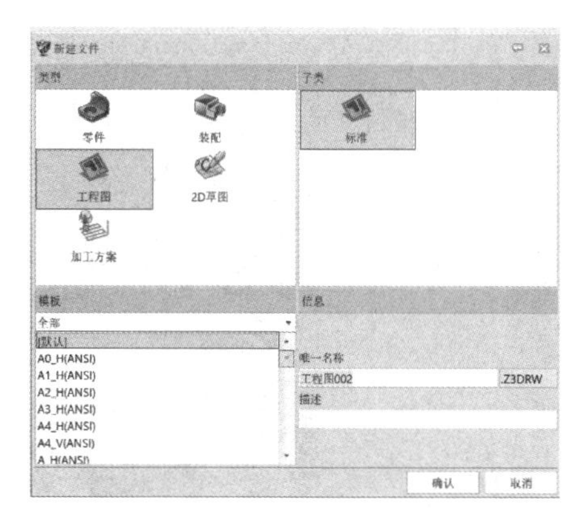

图 4-3　在“新建文件”对话框中创建工程图

2. 调用标准的图纸和标题栏

中望 3D 软件提供了各系列标准的图纸模板，如 ANSI、ISO、GB、DIN、JIS 等。在“新建文件”对话框中可以直接选择一种图纸模板。

如果是在绘图区右击创建工程图，在选择“2D 工程图”命令后，系统弹出“选择模板...”对话框，如图 4-4 所示，选择一个模板，单击“确认”按钮进入工程图环境。

如果需要自定义图纸模板，可以通过“文件”→“模板”命令，在模板文件中自建一个模板零件或工程图零件，保存后即可在下次进入工程图模块时选择自定义的模板，如图 4-5 所示。

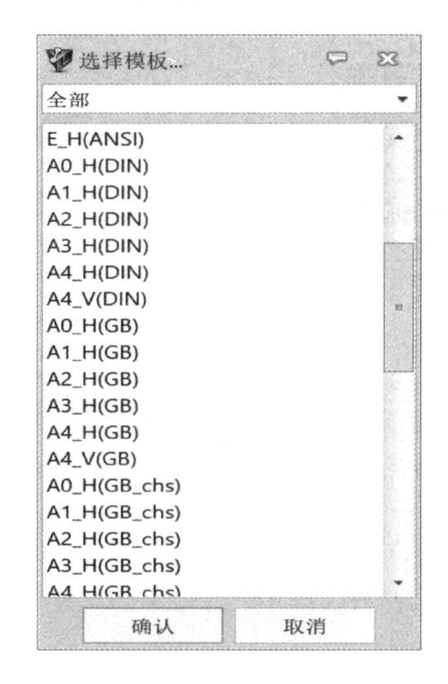

图 4-4　“选择模板...”对话框

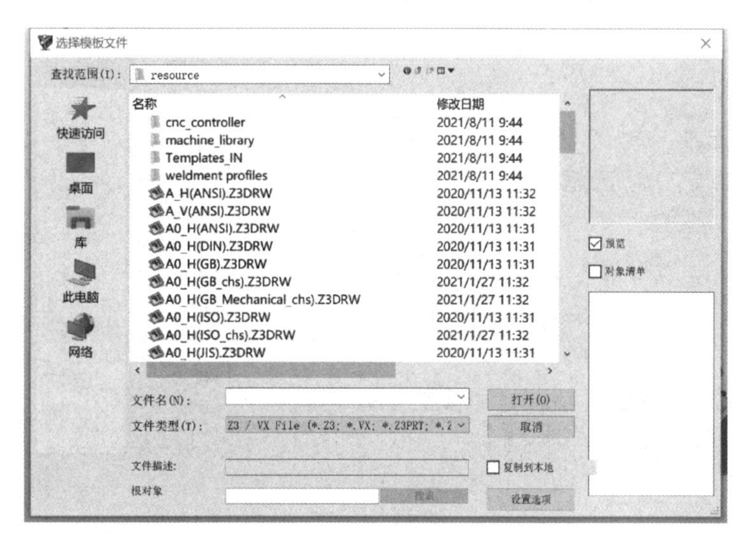

图 4-5　“选择模板文件”对话框

3. “视图”工具栏

创建视图主要使用“布局”工具选项卡下“视图”工具栏中的工具，有“布局”“标准”“投影”“辅助视图”“全剖视图”“局部剖视图”“局部”“裁剪视图”“断裂”等。

（1）“布局”工具按钮　“布局”工具可以按照用户的选择快速在图纸上生成一组视图。

单击“布局”工具按钮，系统弹出“布局”对话框，如图 4-6 所示。

（2）“标准”工具按钮　“标准”工具可以在当前图纸上创建一个和其他视图不关联的视图。

单击“标准”工具按钮，系统弹出“标准”对话框，如图 4-7 所示。使用“标准”工具创建的视图可以单独控制视图的投影方向、比例、样式等。

图 4-6 “布局”对话框

“标准”对话框中的“设置”选项组和“布局”对话框“设置”选项组用法相同。

（3）“投影”工具按钮 “投影”工具用于创建与所选择视图相关联的投影视图。

单击“投影”工具按钮，系统弹出“投影”对话框，如图 4-8 所示。

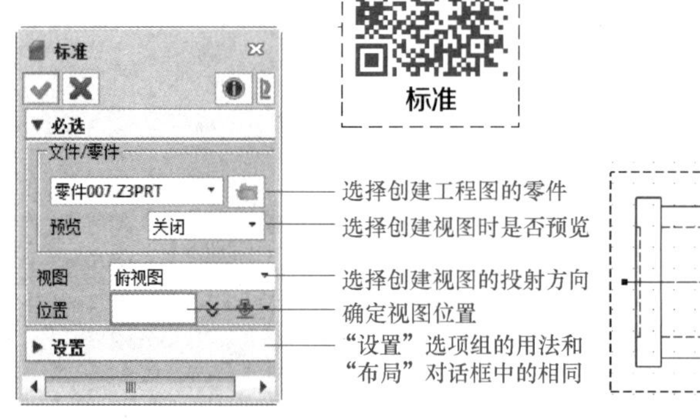

图 4-7 “标准”对话框

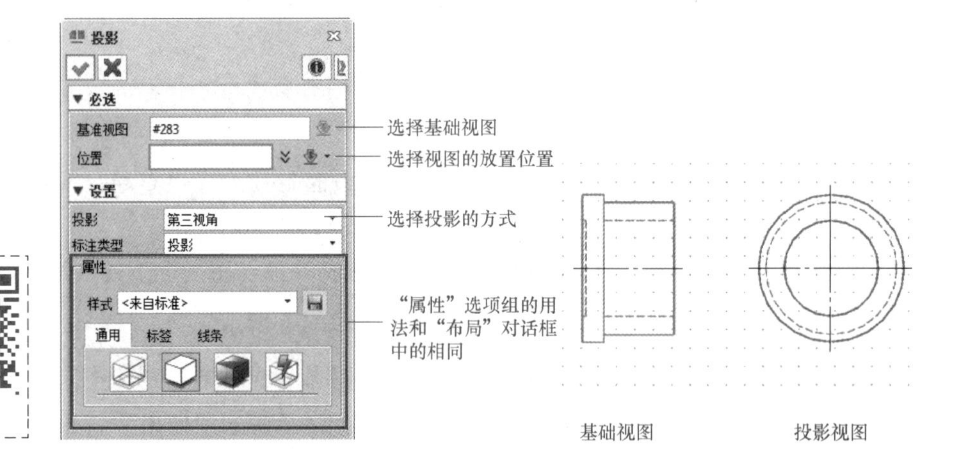

图 4-8 “投影”对话框

(4) **“辅助视图”工具按钮** “辅助视图”工具用于创建垂直于选择边的向视图。

单击“辅助视图”工具按钮，系统弹出“辅助视图”对话框，如图4-9所示。

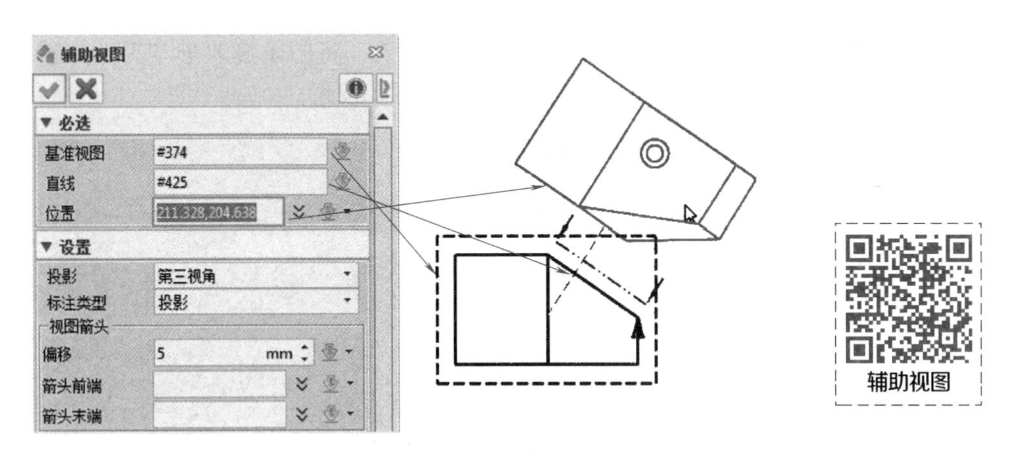

图4-9 “辅助视图”对话框

4. 标准的图纸

(1) **工程图模板** 在工程图环境中选择“文件”→“模板”命令，系统弹出“选择模板文件”对话框，如图4-10所示。在多对象列表中选择图纸的图幅，双击就可以打开相应的模板。

过滤器 全部 预览 关闭

查找 内部 名称

名称	类型	修改
A0_H(ANSI)	工程图	
A0_H(DIN)	工程图	YES
A0_H(GB)	工程图	YES
A0_H(GB_Mechanical_chs)	工程图	YES
A0_H(GB_chs)	工程图	YES
A0_H(ISO)	工程图	YES
A0_H(ISO_chs)	工程图	YES
A0_H(JIS)	工程图	YES
A1_H(ANSI)	工程图	YES
A1_H(DIN)	工程图	YES
A1_H(GB)	工程图	YES
A1_H(GB_Mechanical_chs)	工程图	YES
A1_H(GB_chs)	工程图	YES
A1_H(ISO)	工程图	YES
A1_H(ISO_chs)	工程图	YES
A1_H(JIS)	工程图	YES
A2_H(ANSI)	工程图	YES
A2_H(DIN)	工程图	YES
A2_H(GB)	工程图	YES
A2_H(GB_Mechanical_chs)	工程图	YES

图4-10 “选择模板文件”对话框

中望3D软件中的工程图模板有“GB”“GB_chs”“ANSI”“DIN”等形式，一般选择“GB_chs”模板，模板名称的字母（H、V）代表的是图纸的方向，其中H是横向图纸，V是纵向图纸。“A3”“A4”等代表的是图幅。

(2) **样式管理器** “样式管理器”工具用于设置工程图中尺寸标注和视图的样式。

单击“样式管理器”工具按钮，系统弹出“样式管理器”对话框，一般情况下使用“标准”

（GB）模板就能满足要求，但如果有特殊要求，可以修改相应的选项，如选择“文字”选项，在“文字样式”对话框中将文字的宽度修改为“0.7”，其他参数默认，修改结束后单击“应用”按钮，如图 4-11 所示。

样式管理器

在“样式管理器”对话框中，选择“填充”选项，将间距修改为“3”，“线宽”为“随层”，其他参数默认，修改结束后单击“应用”按钮。

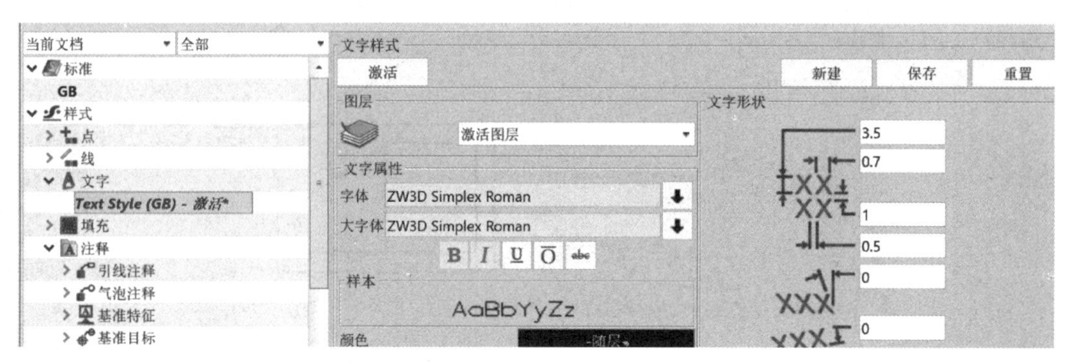

图 4-11　修改文字样式

全部设置结束后，单击“确定”按钮，完成样式管理器的设置。在弹出的对话框中单击“保存”按钮，完成设置。

课内实施

1. 预习效果检查

（1）填空题

1）运用中望 3D 软件创建工程图有两种方法：在零件图或装配图的绘图区的空白处____击，在弹出的菜单中选择____________命令进入工程图环境，也可以通过“__________”命令直接进入工程图环境。

2）“布局”工具选项卡下的“视图”工具栏中有“布局”“标准”“______”“__________”“__________”“局部剖视图”“局部”“裁剪视图”“断裂”等工具。

3）视图常用的布局形式有主视图、________、左视图和________。

4）在中望 3D 软件中工程图模板名称的字母（H、V）代表的是图纸的方向，其中 H 是____________，V 是____________。

（2）判断题

1）在中望 3D 软件中，当零件或装配发生变更时，工程图不会自动更新。（　　）

2）使用“标准”工具创建的视图不可以单独控制视图的投影方向、比例、样式等。（　　）

3）样式管理器是一个基于样式的标准管理器，可以通过设置它管理和编辑图纸标准与样式。（　　）

2. 任务分析

（1）齿轮轴零件工程图制作任务分析（参考）　零件工程图样是加工零件的依据，它通过一组视图表达零件的结构形状，通过尺寸反映零件的大小，通过技术要求传递加工信息。本任务要求利用中望 3D 软件的工程图功能，为节流阀齿轮轴零件创建工程图。

轴类零件的工程图一般采用一个主视图和若干辅助视图的方式进行表达，轴的主体结构采用主视图表达。细节结构如销孔、齿轮、摆轮、四方、退刀槽等通常采用断面图、局部剖视图、局部放大图等方式表达。

综合以上内容分析，本任务的基本内容包括创建基本视图、创建辅助视图、标注尺寸、编制技术文件等，转化结束的 2D 工程图如图 4-12 所示。

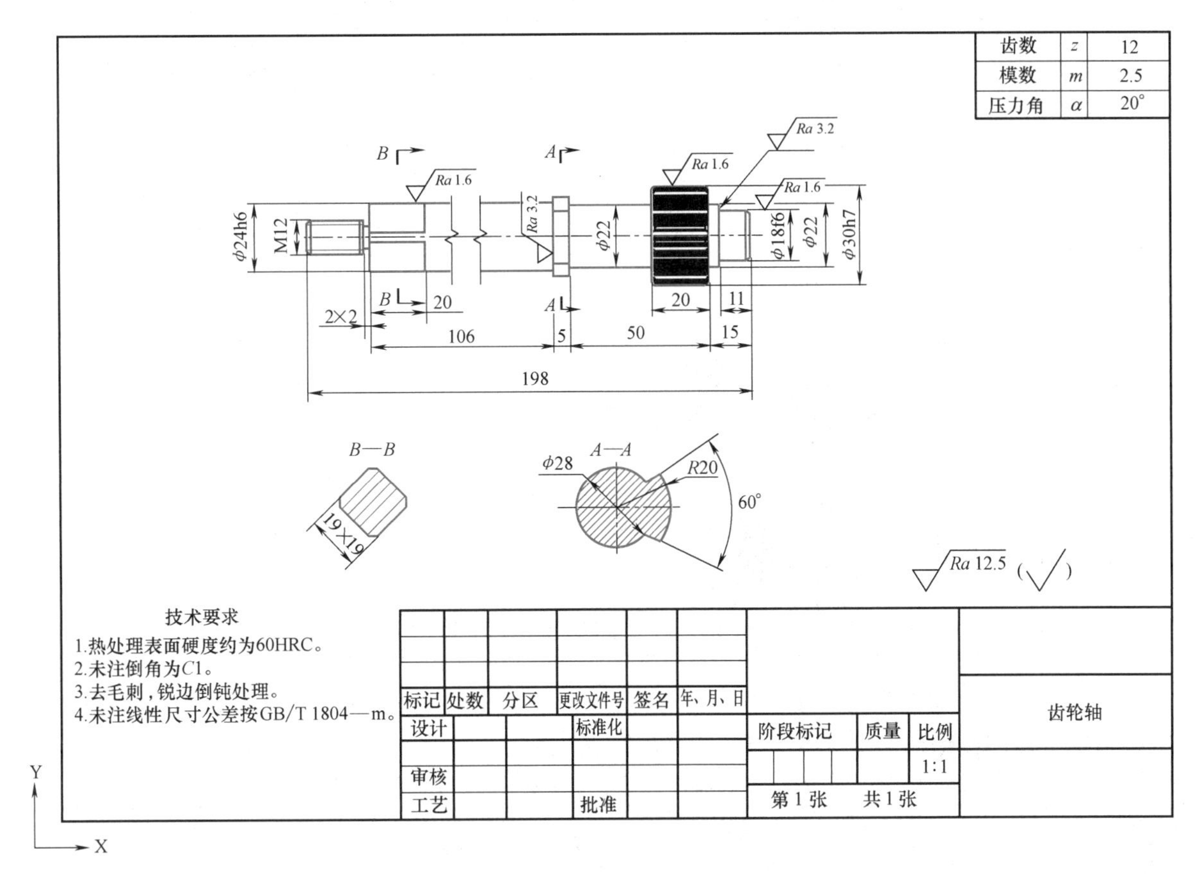

图 4-12　齿轮轴零件 2D 工程图

(2) 齿轮轴零件工程图制作任务分析（学员）　分析齿轮轴零件的图样，参考上边的提示，独立完成齿轮轴 2D 工程图样分析，并填写表 4-1。

表 4-1　学员 2D 工程图样分析（学员）

序号	项目	分析结果
1	轴类零件工程图的特点	
2	齿轮轴的结构组成	
3	齿轮轴 2D 工程图的转化步骤	
4	教师评价	

3. 齿轮轴工程图制作实施方案

(1) 齿轮轴工程图制作实施方案（参考）　通过前边对齿轮轴工程图的分析，确定齿轮轴工程图任务实施方案，具体内容见表 4-2。

表 4-2　参考齿轮轴工程图制作实施方案

序号	步骤	图示	序号	步骤	图示
1	进入工程图环境选择合适的图纸模板		2	使用布局工具生成齿轮轴主视图	

（续）

序号	步骤	图示
3	创建摆轮截面图	
4	创建轴端四方的截面图	
5	将主视图编辑成断裂视图	
6	标注尺寸	
7	添加注释	技术要求 1.热处理表面硬度约为60HRC。 2.未注倒角为C1。 3.去毛刺，锐边倒钝处理。 4.未注线性尺寸公差按GB/T 1804—m。
8	标注表面粗糙度	
9	绘制表格	齿数 z 12；模数 m 2.5；压力角 α 20°

(2) 齿轮轴工程图制作实施方案（学员） 根据自己的齿轮轴工程图制作任务分析和上边提供参考实施方案指定自己的齿轮轴工程图实施方案，并填写表 4-3。

表 4-3 齿轮轴工程图制作实施方案（学员）

序号	项目	分析结果
1	运用中望 3D 建模软件创建工程图包含的主要内容	
2	零件的外部结构一般采用的表达方法	
3	截面图的使用场合	
4	教师评价	

4. 齿轮轴工程图样制作任务实施过程

(1) 任务实施过程（参考）

齿轮轴工程图样制作步骤1）~3）

1）打开传动轴零件。打开“中望 3D 教育版”软件，使用快捷键<Ctrl+O>打开“齿轮轴 .Z3PRT”文件。

2）进入工程图环境。

① 在建模环境空白处右击，在弹出的菜单中选择“2D 工程图”命令，如图 4-13 所示。

② 在系统弹出的“选择模板 ...”对话框的模板列表中选择“A3_H（GB_chs）”模板，如图 4-14 所示。

③ 单击“确认”按钮，系统弹出“标准”视图对话框提示创建标准视图，这里单击“取消”按钮，终止标准视图创建。

3）创建齿轮轴的基本视图。

① 单击“标准”工具按钮，激活“标准”命令，弹出“标准”对话框。

② 选择默认视图“俯视图”，修改缩放比例为“1 : 1”。

③ 单击确定视图放置的位置，结果如图 4-15 所示。

④ 放置好主视图后，移动光标至右侧，创建该方向上的投影视图，结果如图 4-16 所示。

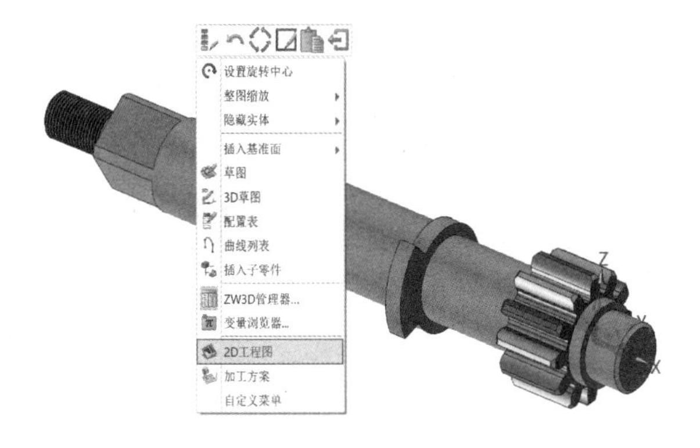

图 4-13　选择“2D 工程图”命令

图 4-14　选择新模板

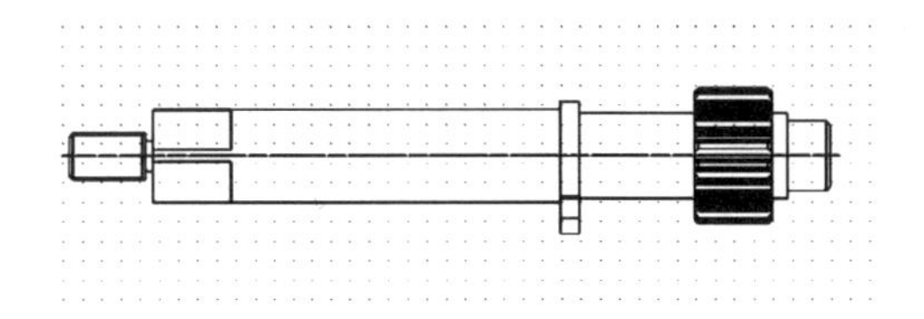

图 4-15　放置基本视图

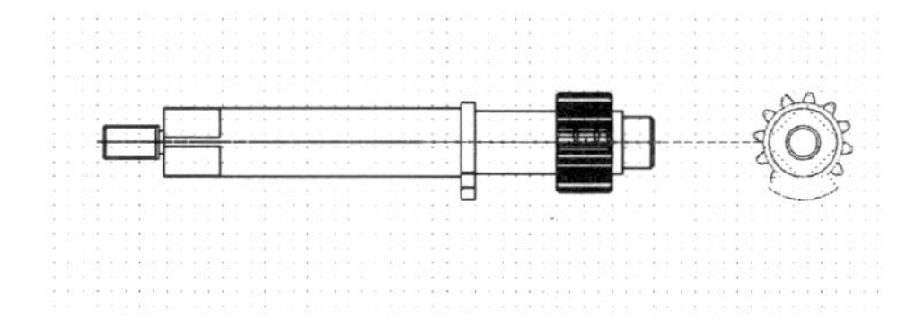

图 4-16　放置投影视图

4）旋转齿轮轴的基本视图。

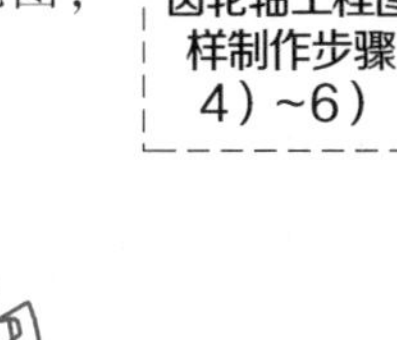

① 单击“旋转视图”工具按钮，系统弹出“旋转视图”对话框。

② 设置“视图”为“前视图”，“旋转轴”为“X 轴”，“角度”为“90”。

③ 单击“确定”按钮，完成视图旋转，系统会自动更新之前产生的投影视图，如图 4-17 所示。

④ 删除投影视图，将主轴基本视图调整至合适位置，如图 4-18 所示。

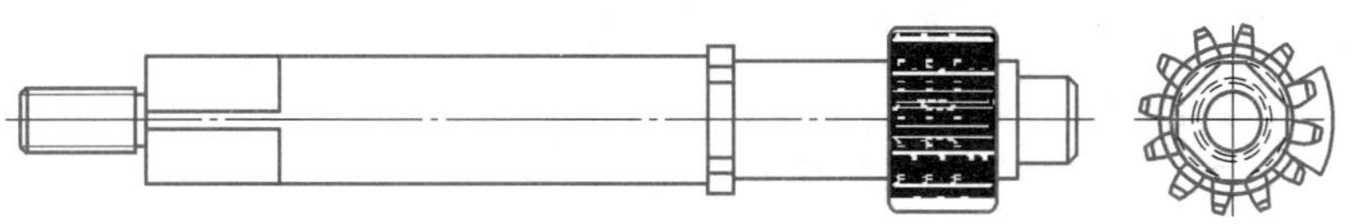

图 4-17　旋转齿轮轴视图

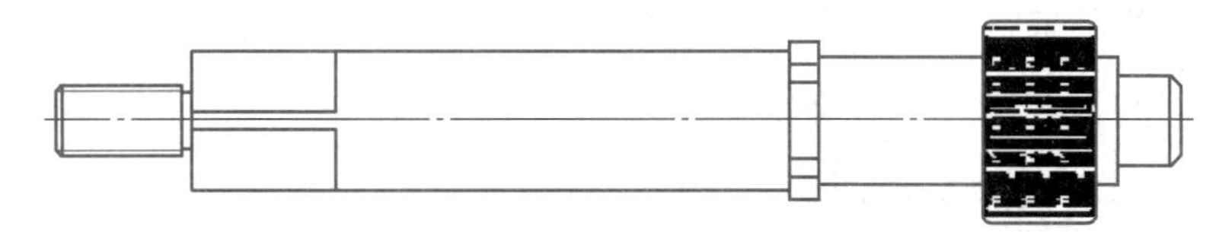

图 4-18　齿轮轴基本视图

5）创建齿轮轴摆轮截面图。

① 单击“全剖视图”工具按钮，系统弹出“全剖视图”对话框。

② 按图 4-19 所示步骤进行操作。

③ 结果如图 4-20 所示。

6）创建齿轮轴的轴端四方剖视图。

① 单击“全剖视图”工具按钮，系统弹出“全剖视图”对话框。

② 选择俯视图作为基准视图。

③ 按图 4-21 所示步骤进行操作。

④ 单击“确定”按钮，结果如图 4-22 所示。

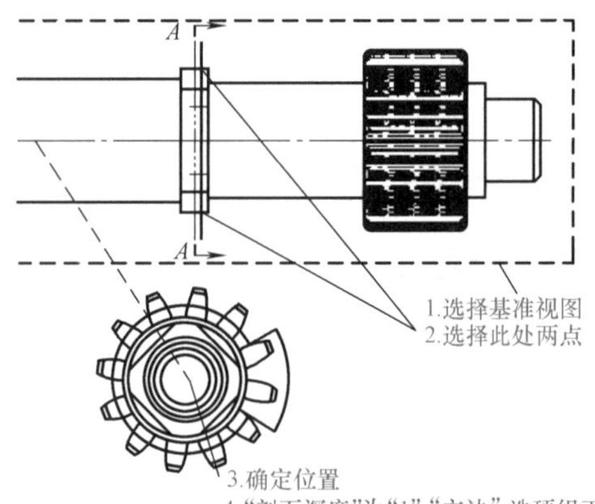

图 4-19 创建摆轮截面图步骤

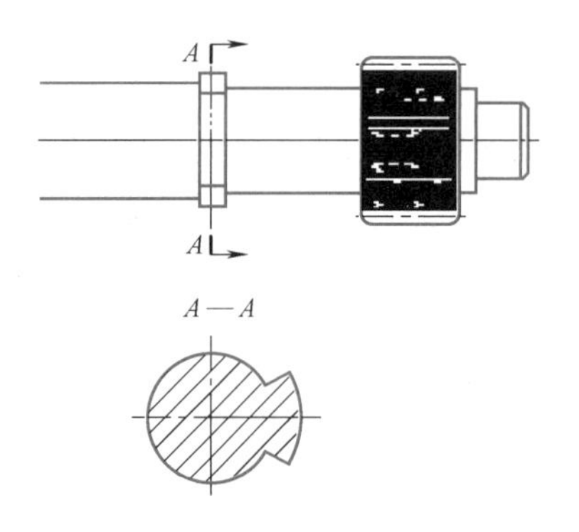

图 4-20 摆轮截面图

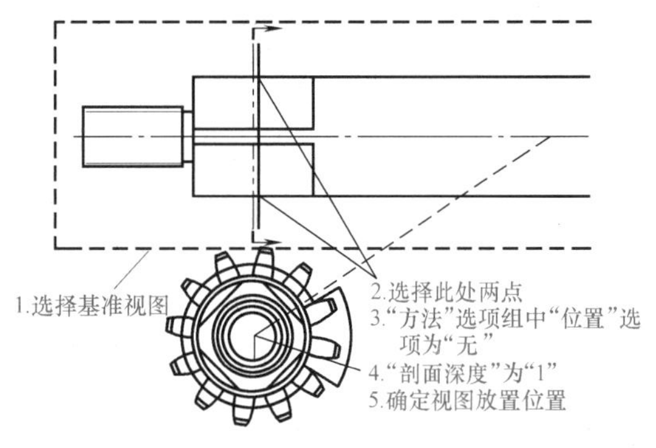

图 4-21 创建四方截面

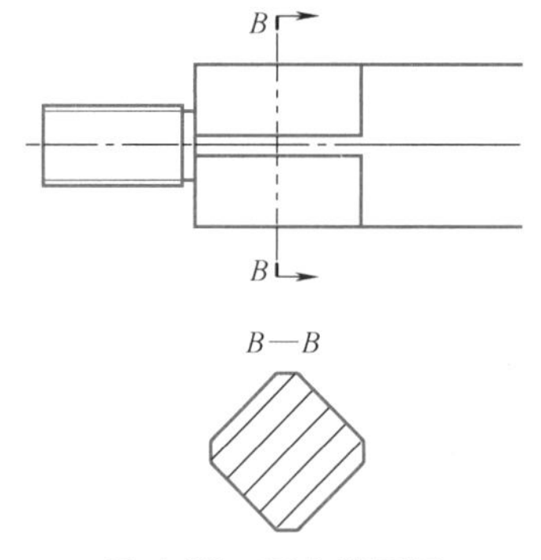

图 4-22 四方截面图

7）将齿轮轴较长轴段打断表示。

① 单击“断裂”工具按钮，系统弹出“断裂”对话框。

②“基准视图”为齿轮轴的基本视图。

③“间隙尺寸”为“10”，选择图 4-23 所示两点。

④ 单击“确定” 按钮，结果如图 4-24 所示。

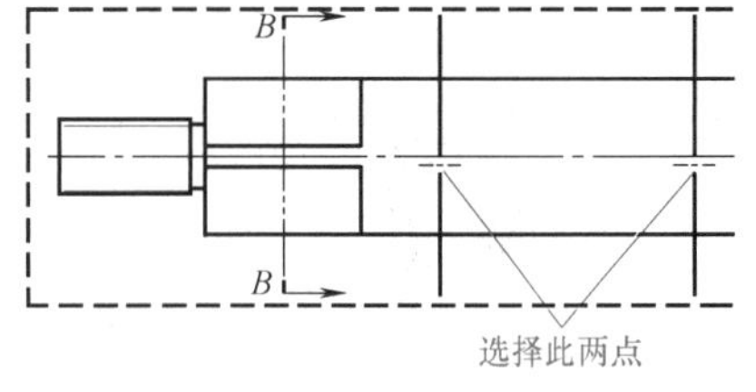

图 4-23 断裂参数设置

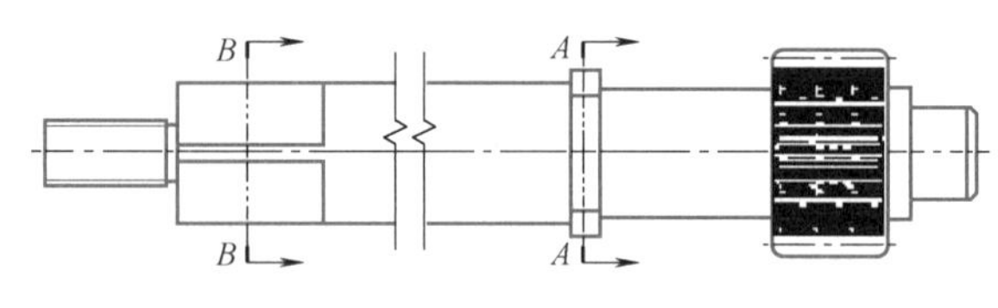

图 4-24 断裂视图

8）添加技术要求。

① 单击“绘图”选项卡下的“文字”工具按钮，系统弹出“文字”对话框。

② 在图纸的左下角单击。

③ 单击文字选项后的“编辑器”按钮，系统弹出“文字编辑器”对话框。

④ 输入图 4-25 所示技术要求内容。

⑤ 单击“确认”按钮返回“文字”对话框。

⑥ 单击“确定”按钮 后，结果如图 4-26 所示。

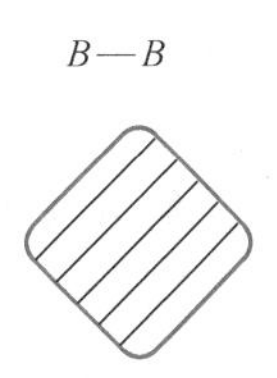

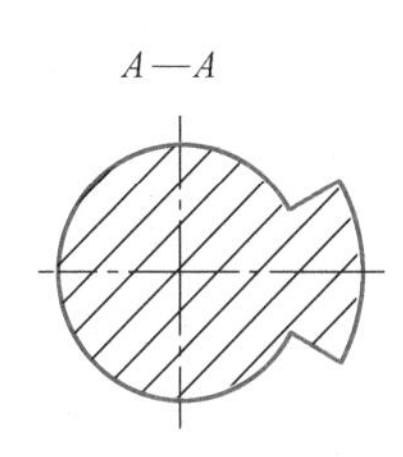

技术要求
1.热处理表面硬度约为60HRC。
2.未注倒角为C1。
3.去毛刺、锐边倒钝处理。
4.未注线性尺寸公差按GB/T 1804—m。

图 4-25　技术要求内容

技术要求
1.热处理表面硬度为60HRC。
2.未注倒角为C1。
3.去毛刺，锐边倒钝处理。
4.未注线性尺寸公差按GB/T 1804—m。

图 4-26　技术要求结果

9）标注尺寸。

① 单击“标注”选项卡下的“标注”工具按钮，系统弹出“标注”对话框。

② 单击“自动”标注按钮，对齿轮轴的轴向尺寸进行标注，结果如图 4-27 所示。

③ 激活“标注”命令，选中“直径线性标注”复选框，标注直径尺寸，结果如图 4-28 所示。

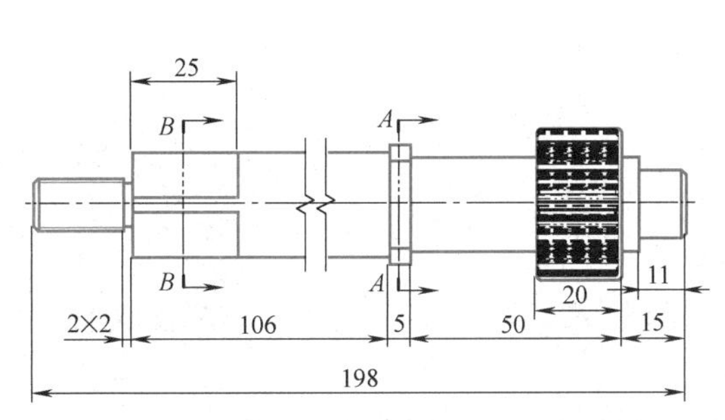

图 4-27　标注轴向尺寸

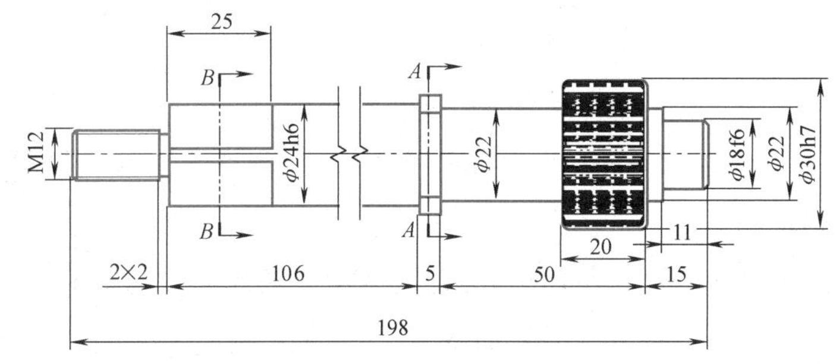

图 4-28　标注径向尺寸

④ 单击“标注”工具按钮，用“对称标注”“直径标注”“半径标注”“角度标注”工具继续对齿轮轴的剖视图进行标注，结果如图 4-29 所示。

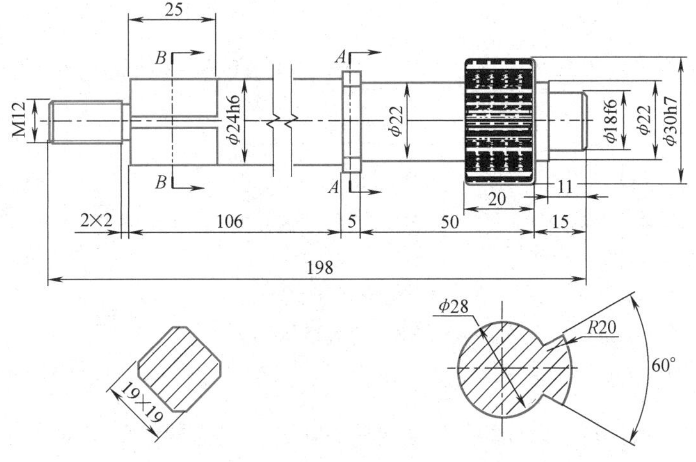

图 4-29　标注剖视图尺寸

10）标注表面粗糙度。

① 单击“表面粗糙度”工具按钮 表面粗糙度，系统弹出“表面粗糙度”对话框，参数设置如图 4-30 所示。

② 对齿轮轴的表面粗糙度进行标注，结果如图 4-31 所示。

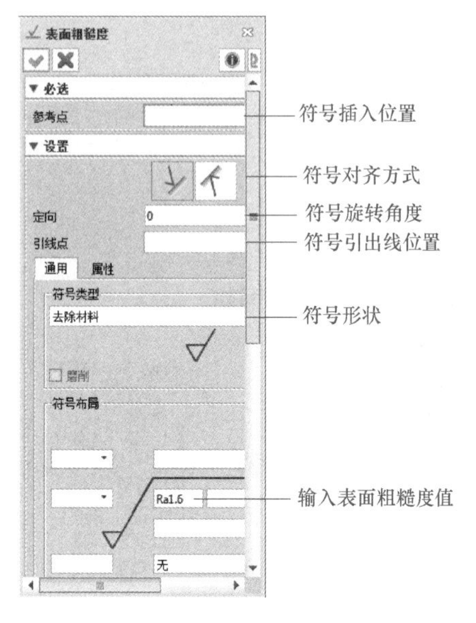

图 4-30 “表面粗糙度”对话框中的参数设置

图 4-31 标注表面粗糙度

11）绘制齿轮参数栏。

① 单击“布局”选项卡下的“用户表”工具按钮 用户表，系统激活“用户表”对话框。

② 设置“名称”为“齿轮参数”，“行数”为“3”，“列数”为“3”，单击 ，系统弹出“插入表”对话框。

③ 设置“原点”为“右上”，单击选择框，在图 4-32 所示的绘图区选择图框右上角交点，定位表格，单击“确定”按钮 完成表的插入。

④ 将光标移到表格对应的位置，双击就可以修改表格的内容，输入图 4-33 所示内容。

⑤ 光标移到表格左上角选中整个表格，右击，在弹出的菜单中选择“属性”命令，系统弹出“表格属性”对话框。

⑥ 设置“水平边界”“垂直边界”均为“2”，单击“确认”按钮退出对话框，如图 4-34 所示。

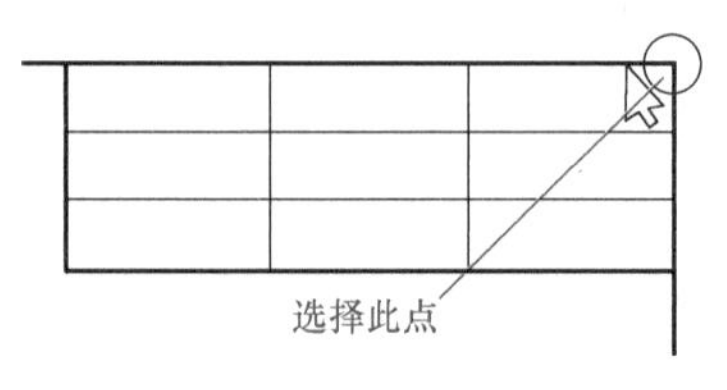

图 4-32 建立表格

齿数	z	12
模数	m	2.5
压力角	α	20°

图 4-33 输入表格文字

齿数	z	12
模数	m	2.5
压力角	α	20°

图 4-34 调整表格

12）保存文件。

（2）学员任务实施 依据自己设计的工程图实施方案，完成齿轮轴的工程图并输出成“齿轮轴 .dwg”文件，提交给老师。

课后拓展训练

1）使用中望 3D 软件完成图 4-35 所示阀杆零件的 2D 工程图。

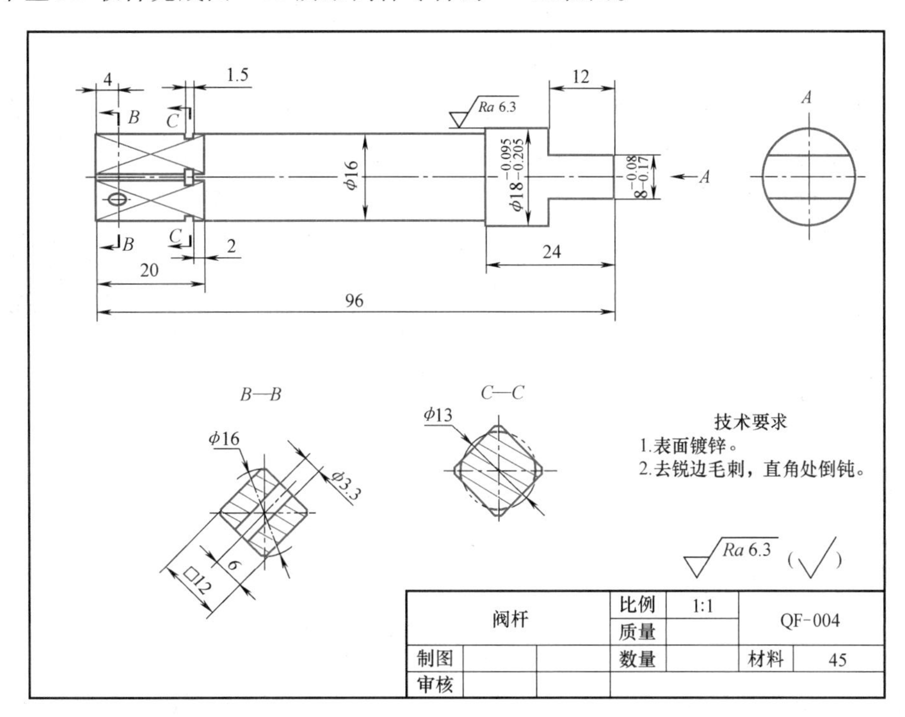

图 4-35 阀杆

2）使用中望 3D 软件完成图 4-36 所示从动齿轮轴零件的 2D 工程图。

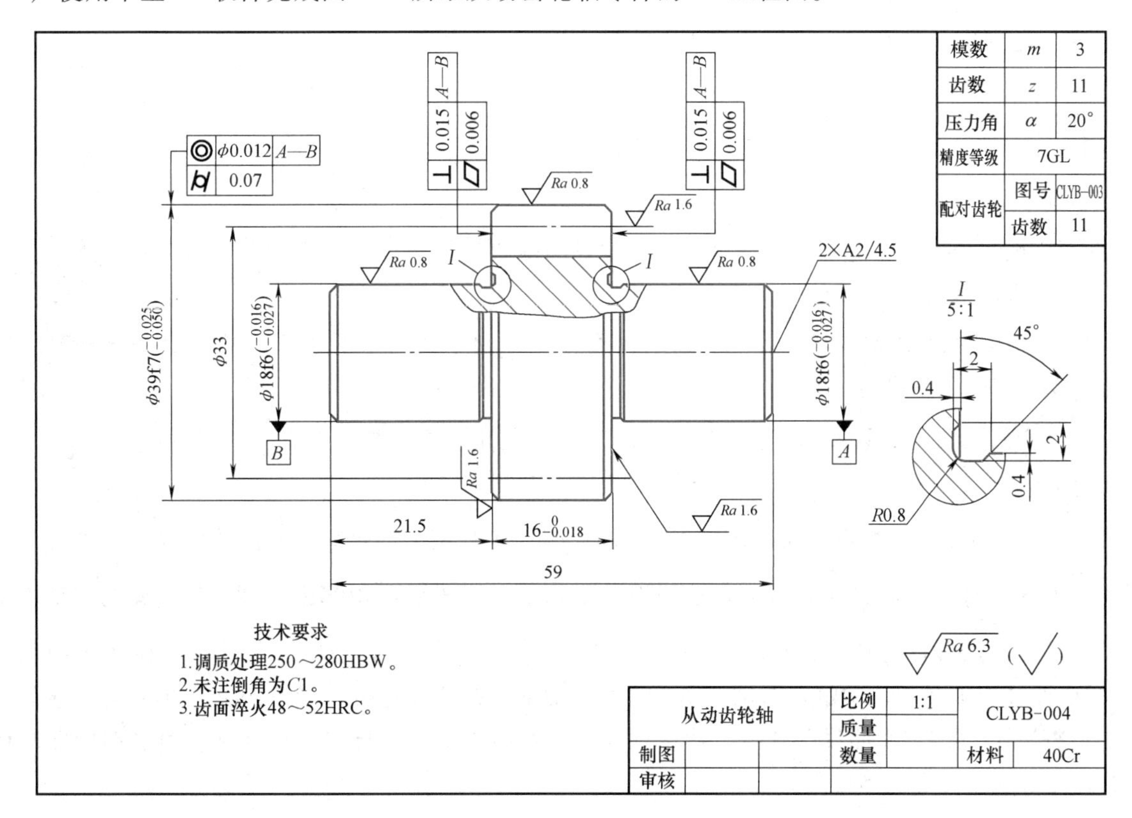

图 4-36 从动齿轮轴

学习任务4.2 阀盖工程图样制作

任务描述

创建箱体零件的工程图样是常见的工作任务，由于箱体零件的外部形状和内部结构都比较复杂，所以工程图样中使用的表达方法多样，视图一般比较多。尺寸、表面粗糙度、几何公差、技术要求较多。图4-37所示的阀盖是典型的箱体零件，通过完成本学习任务，学习确定零件工程图样表达方案的方法。掌握中望3D软件工程图环境中剖视图的创建及编辑，尺寸，几何公差、符号创建及编辑工具的用法。熟悉相关的国家标准。培养学员严谨细致、精益求精的工作作风。

图4-37 阀盖模型图

知识点

- 全剖视图。
- 局部剖视图。
- 剖视图编辑。
- 注释。
- 几何公差。
- 表面粗糙度。

技能点

- 能根据零件表达需要创建符合国家标准要求的各种剖视图。
- 能根据零件表达需要对剖视图进行编辑。
- 能创建国家标准要求的注释。
- 能标注国家标准要求的几何公差和表面粗糙度。

素质目标

学员能根据装配模型拆画零件图，掌握从总装到部件的逆向思维方式，掌握从不同角度分析问题的方法。

课前预习

1. 剖面视图

“剖面视图”下拉菜单包括“全剖视图”“对齐剖视图”“3D命令剖视图”“弯曲剖视图”“轴测剖视图”等工具。

（1）“全剖视图”工具按钮- “全剖视图”工具用于在指定的位置、沿指定的方向生成零件的全剖视图。

单击“全剖视图”工具按钮，系统弹出“全剖视图”对话框，按图4-38所示方式创建全剖视图（图4-39）。

（2）“对齐剖视图”工具按钮- “对齐剖视图”工具用于创建零件的旋转剖视图。单击“对齐剖视图”工具按钮，系统弹出“对齐剖视图”对话框，按照图4-40所示步骤可以创建对齐剖视图。

（3）“3D命名剖视图”工具按钮 “3D命名剖视图”工具是插入一个在建模环境中创建的“命名剖面曲线”基础上构建的命名剖视图。命名剖面曲线需要在建模环境下定义，在主菜单选择“插入”→“线框”→“命名剖面曲线”命令，然后选择一个草图轮廓后，指定一个名称，命名剖面曲线就定义完成，便可在工程环境下使用。

单击“3D命名剖视图”工具按钮，系统弹出“3D命名剖视图”对话框，按照图4-41所示步骤

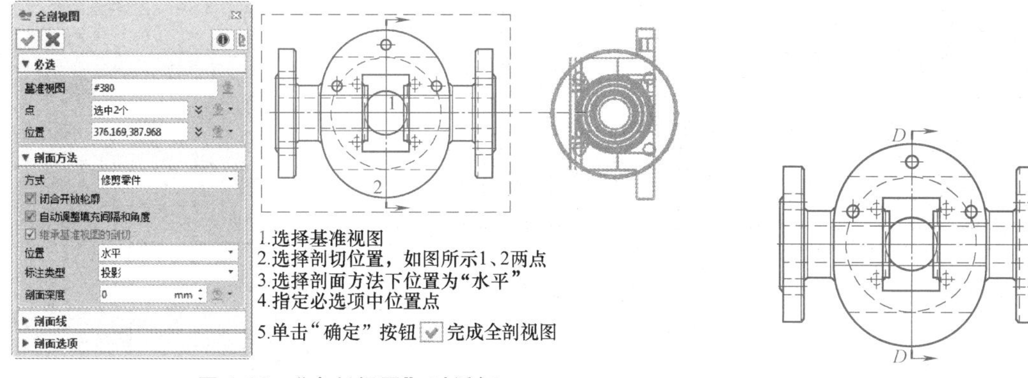

图 4-38 “全剖视图”对话框

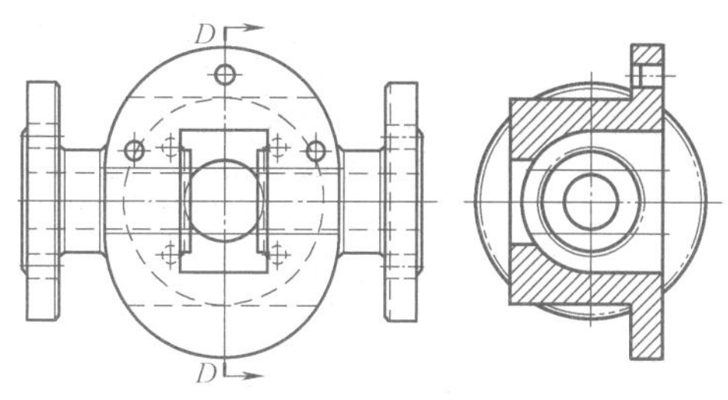

图 4-39 全剖视图

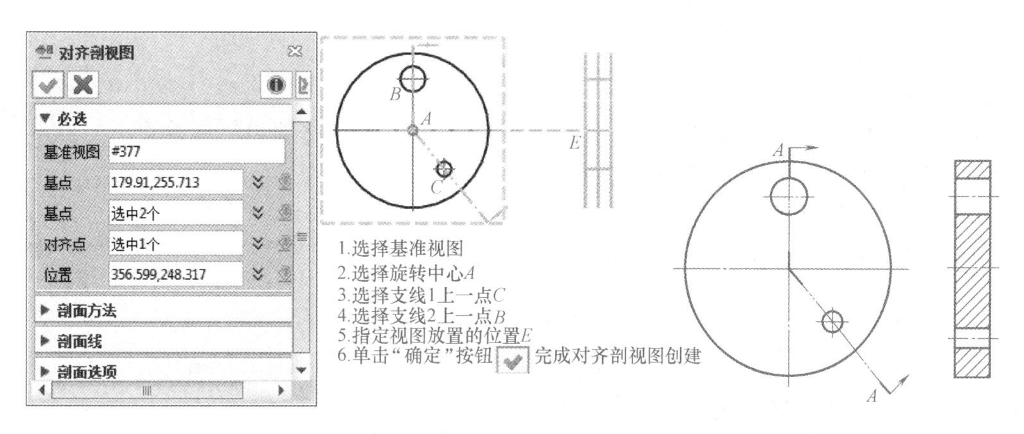

图 4-40 “对齐剖视图”对话框

创建 3D 命名剖视图。

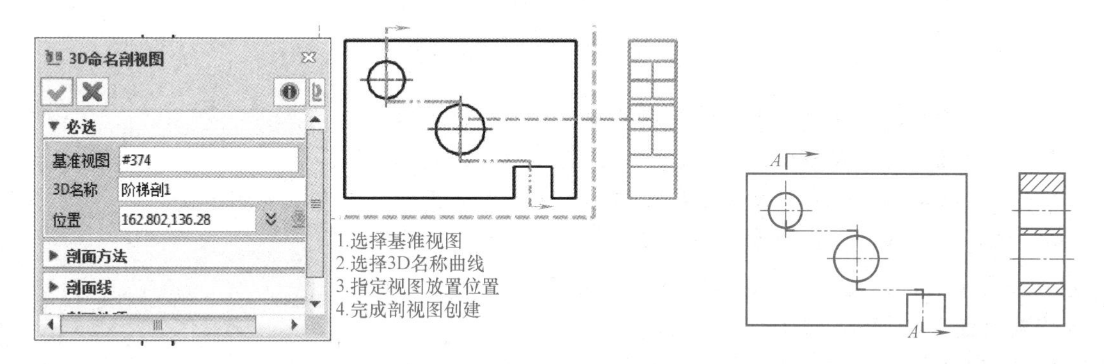

图 4-41 “3D 命名剖视图”对话框

（4）“弯曲剖视图”工具按钮 “弯曲剖视图”工具可以插入一个展开剖视图。创建展开剖视图需要展开截面，展开截面使用模型中定义的“命名剖面曲线”和“3D 命名剖视图”工具不同的是，剖切面可以包含非 90°折线。

单击“弯曲剖视图”工具按钮，系统弹出“弯曲剖视图”对话框，按照图 4-42 所示步骤创建弯曲剖视图。

（5）“轴测剖视图”工具按钮 “轴测剖视图”工具可以剖切轴测图，创建过程和“3D 命名剖视图”工具相似。

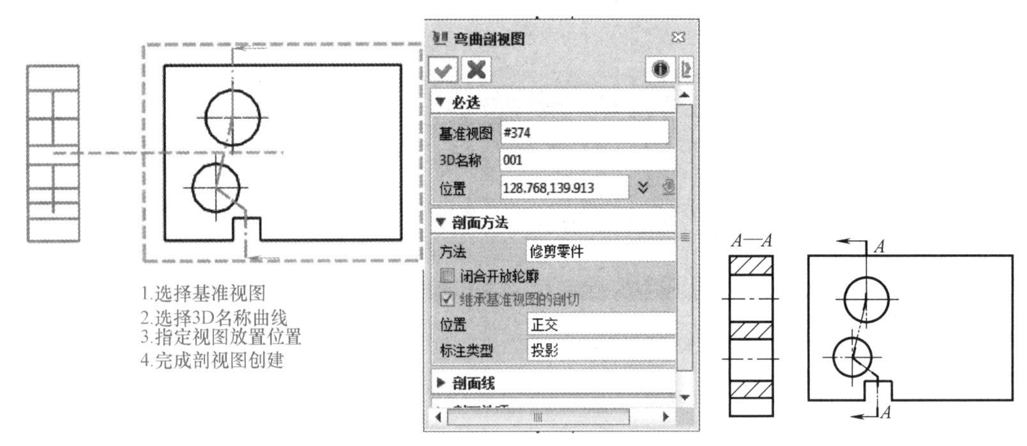

图 4-42 “弯曲剖视图”对话框

2. 剖视图通用选项

前边讲解“剖面视图”下拉菜单工具时主要使用的是“必选”选项组，除此之外还有“剖面方法”“剖面线”“剖面选项”选项组。

(1)“剖面方法”选项组 如图 4-43 所示，“剖面方法”选项组中“位置”选项有“水平”“垂直”“正交”“无”四个选项，其含义如下：

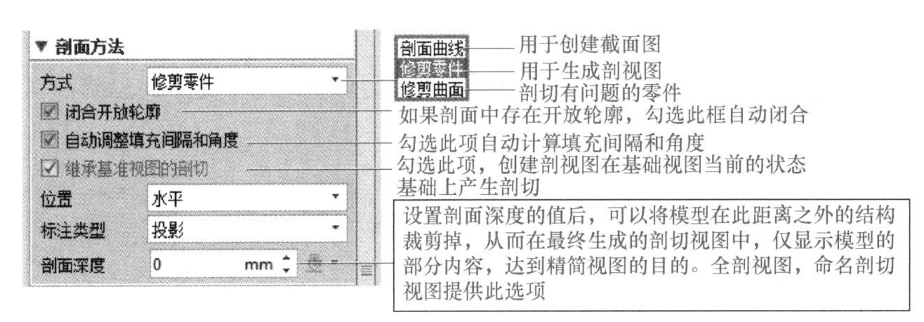

图 4-43 “剖面方法”选项组

1）水平：剖面视图放在基准视图的左右位置，与基准视图水平对齐。

2）垂直：剖面视图放在基准视图的上下方，与基准视图铅垂对齐。

3）正交：剖面视图可放在基准视图的左右和上下位置，但一定与基准视图正交。

4）无：剖面视图将位于用户指定的任意点。

注意：视图放置的位置决定了剖视图的剖切方向。

(2)“剖面线”选项组 如图 4-44 所示。

(3)“剖面选项”选项组 如图 4-45 所示。

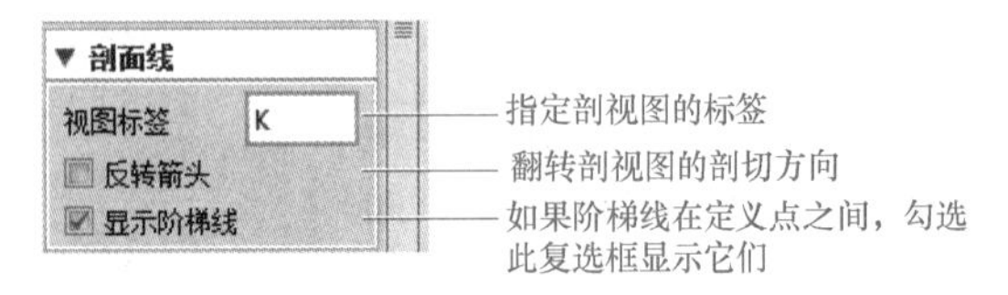

图 4-44 “剖面线”选项组

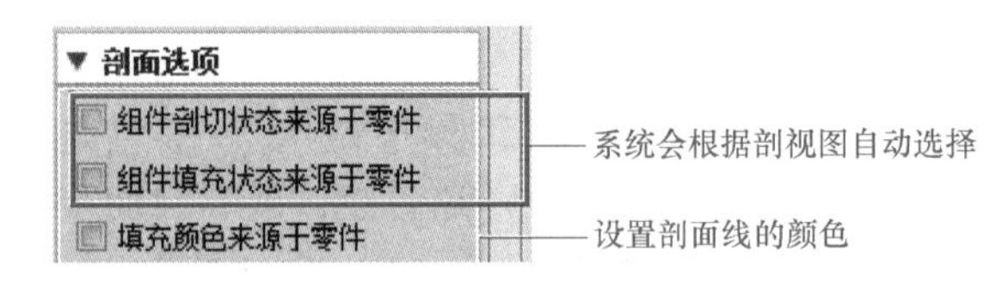

图 4-45 “剖面选项”选项组

3. 局部剖视图

局部剖视图就是只剖切视图的一部分，用于显示部分零件内部结构，通常用于表现零件上比较小的内部结构。

创建局部剖视图需要选择基准视图、绘制剖切范围曲线、指定剖切位置（深度）

三个要素，局部剖视图如图 4-46 所示。

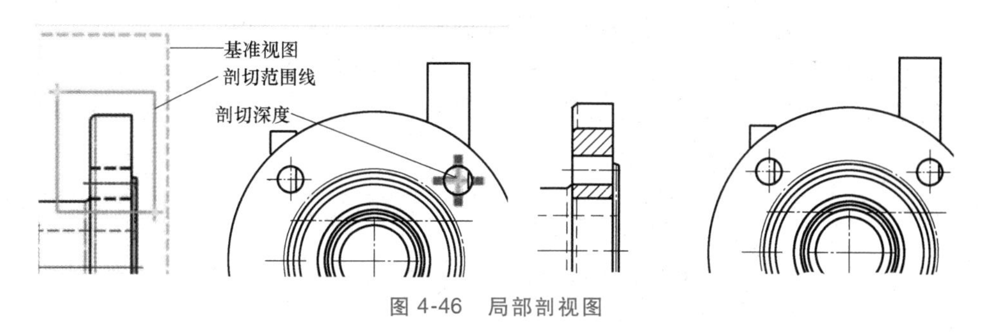

图 4-46　局部剖视图

单击“局部剖”工具按钮，系统弹出“局部剖”对话框，如图 4-47 所示。

4. 注释

注释可以在工程图中创建引线文字，创建时可以为一个注释选择多个基点。

单击“标注”选项卡下的“注释”工具按钮，系统弹出“注释”对话框，如图 4-48 所示。可生成的注释如图 4-49 所示。

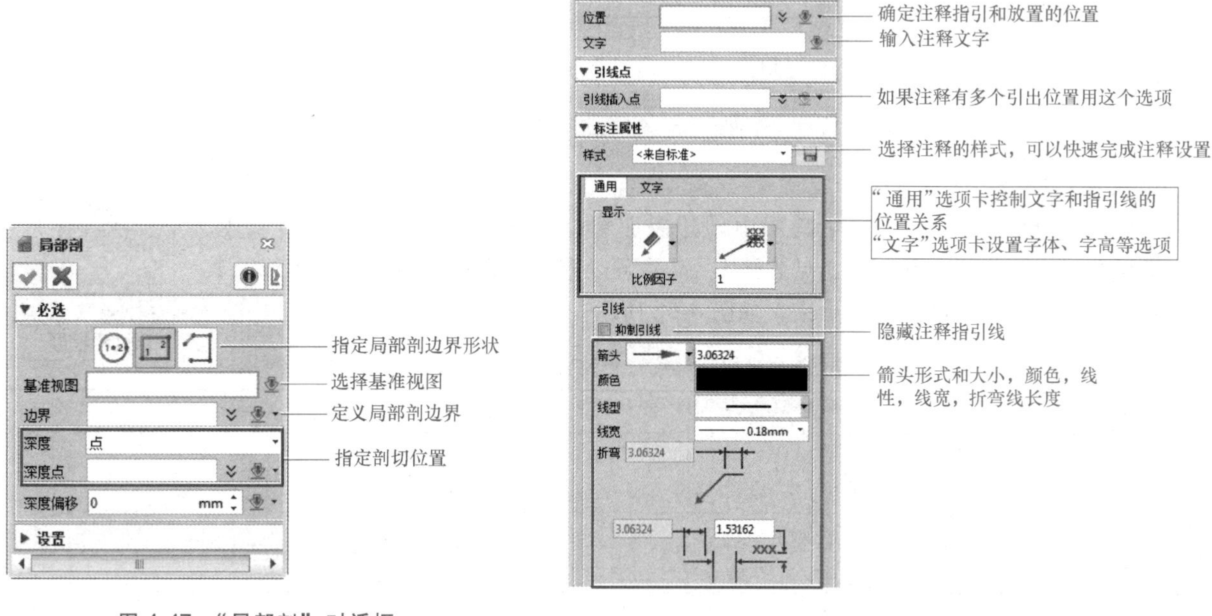

图 4-47　“局部剖”对话框　　　　图 4-48　“注释”对话框

5. 几何公差

几何公差又称形位公差，是机械零件工程图样中非常重要的要素，用于控制加工后的零件几何特征的点、线、面的实际形状或相互位置与理想几何体规定的形状和相互位置之间的差异，如图 4-50 所示。

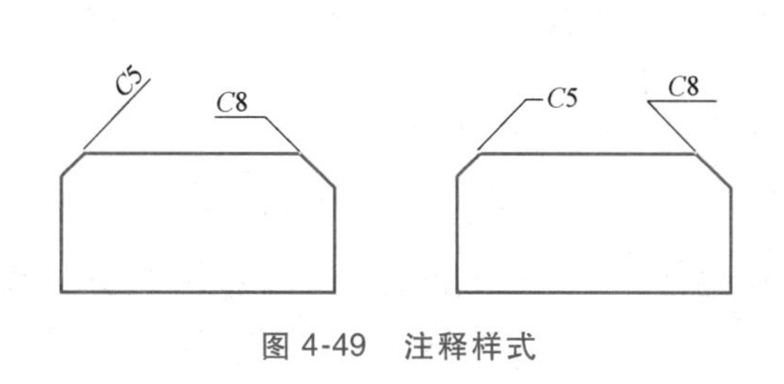

图 4-49　注释样式

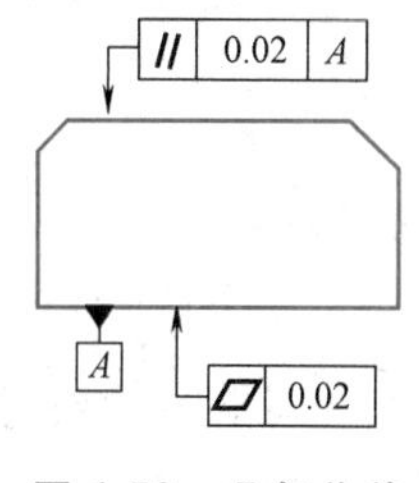

图 4-50　几何公差

单击“标注”工具选项卡下“注释”工具栏中的“形位公差”工具按钮，系统弹出“形位公差”对话框和“形位公差符号编辑器”对话框，如图 4-51 所示，通过公差符号编辑器可以选择公差符号，输入公差值、测量原则，基准等内容。这些内容输入完成后单击“确认”按钮，完成创建公差。按照图 4-51 所示的步骤可创建平行度公差。

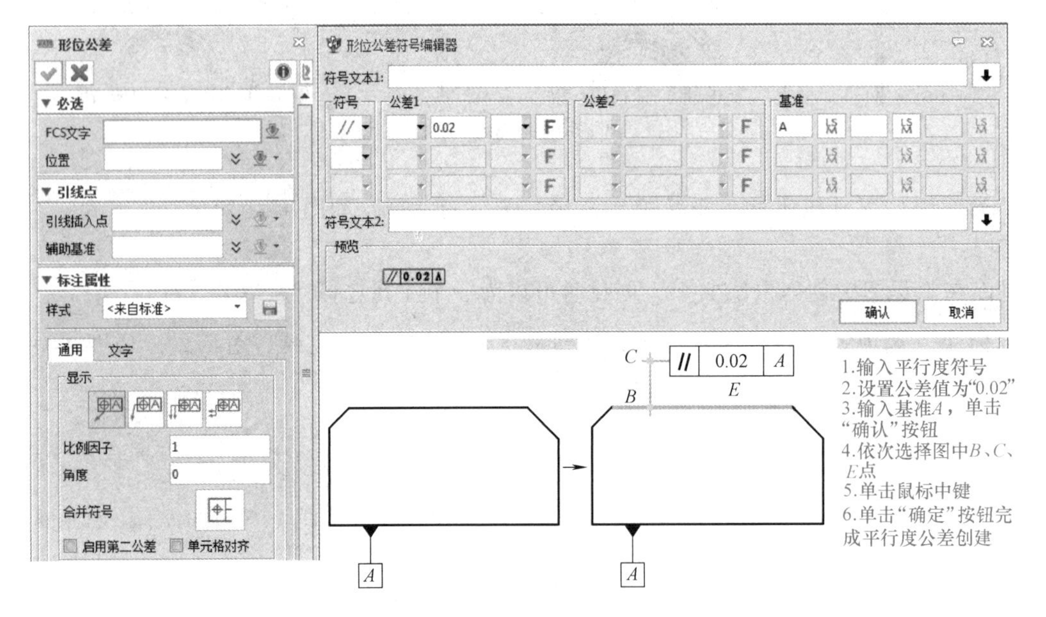

图 4-51 创建平行度公差

6. 表面粗糙度

“表面粗糙度”工具用于在工程图中创建表面粗糙度符号。表面粗糙度有基本、去除材料和不去除材料三种形式，见表 4-4。符号可以直接放置在视图中的轮廓线及其延长线上，也可以从轮廓线指引出来，如图 4-52 所示。

表 4-4 常用表面粗糙度符号及含义

序号	符号	含义
1		基本的表面粗糙度符号
2		去除材料的表面粗糙度符号
3		不去除材料的表面粗糙度符号

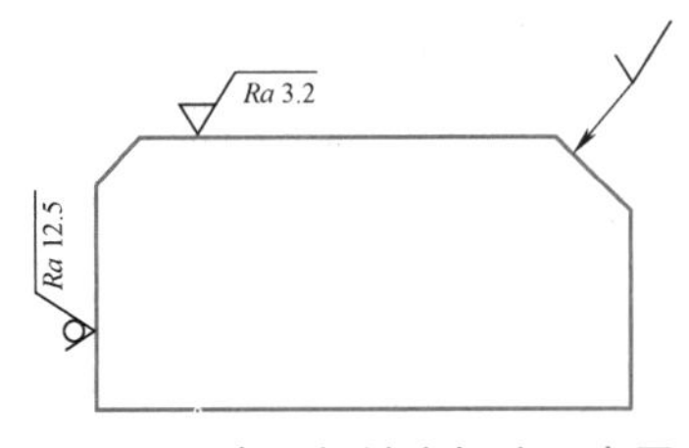

图 4-52 表面粗糙度标注示意图

单击“标注”选项卡下“符号”工具栏中的“表面粗糙度”工具按钮，系统弹出“表面粗糙度”对话框，如图 4-53 所示。

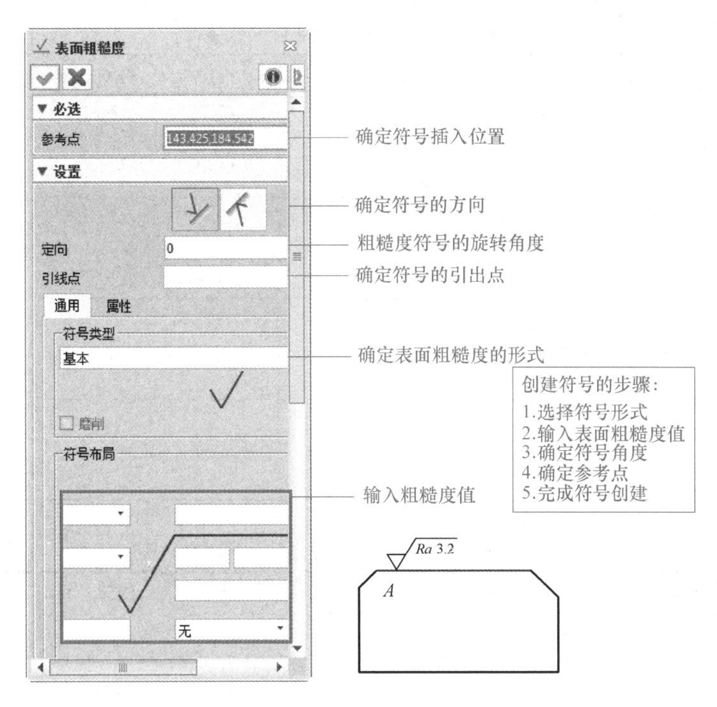

图 4-53　“表面粗糙度”对话框

课内实施

1. 预习效果检查

(1) 填空题

1）用剖切面完全地剖开物体所得的剖视图，称为____________。

2）局部剖视是指零件内部的剖视图，即零件视图被切去部分后显示零件____________的剖视图。

3）表面粗糙度符号 表示____________。

(2) 判断题

1）当剖切圆形零件希望显示出零件的两个不同特征时，可以选用对齐剖视图。(　　)

2）局部剖视图会重新创建一个新视图。(　　)

3）注释可选择多个基点，并且多个箭头都是来源于而同一引线文本。(　　)

2. 阀盖工程图制作任务分析

(1) 阀盖工程图制作任务分析（参考）　阀盖零件截切图形如图 4-54 所示。从图中可以看出，零件内部有很多孔和空腔的结构，要准确表达零件的内部结构，标注相关尺寸，就需要使用全剖视图、局部剖视图等剖视图。另外，图上 X 方向方形凸台上有螺纹孔，中间孔是关键装配结构，尺寸需要标注公差，给定表面粗糙度值，为保证装配精度，图中还有几何公差符号等。

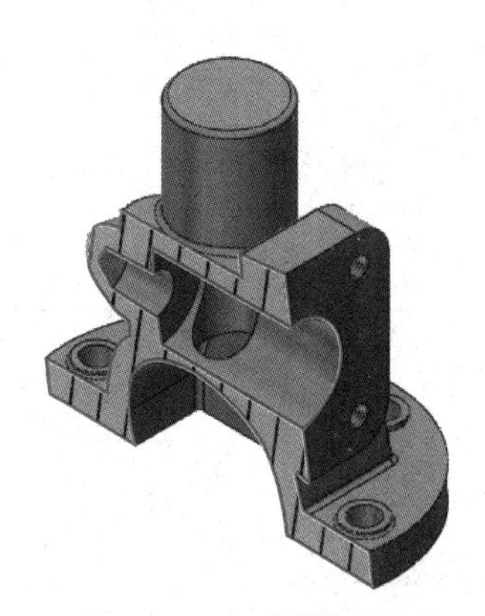

图 4-54　阀盖截切图形

(2) 阀盖工程图制作任务分析（学员）　参考上边的提示，分析阀盖的零件模型，独立完成阀样零件的工程图样分析，并填写表 4-5。

3. 阀盖工程图样制作实施方案

(1) 任务实施方案（参考）　通过前边对阀盖工程图的分析，确定阀盖工程图任务实施方案，具体内容见表 4-6。

表 4-5　零件工程图样分析（学员）

序号	项目	分析结果
1	列举零件内部结构的表达方法	
2	简述截面图和剖面图用法特点	
3	绘制和选择加工面的表面粗糙度符号	
4	教师评价	

表 4-6　参考阀盖工程图制作实施方案

序号	步骤	图示
1	进入工程图环境选择模板“A3(GB_chs)”	
2	使用布局工具生成阀盖主视图	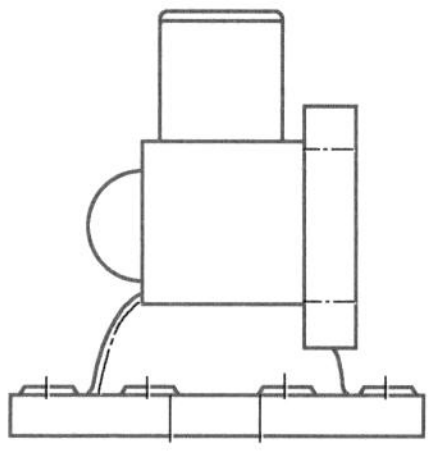
3	创建阀盖俯视图(剖视图)	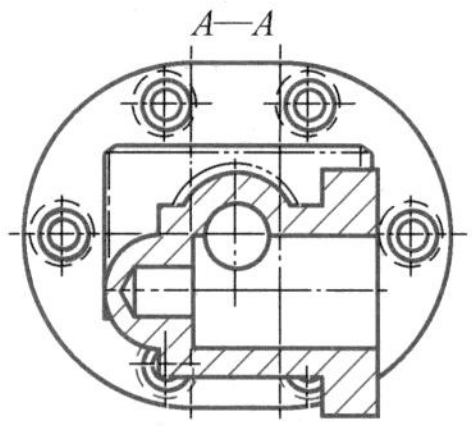 A—A
4	创建左视图(剖视图)	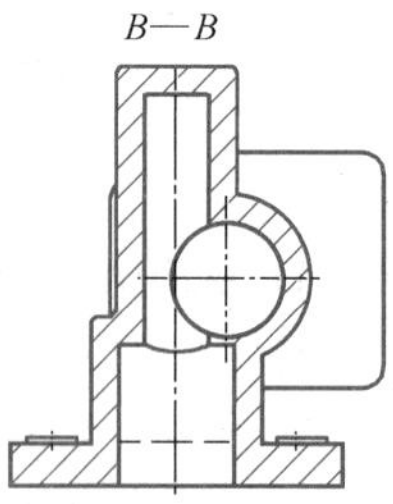 B—B
5	创建向视图	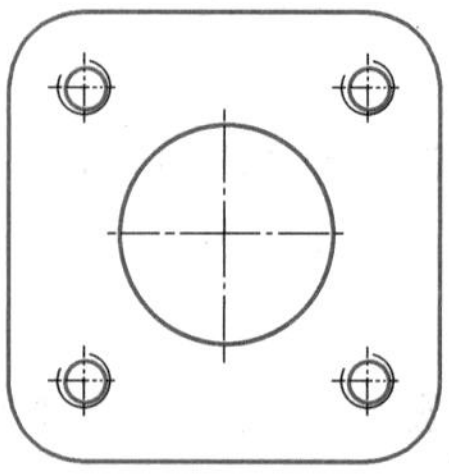

（续）

序号	步骤	图示
6	创建向视图	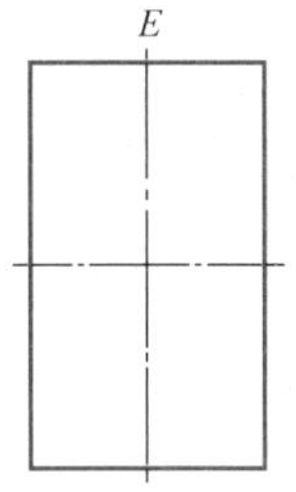 E
7	添加技术要求	技术要求 1. 铸件不得有气孔、夹渣，裂纹等缺陷。 2. 未注明铸造斜度为1~2.5°。 3. 铸造公差按GB 6414. DGCT6。 4. 未注明铸造圆角为$R1\sim R2.5$。 5. 未注公差尺寸的极限偏差按GB/T 1804m。 6. 未注几何公差按GB/T 1184H。 7. 去毛刺，未注倒角$C0.5$。
8	创建局部剖视图	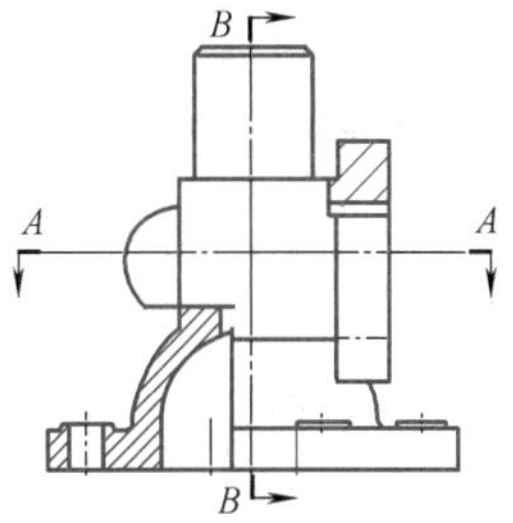 B A A B
9	俯视图添加中心线	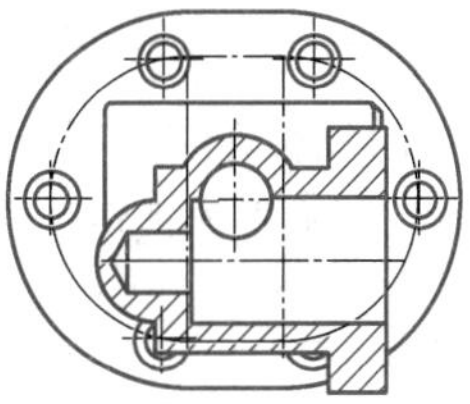
10	标注几何公差	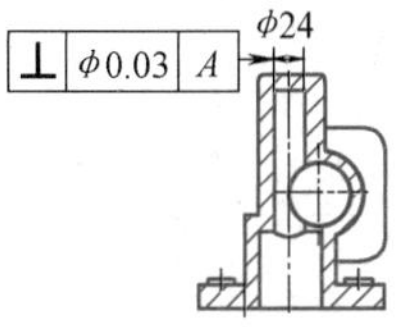 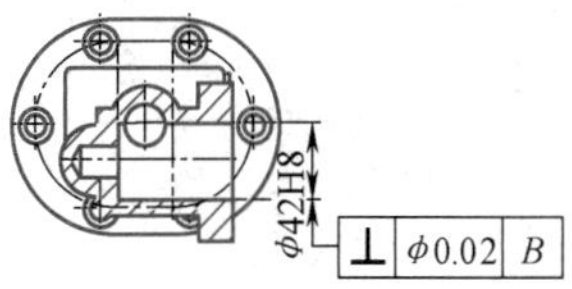 ⊥ ϕ0.03 A ϕ24 ϕ42H8 ⊥ ϕ0.02 B
11	标注表面粗糙度	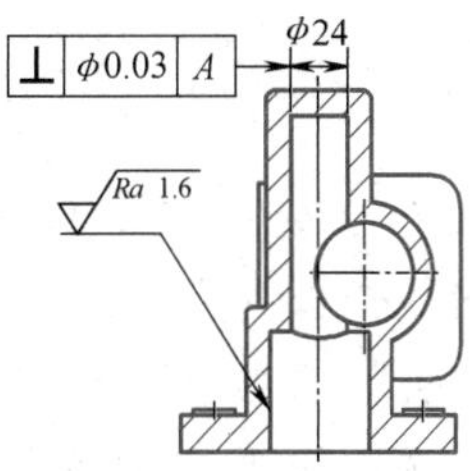 ⊥ ϕ0.03 A ϕ24 Ra 1.6
12	标注尺寸	

（2）阀盖工程图制作实施方案（学员） 根据自己对阀盖工程图制作任务分析和上边提供的参考方案，指定自己的阀盖工程图实施方案，并填写表4-7。

表4-7 阀盖工程图制作实施方案（学员）

序号	项目	分析结果
1	制订"方案-参考"中步骤5中的向视图的创建方案	
2	列举零件外部结构的表达方法	
3	简述截面图的特点	
4	教师评价	

4. 阀盖零件工程图制作任务实施

（1）阀盖零件工程图制作任务实施（参考）

1）进入工程图环境。

① 打开阀盖零件。

② 使用"A3（GB_Mechanical_chs）"模板进入工程图环境。

2）创建主视图。

① 激活"标准"命令。

② 主视图使用前视图，比例为"1：2"。

③"设置"选项组的设置如图4-55所示。

④ 在图纸中合适的位置放置视图，完成主视图的创建，结果如图4-56所示。

图4-55 "设置"选项组

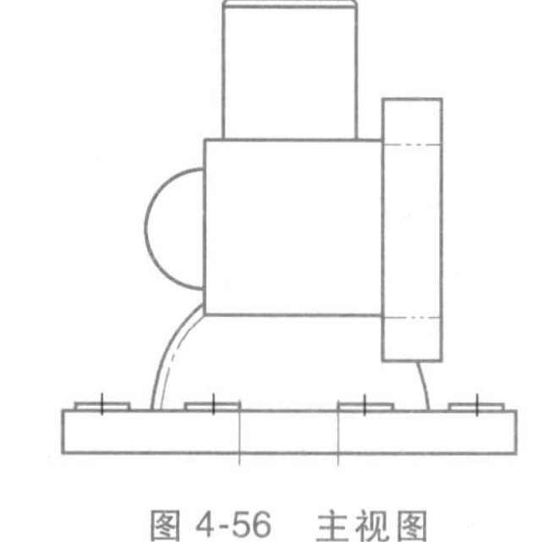

图4-56 主视图

3）创建全剖俯视图。

① 单击"全剖视图"按钮，弹出"全剖视图"对话框。

② 在"基准视图"中选择主视图，"点"为球的顶点，然后沿水平方向拉动剖切线。

③ 设置"剖面方法"选项组下"位置"为"正交"。

④ 单击"必选"选项组下"位置"文本框，在绘图区主视图的下方的合适位置放置全剖的俯视图，效果如图4-57所示。

4）创建全剖左视图。

① 单击“全剖视图”按钮，弹出“全剖视图”对话框。

② 在“基准视图”中选择主视图，“点”为铅垂圆柱顶平面圆心，然后沿铅垂线方向拉剖切线。

③ 设置“剖面方法”选项组下的“位置”为“水平”。

④ 单击“必选”选项组下“位置”文本框，在绘图区主视图的右方合适的位置放置全剖的左视图，效果如图 4-58 所示。

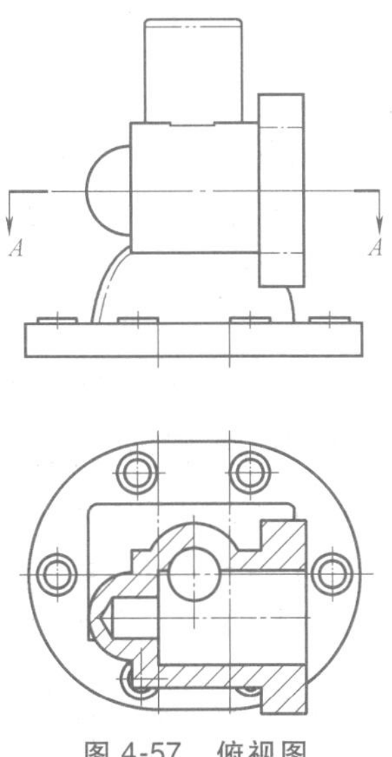

图 4-57　俯视图

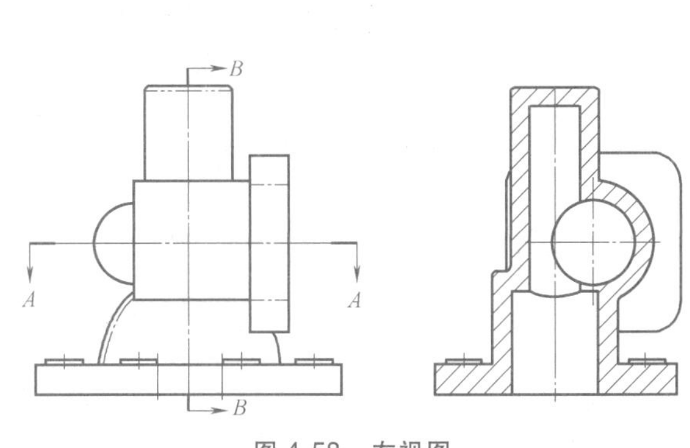

图 4-58　左视图

5）创建向视图 *D*。

① 创建主视图的投影视图。单击“布局”选项卡中的“投影”按钮，系统弹出“投影”对话框。“基准视图”选择主视图，将视图向左拖动到图纸框外空白处并单击，单击“确定”按钮得到投影视图，如图 4-59 所示。

② 取消投影视图的对齐模式。选中上一步生成的投影视图后右击，在弹出的菜单中选择“取消对齐”命令。

③ 修剪投影视图。单击“裁剪视图”工具按钮，系统弹出“裁剪视图”对话框，按照图 4-60 所示步骤进行操作，裁剪结果如图 4-61 所示。

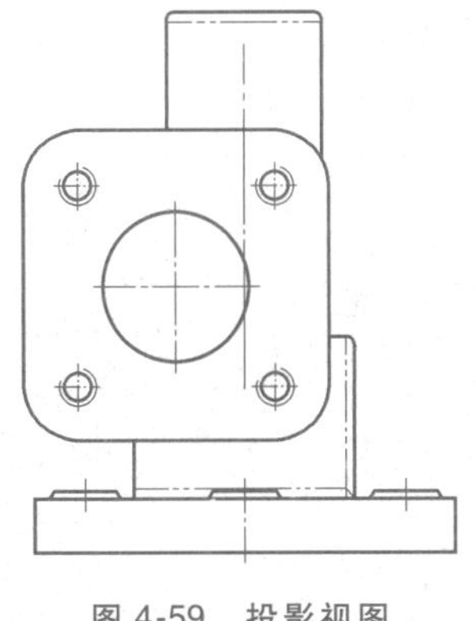

图 4-59　投影视图

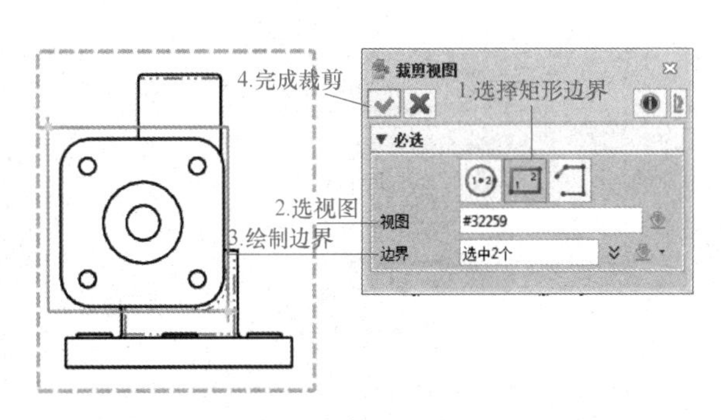

图 4-60　视图裁剪过程

④ 隐藏多余线条。选中不需要的线条，如图 4-62 所示，右击，在弹出的菜单中选择“隐藏”命令，结果如图 4-63 所示。

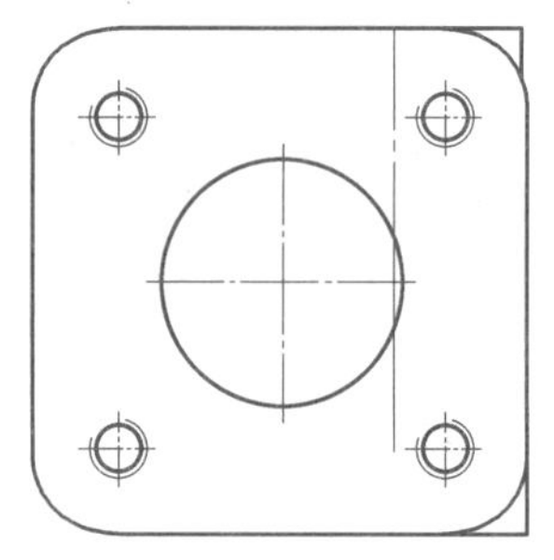

图 4-61　裁剪结果

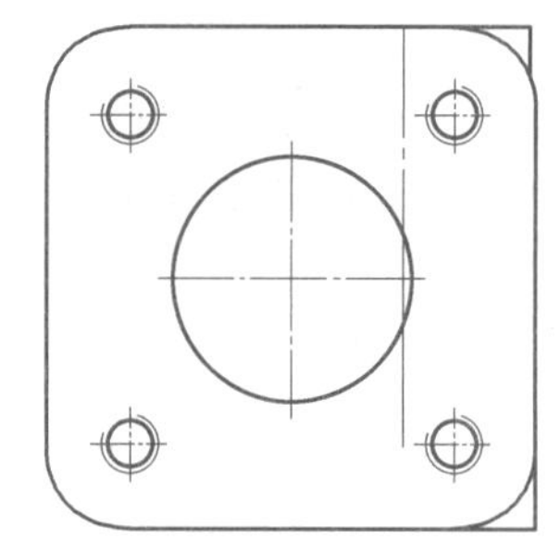

图 4-62　选中需隐藏对象

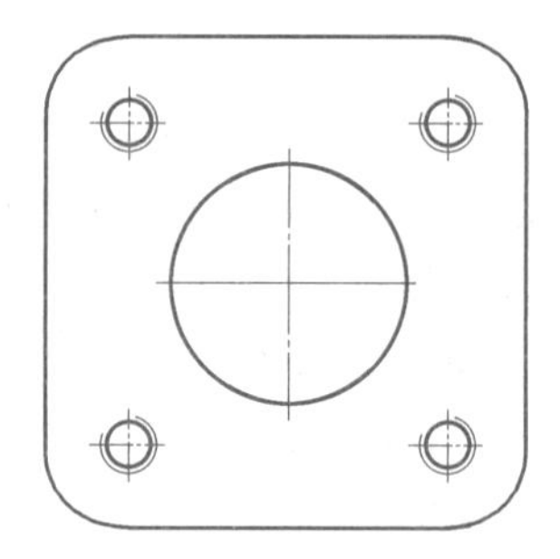

图 4-63　隐藏结果

⑤ 移动视图，将裁剪后的视图拖动到图纸中合适位置。

⑥ 显示向视图标签。双击移动后的视图，系统弹出“视图属性”对话框，在“通用”选项卡中，选中“显示标签”复选框，设置“标签”为“D 向”，在“标签”选项卡中，选中“视图上方”单选按钮，单击“确定”按钮，结果如图 4-64 所示。

6）创建向视图 *E*。

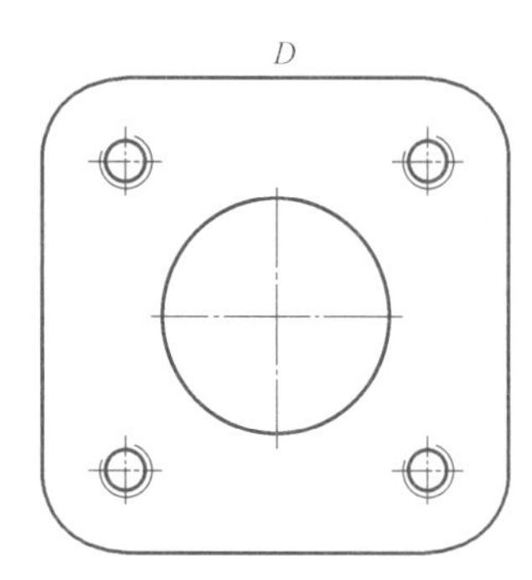

图 4-64　显示标签

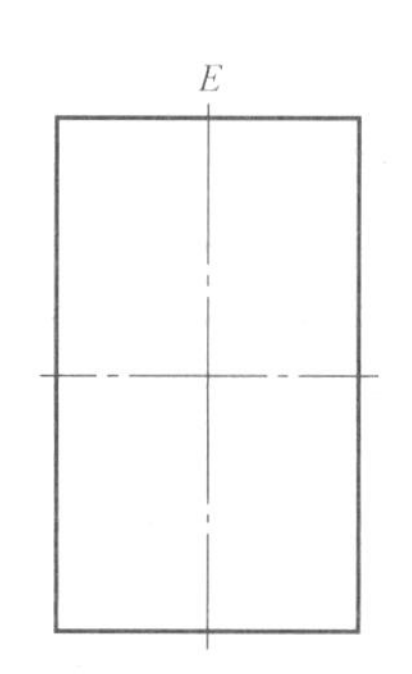

图 4-65　向视图 *E*

使用和上步相同的方法创建向视图 *E*，此处“基准视图”要选择左视图，结果如图 4-65 所示。

7）创建技术要求。

单击“绘图”工具选项卡中的“文字”工具按钮，弹出“文字”对话框，按图 4-66 所示的方式创建并技术要求内容。

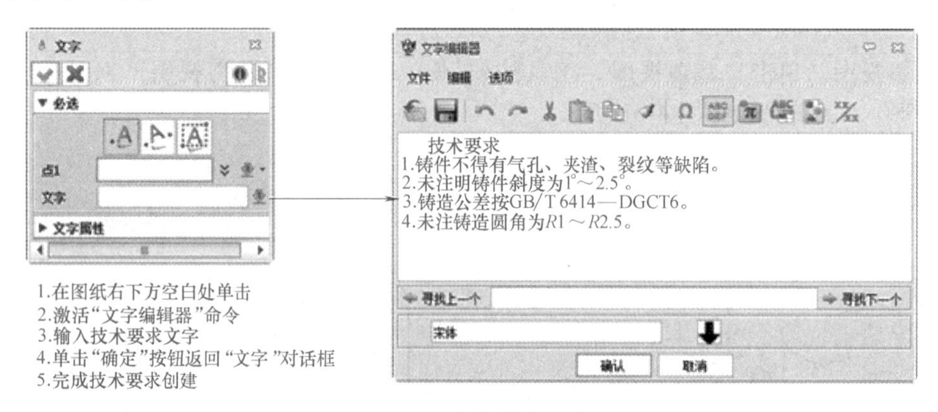

图 4-66　创建技术要求

8）创建向视图投影符号。

① 单击“标注”工具选项卡下的“注释”工具按钮，系统弹出“注释”对话框，按图 4-67 所示的步骤创建注释“*D*”。

② 采用同样的方法创建图 4-68 所示注释“*E*”。

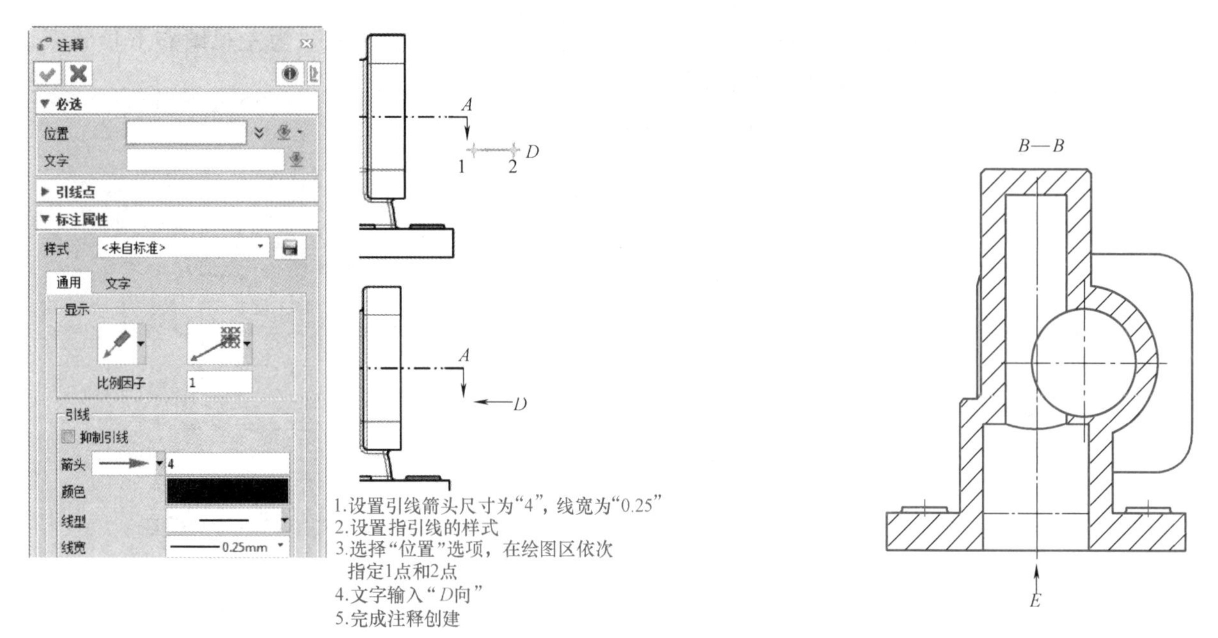

图 4-67　创建注释“*D*”

图 4-68　创建注释“*E*”

9）在主视图上创建局部剖。

① 将左视图的隐藏线显示出来。选中左视图，右击，在弹出的菜单中选择“显示模式”→“线框”命令，结果如图 4-69 所示。

② 单击“布局”工具选项卡中的“局部剖”工具按钮，弹出“局部剖”对话框，按图 4-70 所示步骤创建局部剖，结果如图 4-71 所示。

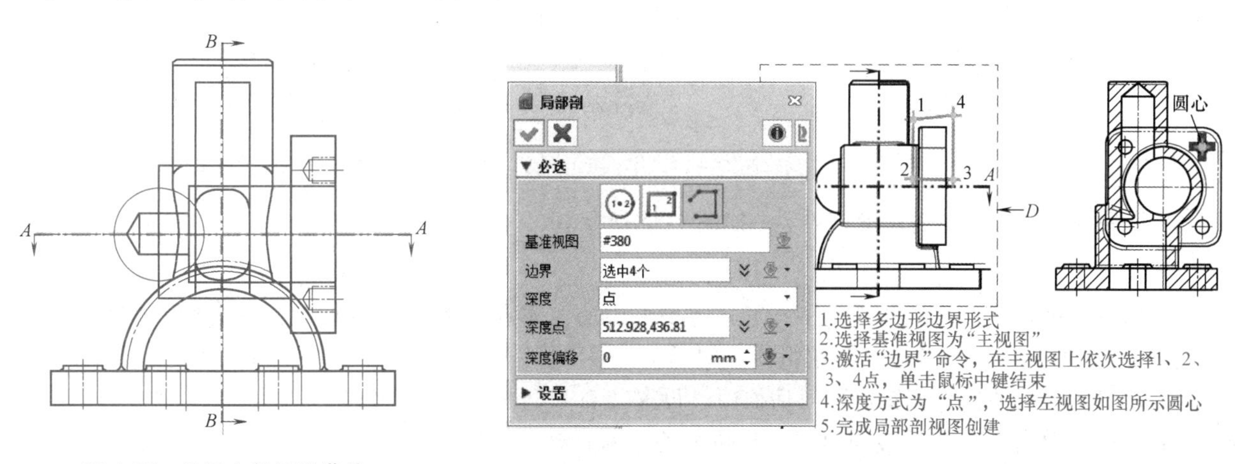

图 4-69　显示左视图隐藏线

图 4-70　创建局部剖

③ 将左视图的隐藏线“隐藏”起来。

④ 采用同样的方法创建另一处局部剖，结果如图 4-72 所示。

10）绘制俯视图中六个圆孔的分布轮廓线。

① 单击“绘图”工具选项卡中的“槽”按钮，在俯视图绘制圆，半径为 46mm，两圆之间中心距为 32mm 的槽。

② 在绘图区将槽的线条全部选中，右击，在弹出的菜单中选择“属性”命令，在“线属性”对话框中设置线条的“类型”“线宽”等参数。完成效果图如图 4-73 所示。

11）创建基准符号。

① 单击“标注”工具选项卡中的“基准特征”工具按钮，弹出“基准特征”对话框。

② 按图 4-74 所示步骤创建基准符号 *A*。“基准标签”为“A”，“实体”为左视图右下角的底边，“显示”为框形，单击“确定”按钮完成创建。

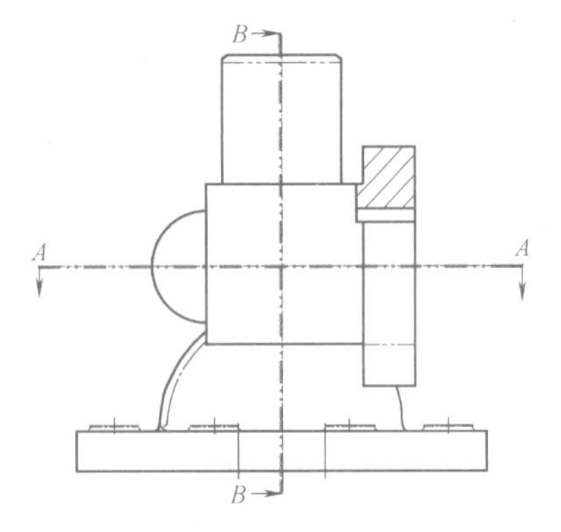

图 4-71　创建上部局部剖视图

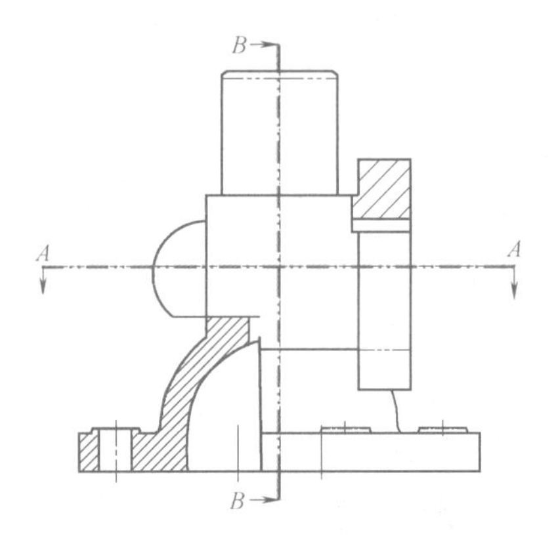

图 4-72　创建下部局部剖视图

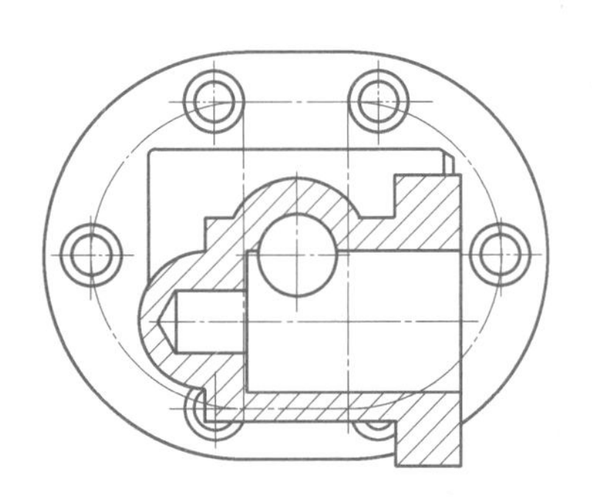
图 4-73　绘制圆孔分布轮廓线

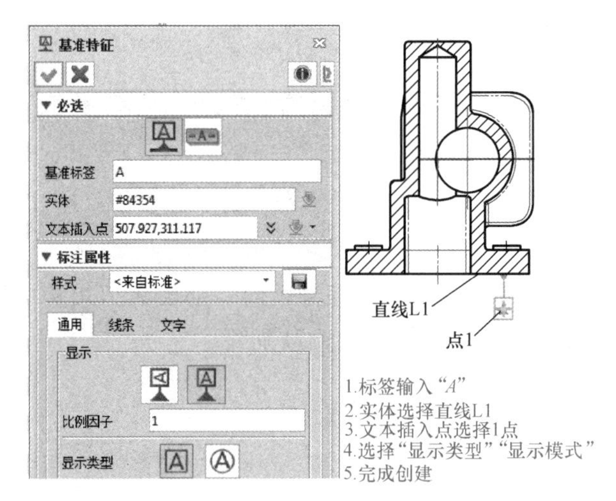

图 4-74　创建基准符号 *A*

③ 采用同样的方法创建基准符号 *B*，如图 4-75 所示。

12）标注几何公差。

① 标注垂直度公差。单击“标注”工具选项卡中的“形位公差”工具按钮，系统弹出“形位公差”对话框和“形位公差符号编辑器”对话框。

② 在“形位公差符号编辑器”对话框中，设置“符号”为“⊥，“公差 1”为“ϕ”“0.03”“基准”为“A”，单击“确认”按钮返回“形位公差”对话框。

③ 在左视图竖直孔 ϕ24 尺寸左侧边单击，向左侧移动鼠标再次单击，单击“确定”按钮完成垂直度标注，结果如图 4-76 所示。

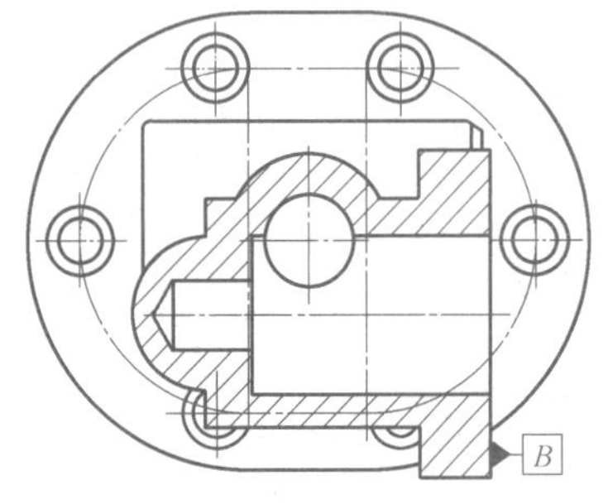

图 4-75　创建基准符号 *B*

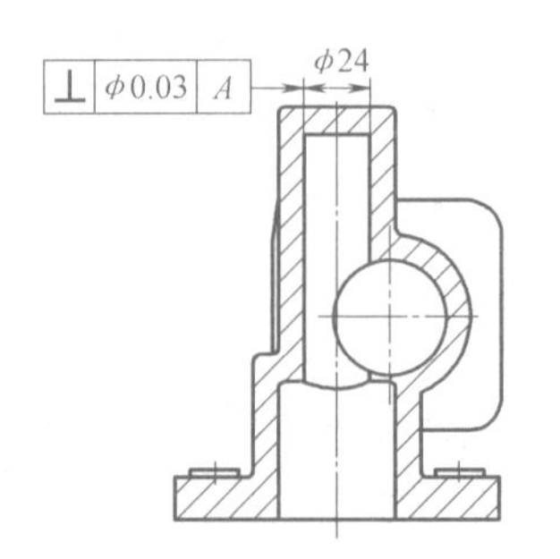

图 4-76　左视图中的垂直度公差

④ 按照上述的方法完成对俯视图几何公差的标注，标注完成后的效果图如图 4-77 所示。

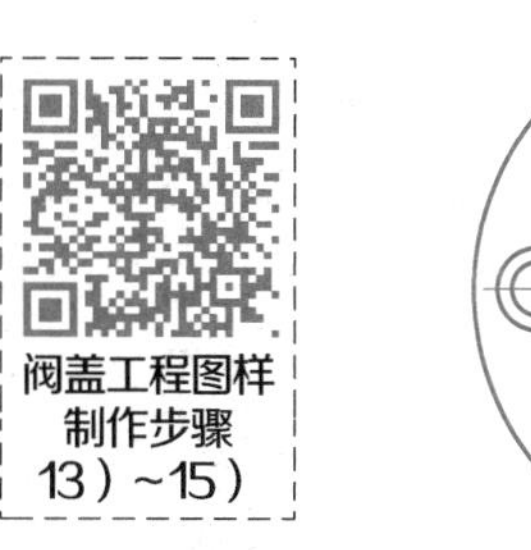

图 4-77　俯视图中的垂直度公差

13）标注表面粗糙度。

① 单击“标注”工具选项卡中的“表面粗糙度”工具按钮，弹出“表面粗糙度”对话框。

② 设置“符号类型”为“去除材料”，在符号布局的“样本长度或粗糙的阶段”选项输入“*Ra*1.6”，如图 4-78 所示，“定向”为“270”。

③ 点选“引线点”，在绘图区按顺序选择 A 点、B 点，选择在左视图的下部的内腔壁上。完成的效果如图 4-79 所示。

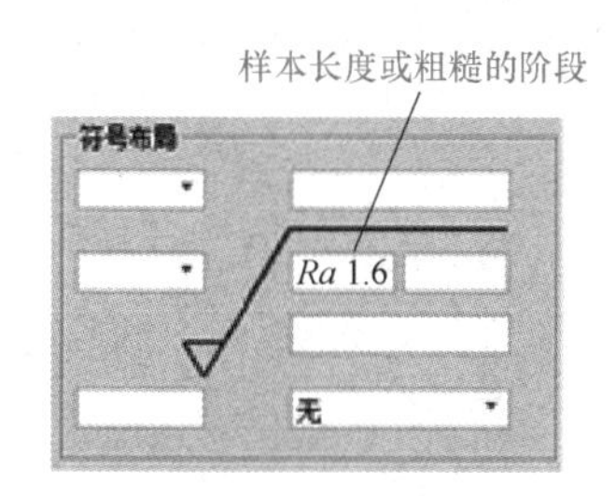

图 4-78　输入表面粗糙度值

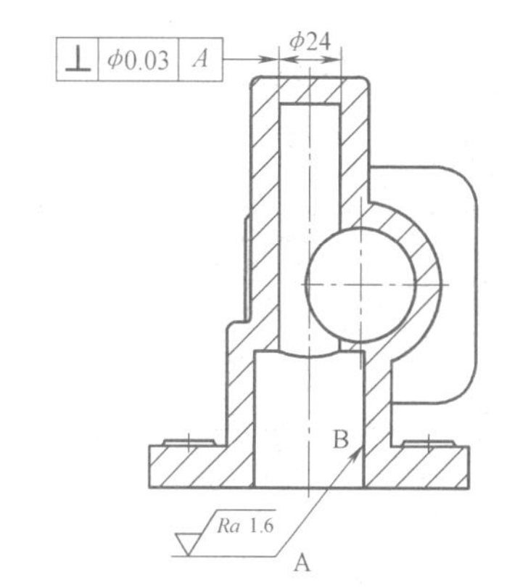

图 4-79　完成内腔表面粗糙度标注

④ 采用同样的方法在俯视图右下角的内腔壁上标注，完成的效果如图 4-80 所示。

⑤ 创建技术要求部分的表面粗糙度，如图 4-81 所示。

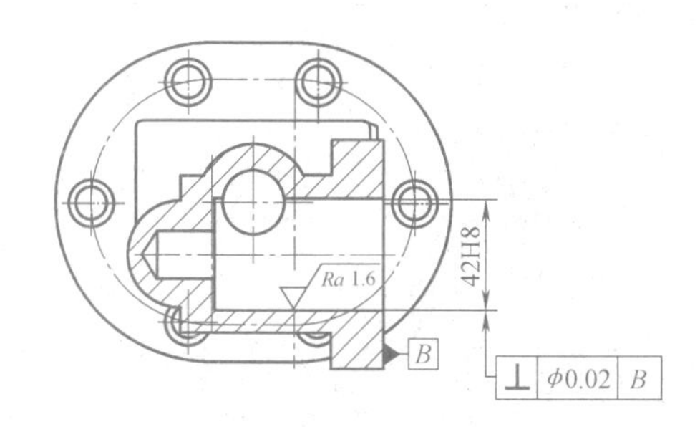

图 4-80　俯视图表面粗糙度标注

技术要求

1.铸件不得有气孔、夹渣、裂纹等缺陷。
2.未注明铸造斜度为1°～2.5°。
3.铸造公差按照GB/T 6414—DGCT6。
4.未注明铸造圆角为*R*1～*R*2.5。

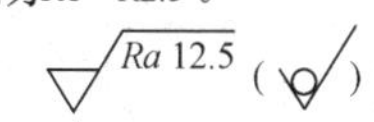

图 4-81　标注技术要求的表面粗糙度

14）尺寸标注。

单击“标注”工具选项卡中的“标注”工具按钮，弹出“标注”对话框。将所有必须要标注的尺寸进行标注后完成图纸。最后完成效果如图 4-82 所示。

15）保存文件。

（2）学员任务实施　依据自己设计的工程图实施方案，完成阀盖的工程图并输出成“阀盖 .dwg“文件，提交给老师。

课后拓展训练

创建图 4-83 所示的工程图，要求图框采用“A3（GB_chs）”模板。

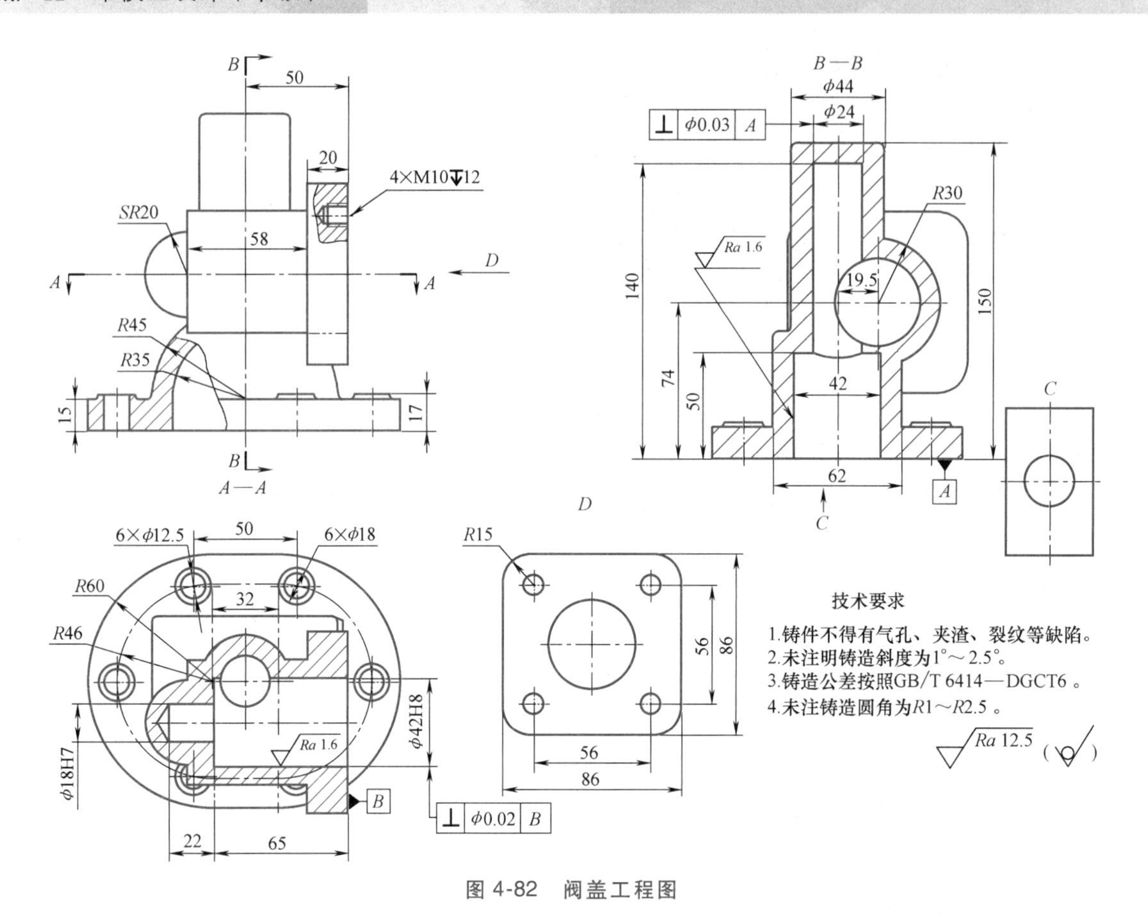

图 4-82　阀盖工程图

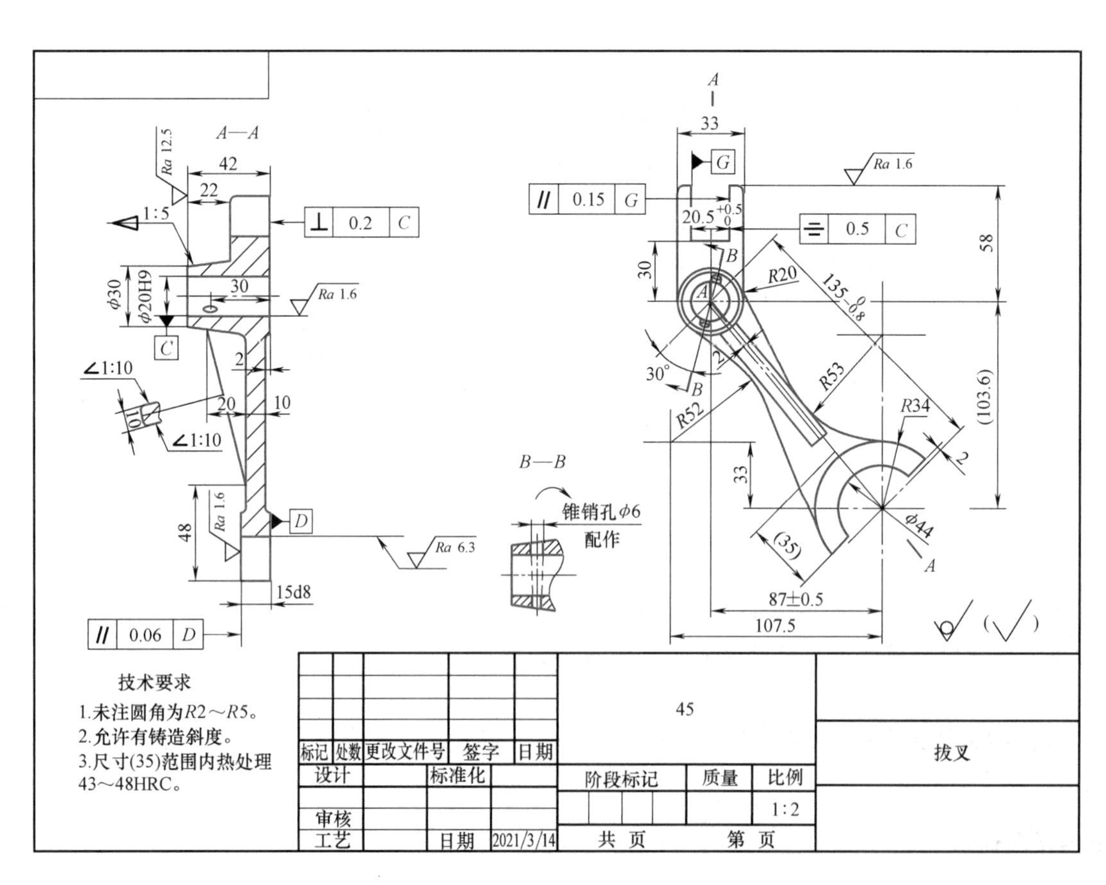

图 4-83　拔叉工程图

学习任务 4.3 节流阀阀体工程图样制作

任务描述

节流阀是液压传动系统中常用的阀，阀体是节流阀中的重要零件，其形状复杂，是左右、前后对称的铸件，阀体三维模型如图 4-84 所示。通过阀体的三维工程图转入到二维 CAD 软件并完善工程图任务，学员学习从中望 3D 软件的工程图环境导出 DWG 格式工程图的方法，在中望 3D 软件的二维 CAD 环境中处理线型、标注尺寸、标注公差等功能；能够在中望 3D 和中望 2D 环境之间配合，高效完成机械工程图图样的绘制工作。

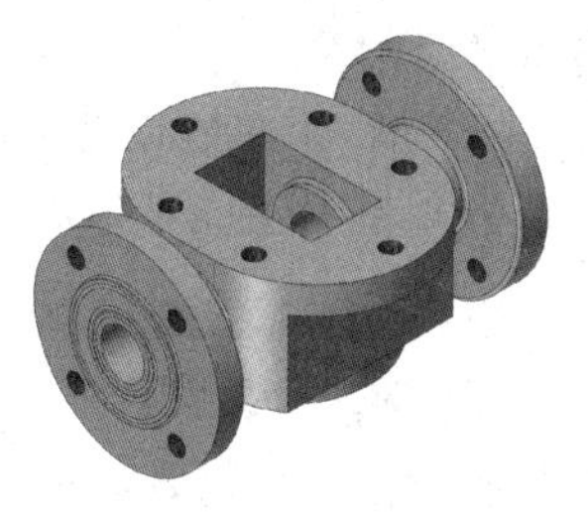

图 4-84 节流阀阀体三维模型图

知识点

- 3D 工程图导出 DWG 格式工程图。
- CAD 图幅调用。
- CAD 修改线型。
- CAD 尺寸标注。
- CAD 公差标注。
- CAD 表面粗糙度标注。
- CAD 技术要求调用。

技能点

- 能正确利用三维工程图导出 DWG 格式二维工程图。
- 能正确在机械 CAD 软件使用二维工程图的线型、尺寸标注等功能。

素质目标

培养学员独立完成中等难度机械零件的二维视图表达能力，合理使用中望机械 CAD 2021 教育版根据零件表达的需要完善工程图样，提高独立完成工作任务的能力，培养学员独立思考、善于动脑的职业素养。

课前预习

1. 机械 CAD 快速选择

“快速选择”工具是在绘图区运用颜色、图层、线型、线宽等特性对直线、圆弧、所有图元等对象类型进行分类选择。

在中望机械 CAD 2021 教育版软件绘图环境中的空白处右击，在弹出的菜单中选择“快速选择”命令或使用快捷键<Q+S+E>激活快速选择命令，系统弹出“快速选择”对话框，如图 4-85 所示。在“特性”列表框中选择“线型”或“线宽”后，在“值”列表框中选择快速选择的范围。

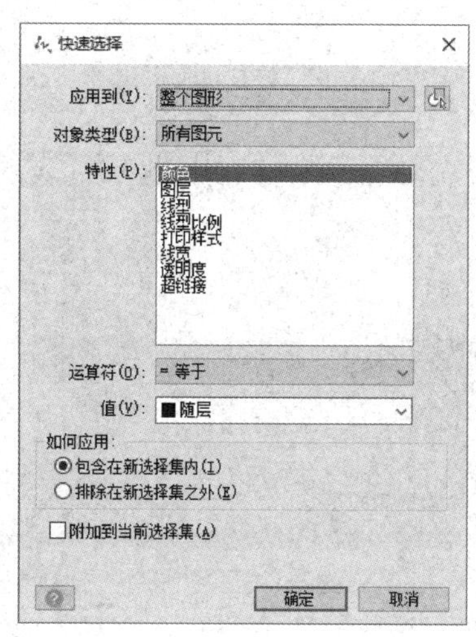

图 4-85 “快速选择”对话框

2. 增强尺寸标注

“增强尺寸标注”工具是在已标注尺寸基础上对尺寸进行修改，能够对已注尺寸进行尺寸公差、直径符号、螺纹符号等特性修改。

将光标置于尺寸上方，双击以激活“增强尺寸标注”命令，弹出图 4-86 所示的对话框。

(1) 尺寸修改区 尺寸修改区中的“<>”符号为尺寸标注的测量尺寸（也称缺省尺寸），可直接用所需要数据代替“<>”符号。

(2) 直径等符号设置 把光标放在尺寸修改区“<>”符号前，单击对话框“文字”选项组中的按

钮 Φ ，即为尺寸文字前添加直径符号 ϕ，表示所表达形状为圆。单击按钮 Φ ▾ 右边小三角形可以调出“常用符号库”对话框，为尺寸添加对应的符号。

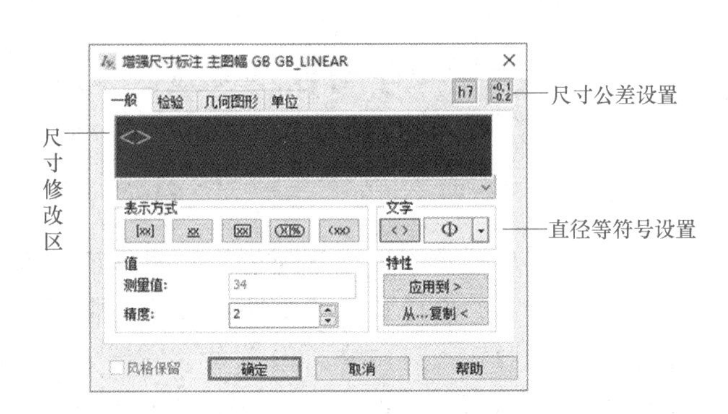

图 4-86 “增强尺寸标注 主图幅 GB GB_LINEAR”对话框

(3) 尺寸公差设置 尺寸公差设置有配合尺寸公差和零件尺寸公差两种模式。

1）单击“添加配合”按钮 h7 ，弹出“配合”对话框，如图 4-87 所示，“配合”对话框可设置配合符号与基本尺寸精度。单击“配合”对话框下方尺寸显示区域，弹出“选择配合类型 主图幅 GB”对话框，可根据选择的配合类型改变尺寸标注的表达形式，如图 4-88 所示。

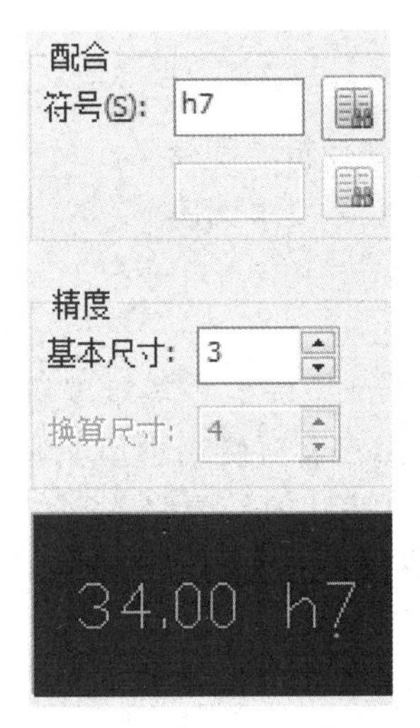

图 4-87 “配合”对话框

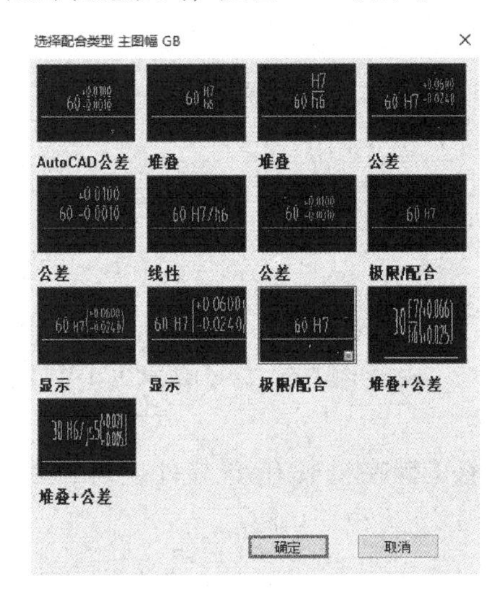

图 4-88 选择配合类型

在中望机械 CAD2021 教育版软件中默认配合为“h7”，单击“配合”对话框中的按钮 ，弹出“公差查询”对话框，可直接选择“轴公差”“孔公差”“基轴配合公差”“基孔配合公差”，如图 4-89 所示。

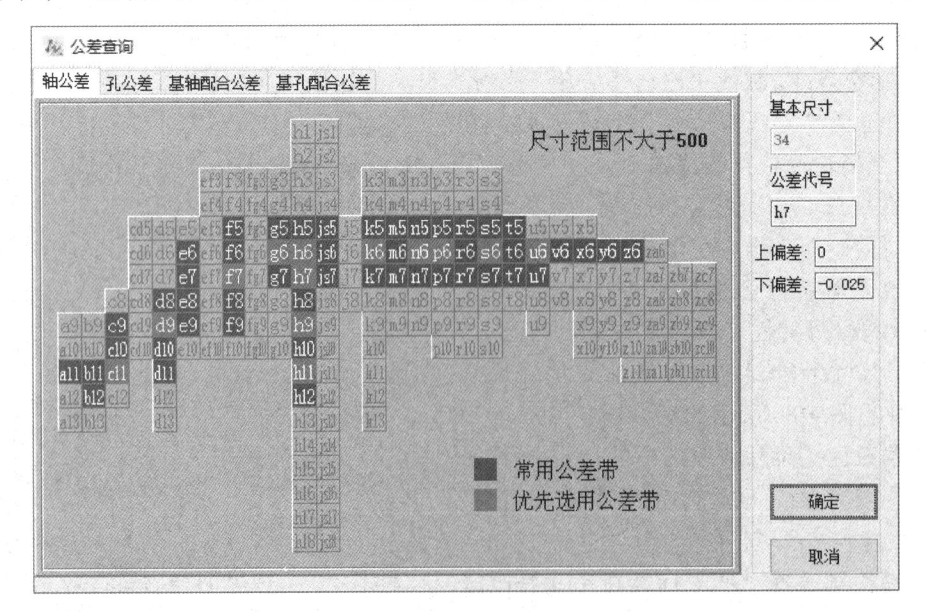

图 4-89 “公差查询”对话框

2）单击“增强尺寸标注”对话框中的“公差”按钮，弹出“偏差量”对话框，如图 4-90 所示。在“偏差量”对话框中可设置尺寸上、下极限偏差以及基本尺寸精度。单击“偏差量”对话框下方尺寸显示区域，弹出“选择公差类型”对话框，可根据选择的公差类型改变尺寸公差的表达形式，如图 4-91 所示。

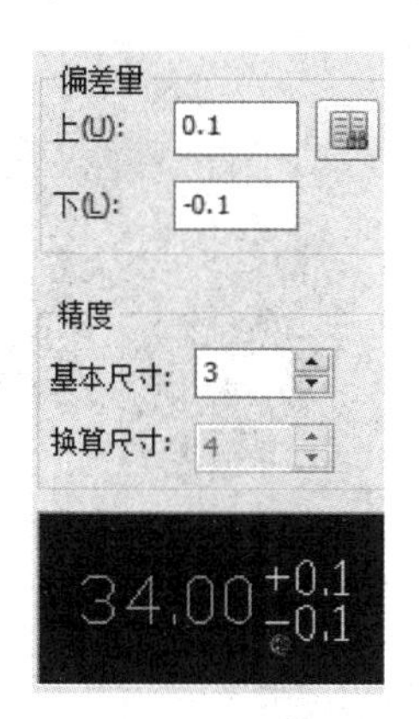

图 4-90　“偏差量”对话框

图 4-91　选择公差类型

3. 中望机械 CAD 2021 教育版快捷键

使用快捷键能提高中望机械 CAD 操作速度，下面为大家介绍一些常用快捷键的使用方法和功能，希望这些 CAD 2021 教育版快捷键可以给用户带来便捷的绘图体验，见表 4-8。

表 4-8　中望机械 CAD 常用快捷键具体内容

序号	快捷键	功能命令	序号	快捷键	功能命令
1	TF	图幅调用	17	SC	缩放
2	LA	图层管理	18	D	标注
3	L	直线	19	DB	倒角标注
4	C	圆	20	YX	引线标注
5	SPL	样条曲线	21	STL	剖切符号标注
6	ZX	中心线	22	ZWMVI	向视图符号标注
7	TR	修剪	23	H	填充
8	EX	延伸	24	CC	表面粗糙度
9	DE	动态延伸	25	JZ	基准
10	E	删除	26	XW	几何公差
11	X	分解	27	TJ	技术要求
12	O	偏移	28	WZ	文字
13	M	移动	29	MA	格式刷
14	CO	复制	30	F3	对象捕捉
15	MI	镜像	31	F8	正交模式
16	RO	旋转	32	F10	极轴追踪

课内实施

1. 预习效果检查

(1) 填空题

1）增强尺寸标注尺寸公差设置有配合与____________两种模式。

2）基本尺寸为20mm，配合公差为H9，其在工程图中标注尺寸为____________。

3）中望机械CAD2021教育版软件中中心线的颜色是____________其默认在____________图层。

4）MI是____________命令的快捷键。

5）几何公差标注____________的时候需要在数据前插入符号φ。

2. 阀体工程图表达分析

（1）阀体工程图样任务分析（参考） 阀体零件结构相对复杂，但呈左右、前后对称，适合用半剖方式表达。主视图、俯视图、左视图均为半剖表达。主视图半剖表达大部分形状特征之外，添加两个局部剖表达上端面与下端面螺纹孔特征。底面添加一个向视图表达螺纹孔分布情况，法兰圆弧槽处圆弧直径偏小，需要添加放大视图，表达方案如图4-92所示。

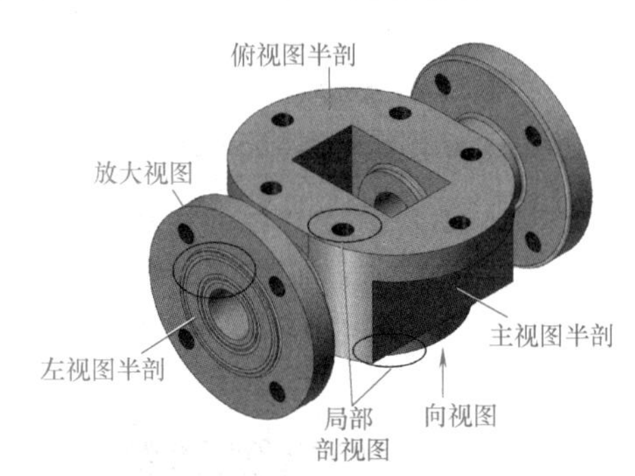

图4-92 阀体表达方案

（2）阀体工程图样任务分析（学员） 分析阀体零件模型，参考以上任务，完善分析内容，并填写表4-9。

表4-9 阀体工程图表达方案分析（学员）

序号	项目	分析结果
1	简述阀体零件选择主视图投影方向的原则	
2	指出阀体零件上适合使用向视图表达的结构	
3	简述对3D中望 工程图和2D中望 如何分工合作的理解	
4	教师评价	

3. 阀体工程图样任务实施方案

（1）任务实施方案（参考） 具体内容见表4-10。

表4-10 任务实施参考方案（参考）

序号	步 骤
1	进入中望3D工程图环境，选择默认模板
2	创建阀体零件主视图、俯视图、仰视图和左视图
3	为各视图创建局部剖
4	从中望3D软件中导出DWG文件，并在中望机械CAD2021教育版软件中打开
5	调入标准图幅，并编辑标题栏，初步调整各视图位置
6	设置图层状态，将转入图纸各种对象归类到不同的图层
7	调整各视图的线条，删除不需要的线条，添加遗漏的线条
8	创建局部放大视图
9	标注尺寸
10	添加基准符号
11	标注几何公差
12	标注表面粗糙度
13	添加技术要求
14	优化视图布局

（2）任务实施方案（学员）　根据自己的实际情况和个人特长，制订不同于参考的阀体工程图样实施方案。

4. 阀体工程图图样制作任务实施

（1）任务实施（参考）

1）打开素材文件“阀体 . Z3PRT”。

2）进入 2D 工程图环境创建主视图。

① 在绘图区空白处右击，在弹出的菜单中选择“2D 工程图”命令，在系统弹出的“选择模板”对话框中选择“默认”选项进入 2D 工程图环境。

② 在“标准”对话框“通用”选项卡下方取消显示消隐线按钮，单击对话框中的“位置”文本框，在绘图区合适位置单击放置主视图，单击“确定”按钮，结果如图 4-93 所示。

3）使用投影视图创建俯视图、仰视图和左视图。

① 单击“投影”工具按钮，系统弹出“投影视图”对话框，因为图纸中只有一个视图，所以系统自动将存在的视图作为基础视图。

② 创建俯视图。将光标沿垂直方向往下移动到合适位置单击放置俯视图，如图 4-94 所示。

③ 将光标沿水平方向往右移动到合适位置单击放置左视图，垂直往上移动到合适位置单击放置仰视图（向视图）。单击“确定”按钮完成四个视图放置，如图 4-95 所示。

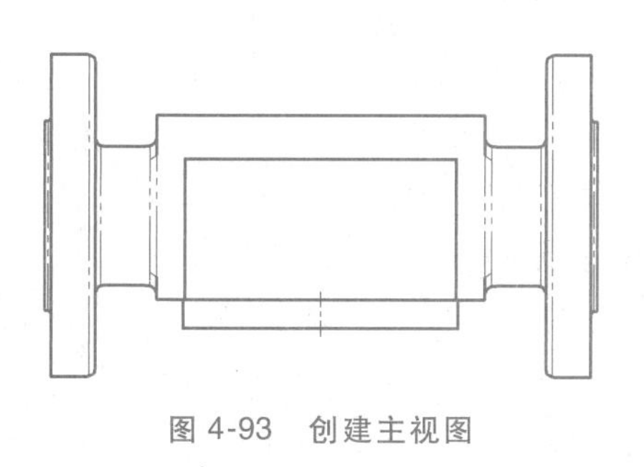

图 4-93　创建主视图

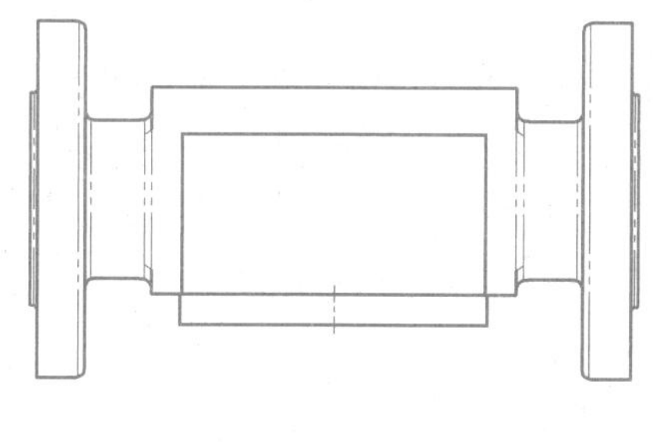

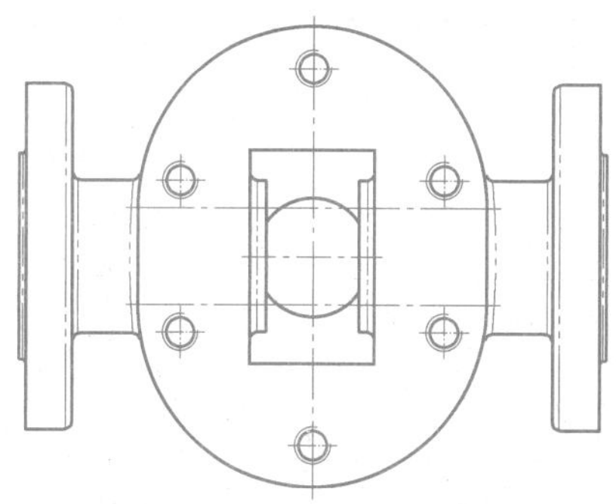

图 4-94　创建俯视图

4）使用标准视图创建轴测图。

① 单击“布局”工具选项卡下的“标准”工具按钮，把视图放置在右下角，单击“确定”按钮。

② 单击“旋转视图”工具按钮，选择上一步创建的标准视图，系统弹出“旋转视图”控制面板，如图 4-96 所示。

③ 单击按钮右视图后，在下拉菜单中选择“轴测图”选项，单击“确定”按钮，结果如图 4-97 所示。

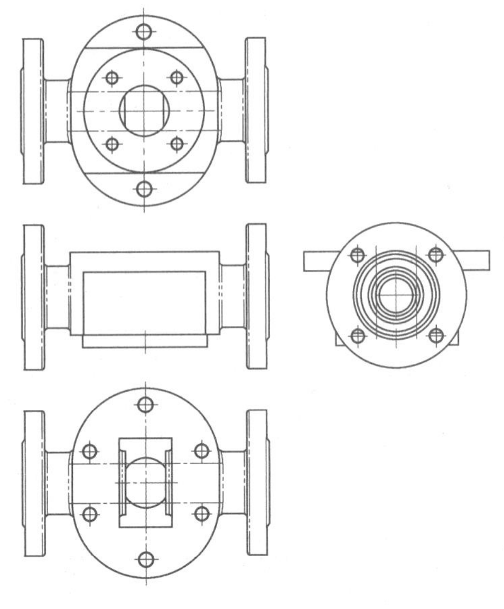

图 4-95 创建投影视图

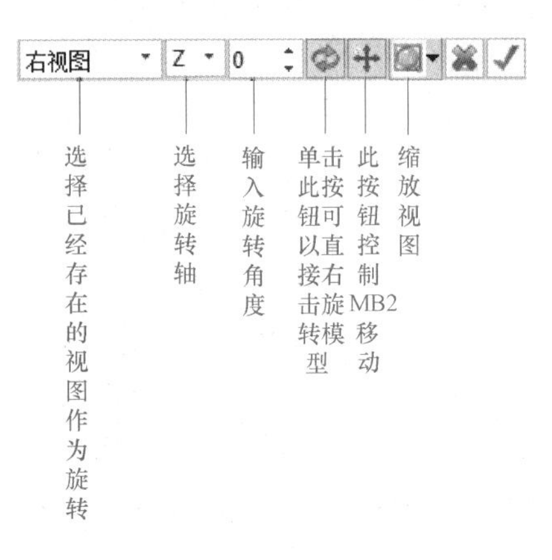

图 4-96 “旋转视图”控制面板

5）使用局部剖工具将主视图、俯视图改为半剖视图。

① 单击“局部剖”工具按钮，选择“矩形边界”按钮，“基准视图”选择主视图，按图 4-98 所示步骤创建局部剖视图。俯视图操作方法与主视图一致，深度点选择图 4-99 所示的 *B* 点，结果如图 4-99 所示。

② 继续在主视图上创建局部剖，用于表达泵体顶部和底部的螺孔，结果如图 4-100 所示。

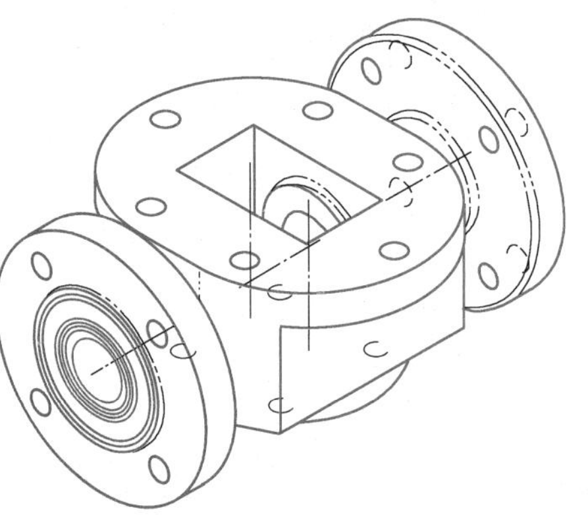
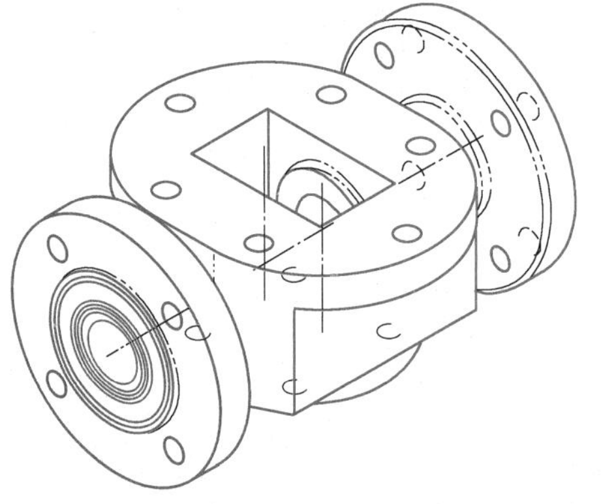

图 4-97 标准视图设置轴测图

阀体工程图样制作步骤5）~6）

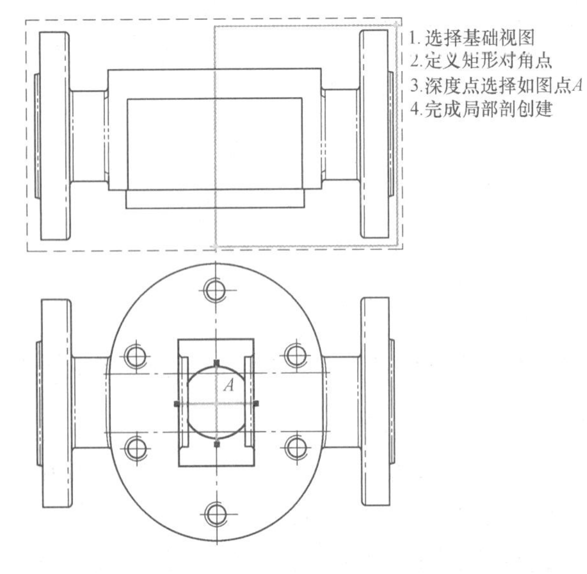

图 4-98 创建半剖视图步骤

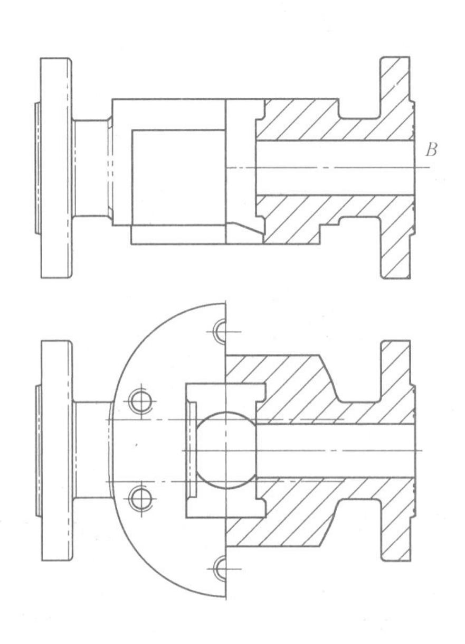

图 4-99 主、俯视图半剖结果

6）将左视图改为半剖视图，如图 4-101 所示。

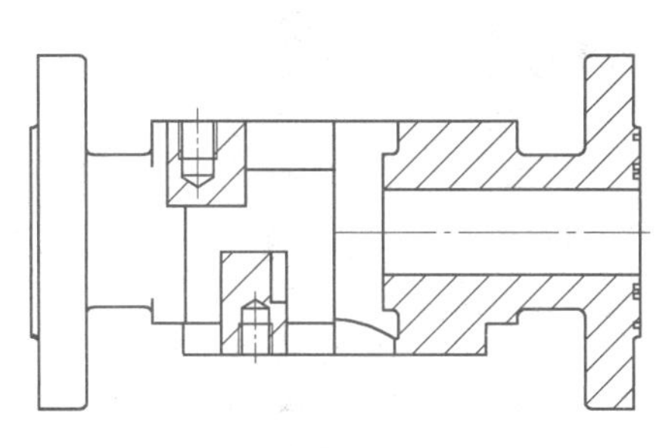

图 4-100　主视图局部剖

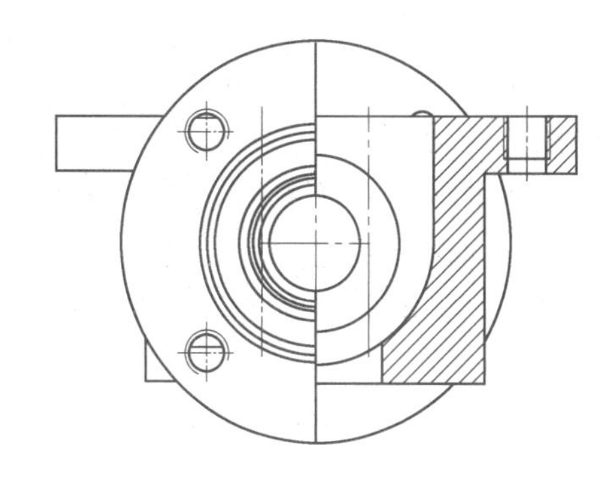

图 4-101　左视图半剖结果

7）将所有视图的相切线隐藏。

① 框选全部视图，右击，在弹出的菜单中选择“属性”命令，弹出“视图属性”对话框。

② 设置“线条”为“切线”，“线型”为“-忽略-”，其余参数默认，单击“确定”按钮，结果如图 4-102 所示。

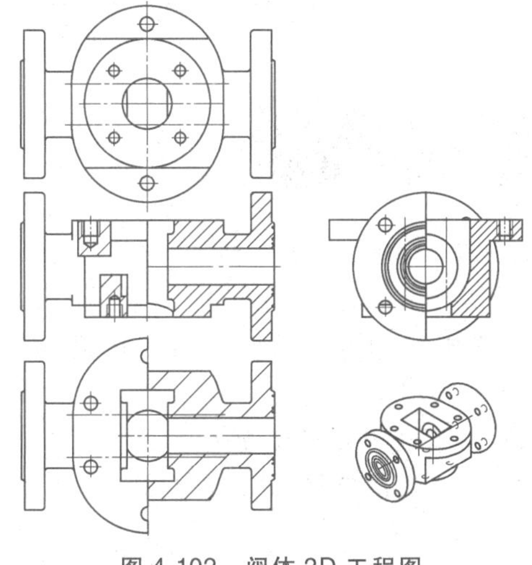

图 4-102　阀体 2D 工程图

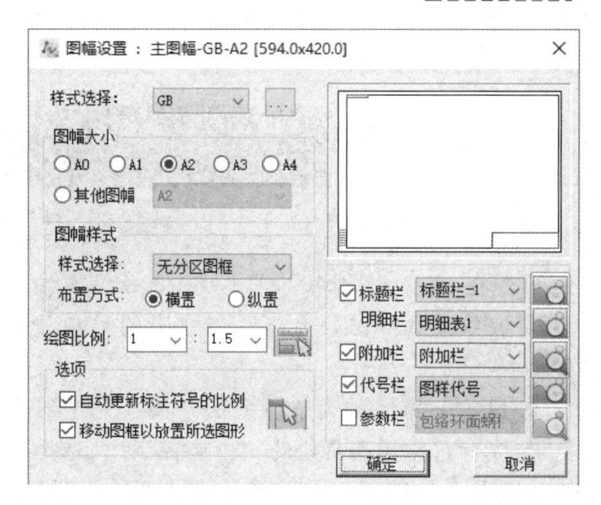

图 4-103　图幅设置

8）导出 DWG 格式工程图。选择“文件”→“输出”→“输出…”命令，弹出“选择输出文件”对话框，设置“保存类型”为“DWG/DXF”，单击“保存”按钮，完成导出 DWG 格式工程图。

9）在中望机械 CAD2021 教育版软件中打开“阀体 . DWG”，进行图幅设置。

① 使用中望机械 CAD2021 教育版软件打开文件“阀体 . DWG”。

② 在命令提示行输入“TF”按<Enter>键，系统弹出“图幅设置”对话框，设置“图幅大小”为“A2”，“绘图比例”为“1∶1.5”，其余选项使用默认，如图 4-103 所示，单击“确定”按钮后按<Enter>键。

③ 在绘图区选择所有的视图，然后按<Enter>键，系统自动调整视图的位置。

10）填写标题栏。

① 双击图幅标题栏位置，弹出“标题栏编辑”对话框，按图 4-104 所示输入标题栏内容。

② 单击“确定”按钮完成标题栏的填写。

11）修改各图层属性。

① 输入“LA”按<Enter>键，弹出“图层特性管理器”对话框。

② 框选所有图层，光标移动至“线宽”栏任一图层位置，单击左键，弹出“线宽”对话框，选择“0.25mm”线宽，单击“确定”按钮。

③ 光标移动至“1 轮廓实线层”线宽栏位置单击，弹出“线宽”对话框，选择“0.50mm”线宽，单击“确定”按钮完成图层设定。

12）将线宽为 0.25mm 的线段调整到“1 轮廓线”层。

① 在绘图区空白处右击，在弹出的菜单中选择“快速选择”命令，系统弹出“快速选择”对话框。

② 设置“特性”为“线宽”，“值”为“0.25mm”，单击“确定”按钮。

③ 光标移动至工具栏的“图层控制”，选择“1 轮廓实线层”，“颜色控制”“线型控制”“线宽控制”均为“随层”，如图 4-105 所示，按<Esc>键完成轮廓实线层线型处理。

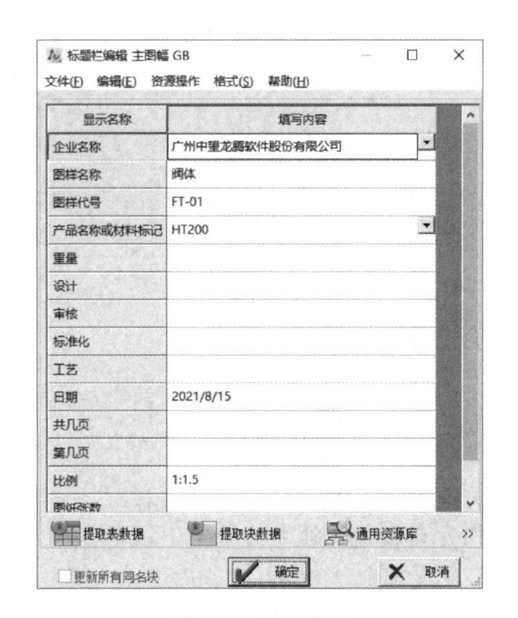

图 4-104 标题栏

图 4-105 轮廓实线层线型选择形式

13）将“DASHEDDOT2X”线型的线调整到“3 中心线层”。

① 在绘图区空白处右击，在弹出的菜单中选择“快速选择”命令，系统弹出“快速选择”对话框。

② 设置“特性”为“线型”，“值”为“DASHEDDOT2X”，单击“确定”按钮。

③ 光标移动至工具栏的“图层控制”，选择“3 中心线层”，“颜色控制”“线型控制”“线宽控制”均为“随层”，按<Esc>键完成中心线图层线型处理。

14）将线宽“0.18mm”的线调整到细实线层。

① 在绘图区空白处右击，选择“快速选择”命令，弹出“快速选择”对话框。

② 设置“特性”为“线宽”，“值”为“0.18”，单击“确定”按钮。

③ 光标移动至工具栏的“图层控制”，选择“2 细实线层”，“颜色控制”“线型控制”“线宽控制”均为“随层”，按<Esc>键完成细实线图层线型处理。

15）将剖面线调整到“5 剖面线层”。

① 单击任意视图剖面线，右击，在弹出菜单中选择“选择类似对象”命令，所有剖面线均已被选择。

② 光标移动至工具栏的“图层控制”，选择“5 剖面线层”，“颜色控制”“线型控制”“线宽控制”均为“随层”，按<Esc>键完成剖面线图层线型处理。

③ 合理调各视图间距离，如图 4-106 所示。

16）主视图细节调整。

① 中心线修正，水平中心线拉长到左侧，垂直中心线上下处均需拉长，输入“ZX”按<Enter>键，选择右边法兰圆弧，添加右侧圆弧槽中心线，选择所添加的中心线，输入“MI”按<Enter>键，选择俯视图垂直中心线按<Enter>键，完成中心线镜像。

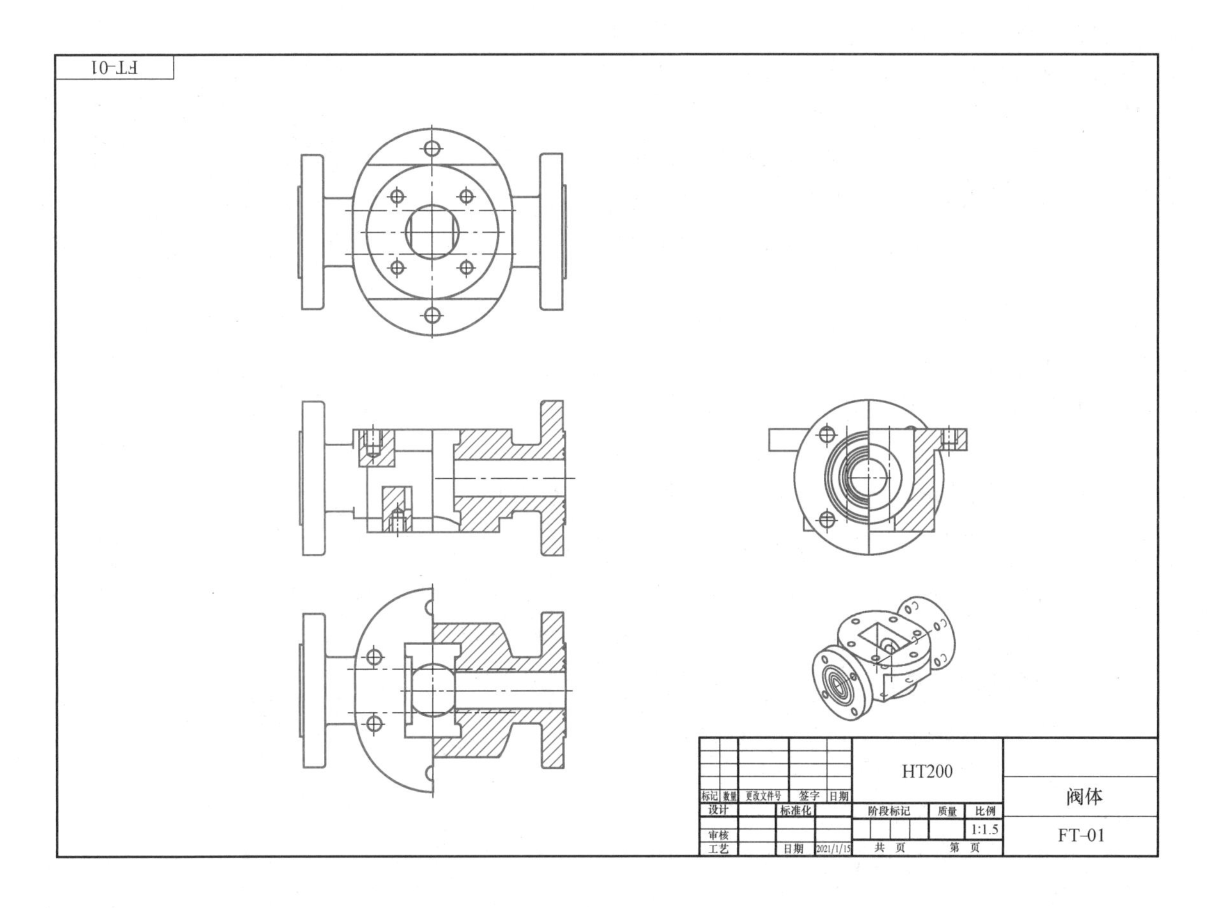

图 4-106　阀体线型处理

② 删除视图垂直中心线上覆盖的粗实线。

③ 左边两个局部剖边界线修改为细实线层的样条曲线，删除局部剖边界粗实线，输入“SPL”按<Enter>键，按原边界略小绘制样条曲线。选择两条样条曲线，输入“2”按<Enter>键，修改为细实线层。输入“TR”按两次<Enter>键，修剪多余剖面线或实线。

④ 螺纹细实线夸张画法表达，输入“O”按<Enter>键，输入“1”按<Enter>键，把细实线各往两外侧偏移 1mm，删除原细实线，延伸螺纹终止线。

⑤ 删除其中一个局部剖剖面线，输入“H”按<Enter>键，弹出“填充”对话框，单击“添加：拾取点”按钮，选择已删除剖面线区域，按<Enter>键，设置“比例”为“62.5”……按确定完成此局部剖剖面线填充。选择重新填充的剖面线，单击“格式刷”按钮，依次单击全部视图区域的剖面线，按<Esc>键完成所有剖面线处理。细节处理后的主视图如图 4-107 所示。

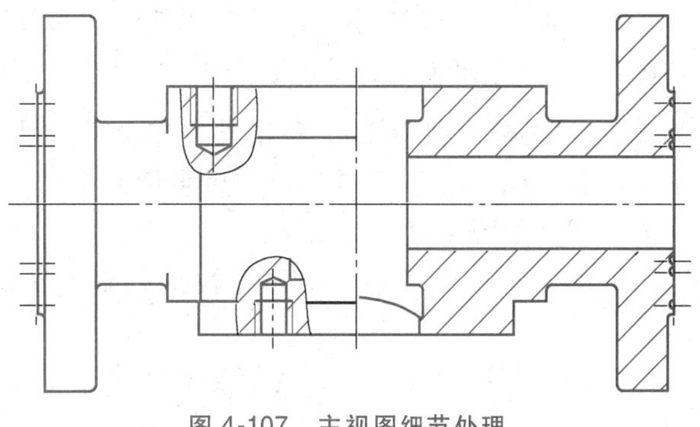

图 4-107　主视图细节处理

17）主视图尺寸标注。

① 输入“D”按<Enter>键，对主视图进行尺寸的标注。

② 双击其中一个直径尺寸，在“增强尺寸标注”对话框“<>”符号前插入直径符号 Φ，单击“确定”按钮，此时光标形状为□。

③ 单击已插入直径符号的尺寸，弹出“增

强尺寸标注”对话框，设置“特性”为“应用到”，选择视图所有直径尺寸，按<Enter>键，弹出“特性”对话框。

④ 单击“确定”按钮，再次弹出“增强尺寸标注”对话框，单击“确定”按钮，完成所有直径尺寸添加直径符号 Φ。尺寸标注图如图 4-108 所示。

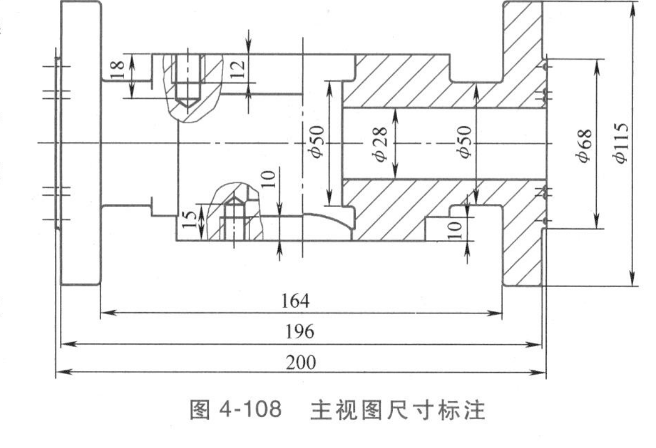

图 4-108　主视图尺寸标注

18）在主视图中标注基准符号。

① 输入“JZ”按<Enter>键，弹出“基准标注符号”对话框，单击“确定”按钮。

② 选择视图底面放置基准，如图 4-109 所示。

19）创建主视图几何公差。

① 输入“XW”按<Enter>键，弹出“几何公差”对话框。

② 在几何公差设置第一行符号选择平面度，设置“公差 1”为“0. 15”。

③ 第二行符号选择平行度，设置“公差 1”为“0. 1”，“基准 1”为“A”，单击“确定”按钮，选择主视图上表面左侧，输入“L”按<Enter>键放置几何公差。

④ 采用相同的方法标注主视图上其他几何公差，结果如图 4-110 所示。

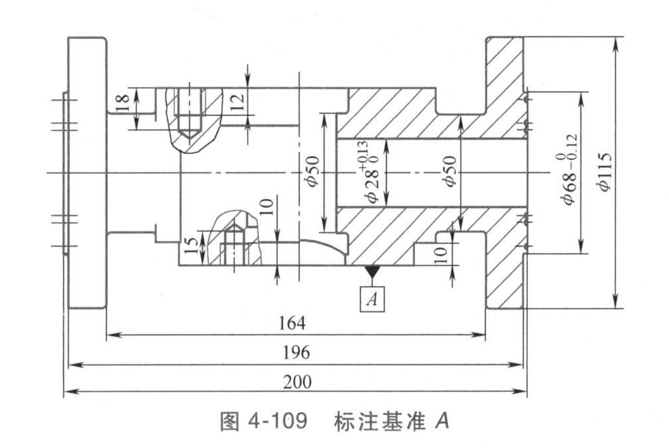

图 4-109　标注基准 A

图 4-110　标注几何公差

20）创建主视图表面粗糙度。

① 输入“CC”按<Enter>键，弹出“粗糙度”对话框。

② 基本符号选择，在“C”后输入“Ra6. 3”，单击“确定”按钮。

③ 在主视图上表面粗实线空白处单击左键水平放置表面粗糙度，在底面几何公差平面度上方单击左键水平放置表面粗糙度，结果如图 4-111 所示。

21）添加主视图尺寸公差。

① 双击内孔“Φ28”尺寸，在“增强尺寸标注”对话框单击“添加公差”按钮，设置上极限偏差为“0. 13”，下极限偏差为“0”，单击“确定”按钮。

② 此时光标形状为□，单击外径“Φ68”尺寸，在“增强尺寸标注”对话框单击“添加公差”按钮，设置上极限偏差为“0”，下极限偏差为“-0. 12”，单击“确定”按钮，完成主视图表达，如图 4-112 所示。

22）俯视图细节调整。参照主视图调整方法调整俯视图细节，结果如图 4-113 所示。

23）俯视图尺寸标注。参照主视图尺寸标注方法标注俯视图尺寸，结果图 4-114 所示。

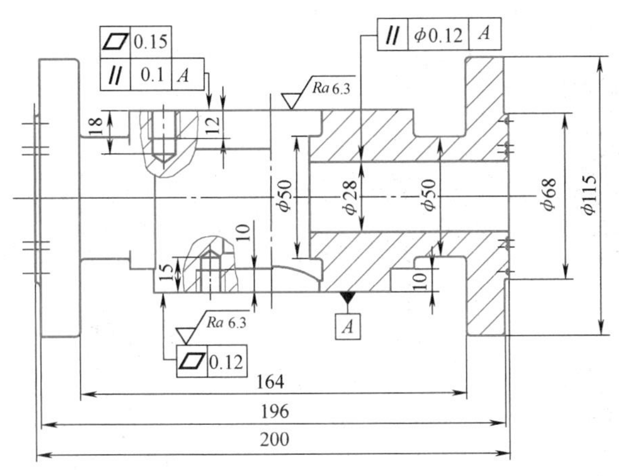

图 4-111　标注表面粗糙度

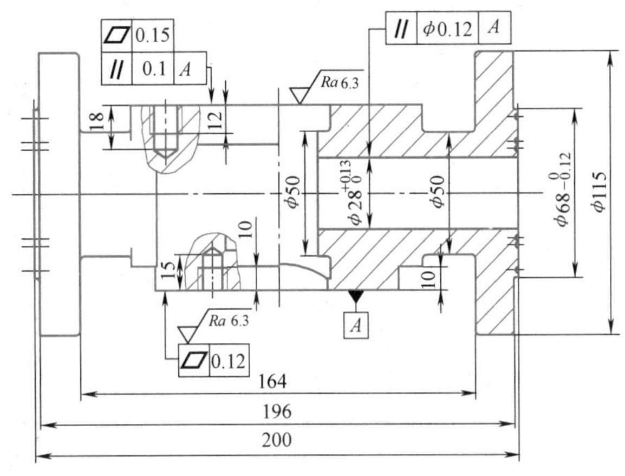

图 4-112　添加尺寸公差

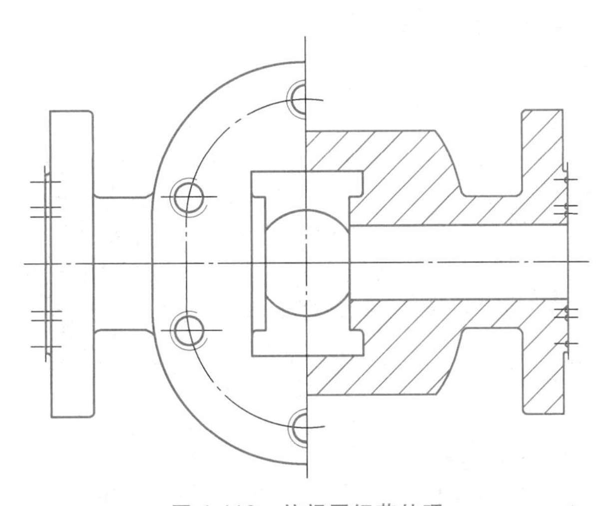

图 4-113　俯视图细节处理

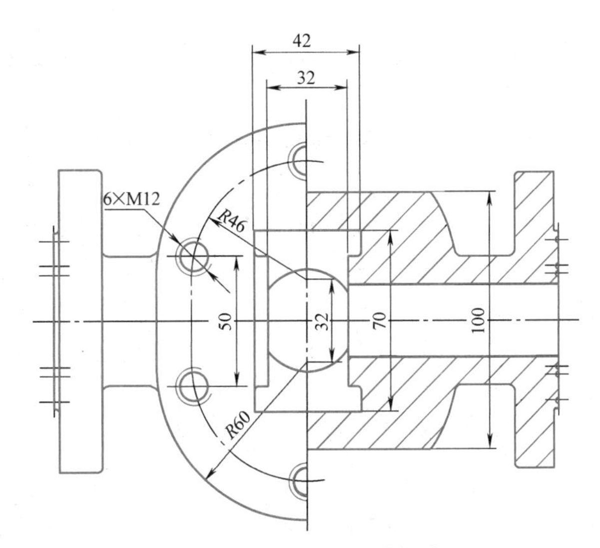

图 4-114　俯视图尺寸标注

24）参考主视图为俯视图添加表面粗糙度、尺寸公差，结果如图 4-115 所示。

25）参考主视图处理左视图，结果如图 4-116 所示。

26）将仰视图调整成向视图并标注尺寸，结果如图 4-117 所示。

阀体工程图样制作步骤25）

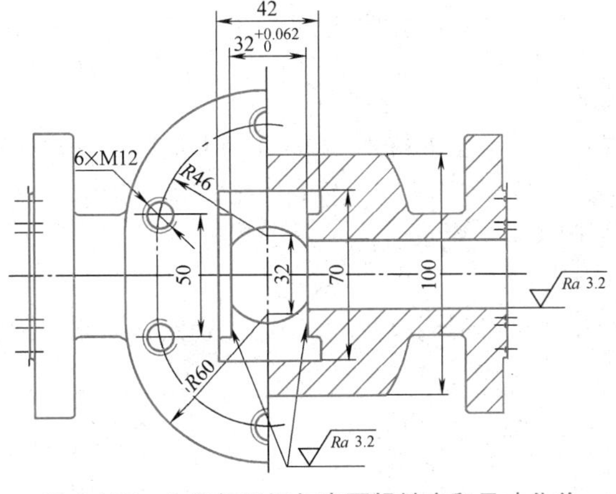

图 4-115　为俯视图添加表面粗糙度和尺寸公差

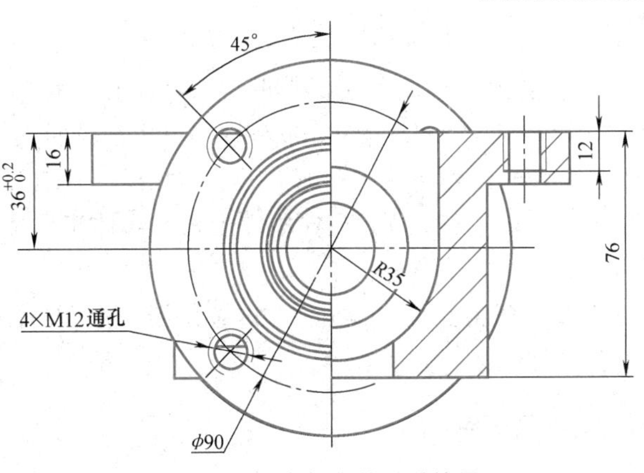

图 4-116　左视图处理后结果

27）创建放大视图并标注尺寸，结果如图 4-118 所示。

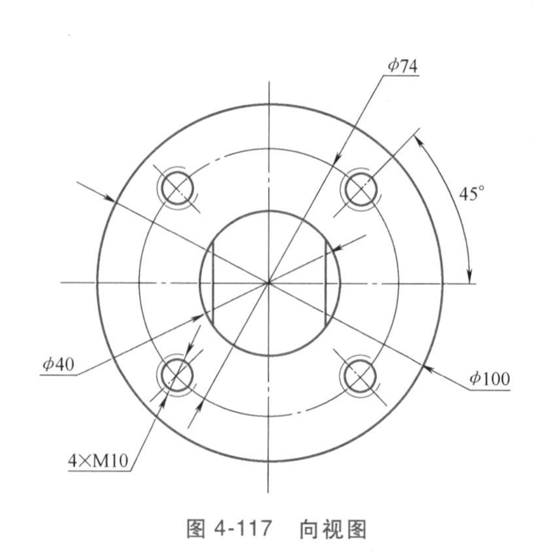

图 4-117　向视图

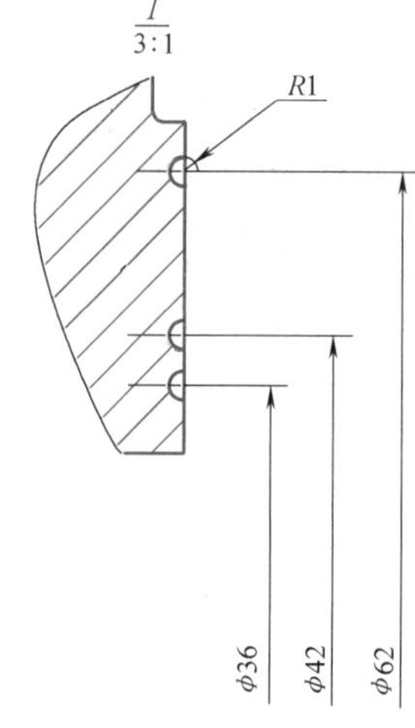

图 4-118　局部放大视图

28）调整轴测图，结果如图 4-119 所示。

29）标注技术要求及其余表面粗糙度。

阀体工程图样制作步骤29）~31）

① 输入“TJ”按<Enter>键，弹出“技术要求”对话框。

② 单击“技术库”按钮，在铸件技术要求中选择合适的技术要求，单击“确定”按钮。

③ 对技术要求进行编辑，并将其放置在图幅左下角。“技术要求”对话框如图 4-120 所示。

④ 在标题栏上方添加表面粗糙度。

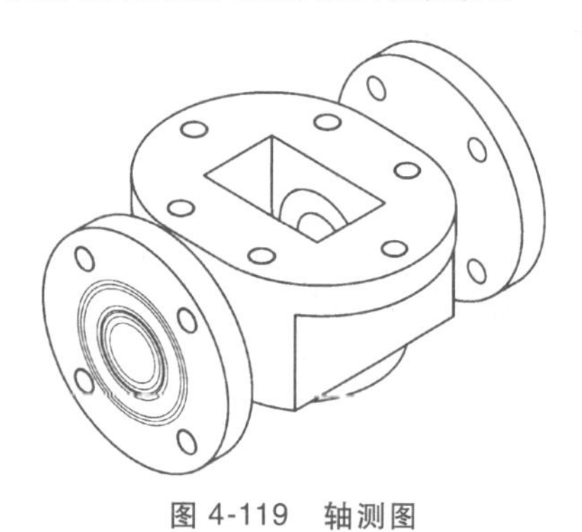
图 4-119　轴测图

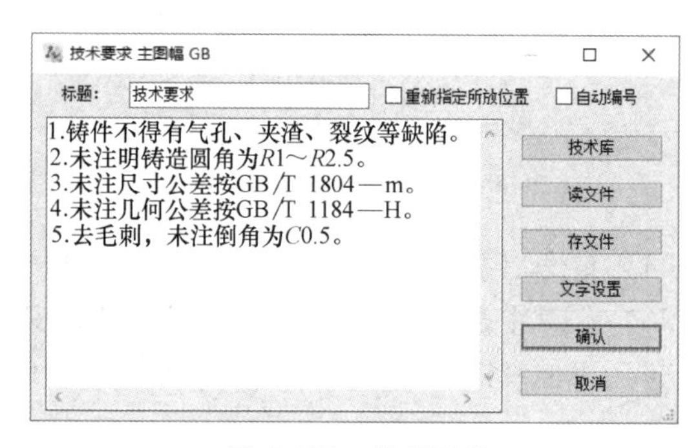

图 4-120　技术要求

30）调整视图布局。

① 使用“移动”工具调整各个视图在图幅内合适位置。

② 输入“STL”按<Enter>键，以主视图垂直中心线作为参考位置拉出“*A—A*”半剖符号，以主视图水平中心线作为参考位置拉出“*B—B*”半剖符号。输入“ZWMVI”按<Enter>键，箭头指向主视图底部，字母“*C*”放置在向视图上方。阀体工程图完成如图 4-121 所示。

31）保存文件。

（2）任务实施（学员）　试着仅用中望 3D 软件或中望机械 CAD 软件完成阀体工程图样绘制，理解二者之间的互补关系。

课后拓展训练

完成图 4-122 所示上封盖的二维工程图。

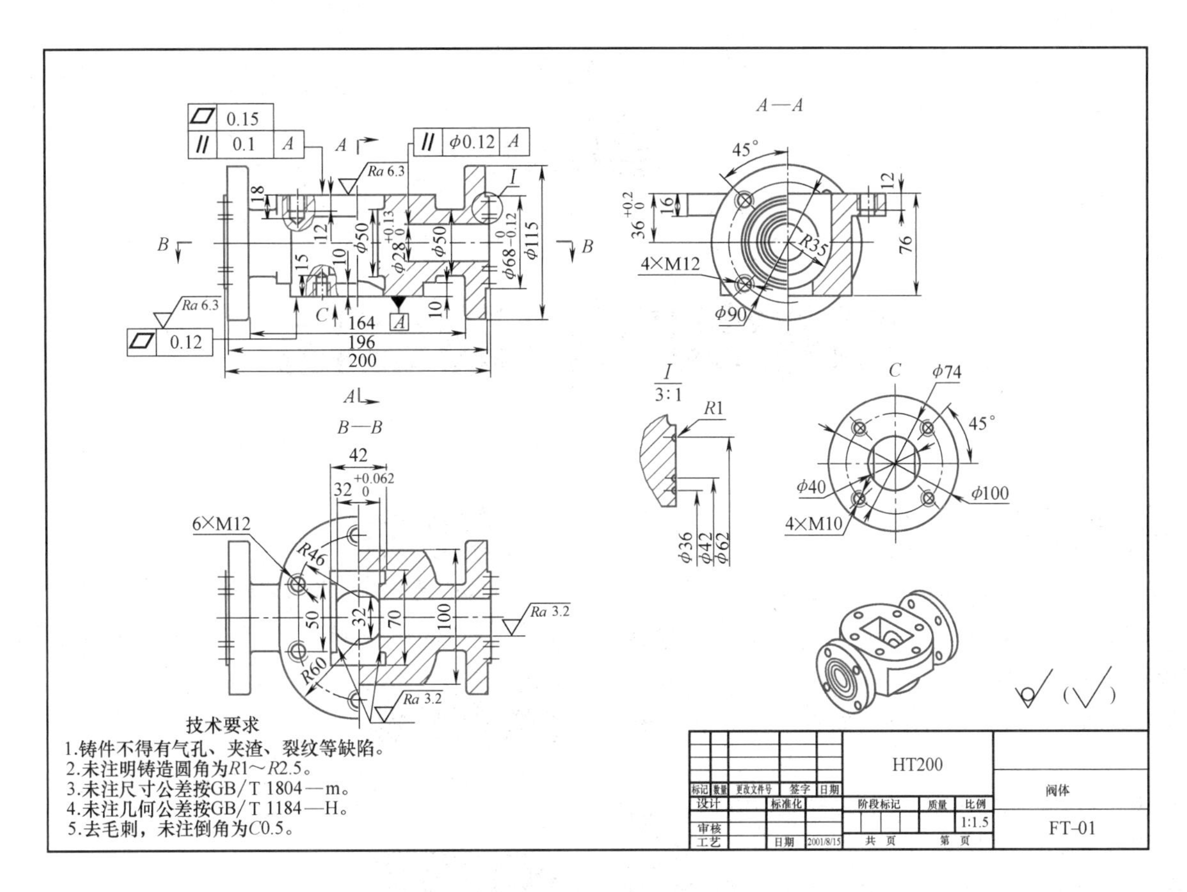

图 4-121　阀体工程图

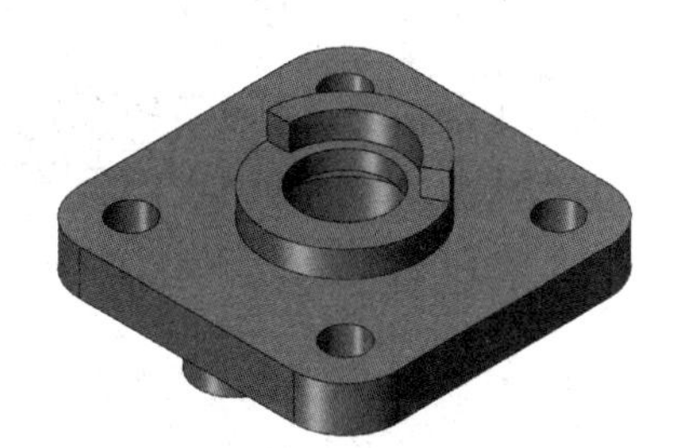

图 4-122　上封盖

模块5

数控加工自动编程

教学目标

熟悉工艺方案设计的国家标准和流程。

能准确把握图样要求，综合运用专业知识进行零件的工艺设计。

能熟练运用中望3D软件自动编程的加工坐标设置和刀具设置。

熟悉中心孔、普通孔、铰孔、螺纹孔加工工序，合理设置加工参数。

能熟练使用二维偏移、等高线切削、平坦面加工工序，合理设置加工参数。

能正确输出工艺图表。

能熟练进行后置处理，得到加工G代码。

知识重点

中心孔、普通孔、铰孔螺纹孔工序。

二维偏移、等高线切削、三维偏移切削工序。

知识难点

二维偏移、等高线、三维偏移切削工序。

教学方法

线上线下相结合，采用任务驱动模式。

建议学时

4~8学时。

知识图谱

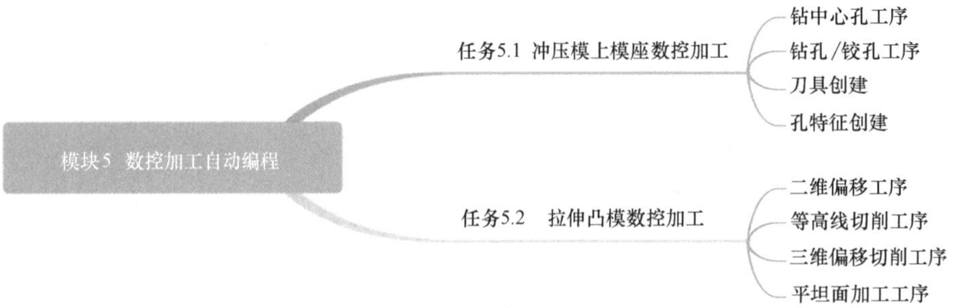

模块5 数控加工自动编程

- 任务5.1 冲压模上模座数控加工
  - 钻中心孔工序
  - 钻孔/铰孔工序
  - 刀具创建
  - 孔特征创建
- 任务5.2 拉伸凸模数控加工
  - 二维偏移工序
  - 等高线切削工序
  - 三维偏移切削工序
  - 平坦面加工工序

任务 5.1　冲压模上模座数控加工

任务描述

冲压模上模座模型如图 5-1 所示，零件各个平面已经加工完成，这里要完成孔的加工。上模座孔类型有阶梯孔、定位销孔、螺纹孔等。

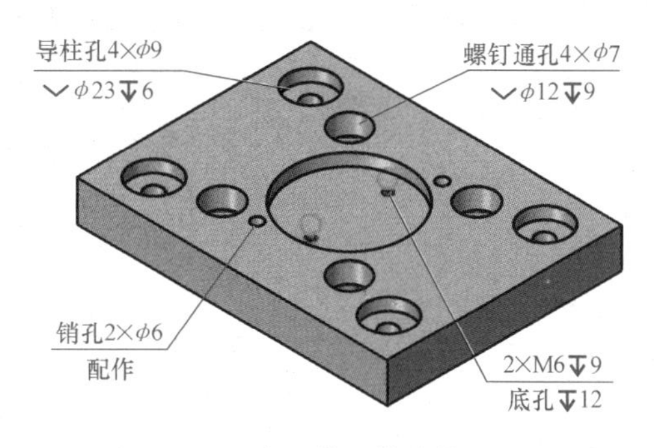

图 5-1　冲压模上模座模型图

知识点

- 钻中心孔工序。
- 钻孔/铰孔工序。
- 刀具创建。
- 孔特征创建。

技能点

- 能进行加工前的设置。
- 能运用“中心孔”“普通钻孔”工具进行孔加工。
- 能灵活运用“啄式钻孔”工具进行孔加工。

素质目标

学员应熟悉数控加工相关标准，准确把握零件图样要求，会进行加工环境设置，制订零件加工工艺流程，合理使用中望 3D 软件 CAM 功能常用孔加工工序，按照设定的工艺流程完成冲压模上模座各孔的加工。

课前预习

1. 中心钻工序

中心钻工序是为其他钻孔工序提供所需的起始定位孔。创建中心钻工序主要包括设置钻孔特征，中心孔的位置和顺序、钻孔的速度和进给。

创建中心孔可以单击“钻孔”工具选项卡下的“中心孔”工具按钮，激活创建过程，系统弹出“选择特征”对话框，通过“选择特征”对话框可以选择已经存在的孔特征或创建一个新的孔特征作为钻孔特征。完成后单击“确定”按钮，系统返回加工界面。

在工序管理器中，双击“中心孔 1”，系统弹出“中心钻 1”对话框，如图 5-2 所示。通过“中心钻 1”对话框可以设置中心钻主要参数，如坐标系、加工特征、刀具，切削深度和余量、钻孔顺序、进退刀方式等。设置完成后单击“计算”按钮生成刀具轨迹；单击“确定”按钮退出“中心钻 1”对话框。

1）“主要参数”：用于设置工序的加工坐标系、特征、刀具等参数。

2）“深度和余量”：定义切削深度范围，建议在孔特征中定义。

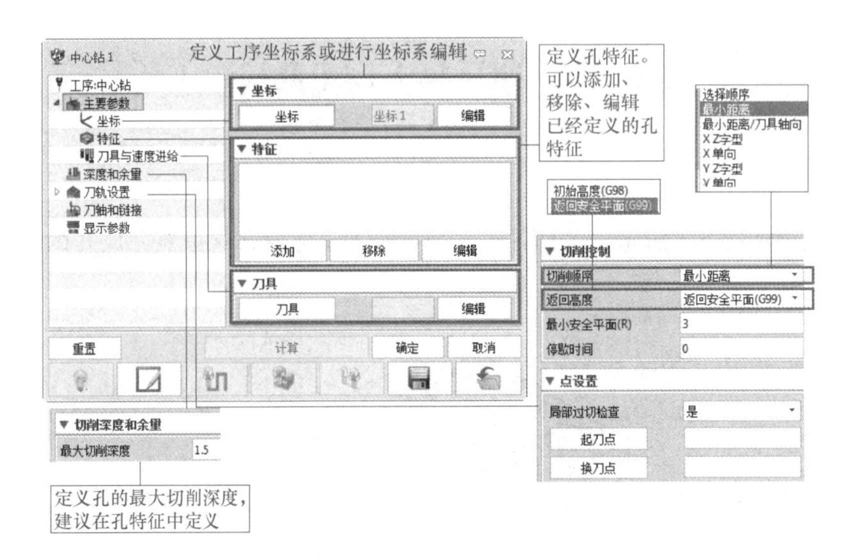

图 5-2 “中心钻 1” 对话框

3）“刀轨设置”：设置孔加工的顺序、退刀形式、起刀点、换刀点。

4）“切削顺序”：切削顺序有“最小距离”“最小距离/刀具轴向”“X Z 字型”“X 单向”“Y Z 字型”“Y 单向”等多种形式，各选项的含义如图 5-3 所示。

5）“返回高度”：控制孔加工完成后的退刀高度，有初始高度（G98）、安全平面高度（G99）两个选项，含义如图 5-4 和图 5-5 所示。

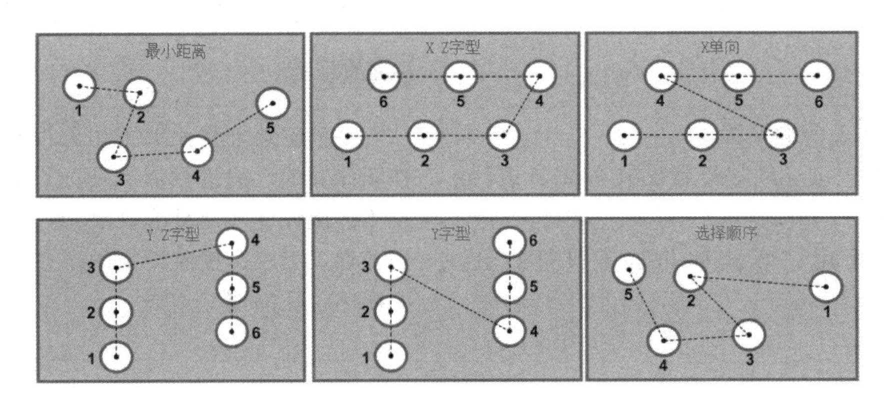

图 5-3 切削顺序

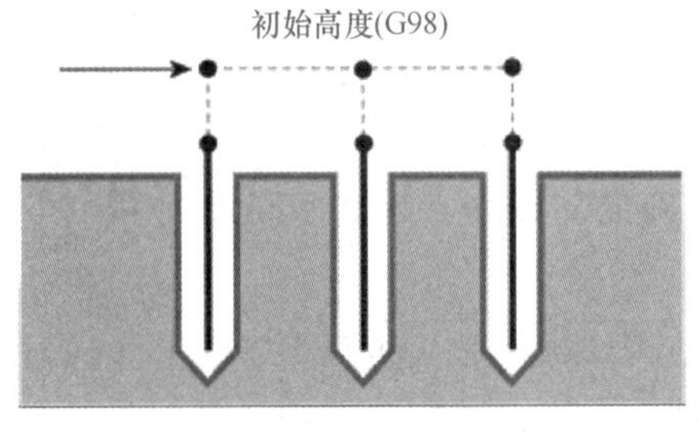

图 5-4 初始高度

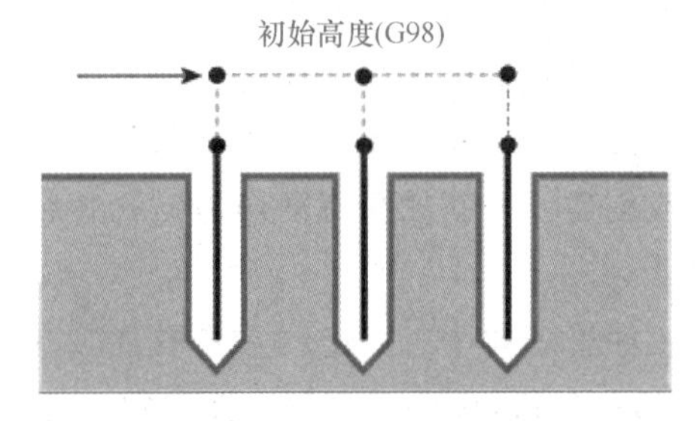

图 5-5 安全平面高度

2. 钻孔/铰孔工序

（1）钻孔工序 钻孔工序是使用钻头在指定位置加工螺纹孔、大孔、高精度孔的底孔或直接获得低精度孔。钻孔工序需要设置钻孔特征，钻孔的位置及顺序，钻孔的速度和进给。可以后处理为

（G81/G82）在钻孔过程直接钻到定义深度，不进行退刀断削动作。

普通钻

单击“钻孔”工具选项卡下的“普通钻”工具按钮，激活创建过程，系统弹出“选择特征”对话框，通过“选择特征”对话框可以选择已经存在的加工几何或创建一个新的加工几何作为钻孔特征。完成后单击“确定”按钮，系统返回加工界面。

在工序管理器中，双击“普通钻 1”，系统弹出“普通钻 1”对话框，如图 5-6 所示。通过“普通钻 1”对话框可以设置普通钻主要参数，如坐标系、加工特征、刀具、切削深度和余量、钻孔顺序、进退刀方式等。设置完成后单击“计算”按钮生成刀具轨迹；单击“确定”按钮退出“普通钻 1”对话框。

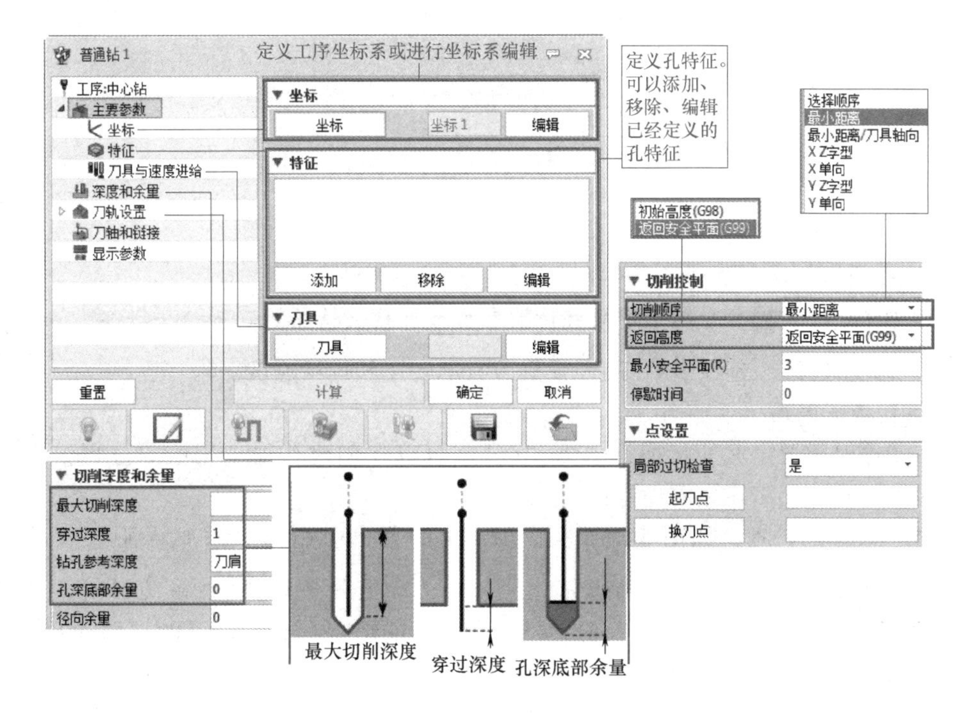

图 5-6　“普通钻 1”对话框

铰孔

（2）铰孔工序　铰孔工序是对孔进行精加工，达到孔加工的尺寸和表面精度要求。在进行铰孔加工时需要注意的是，在铰孔过程中尽可能防止中途停止或退刀，为保证孔的精加工质量，一次铰孔并保证相应刀具的伸出长度。

单击“钻孔”工具选项卡下的“铰孔”工具按钮，激活创建过程。铰孔工序的创建过程和需要定义的参数与钻孔工序完全相同。

3. 刀具创建

刀具创建

单击“加工系统”选项卡下的“刀具”（“CAM 方案管理器”）工具按钮，系统弹出“刀具”对话框，如图 5-7 所示。通过“刀具”对话框可以创建各种铣刀、车刀和孔加工刀具，设置刀具形状参数、材料、切削参数、夹持器等，也可以将创建的刀具保存到刀具库或从刀具库中调用已经定义的刀具。

（1）（“造型”选项卡）　用于设置刀具的名称、类型、形状参数。可以通过“添加到库”按钮将定义的刀具保存到刀具库中或通过“加载刀具外形”按钮从刀具库中加载刀具。

（2）（“更多参数”选项卡）　用于设置刀位号、半径寄存、长度寄存、冷却形式、主轴转向、材料、最大切深等参数。

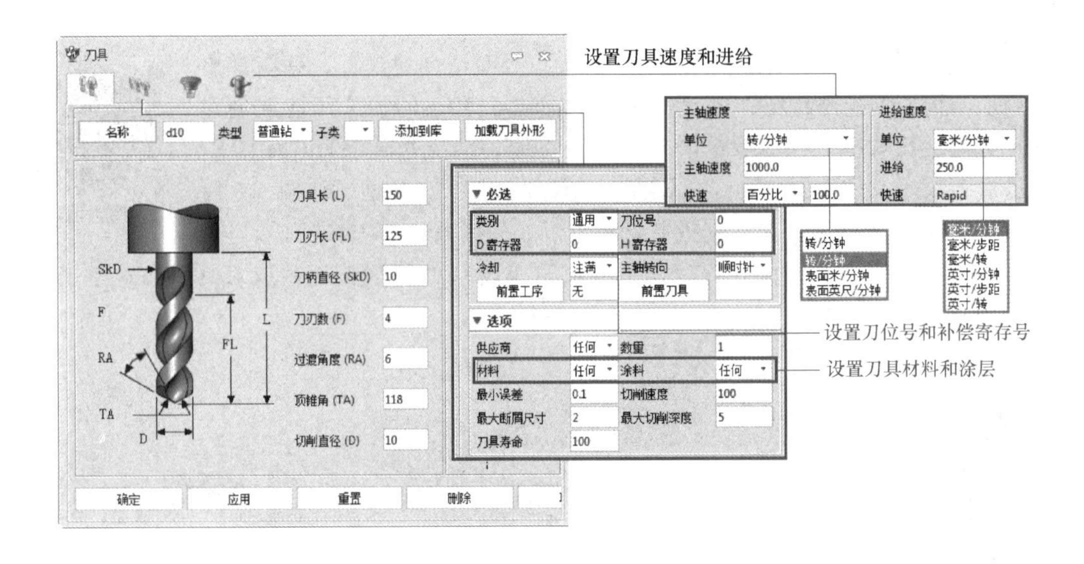

图 5-7 “刀具”对话框

（3）（“加持”选项卡） 用于定义夹持器参数或加载夹持器。

（4）（“速度/进给”选项卡） 用于设置刀具的转速和进给速度。

4. 加工几何孔特征创建

创建孔加工工序时需要定义的特征类型为“孔”。可以在创建孔加工工序的过程中进行定义，也可以在定义工序之前进行定义。

右击管理器“零件”选项，如图 5-8 所示，在弹出的菜单中选择“添加特征”→“孔”命令，如图 5-9 所示，系统弹出“孔”对话框。选择完孔后单击“确定”按钮，系统弹出“孔特征”对话框，如图 5-10 所示，可以通过“孔特征”对话框，设置孔的形状参数，也可以“添加孔”“移除孔”。单击“确认”按钮完成孔特征的创建。

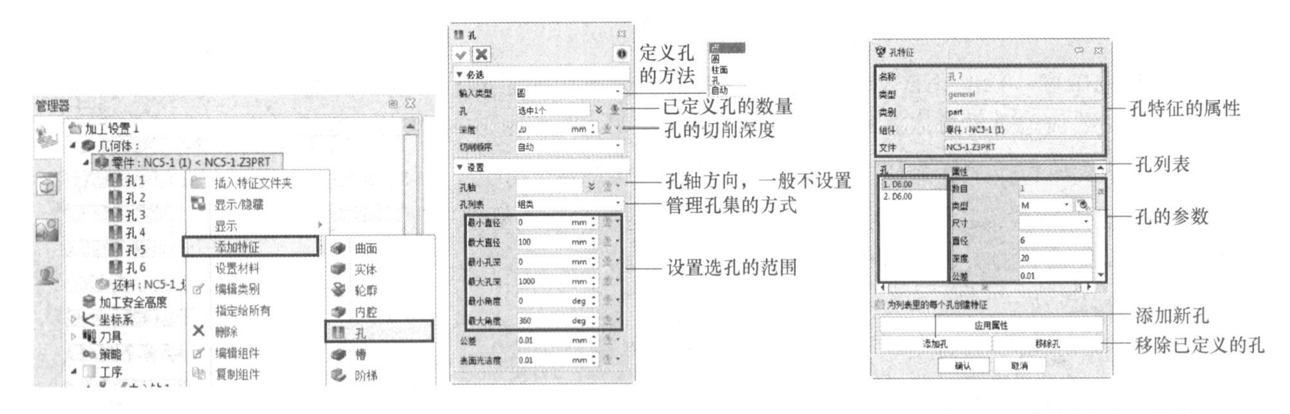

图 5-8 添加孔特征　　图 5-9 “孔”对话框　　图 5-10 “孔特征”对话框

温馨提示:

定义螺纹孔几何时，在“孔特征”对话框中一定要在“尺寸”列表框中选择和模型螺纹规格一致的尺寸，否则无法生成螺纹加工刀具轨迹。例如设置孔“尺寸”为“M6×1”，“直径”自动显示“5”，那么定义钻螺纹底孔的刀具直径为 5mm，加工螺纹的刀具直径应为 6mm，螺距为 1mm。

任务实施

1. 预习效果检查

(1) 填空题

1) 创建中心孔是为其他钻孔工序提供起始________。

2) 定义孔特征时可以选择点、圆、柱面、________等要素。

3) 孔的切削顺序可以采用选择顺序或________两种形式。

4) 创建刀具时可以手动创建，也可以从________调用。

5) 刀位号、半径寄存、长度寄存、冷却形式、主轴转向、材料、最大切深等参数可以使用________对话框“更多参数”选项卡设置。

(2) 判断题

1) 刀具的转速可以有转/分钟、表面米/分钟两种形式。(　　)

2) 刀具快速移动时主轴的转速可以按切削转速的百分比调整。(　　)

3) 冷却液的形式在孔特征中进行定义。(　　)

4) 创建刀具时可以定义刀具的材料和涂层。(　　)

5) 钻孔的退刀形式有 G98 和 G99，可以在刀轨设置选项中进行设置。(　　)

2. 零件工艺分析

(1) 零件工艺分析（参考） 图 5-1 所示为冲压模上模座，任务要求对其上的相关孔进行加工。零件中有固定导柱的沉孔、螺钉通孔、螺纹孔和销孔。其中固定导柱的四个沉孔的位置精度和形状尺寸要求较高，销孔一般采用配作的方式加工。为了讲解方便，这里采用分开加工的方式，但要保证尺寸精度，螺钉通孔位置和尺寸精度要求都比较低，只需要进行钻削和扩孔加工，螺纹孔需要钻孔和攻螺纹操作。零件为长方体，装夹方便，可以直接采用机用虎钳夹紧。

(2) 零件工艺分析（学员） 分析冲压模上模座零件的模型，参考上边的提示，完善分析内容，并填写表 5-1。

表 5-1 冲压模上模座孔加工工艺分析（学员）

序号	项　目	分析结果
1	冲压模上模座的极限尺寸	
2	钻孔加工的装夹方案	
3	最终工序需要铰孔的孔	
4	仅需要钻孔的孔	
5	教师评价	

3. 工艺方案设计

(1) 工艺方案设计（参考） 根据冲压模上模座各孔的功能要求，设计加工工艺参考方案见表 5-2。

表 5-2 冲压模上模座孔加工参考方案

序号	工序名称	工序内容
1	钻中心孔	使用 ϕ3mm 中心钻为模型中的 12 个孔钻中心孔
2	钻导柱底孔	使用 ϕ8.8mm 钻头钻 4 个 ϕ9mm 导柱孔底孔
3	铰孔	使用 ϕ9mm 铰刀铰 4 个 ϕ9 导柱孔
4	扩孔	使用 ϕ23mm 扩孔钻扩 ϕ23mm 沉孔
5	钻螺钉通孔	使用 ϕ7mm 钻头钻 4 个 ϕ7mm 螺钉通孔
6	扩孔	使用扩孔钻扩 4 个 ϕ12mm 沉孔
7	钻螺纹底孔	使用 ϕ5.2mm 钻头钻 2 个 M6 螺纹底孔
8	攻螺纹	使用 M6 丝锥进行攻螺纹
9	钻孔	使用 ϕ5.8mm 钻头钻销孔
10	铰孔	使用 ϕ6mm 铰刀铰销孔

(2) 工艺方案设计（学员）（书内提供格式样例，另外提供电子文档） 根据自己对冲压模上模座的分析，参照表 5-2 的参考工艺方案，填写表 5-3。

表 5-3 冲压模上模座工艺方案设计（学员）

序号	结构	工艺方案
1	导柱固定孔与沉孔	
2	螺钉通孔与沉孔	
3	2×M6 螺纹孔	
4	2×ϕ6mm 销孔	
考评结论		

4. 自动编程实施过程

(1) 编程实施过程（参考）

1）打开素材文件“NC5-1. Z3PRT”。

2）进入加工环境。

① 在绘图区空白处右击，在弹出的菜单中选择“加工方案”命令，在系统弹出的“选择模板”对话框中选择“默认”模板进入加工环境，如图 5-11 所示。

② 关闭“NC5-1. Z3CAM”对话框退出加工环境。

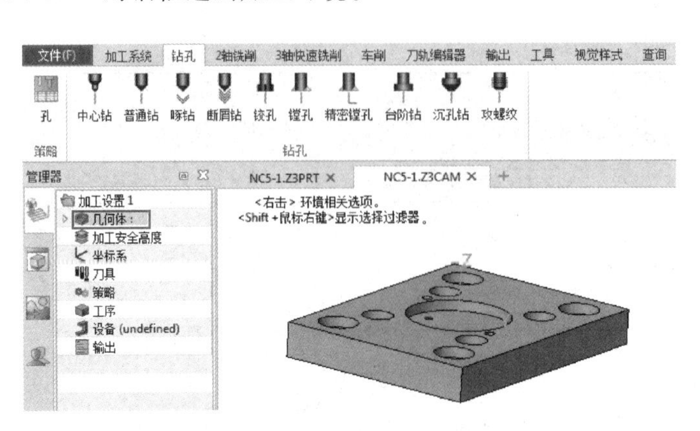

图 5-11 加工环境

③ 也可以在绘图区上方单击“加工方案”工具按钮，在系统弹出的“选择模板”对话框中选择“默认”模板进入加工环境。

3）添加坯料。单击“加工系统”选项卡下的“添加坯料”工具按钮，在系统弹出的控制面板上，使用默认选项，单击“确定”按钮完成坯料创建。

温馨提示：

当系统提示“隐藏［NC5-1_坯料.1.2］?”时，单击“是”按钮。

4）创建中心孔工序。

① 单击“钻孔”工具选项卡下的“中心钻”工具按钮，系统弹出“选择特征”对话框，单击“新建”按钮，系统弹出“选择类型”对话框，在“新建特征”列表中选择“孔”，单击“确定”按钮，系统弹出“孔”对话框，如图5-12所示。

②“输入类型”为“圆”。在绘图区中按照图5-13所示顺序选择圆。单击“确定”按钮完成特征定义。在弹出的“孔特征”对话框中单击“确认”按钮。

图5-12　“孔”对话框

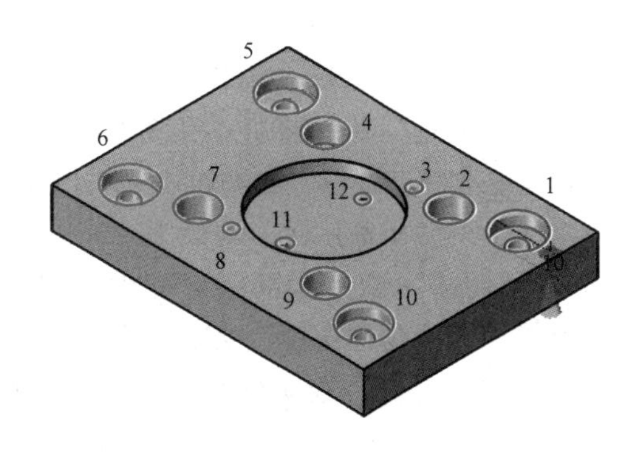

图5-13　选择圆的顺序

③ 在管理器中双击“中心钻1”，系统弹出“中心钻1”对话框。

④ 创建“刀具名”为“ZD3”，“类型”为“中心钻”，“引导直径”为“3”，“刀位号”“D寄存器”“H寄存器”均为“1”，“冷却液”设为“注满”，“材料”为“高速钢”，“涂层”为“无”，“主轴转速”为“1000”，“进给”为“50”。

⑤ 设置“最大切削深度”为“1.5”。

⑥ 在“刀轨设置”选项组中，将“切削顺序”设置为“最小距离”，“返回高度”设为“返回安全平面G99”，“最小安全平面”设为“3”。

⑦ 单击“计算”按钮生成刀轨，如图5-14所示，单击“确定”按钮完成中心孔工序创建。

5）创建导柱孔底孔钻孔工序。

① 单击“钻孔”工具选项卡下“普通钻”工具按钮，系统弹出“选择特征”对话框。

② 定义图5-15所示的四个圆为“孔特征2”，设置“深度”为“20”。

③ 定义孔加工刀具。“刀具名”为“ZD8.8”，“类型”为“普通钻”，“刀具直径”为“8.8”，“刀位号”“D寄存器”“H寄存器”均设为“2”，“冷却液”设为“注满”，“材料”为“高速钢”，

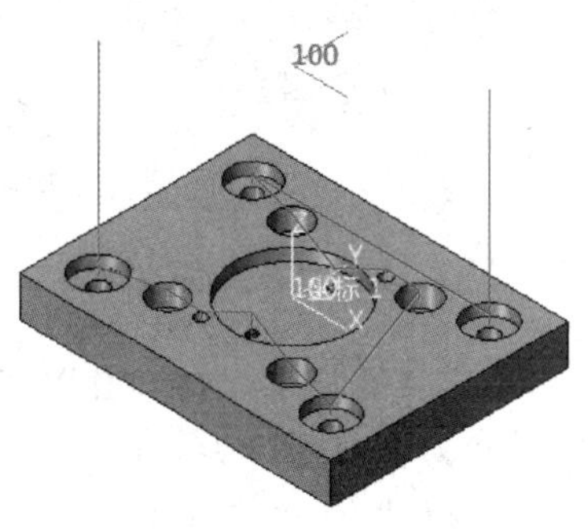

图5-14　“中心钻1”刀轨

“涂层”为“无”，“主轴转速”为“600”，“进给”为“50”。

④ 设置“最大切削深度”为“20”，“穿过深度”为“0”，孔深底部余量为“-4”。

⑤ 在“刀轨设置”选项组中，将“切削顺序”设置为“选择顺序”，“返回高度”设为“返回安全平面 G99”，“最小安全平面”设为“3”。

⑥ 单击“计算”按钮生成刀轨，如图 5-16 所示，单击“确定”按钮完成中心孔工序创建。

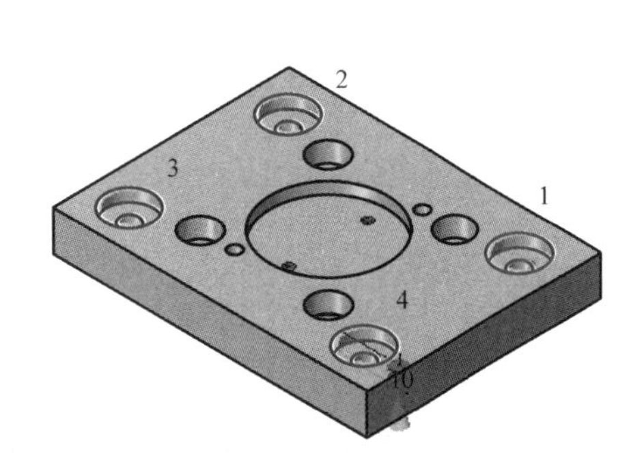

图 5-15 选择孔

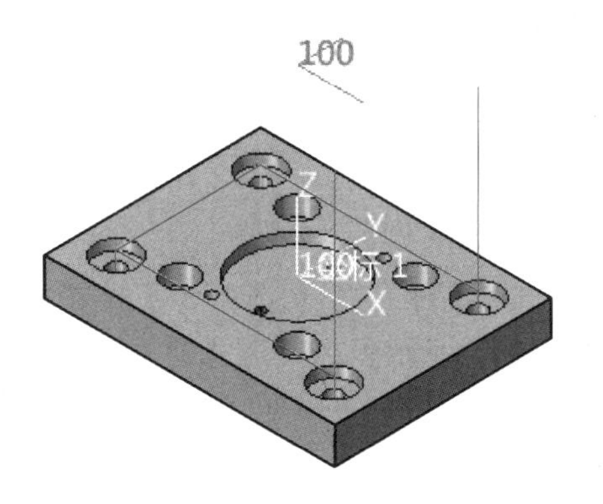

图 5-16 “普通钻 1”刀轨

6）创建导柱孔铰孔工序。

① 单击“钻孔”工具选项卡下的“铰孔”工具按钮，系统弹出“选择特征”对话框。

② 设置“特征”为“零件：孔 2”。

③ 定义孔加工刀具。“刀具名”为“JD8.8”，“类型”为“铰刀”，“刀具直径”为“9”，“刀位号”“D 寄存器”“H 寄存器”均设为“3”，“冷却液”设为“注满”，材料为“高速钢”，“涂层”为“无”，“主轴转速”设为“600”，“进给”设为“40”。

④ 设置“最大切削深度”为“20”，“穿过深度”为“0”，“孔深底部余量”为“-4”。

⑤ 在“刀轨设置”选项组中，将“切削顺序”设置为“选择顺序”，“返回高度”设为“返回安全平面 G99”，“最小安全平面”设为“3”。

⑥ 单击“计算”按钮生成刀轨，刀具轨迹和钻孔相似，单击“确定”按钮完成中心孔工序创建。

7）创建导柱台阶孔台阶钻工序。

① 单击“钻孔”工具选项卡下的“台阶钻”工具按钮，系统弹出“选择特征”对话框。

② 新建特征“零件：孔 3”，如图 5-17 所示。

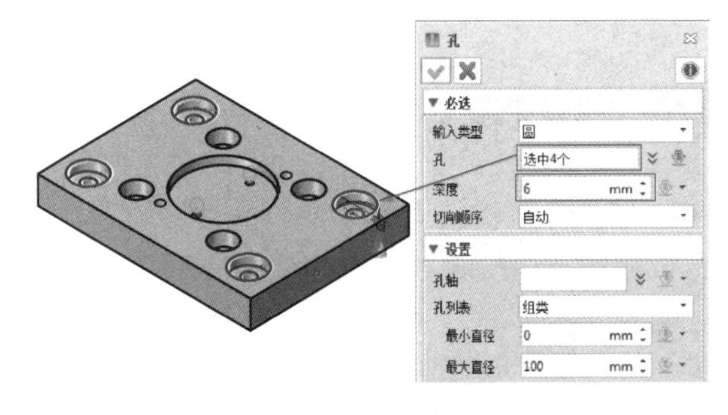

图 5-17 特征“零件：孔 3”

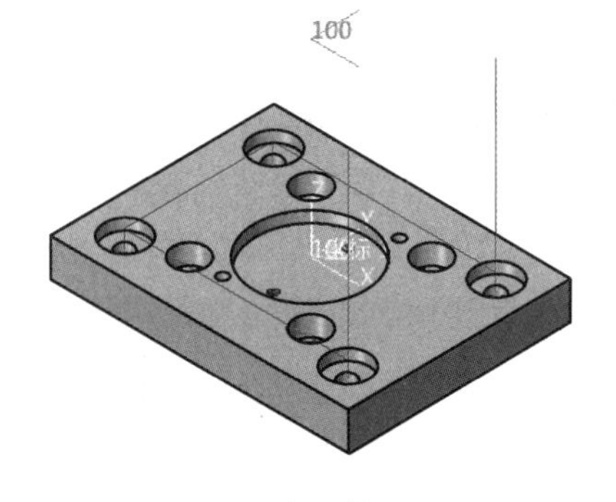

图 5-18 “台阶钻 1”刀轨

③ 定义孔加工刀具。设置“刀具名”为“KD23”，“类型”为“台阶钻”，“台阶孔直径”为“23”，“刀柄直径”为“15”，“刀位号”“D 寄存器”“H 寄存器”均设为“4”，“冷却液”设为“注满”，“材料”为“高速钢”，“涂层”为“无”，“主轴转速”设为“500”，“进给”设为“40”。

④ 设置“最大切削深度”为 6，“穿过深度”为“0”，“孔深底部余量”为“0”。

⑤ 在“刀轨设置”选项组中，将“切削顺序”设为“选择顺序”，“返回高度”设为“返回安全平面 G99”，“最小安全平面”设为“3”。

⑥ 单击“计算”按钮生成刀轨，如图 5-18 所示，单击“确定”按钮完成中心孔工序创建。

8）创建螺钉通孔的钻孔工序。

① 在管理器中，选中“普通钻 1”，右击，在弹出的菜单中选择“复制”命令，管理器中出现“普通钻 2”。

② 在“普通钻 2”下的刀具上右击，在弹出的菜单中选择“管理”命令，创建刀具“ZD7”，“切削直径”为“7”，“刀位号”“D 寄存器”“H 寄存器”均设为“5”，“冷却液”设为“注满”，“材料”为“高速钢”，“涂层”为“无”，“主轴转速”设为“800”，“进给”设为“50”。

③ 双击“普通钻 2”特征，系统弹出“选择特征”对话框，新建“孔 2”特征，选择图 5-19 所示四个圆，设置“孔深”为“20”。

④ 计算刀轨，结果如图 5-20 所示。

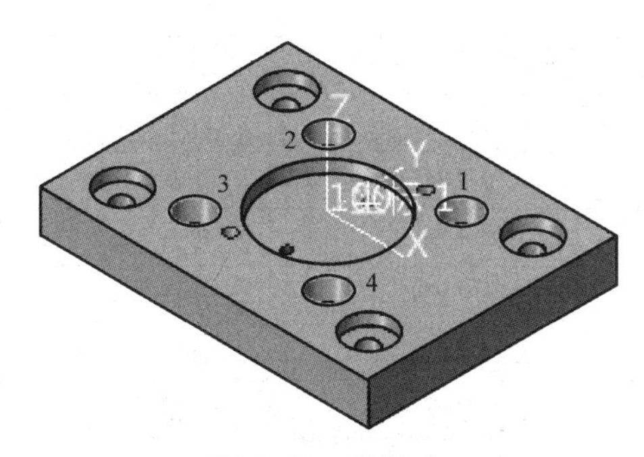

图 5-19 选择孔

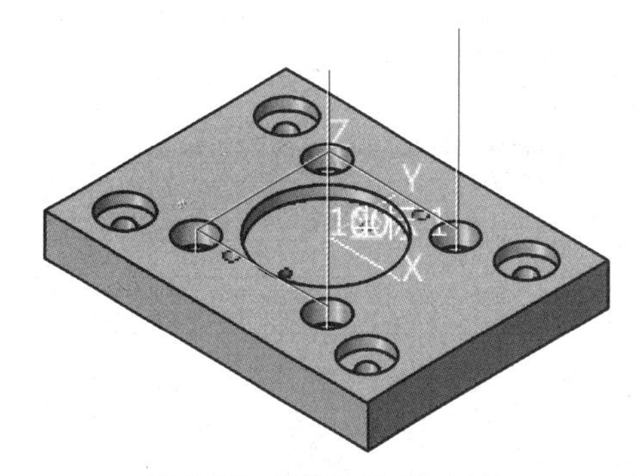
图 5-20 “普通钻 2”刀轨

9）参考步骤 8）、复制步骤 7）生成螺钉通孔的台阶孔，并修改刀具直径（12mm）和特征参数。

10）参考步骤 8）和步骤 9）创建销孔的钻孔和铰孔工序。

11）参考步骤 8）创建螺纹孔 M6 底孔，注意这里是不通孔，钻孔特征可参考图 5-21 和图 5-22 的参数设置。特别是尺寸“M6×1.0”必须和螺纹刀具的尺寸一致。

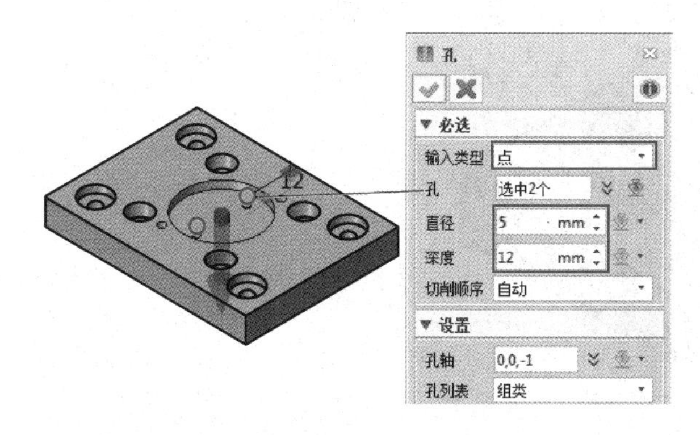

图 5-21 钻孔特征

图 5-22 “孔特征”对话框

12）创建 M6 螺纹孔攻螺纹工序。特征可以直接选择步骤 11）钻孔的特征，刀具的参数按“M6×1.0”设定。

13）对中心钻工序刀具轨迹后处理。在管理器中右击“中心钻 1”，在弹出的菜单中选择“输出”→“输出全部 NC”命令，系统弹出所有 NC，系统弹出图 5-23 所示信息框，显示后置处理的 G 代码，如图 5-23 所示。

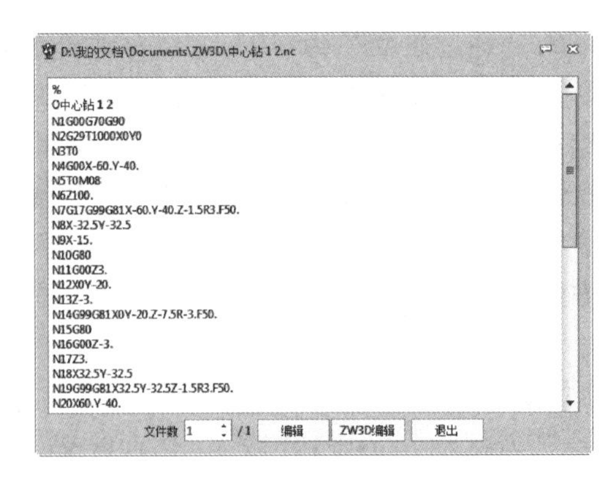

图 5-23　后处理结果

14）保存文件。

(2)（学员）**编程实施过程**　根据参考编程实施过程的步骤，生成螺钉通孔和销孔的刀具轨迹，并填写表 5-4 。

表 5-4　螺钉固定孔和销钉孔加工主要参数

序号	工序名称	工艺参数							
1	钻螺钉通孔底孔	刀具名称		刀具直径		主轴转速		进给	
		钻孔数量		孔深度		返回平面		余量	
2	扩螺钉通孔台阶孔	刀具名称		刀具直径		主轴转速		进给	
		钻孔数量		孔深度		返回平面		余量	
3	钻销孔底孔	刀具名称		刀具直径		主轴转速		进给	
		钻孔数量		孔深度		返回平面		余量	
4	铰销孔	刀具名称		刀具直径		主轴转速		进给	
		钻孔数量		孔深度		返回平面		余量	
考评结论									

课后拓展训练

使用中心钻、钻孔、铰孔、扩孔等工序完成图 5-24 所示零件的孔加工编程。

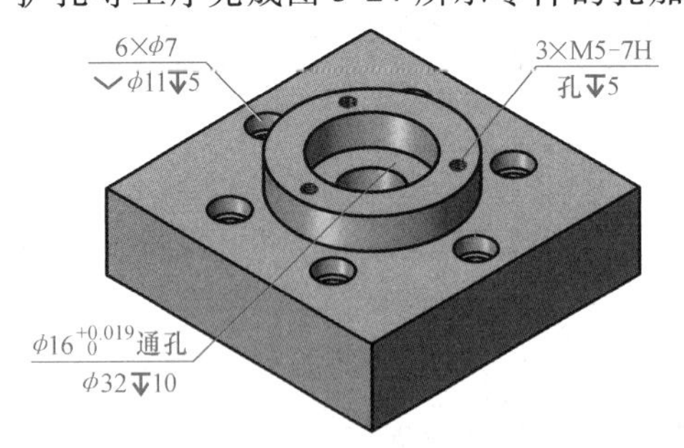

图 5-24　课后拓展训练图

任务 5.2　拉伸凸模数控加工

任务描述

拉伸凸模模型如图 5-25 所示，材料为 45 钢，要求对零件的成形面进行粗加工、半精加工和精加工的数控编程。

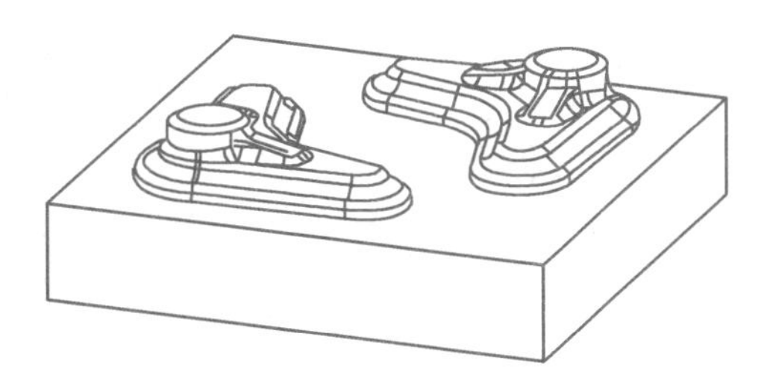

图 5-25　拉伸凸模模型

知识点

- 二维偏移工序。
- 等高线切削工序。
- 三维偏移切削工序。
- 平坦面加工工序。

技能点

- 能使用二维偏移工序完成零件的粗加工和半精加工。
- 能运用顶面加工工序进行平面的精加工。
- 能使用三维偏移切削和等高线切削工序进行零件的精加工。
- 能生成工序报表和加工 G 代码。

素质目标

学员应熟悉数控加工工艺知识及国家相关标准，准确把握零件图样要求，对零件进行工艺分析和工艺方案设计，制订工艺流程，合理使用中望 3D 软件 CAM 功能的常用曲面加工工序，按照设定的工艺流程完成拉伸凸模成形面的粗、半精、精加工数控编程，输出工艺报表。

课前预习

1. 二维偏移工序

二维偏移工序用于零件的粗加工，生成二维半刀具轨迹，可以生成图 5-26 所示刀轨。

二维偏移

图 5-26　二维偏移工序刀轨

单击“3D 快速铣削”工具选项卡下“粗加工”工具栏中的“二维偏移”工具按钮激活创建二维偏移工序过程。系统首先激活“选择特征”对话框，按图 5-27 所示步骤创建或选择特征。

在管理器中双击“二维偏移粗加工”，系统弹出“二维偏移粗加工”对话框，对“主要参数”“限制参数”“公差和步距”“刀轨设置”“连接与进退刀”等参数进行设置，如图 5-28 所示。

2. 等高线切削工序

等高线切削工序用于零件的精加工工序，生成零件陡峭面的二维半刀具轨迹，如图 5-29 所示。

单击【3D 快速铣削】工具选项卡下“切削”工具栏中的“等高线切削”工具按钮，激活创建等高线切削工序过程。系统首先激活“选择特征”对话框，可参照 2D 偏移粗加工工序创建或选择特征。

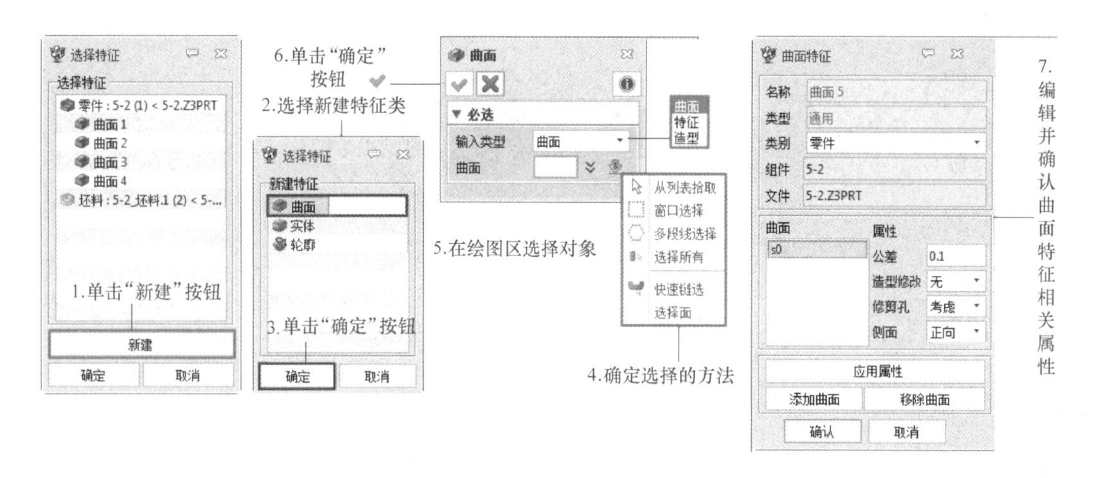

图 5-27　创建偏移工序特征

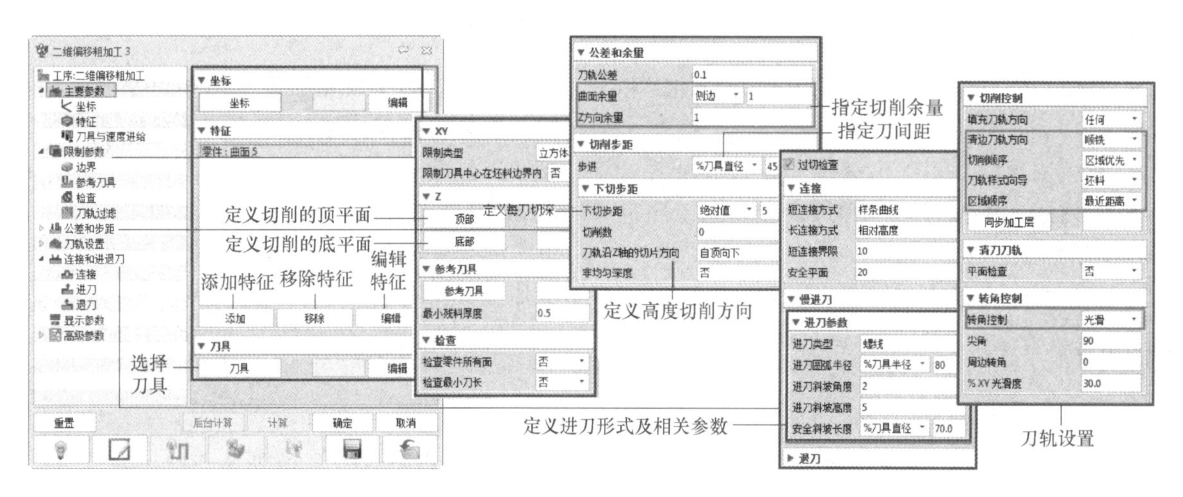

图 5-28　二维偏移粗加工参数设置

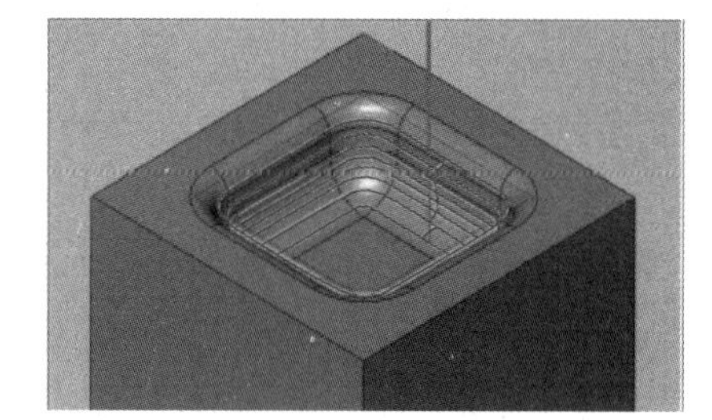

图 5-29　等高线切削工序

在管理器中双击“等高线切削”，系统弹出“等高线切削”对话框，对“主要参数”“限制参数”“公差和步距”“刀轨设置”“连接与进退刀”等参数进行设置。其中“主要参数”“限制参数”和 2D 偏移粗加工工序设置内容和方法基本相同。仅“公差和步距”“刀轨设置”“连接与进退刀”与 2D 偏移粗加工工序不同，如图 5-30 所示。

3. 三维偏移切削工序

三维偏移切削工序用于零件的精加工，靠近斜面处需要平滑与连续的刀轨、在未切削或不能切削处的铣削，或是将零件作为整体铣削时应用。这是一个设计用于实现在整个刀具轨迹达成相同刀痕状态的铣削精加工，生成的刀具轨迹如图 5-31 所示。

单击“3D 快速铣削”工具选项卡下“精加工”工具栏中的“三维偏移切削”工具按钮，激活创建三维偏移切削工序过程。系统首先激活“选择特征”对话框，可参照 2D 偏移粗加工工序创建或选择特征。

在管理器中双击“三维偏移切削”，系统弹出“三维偏移切削”对话框，对“主要参数”“限制参数”“公差和步距”“刀轨设置”“连接与进退刀”等参数进行设置。其中“主要参数”“限制参数”

和 2D 偏移粗加工工序设置内容和方法基本相同。仅“公差和步距”“刀轨设置”“连接与进退刀”与等高线切削工序不同，如图 5-32 所示。

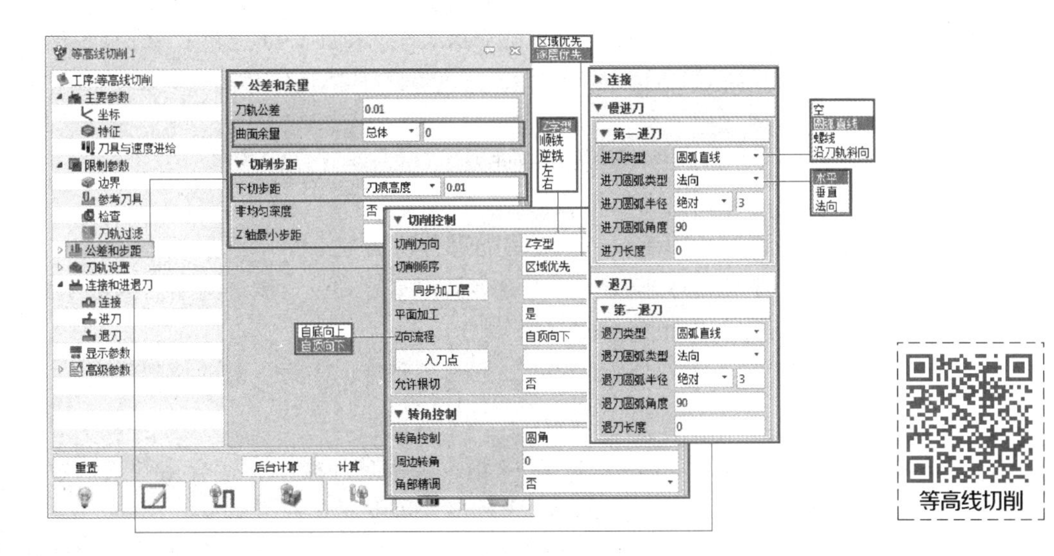

图 5-30　等高线切削参数设置

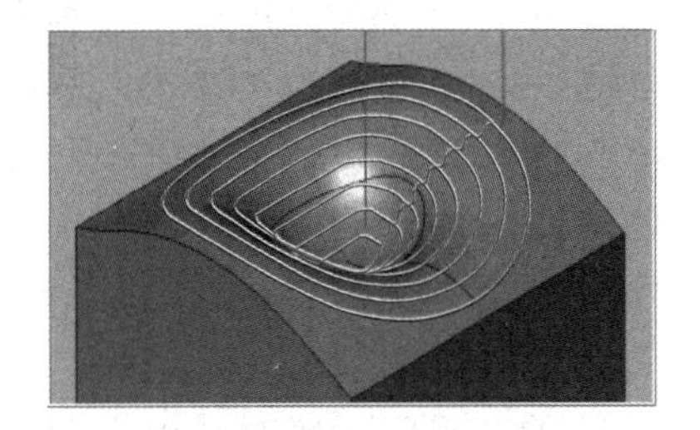

图 5-31　三维偏移切削工序

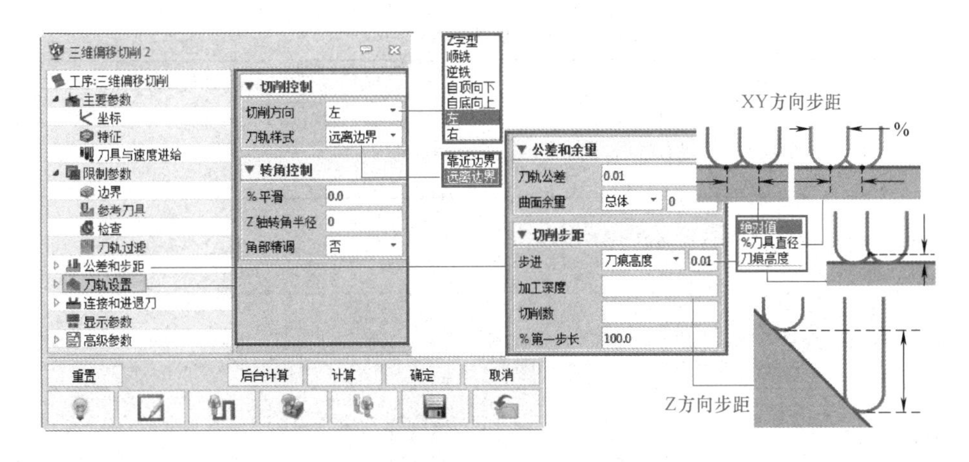

图 5-32　三维偏移工序参数

任务实施

1. 预习效果检查

(1) 填空题

1) 2D 偏移用于零件的________加工刀轨生成。

2）创建 2D 偏移加工工序时特征可以选择曲面、实体或________。

3）2D 偏移加工工序 Z 轴方向的切削范围可以用“限制参数”中顶部和________加以限制。

4）等高线切削工序 Z 轴切削步距可以用绝对值、%刀具直径和________三种控制方式。

5）三维偏移切削工序 XY 方向的步距有________、%刀具直径和刀痕高度三种方式。

（2）判断题

1）2D 偏移加工工序进刀方式只能是螺旋进刀。（　　）

2）等高线加工只能对陡峭面进行精加工。（　　）

3）三维偏移切削可以对陡峭面和平坦面都能进行精加工。（　　）

4）三维偏移切削工序参数“步进”使用绝对值控制方式时，步进选项后的数字 0.01 表示在 XY 平面上相邻两条刀具轨迹之间的距离尺寸。（　　）

5）三维偏移切切削工序参数“加工深度”控制 Z 轴方向上每一刀的切削深度。（　　）

2. 零件工艺分析

（1）零件工艺分析（参考）　零件材料为 45 钢，极限尺寸较小，适合用常规的数控铣床或加工中心进行加工，尺寸精度要求较低，表面质量要求较高，因此可以采用数控铣床加工完成后进行抛光处理。

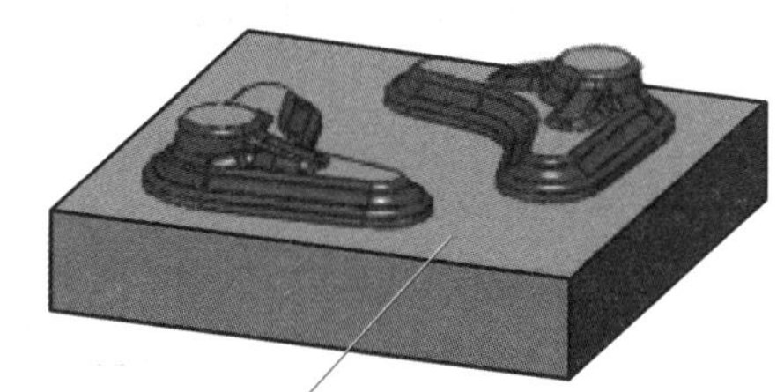

图 5-33　零件加工曲面分析

单击“查询”选项卡下的“测量”“半径”“分析面”等工具对零件进行分析可知，零件的外形尺寸是“130mm×130mm×41.5mm”，最小凹圆角半径为 3.2mm，故精加工球头刀的最大直径为 6mm。成形面中除图 5-33 所示绿色面外，其余均为曲面或倾斜曲面，且所有面的法线均在 0°～90°之间，所有面可以在数控铣床上一次装夹完成所有加工。零件四个侧面为两两平行的铅垂面，便于加工时进行工件装夹。

（2）零件工艺分析（学员）　分析拉伸凸模零件模型，参照参考零件工艺分析提示，完善分析内容，填写表 5-5。

表 5-5　拉伸凸模工艺分析（学员）

序号	项　目	分析结果
1	在模型中查找最小凹圆角面并进行标识	
2	标识模型中适合用平面加工方法的面	
3	标识模型中的平坦面	
4	标识模型的陡峭面	
5	教师评价	

3. 加工工艺方案设计

（1）加工工艺方案设计（参考）

1）使用二维偏移工序进行零件的粗加工。

2）使用二维偏移工序进行零件的半精加工。

3）使用顶面工序进行成形面顶面的精加工。

4）使用螺旋切削工序进行成形底平面精加工。

5）使用等高线切削工序进行陡峭面精加工。

（2）加工工艺方案设计（学员） 根据自己对拉伸凸模的分析，参照参考加工工艺方案设计，填写表5-6。

表5-6　拉伸凸模工艺方案（学员）

序号	结　　构	工艺方案
1	确定零件数控加工的装夹方案，绘制装夹简图	
2	确定加工坐标系的位置	
3	零件陡峭面加工流程和方法	
4	零件顶平面加工流程和方法	
考评结论		

4. 自动编程过程实施

（1）任务实施过程（参考）

1）打开素材文件“5-2. Z3PRT”，如图5-34所示。

2）创建坯料。

①单击“造型”选项卡下“工程特征”工具栏中的“坯料”工具按钮，系统弹出“坯料”对话框。

②选择图5-34中所有对象。

③在“坯料”对话框中设置“高度（Z）+”为“1”。

④单击“坯料”对话框“确定”按钮完成坯料创建，结果如图5-35所示。

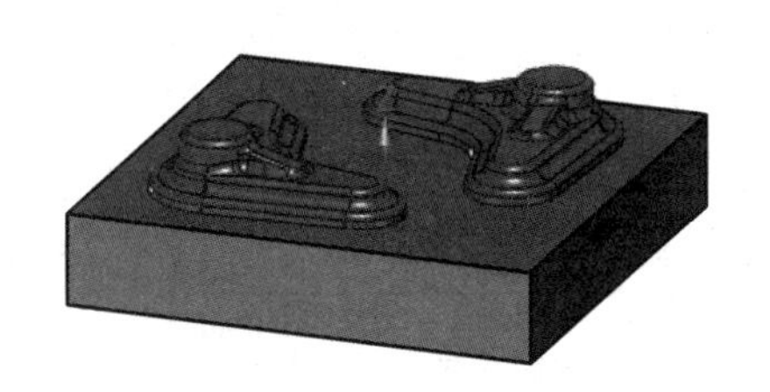

图5-34　零件模型

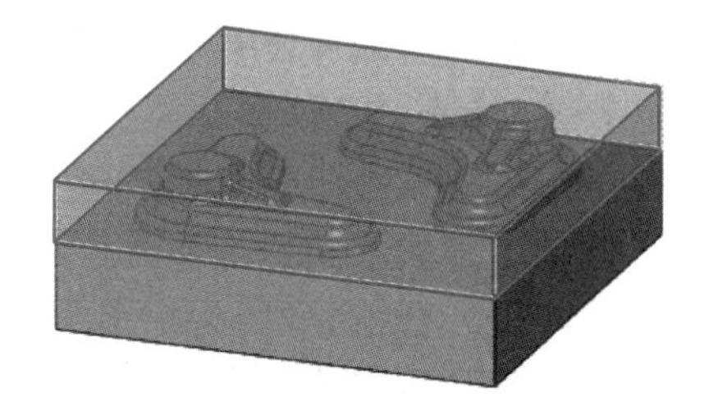

图5-35　生成坯料结果

3）移动坐标系至坯料顶面中心。

①单击“造型”选项卡下“基础编辑”工具栏中的“移动”工具按钮，系统弹出“移动”对话框。

②设置“移动方式”为“点到点”，“实体”选择所有对象。

③“起点选择方式”设为“两者之间”，按图5-36所示顺序选择点。

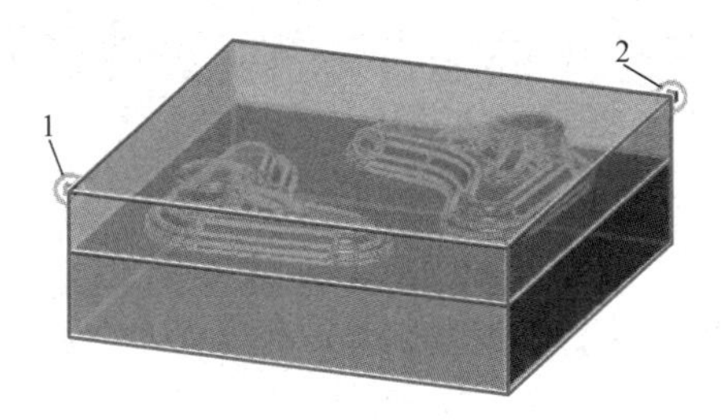

图5-36　起点选择顺序

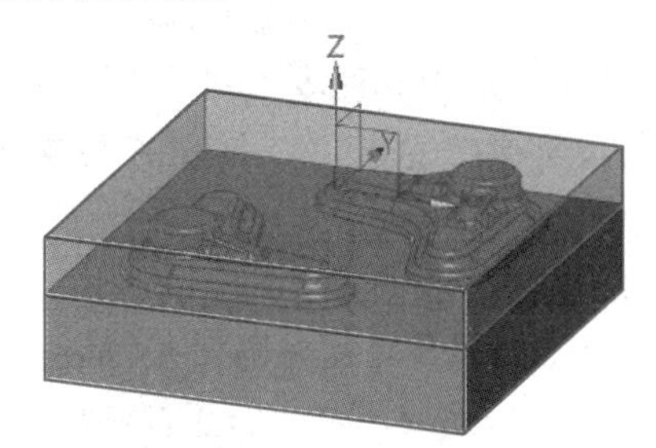

图5-37　移动结果

④ 设置“终点”为绝对坐标“0，0，0”，单击“确定”按钮，完成移动，结果如图 5-37 所示。

⑤ 在管理器中右击“坯料 1”，在弹出的菜单中选择“删除”命令，删除定义好的毛坯，结果如图 5-38 所示。

4）进入加工环境，并创建坯料。

① 在绘图区空白处右击，在弹出的菜单中选择“加工方案”命令，系统弹出“选择模板…”对话框。

② 选择“默认”模板，单击“确认”按钮后进入加工环境。

③ 单击“加工系统”工具选项卡下“加工系统”工具栏中的“添加坯料”工具按钮，系统弹出“添加坯料”对话框。

④ 在“添加坯料”对话框中设置“顶面”为“1”，单击“确定”按钮完成坯料创建。

⑤ 在管理器中双击“加工安全高度”，将“安全高度”设为“20”，结果如图 5-39 所示。

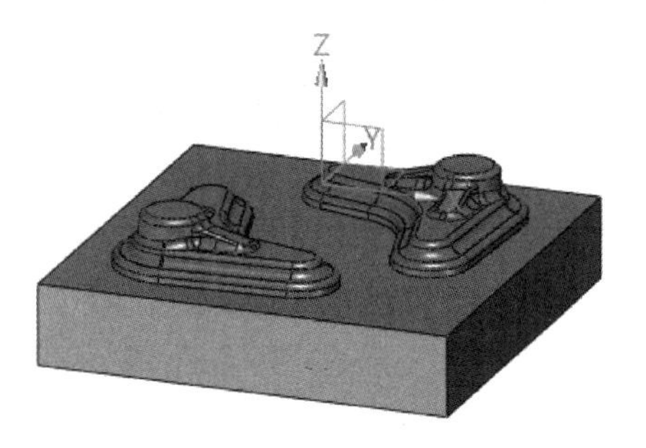

图 5-38 删除毛坯后结果

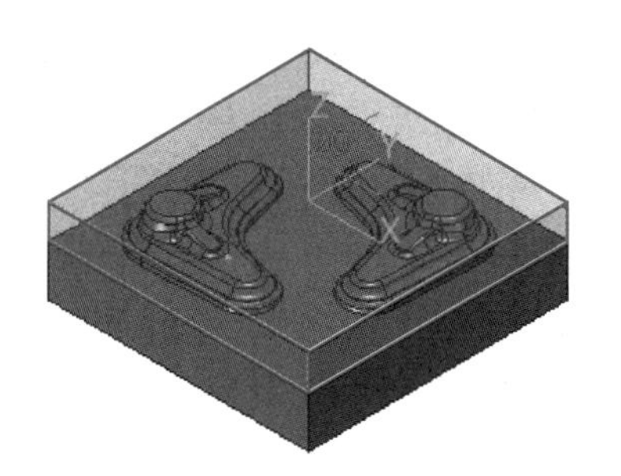

图 5-39 修改安全高度

5）创建刀具。

单击“加工系统”工具选项卡下的“刀具”（CAM 管理器）工具按钮，系统弹出“刀具”对话框，按表 5-7 中的参数创建刀具。

表 5-7 创建刀具参数

序号	刀具名称	直径	拐角半径	刃长	刀位号	D、H 寄存号	材料	主轴转速	进给速度
1	D16R3	16	3	65	1	1	硬质合金	1500	600
2	D10R1	10	1	40	2	2		2500	1400
3	D10	10	0	40	3	3		2500	1200
4	D6R3	6	3	24	4	4		3000	1200

6）创建二维偏移工序。

粗加工步骤 6）~7）

① 单击“3 轴快速铣削”工具选项卡下“粗加工”工具栏中的“二维偏移”工具按钮，系统弹出“选择特征”对话框。

② 在“选择特征”列表中选择“零件：5-2（1）<5-2. Z3RRT”，单击“确定”按钮，系统弹出“刀具列表”对话框，在“刀具”列表中选择“D16R3”。

③ 在管理器中双击“二维偏移粗加工 1”，系统弹出“二维偏移粗加工 1”对话框。

④ 相关参数设置见表 5-8。

⑤ 计算生成刀具轨迹如图 5-40 所示，仿真结果如图 5-41 所示。

7）创建二维偏移工序进行零件的半精加工。

① 按照步骤 6）的方法激活二维偏移工序创建过程，参数设置见表 5-9。

表 5-8　二维偏置粗加工参数

序号	参数名称	参数值	序号	参数名称	参数值
1	坐标	坐标 1	6	下切步距	1
2	特征	零件:5-2(1)<5-2. Z3PRT	7	刀轨沿 Z 轴的切片方向	自顶向下
3	刀具	D16R3	8	切削顺序	区域优先
4	余量	侧边:0. 5　Z 向:0. 3	9	进刀方式	螺旋(螺旋参数为默认)
5	切削步距	45%刀具直径			

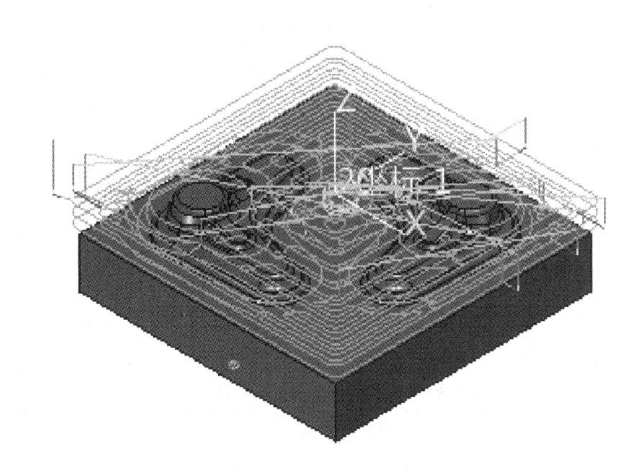

图 5-40　二维偏移粗加工刀具轨迹

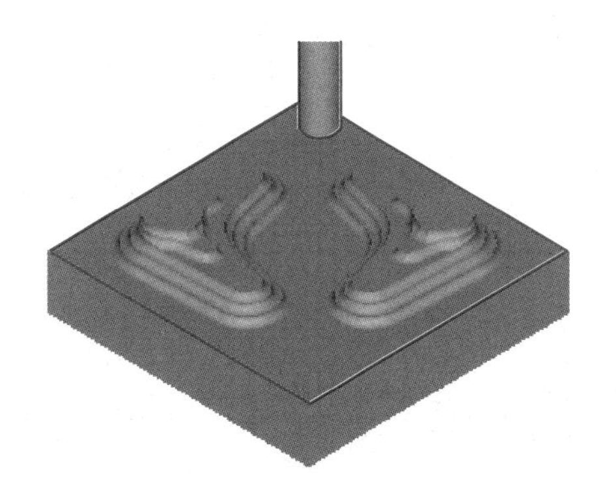

图 5-41　粗加工仿真结果

表 5-9　二维偏移工序参数

序号	参数名称	参数值	序号	参数名称	参数值
1	刀具	D10R1	7	步进	45%(刀具直径)
2	特征	零件:5-2(1)<5-2. Z3PRT	8	下切步距	0. 3(绝对值)
3	坐标	坐标 1	9	刀轨沿 Z 轴的切片方向	自顶向下
4	参考刀具	D16R3	10	切削顺序	区域优先
5	最小残料厚度	0. 5	11	进刀方式	螺旋(螺旋参数用缺省)
6	余量	0. 3			

② 计算生成刀具轨迹如图 5-42 所示，仿真结果如图 5-43 所示。

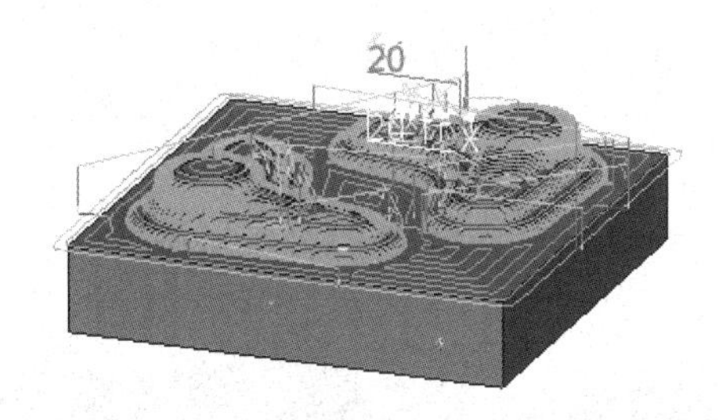

图 5-42　二维偏移半精加工刀具轨迹

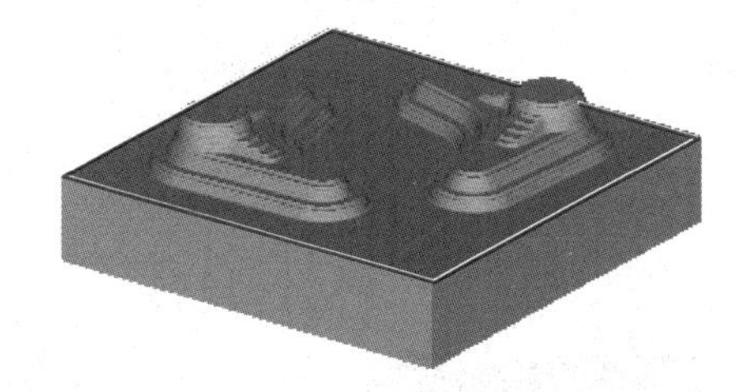

图 5-43　半精加工仿真结果

8）创建顶面工序。

① 单击“2 轴铣削”工具选项卡下“二维面”工具栏中的“顶面”工具按钮，系统弹出“选择特征”对话框。

② 在“选择特征”列表中单击“新建”按钮，“类型”为“面”，系统弹出“平面”对话框。选择图 5-44 所示两个平面后，单击“确定”按钮，在系统弹出的

“平面特征”对话框中单击“确定”按钮完成平面特征创建。

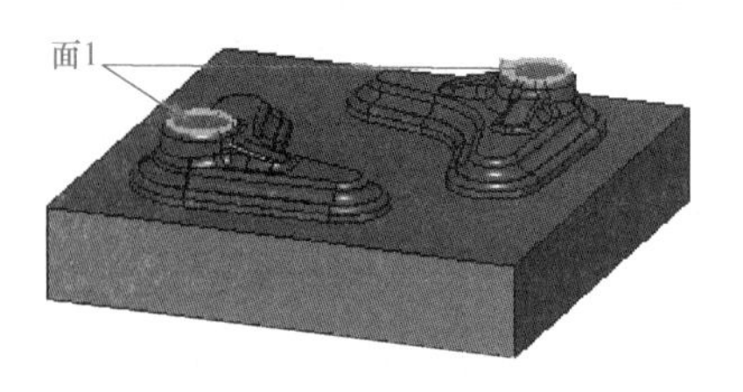

图 5-44　面 1

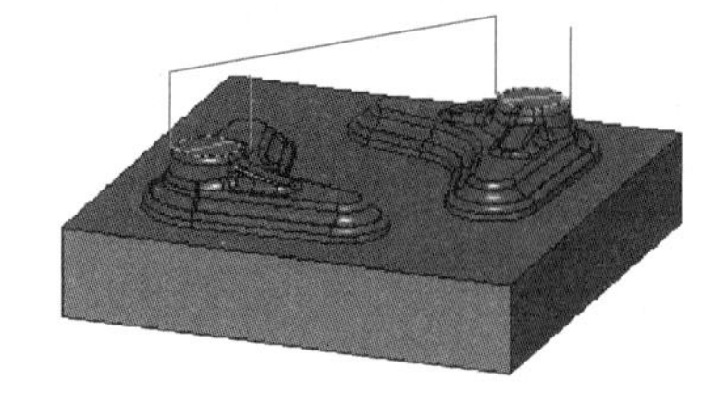
图 5-45　刀具轨迹

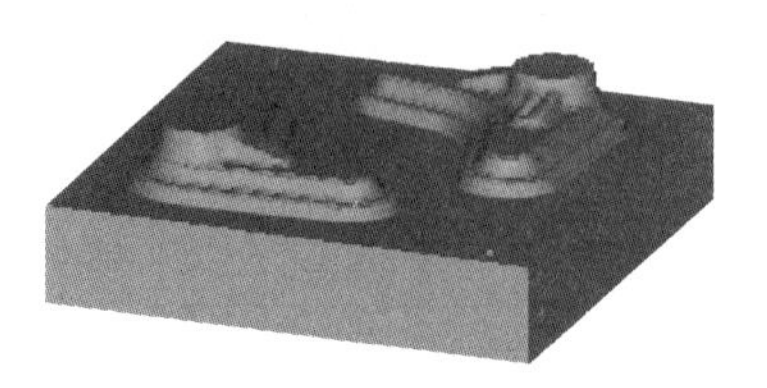
图 5-46　仿真结果

③ 在管理器中双击“顶面 1”，系统弹出“顶面 1”对话框，参数设置见表 5-10。

④ 计算生成刀具轨迹如图 5-45 所示，仿真结果如图 5-46 所示。

表 5-10　顶面 1 切削参数

序号	参数名称	参数值	序号	参数名称	参数值
1	刀具	D10	5	切削方向	Z 字型
2	特征	面 1	6	刀轨样式	Z 字型
3	刀具位置	在边界上	7	加工面类型	顶部区域
4	余量	0	8	步进	60%（刀具直径）

9）创建螺旋切削工序。

① 单击“2 轴铣削”工具选项卡下“二维内腔”工具栏中的“螺旋”工具按钮，系统弹出“选择特征”对话框。

② 在“选择特征”列表中单击“新建”按钮，“类型”为“面”，系统弹出“平面”对话框。选择图 5-47 所示平面后，单击“确定”按钮，在系统弹出的“平面特征”对话框中单击“确定”按钮完成平面特征创建。

③ 在管理器中双击“二维偏移粗加工 1”，系统弹出“二维偏移粗加工 1”对话框。

④ 相关参数设置见表 5-11。

表 5-11　螺旋工序参数

序号	参数名称	参数值	序号	参数名称	参数值
1	刀具	D10	4	余量	0
2	特征	面 2	5	步进	60%（刀具直径）
3	刀具位置	在零件上，与孤岛相切	6	刀轨样式	逐步向内

⑤ 计算生成刀具轨迹如图 5-48 所示，仿真结果如图 5-49 所示。

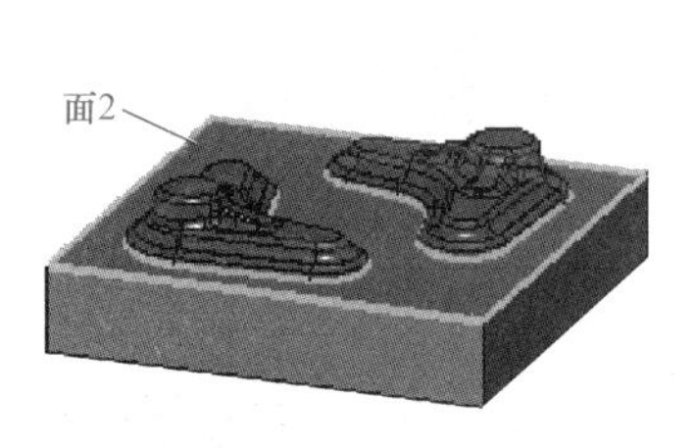

图 5-47　面 2

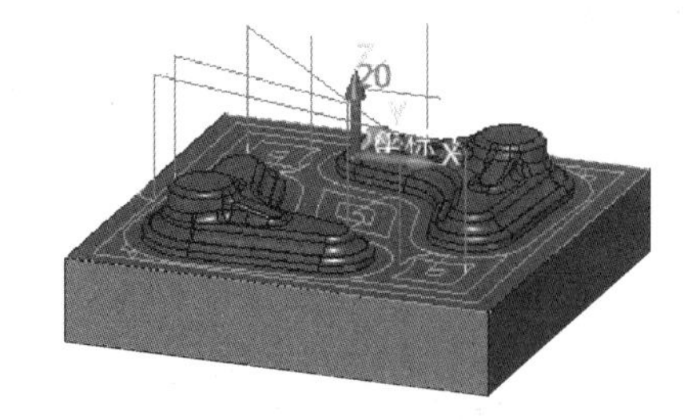
图 5-48　螺旋工序刀轨

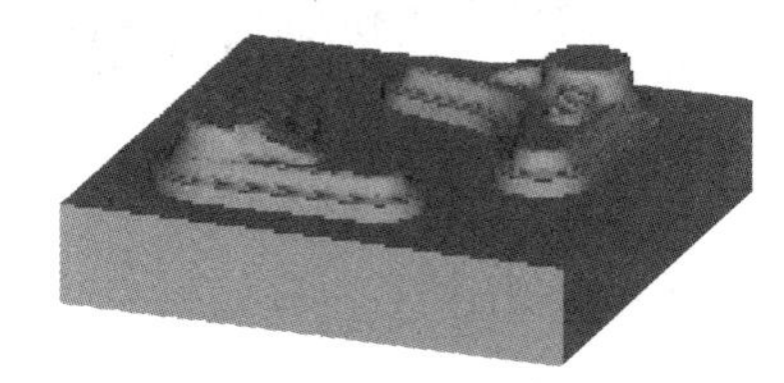
图 5-49　仿真结果

10）创建等高线切削工序。

① 单击“3 轴快速铣削”工具选项卡下“切削”工具栏中的“等高线”工具按钮，系统弹出

“选择特征”对话框。

② 在“选择特征”列表中单击“新建”按钮，“类型”为“曲面”，系统弹出“曲面”对话框。选择图 5-50 所示曲面后，单击“确定”按钮，在系统弹出的“曲面特征”对话框中单击“确定”按钮完成曲面特征创建。

③ 在管理器中双击“二维偏移粗加工 1”，系统弹出“二维偏移粗加工 1”对话框。

④ 相关参数使用默认值，计算生成刀具轨迹如图 5-51 所示，仿真结果如图 5-52 所示。

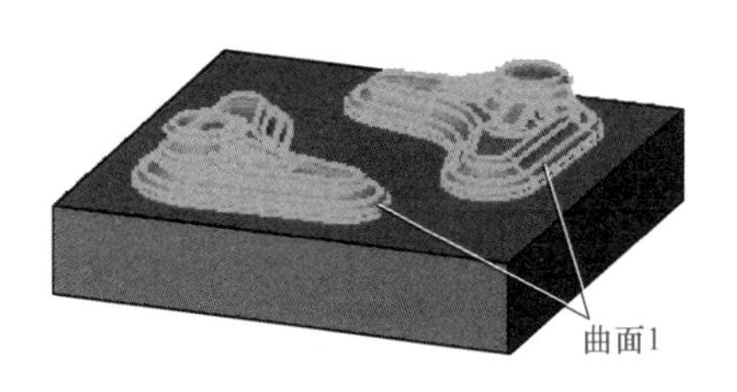

图 5-50　曲面 1

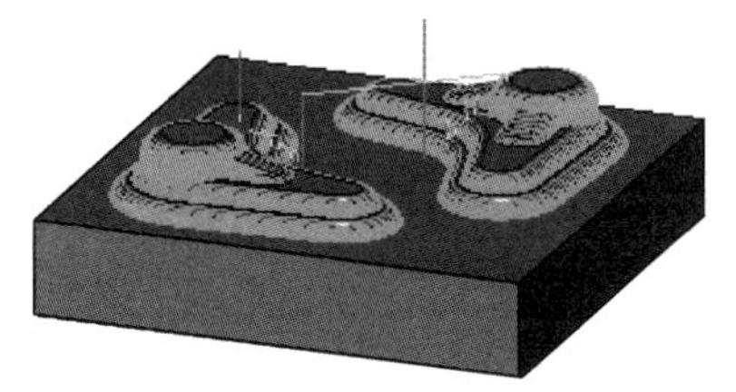

图 5-51　等高线刀具轨迹

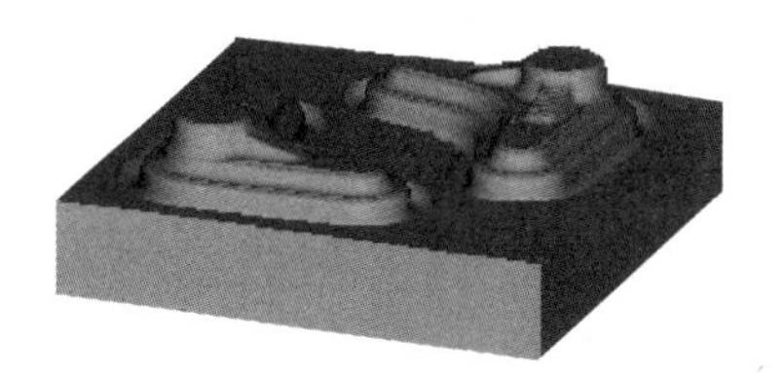
图 5-52　仿真结果

11）保存文件。

（2）编程实施过程（学员）　按表 5-12 的要求，将结果通过文字和截图的方式填入提供的电子表格中。

表 5-12　拉伸凸模加工主要参数（学员）

序号	要　求	结果
1	试用三维偏移切削工序加工成形面中间两个平面	
2	仔细观察“任务实施过程（参考）”的仿真结果，纠正等高线切削工序的错误	
3	试用“输出”选项卡下的“工序视图”工具按钮输出工序报表	
4	试输出等高线切削工序的 G 代码	
考评结论		

课后拓展训练

完成图 5-53 所示素材模型的工艺分析、加工方案确定，并生成刀具轨迹。

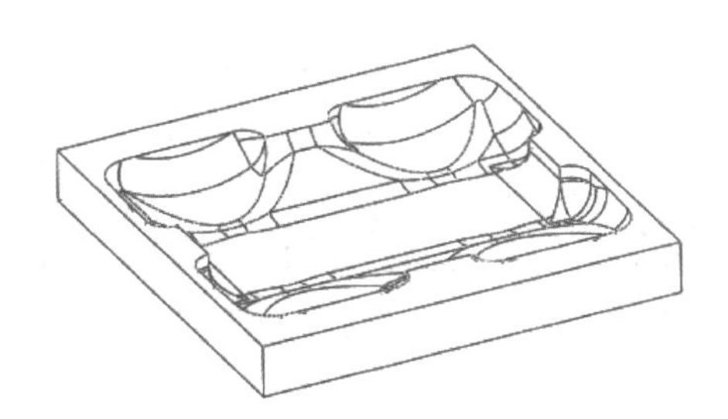
图 5-53　课后拓展训练图

附录

机械产品三维模型设计职业技能证书（中级）样卷（一）

满分：100 分

※※※※※※※※※※※※※※※※※※※※※※※※※※※※

操作任务须知：

1. 请依据提供的图样进行作答，共分为五个工作任务。
2. 请仔细阅读任务要求，在指定位置完成并保存提交。
3. 任务提供的模型文件请在“给定数据”中下载。

任务一：理论综合知识，完成单项选择题（总分 25 分，共 25 题，每题 1 分）。

根据附图 1 所示图样回答 1）~10）题。

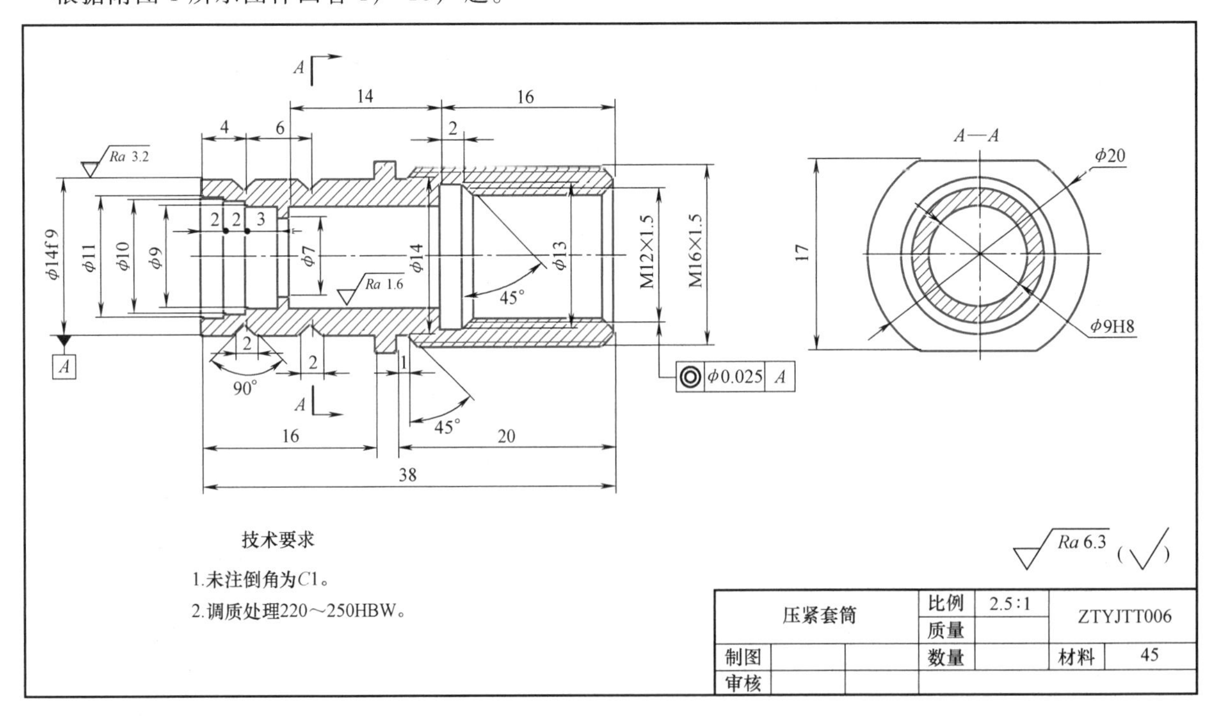

附图 1

1）零件的材料是（　　）。

A. 45钢　B. 特殊钢　C. 合金钢　D. 不锈钢

2）零件的结构类型是（　　）。

A. 轴套类零件　B. 盘盖类零件　C. 叉架类零件　D. 箱体类零件

3）关于零件外螺纹，下列说法正确的是（　　）。

A. 螺距为1.5mm的梯形螺纹　B. 螺距为1.5mm的普通螺纹

C. 公称尺寸为ϕ16mm的细牙螺纹　D. 普通粗牙螺纹

4）该零件有（　　）处环槽。

A. 1　B. 2　C. 3　D. 4

5）主视图采用的表达方式是（　　）。

A. 半剖视图　B. 全剖视图　C. 剖视图　D. 局部剖视图

6）视图中的A—A是（　　）。

A. 局部视图　B. 断面图　C. 全剖视图　D. 局部剖视图

7）图纸采用的绘图比例是（　　）。

A. 放大比例　B. 缩小比例　C. 原值比例　D. 没有比例

8）该零件径向最大的外形尺寸是（　　）。

A. ϕ14mm　B. ϕ16mm　C. ϕ20mm　D. 17mm

9）零件的主要加工方式是（　　）。

A. 车削　B. 铣削　C. 钻削　D. 镗削

10）零件的淬火不能达到（　　）的效果。

A. 提高强度　B. 提高硬度

C. 提高表面的耐磨性　D. 降低内应力

11）切削速度、背吃刀量、进给量是（　　）“三要素”。

A. 切削用量　B. 夹具设计作用力　C. 数控控制过程　D. 刀具设计

12）如果孔的尺寸是$\phi30^{+0.025}_{0}$mm，与之配合的轴的尺寸是$\phi30^{-0.009}_{-0.025}$mm，那么该孔轴的配合类型属于（　　）。

A. 间隙配合　B. 过渡配合　C. 过盈配合　D. 无法确定

13）利用车床（　　）内部的齿轮传动机构，可以把主轴传递的动力传给光杠或丝杠。变换箱外手柄位置，可以使光杠或丝杠得到各种不同的转速。

A. 主轴箱　B. 溜板箱　C. 拖板箱　D. 进给箱

14）编程中设定定位速度F1=5000mm/min，切削速度F2=100mm/min，如果参数键中设置的进给速度倍率为80%，则（　　）。

A. F1=4000mm/min，F2=80mm/min　B. F1=5000mm/min，F2=100mm/min

C. F1=5000mm/min，F2=80mm/min　D. 以上都不对

15）工具钢、轴承钢等锻压后，为改善其切削加工性能和最终热处理性能，常需要进行（　　）处理。

A. 完全退火　B. 去应力退火　C. 正火　D. 球化退火

16）M45×1.5-6g中1.5和6g的含义（　　）。

A. 1.5是螺距；6g是螺纹大径、小径公差带代号

B. 1.5是螺距；6g是螺纹中径、大径公差带代号

C. 1.5是导程，6g是螺纹大径、小径公差带代号

D. 1.5是导程，6g是螺纹中径、大径公差带代号

17）实验证明，以中低速度切削（　　）材料时易产生积屑瘤。

A. 脆性　　B. 塑性　　C. 弹性　　D. 陶瓷

18）螺栓连接中如果螺纹大径为 d，则被连接零件中连接孔的直径按（　　）绘制。

A. $1.1d$　　B. $1.2d$　　C. $1.5d$　　D. $2d$

19）在车床上车削盘套类工件时，为了保证内外表面的同轴度要求，通常应采用（　　）安装工件？

A. 自定心卡盘　　B. 心轴　　C. 双顶尖　　D. 花盘

20）数控加工中心与普通数控铣床、镗床的主要区别是（　　）。

A. 一般具有三个数控轴

B. 设置有刀库，在加工过程中由程序自动选用和更换

C. 能完成钻、铰、攻丝、铣、镗等加工功能

D. 主要用于箱体零件的加工

21）轴类零件上与轴承配合的轴颈被称为（　　），表面粗糙度值一般（　　）与齿轮配合的轴颈。

A. 支撑轴颈，高于　　B. 支撑轴颈，低于

C. 配合轴颈，高于　　D. 配合轴颈，低于

22）零件图样标题栏中材料栏填写的数字 45 是表示被加工零件（　　）。

A. 牌号为 45 的钢，含碳量 0.45%　　B. 拉伸强度是 45 的钢，强度是 45MPa

C. 抗冲击强度是 45 的钢，强度是 45MPa　D. 淬火后零件表面硬度是 45HRC

23）数控车床坐标系的确定原则与机床的实际运动（　　）。

A. 相同　　B. 相反　　C. 没有关系　　D. 不确定

24）为了降低内应力和脆性，保持高的硬度和耐磨性，刀具一般应采用（　　）热处理方式。

A. 正火　　B. 淬火+低温回火　　C. 火淬火+中温回火　D. 淬火+高温回火

25）编制数控加工工艺时，采用一次装夹完成加工的目的是（　　）。

A. 减少换刀时间　　B. 减少空运行时间

C. 减少重复定位误差　　D. 简化加工程序

任务二：零件三维造型（30 分）

考生根据附图 2 所示折角阀的阀体零件图样，结合任务条件和总体要求，使用现场提供的 CAD/CAM 软件，绘制零件的三维模型。

具体要求如下：

1）零件的造型特征需完整。

2）零件的造型尺寸正确。

3）建模文件以“阀体”命名，保存格式为源文件（即所用建模软件的默认格式）。

提交作品：“阀体”的零件三维模型（源文件）。

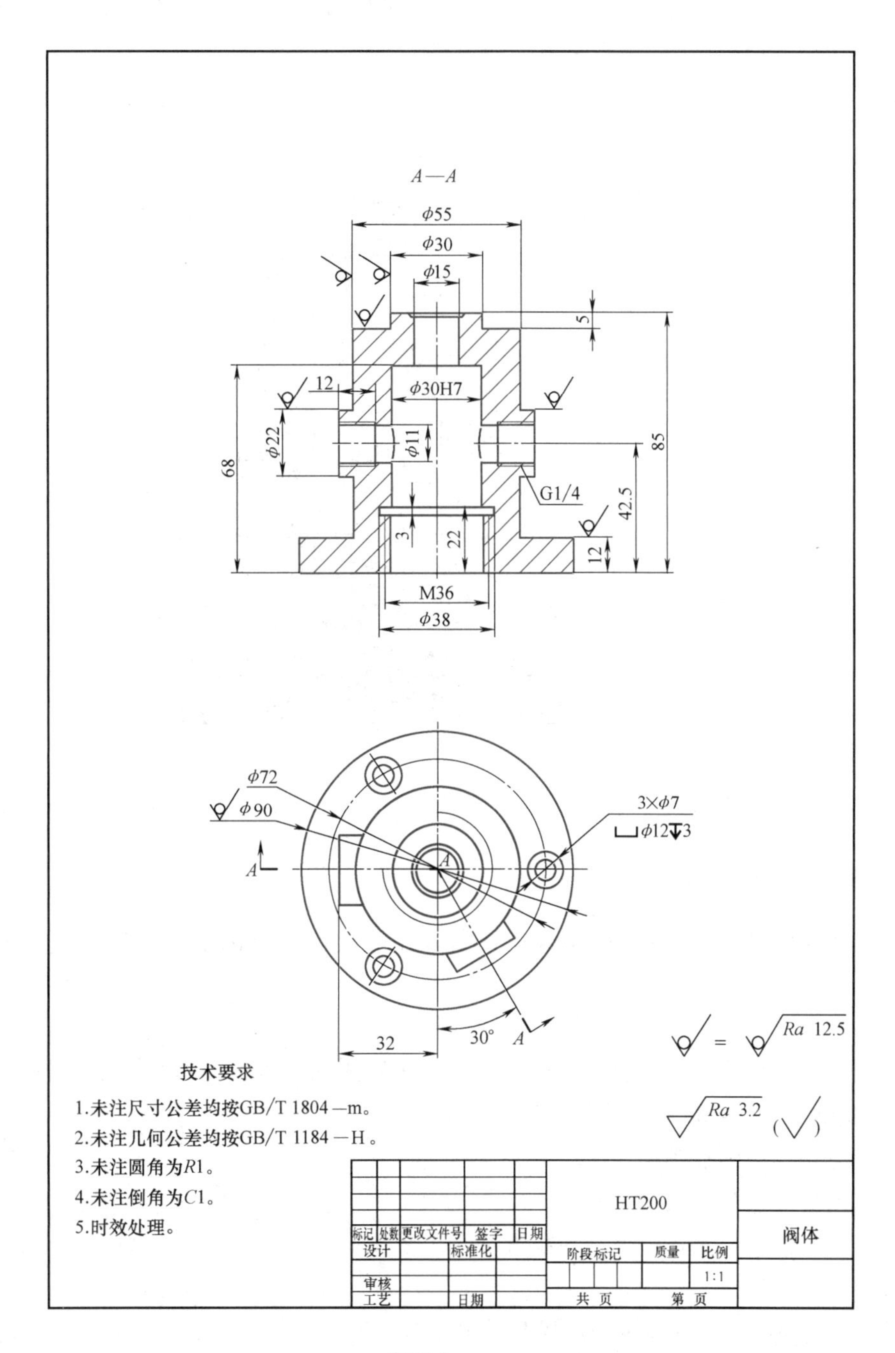

附图 2

任务三：部件装配（20 分）

考生根据给定折角阀的三维模型数据及任务二中创建的阀体三维模型，使用现场提供的 CAD/CAM 软件，完成三维模型装配（参照装配示意图附图 3），并对模型进行渲染。

具体要求如下：

1）装配关系正确。

2）零件间约束性质正确。

3）零件极限位置约束准确，不得发生干涉。

4）三维装配以“折角阀”命名，保存格式为源文件（即所用建模软件的默认格式）。

5）对装配好的折角阀进行真实感渲染，渲染文件以“渲染”命名，保存格式为JPG图片格式。

提交作品：1）“折角阀”的三维装配（源文件）。

2）“渲染”JPG图片。

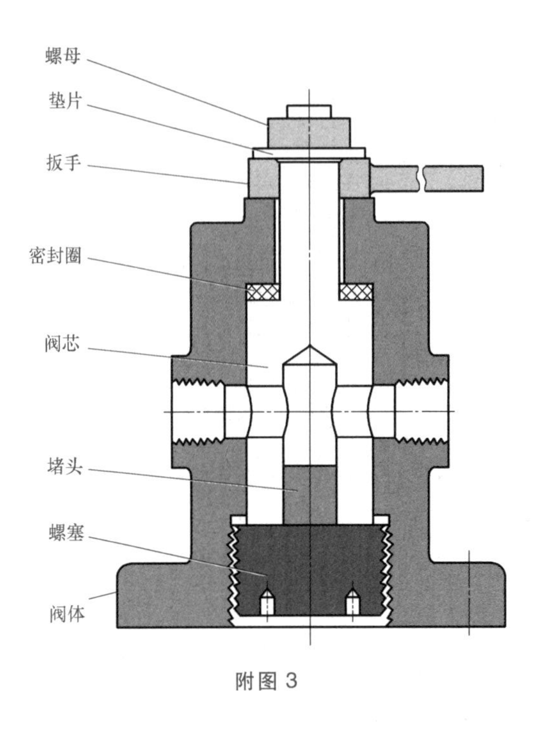

附图3

任务四：绘制零件图（20分）

考生根据给定的“扳手”三维模型数据，结合任务条件和总体要求，使用现场提供的绘图软件，绘制零件图。

具体要求如下：

1）基本设置：包括设置图层及其属性、设置文字样式和设置标注样式，所有设置应尽可能满足机械制图国家标准要求和计算机绘图的绘图环境要求。

2）选择合适比例、标准图幅。

3）表达方案合理，视图绘制正确。

4）尺寸标注正确、齐全、清晰，与零件加工工艺相适应。

5）正确填写标题栏。

6）以“扳手”命名，文件保存为DWG格式。

提交作品：“扳手”零件工程图.dwg格式文件。

任务五：模型仿真验证（5分）

根据给定的“加工件”模型，对指定的加工表面进行数控程序编制，具体要求如下：

1）整个加工过程一次装夹完成。

2）参照附图4，精加工指定面（标记为红色），默认侧壁余量为0.3mm、底面余量为0.2mm，精加工结果余量为0mm。

3）程序编制要科学、合理，并且实体仿真验证正确。

4）选用FANUC数控机床后处理生成NC代码，命名为“数控加工”，保存格式为.nc。

提交作品：1）“加工件”模型（程序编制完成后的源文件格式）。

2）“数控加工”.nc 文件。

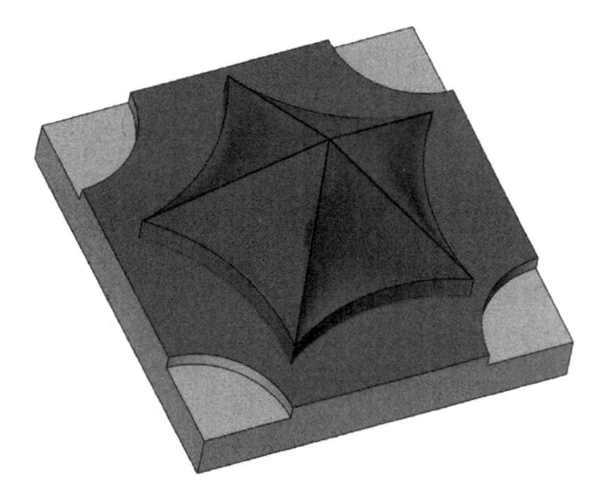

附图 4

机械产品三维模型设计职业技能证书（中级）样卷（二）

满分：100 分

※※※※※※※※※※※※※※※※※※※※※※※※※※※

操作任务须知：

1. 请依据提供的图样进行作答，共分为五个工作任务。
2. 请仔细阅读任务要求，在指定位置完成并保存提交。
3. 任务提供的模型文件请在“给定数据”中下载。

任务一：理论综合知识，完成单项选择题（总分 25 分，共 25 题，每题 1 分）。

1）在附图 5 所示图样中，（　　）尺寸为定形尺寸。

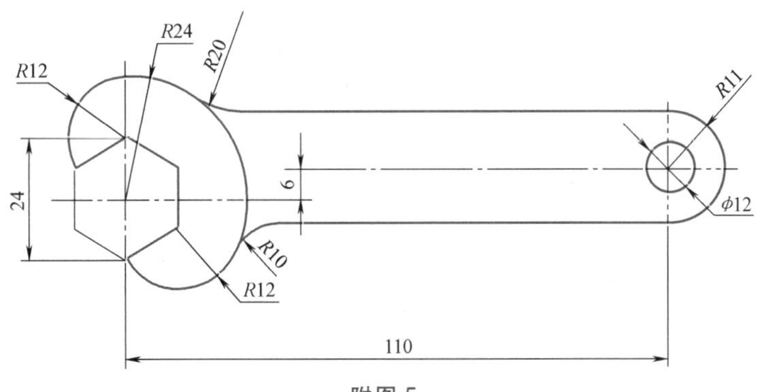

附图 5

A. R12、6　　B. 110、6　　C. 110、R24　　D. R12、Φ12

2）调质处理是（　　）工艺。

A. 热处理　　B. 钣金　　C. 铸造　　D. 锻造

3）调质处理的具体内容是（　　）。

A. 淬火+高温回火　　B. 淬火+中温回火

C. 淬火+低温回火　　D. 淬火+回火

4）技术要求中设置“齿面淬火”工艺的目的是（　）。

A. 为了提高齿面的强度

B. 为了提高齿面的硬度、耐磨性及疲劳强度

C. 为了提高齿面抗弯曲能力

D. 为了防止工作中齿面因高温造成齿面脱碳

5）封闭环的上极限偏差等于各增环的上极限偏差（　　）各减环的下极限偏差之和。

A. 之和减去　　B. 之差乘以　　C. 之和除以　　D. 之差除以

6）以下三视图，则正确的一组是（　　）。

A. 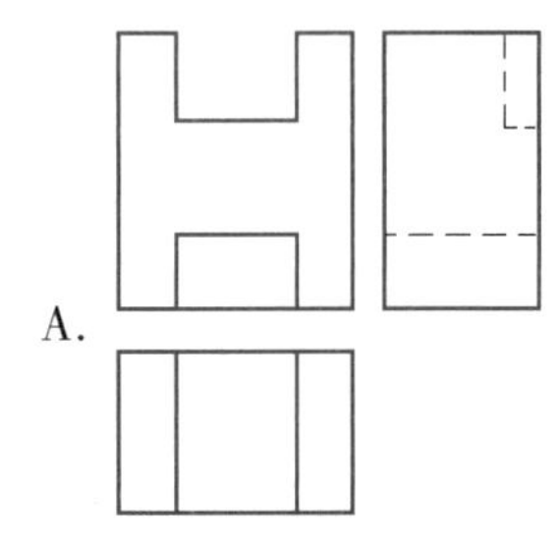

B. 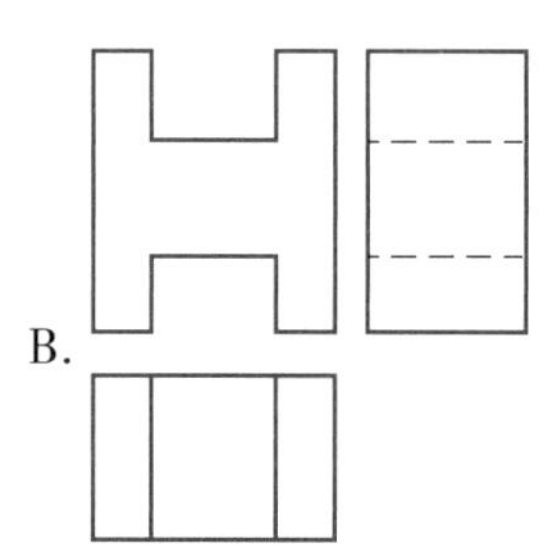

C. 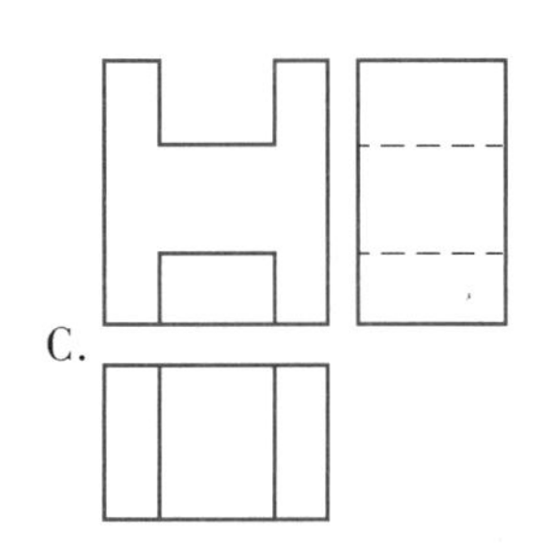

D. 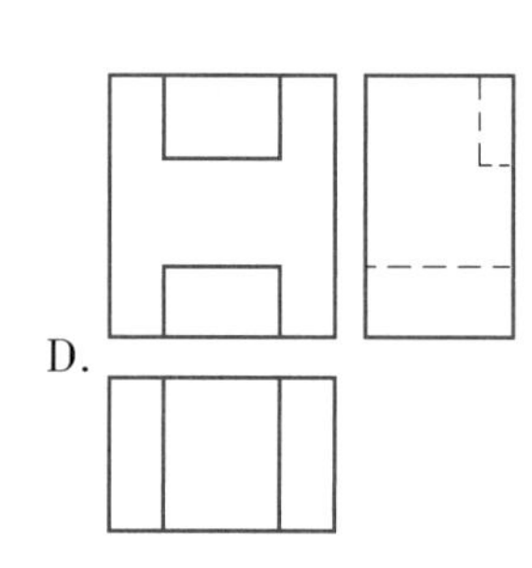

7）根据附图6所示主、俯视图，选择正确的左视图为（　　）。

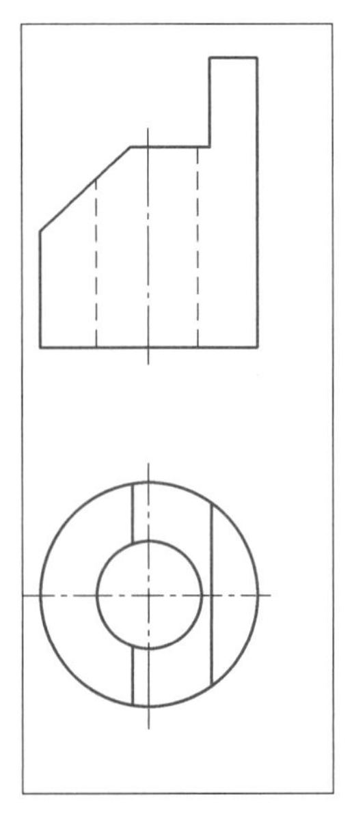

附图 6

A. 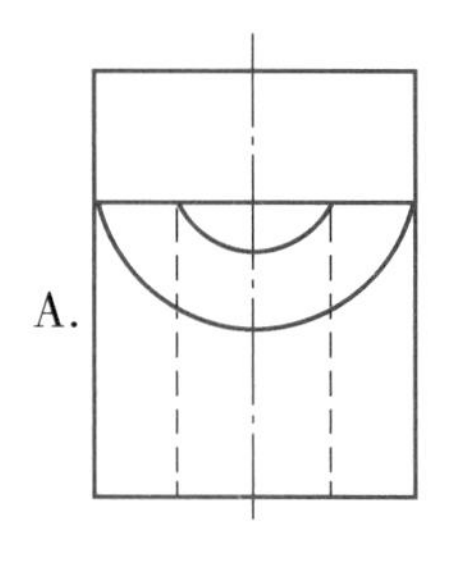

B. 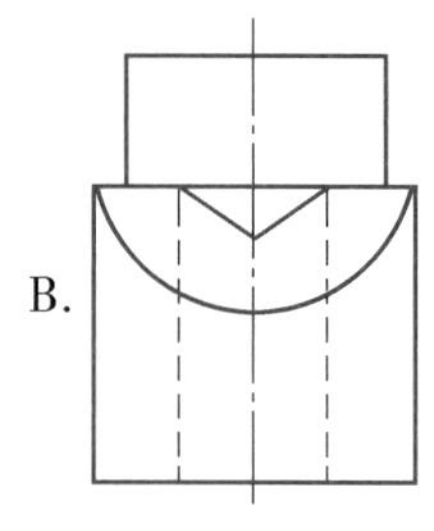

C. 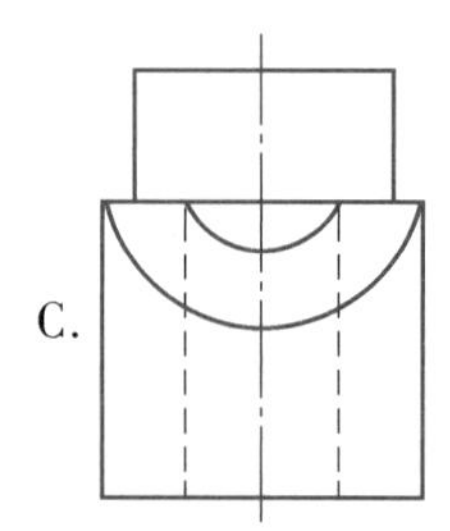

D. 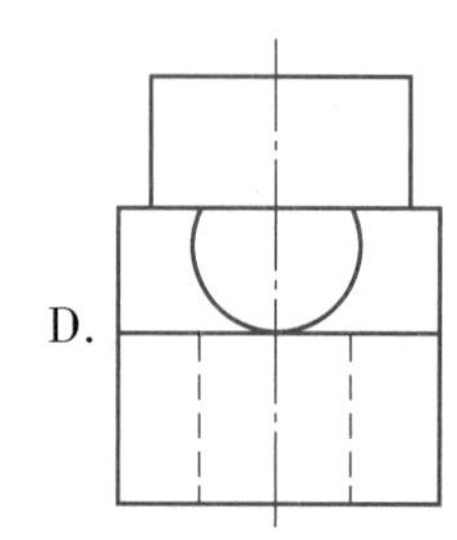

8）车削螺纹时，开合螺母间隙大会使螺纹（　　）产生误差。

A. 中径　　B. 齿形角　　C. 局部螺距　　D. 表面粗糙度

9）使用分度头检验轴径夹角误差的计算公式是 $\sin\Delta\theta=\Delta L/R$。式中（　　）是两曲轴轴径中心高度差。

A. ΔL　　B. R　　C. $\Delta\theta$　　D. L/R

10）粗车多线蜗杆时，应尽可能缩短工件伸出长度，以提高工件的（　　）。

A. 强度　　B. 韧性　　C. 刚性　　D. 稳定性

11）车削螺纹时，溜板箱手轮转动不平衡会使螺纹（　　）产生误差。

A. 中径　　B. 压力角　　C. 局部螺距　　D. 表面粗糙度

12）使用齿厚游标卡尺可以测量蜗杆的（　　）。

A. 分度圆　　B. 轴向齿厚　　C. 法向齿厚　　D. 齿顶宽

13）车削螺纹时，主轴的轴向窜动会使螺纹（　　）产生误差。

A. 中径　　B. 压力角　　C. 局部螺距　　D. 粗糙度

14）单件加工三偏心偏心套，采用（　　）装夹。

A. 花盘角铁　　B. 单动卡盘　　C. 双重卡盘　　D. 两顶尖

15）车削偏心距较大的三偏心工件，应先用单动卡盘装夹车削（　　），然后以（　　）为定位基准在花盘上装夹车削偏心孔。

A. 基准外圆和基准孔，基准孔　　B. 基准外圆和工件总长，基准孔

C. 基准外圆和基准孔，工件端面　　D. 工件总长和基准孔，基准外圆

16）附图 7 中的直线 *ab* 为（　　）。

A. 正平线　　B. 侧平线　　C. 水平线　　D. 一般位置直线

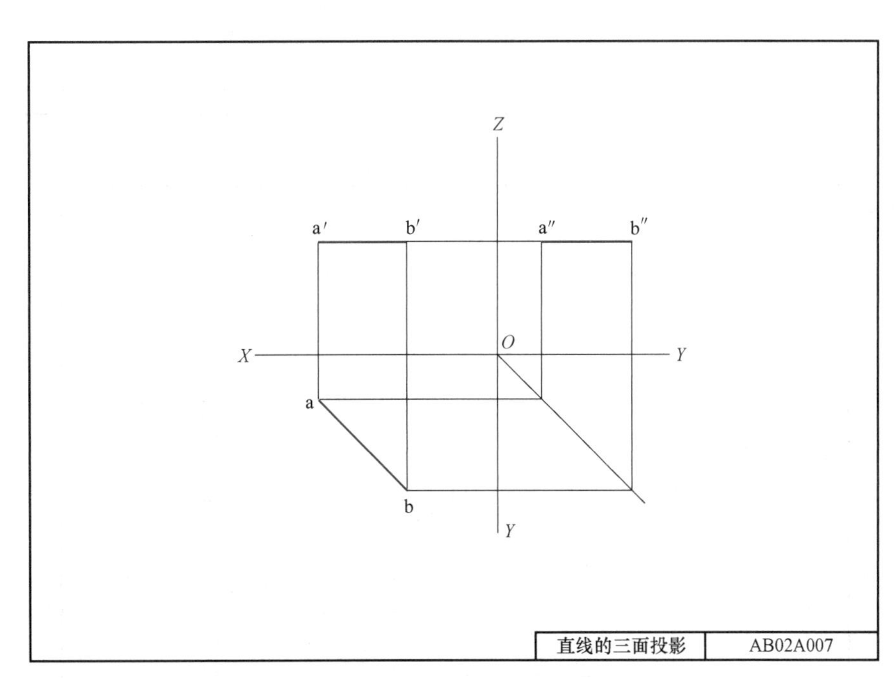

附图 7

17）在附图 8 所示图样中，表面质量要求最高的 *Ra* 值为（　　）μm，是（　　）的表面。

A. 0.8、ϕ25H8　　B. 0.8、ϕ13H8

C. 0.8、ϕ30　　D. 0.8、ϕ25f7

18）刀具的急剧磨损阶段较正常磨损阶段的磨损速度（　　）。

A. 一样　　B. 慢　　C. 快　　D. 以上均可能

19）附图 9 所示尺寸“3”，反映物体的（　　）。

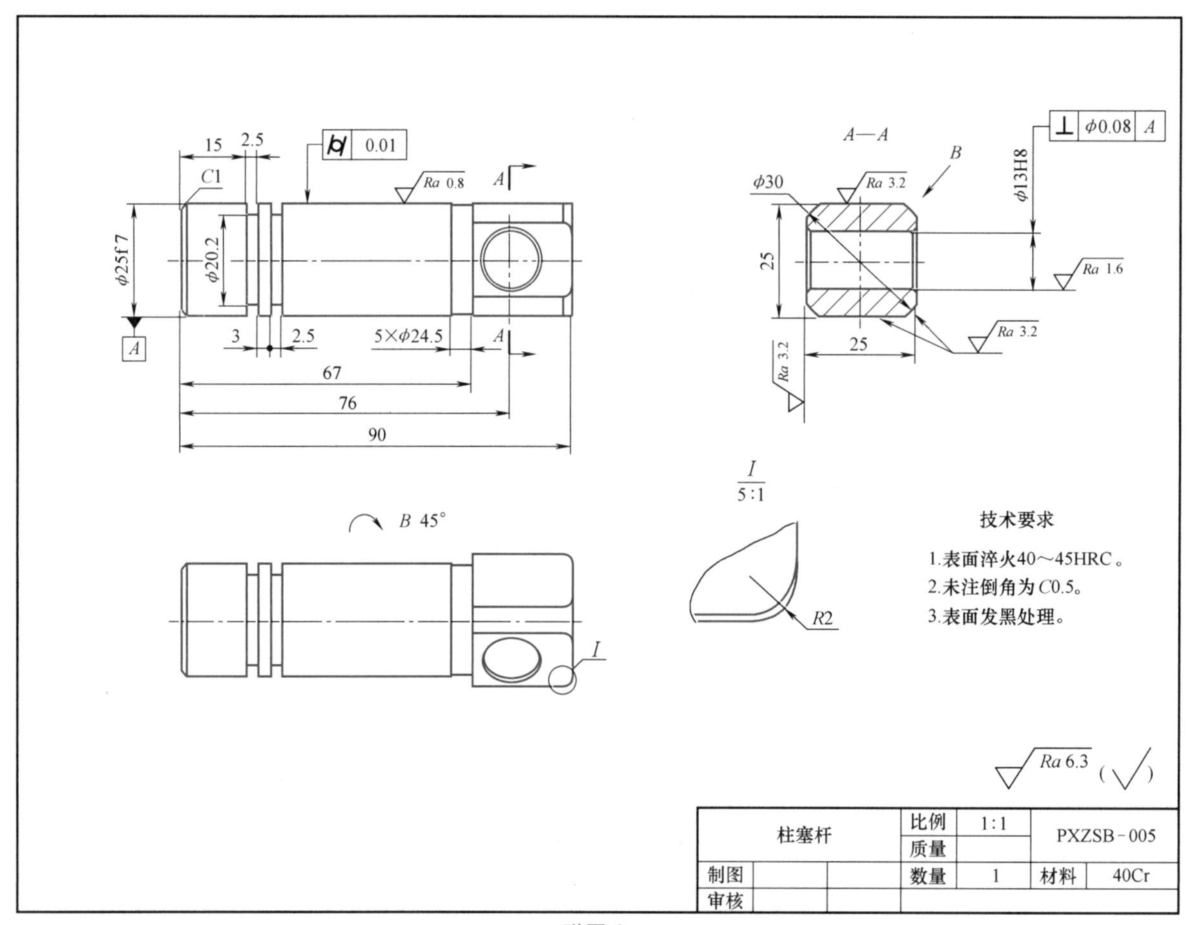

附图 8

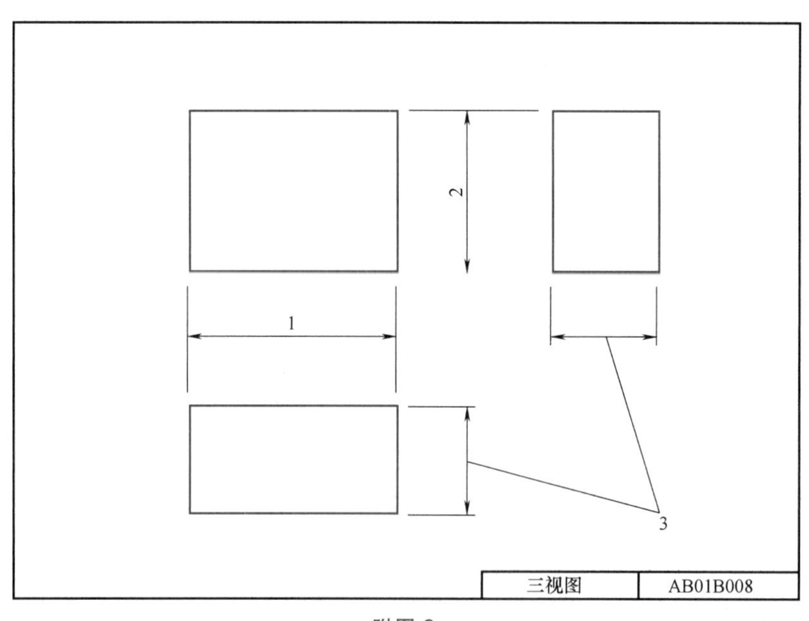

附图 9

A. 长　　B. 宽　　C. 高　　D. 以上都不是

20）（　　）是引起丝杠产生变形的主要因素。

A. 内应力　　B. 材料塑性　　C. 自重　　D. 力矩

21）车削外球面的加工方法是（　　）。

A. 双手控制法　　B. 仿形法　　C. 成形刀法　　D. 以上均可

22）下面对于偏心工件的装夹，叙述错误的是（　　）。

A. 两顶尖装夹适用于较长的偏心轴　　B. 专用夹具适用于单件生产

C. 偏心卡盘适用于精度较高的零件　　D. 花盘适用于加工偏心孔

23）在灰铸铁的孕育处理中常用孕育剂有（　　）。

A. 锰铁　　B. 镁合金　　C. 铬　　D. 硅铁

24）检验箱体工件上的立体交错孔的垂直度时，先用直角尺找正（　　），使基准孔与检验平板垂直，然后用百分表测量心棒两处，其差值即为测量长度内两孔轴线的垂直度误差。

A. 基准心棒　　B. 基准孔　　C. 基准平面　　D. 测量棒

25）偏心距较大的工件，不能采用直接测量法测出偏心距，这时可用百分表和千分尺采用（　　）法测出。

A. 相对测量　　B. 形状测量　　C. 间接测量　　D. 以上均可

任务二：零件三维造型（30 分）

考生根据附图 10 所示平口虎钳的连杆零件图样和附图 11 所示活动钳口零件图样，结合任务条件和总体要求，使用现场提供的 CAD/CAM 软件，绘制零件的三维模型。

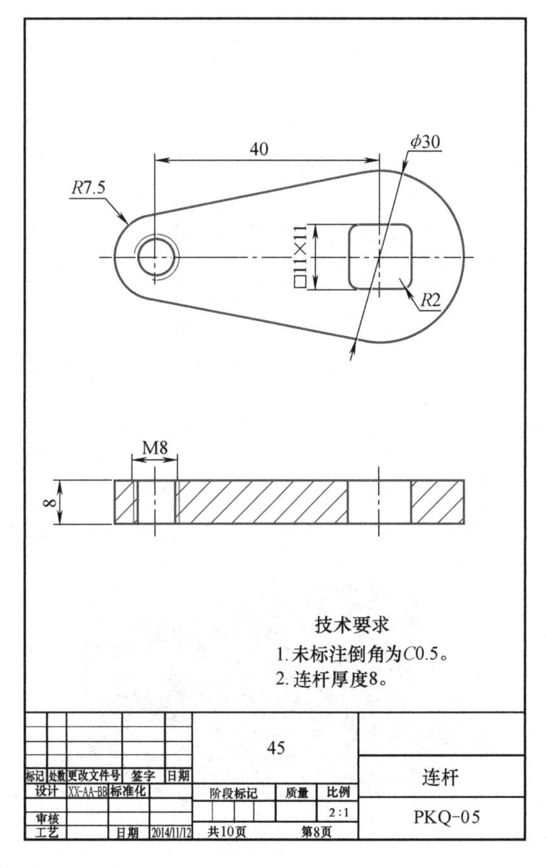

附图 10

具体要求如下：

1）零件的造型特征需完整。

2）零件的造型尺寸正确。

3）建模文件分别以“连杆”和“活动钳口”命名，保存格式为源文件（即所用建模软件的默认格式）。

提交作品：1）“连杆”的零件三维模型（源文件）。

2）“活动钳口”的零件三维模型（源文件）。

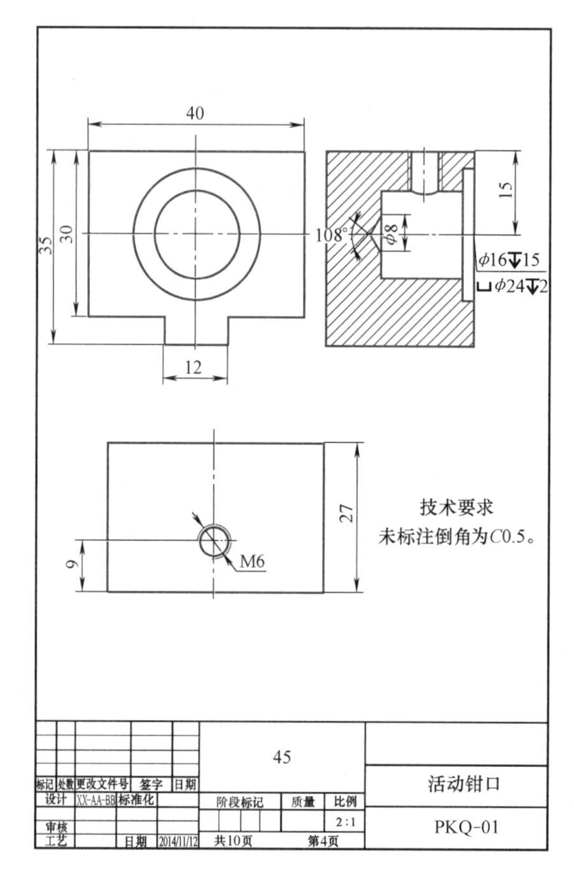

附图 11

任务三：部件装配（20 分）

考生根据给定平口虎钳的三维模型数据及任务二中创建的“连杆”和“活动钳口”三维模型，使用现场提供的 CAD/CAM 软件，完成三维模型装配（装配示意图参考附图 12），并对模型进行渲染。

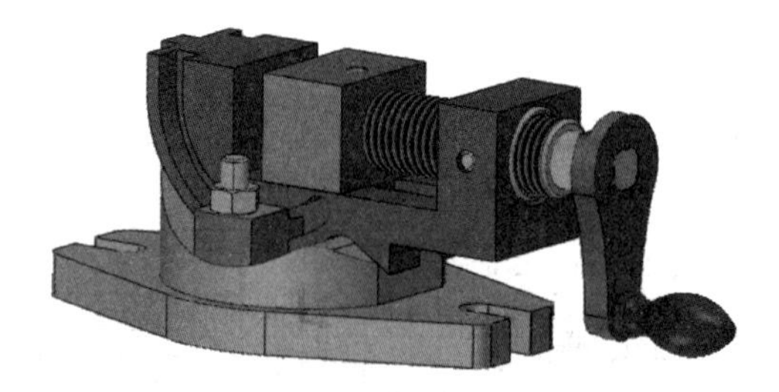

附图 12

具体要求如下：

1）装配关系正确。

2）零件间约束性质正确。

3）零件极限位置约束准确，不得发生干涉。

4）三维装配以“机用平口钳”命名，保存格式为源文件（即所用建模软件的默认格式）。

5）对装配好的平口虎钳进行真实感渲染，渲染文件以“渲染”命名，保存为JPG图片格式。

提交作品：1）“机用平口钳”的三维装配（源文件）。

2）“渲染”JPG图片。

任务四：绘制零件工程图（20分）

考生根据给定的“动座”三维模型数据，使用现场提供的绘图软件，绘制零件图。

具体要求如下：

1）基本设置：包括设置图层及其属性、设置文字样式和设置标注样式，所有设置应尽可能满足机械制图国家标准要求和计算机绘图的绘图环境要求。

2）选择合适比例、标准图幅。

3）表达方案合理，视图绘制正确。

4）尺寸标注正确、齐全、清晰，与零件加工工艺相适应。

5）正确填写标题栏。

6）以“动座”命名，文件保存为DWG格式。

提交作品：“动座”零件工程图.dwg格式文件。

任务五：模型仿真验证（5分）

根据给定数据中的“加工件”模型，对指定的加工表面进行数控程序编制，具体要求如下：

1）整个加工过程一次装夹完成。

2）参照附图13，精加工给定模型内腔，默认侧壁余量为0.3mm、底面余量为0.2mm，精加工结果余量为0mm。

3）程序编制要科学、合理，并且实体仿真验证正确。

4）选用FANUC数控机床后处理生成NC代码，命名为“数控加工”，保存格式为.nc。

提交作品：1）“加工件”模型（程序编制完成后的源文件格式）。

2）“加工件”.nc文件。

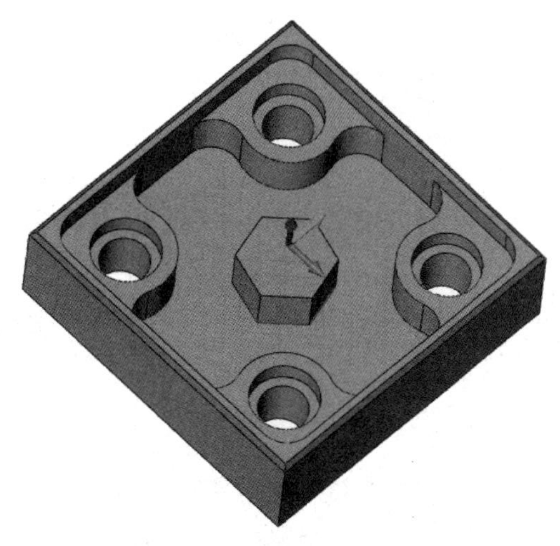

附图13

参 考 文 献

[1] 奉远财. 中望3D三维设计实例教程 [M]. 北京：电子工业出版社，2014.

[2] 高平生. 中望3D建模基础 [M]. 北京：机械工业出版社，2016.

[3] 李强. 中望3D从入门到精通 [M]. 北京：电子工业出版社，2020.

[4] 赵勇. 模具设计与制造实例教程：中望3D教育版 [M]. 北京：清华大学出版社，2017.

[5] 徐家忠. UG NX 10.0三维建模与自动编程项目教程 [M]. 北京：机械工业出版社，2016.